JN301816

日本麦需給政策史論

横山英信

八朔社

目　次

序　章　課題と方法 …………………………………………………… 1
　Ⅰ　課題設定と分析方法 …………………………………………… 1
　　1　課題設定と問題意識 ………………………………………… 1
　　2　分析方法の枠組み …………………………………………… 3
　Ⅱ　分析方法の展開 (1)──食糧需給政策（麦需給政策）の内容把握── ………… 7
　Ⅲ　分析方法の展開 (2)──食糧需給政策の展開原理の検討── ………………… 13
　　1　食糧需給政策の展開原理の導出 …………………………… 13
　　2　食糧需給政策の展開動向に関するモデル的検討 ………… 17
　　　(1) 食糧供給の確保に関する展開動向　17　(2) 食糧の流通
　　　に関する展開動向　19
　　3　本書における分析視点 ……………………………………… 22
　Ⅳ　本書の構成 ……………………………………………………… 23

第1章　戦前期における麦需給政策 ………………………………… 28
　Ⅰ　戦前期における麦の経済的性格 ……………………………… 28
　　(1) 米との比較　28　(2) 3麦間の経済的性格の相違　29
　　(3) 3麦の生産をめぐる動向　35
　Ⅱ　第1次世界大戦前における麦需給政策 ……………………… 37
　Ⅲ　第1次世界大戦─米騒動期の麦需給政策 …………………… 43
　　1　米騒動の背景と食糧需給の状況 …………………………… 43
　　2　麦需給政策の動向 …………………………………………… 45
　　　(1) 貿易部面　45　(2) 流通部面　48　(3) 生産部面　49
　　3　麦需給政策の特徴と性格 …………………………………… 49

Ⅳ　「小麦300万石増殖5ヶ年計画」期における麦需給政策 ………… 52
　　　1　「食糧アウタルキー」路線への流れ ……………………………… 52
　　　2　「小麦300万石増殖5ヶ年計画」の登場とその背景 …………… 54
　　　3　「小麦計画」の内容と展開動向 ………………………………… 55
　　　4　「小麦計画」の特徴と性格 ……………………………………… 59
　Ⅴ　小　　括 ………………………………………………………………… 63

第2章　戦時期における麦需給政策 …………………………………………… 72
　Ⅰ　戦時経済と食糧需給政策をめぐる動向 ……………………………… 72
　　　1　戦時経済統制の流 ……………………………………………… 72
　　　2　米需給政策――食糧需給政策をめぐる動向 ………………… 74
　Ⅱ　麦需給政策の展開(1)――貿易部面―― …………………………… 80
　　　1　輸入統制の開始 ………………………………………………… 80
　　　2　輸移出統制の開始 ……………………………………………… 83
　　　3　食糧管理法下における貿易統制 ……………………………… 87
　Ⅲ　麦需給政策の展開(2)――流通部面［集荷段階］―― ……………… 88
　　　1　麦流通に対する政府介入の開始 ……………………………… 88
　　　2　麦集荷に対する政府直接統制の確立 ………………………… 89
　　　　(1)「麦類買入要綱」による販売量の割当と集荷ルートの特定　89
　　　　(2)「麦類配給統制規則」「小麦配給統制規則」の登場　90
　　　　(3)直接統制をめぐる米・麦間の異同　94
　　　3　麦集荷に対する政府統制の進展 ……………………………… 96
　Ⅳ　麦需給政策の展開(3)――生産部面―― …………………………… 101
　　　1　「重要農林水産物増産計画」の登場 …………………………… 101
　　　2　作付統制と価格・所得政策による増産態勢の確立 ………… 103
　Ⅴ　麦需給政策の展開(4)――流通部面［配給段階］―― ……………… 108
　　　1　配給ルートの特定と加工部面に対する統制の強化 ………… 108
　　　2　消費規制・消費者購入価格統制をめぐる動向 ……………… 113

VI	小 括 ……………………………………………………………	116

第3章 戦後直接統制期における麦需給政策 …………………… 128

I	敗戦後の食糧需給と経済をめぐる動向 ……………………	128
II	麦需給政策の展開 (1)──流通部面［集荷段階］── ……………	134
	1 集荷ルートをめぐる動き ……………………………………	134
	2 供出対策をめぐる動向 ………………………………………	136
III	麦需給政策の展開 (2)──生産部面── ……………………………	143
IV	麦需給政策の展開 (3)──貿易部面── ……………………………	148
V	麦需給政策の展開 (4)──流通部面［配給段階］── ……………	153
	1 配給ルートをめぐる動き ……………………………………	153
	2 製粉業・精麦業をめぐる動向 ………………………………	156
	3 消費規制・消費者購入価格統制をめぐる動向 ……………	159
	(1) 消費規制をめぐる動向　159　(2) 消費者購入価格統制をめぐる動向　160	
VI	小 括 ……………………………………………………………	164

第4章 麦政府管理の間接統制への移行 …………………………… 176

I	麦の直接統制撤廃へ向けた動き …………………………………	176
	1 主要食糧の直接統制撤廃をめぐる論議 ……………………	176
	2 麦の直接統制撤廃をめぐる政府と生産者の動き …………	178
II	間接統制移行へ向けた国会審議の経緯 …………………………	180
III	間接統制の枠組みの特徴 …………………………………………	182
	(1) 貿易部面　182　(2) 流通部面　184　(3) 生産部面　186	
IV	小 括 ……………………………………………………………	188

第5章 戦後麦需給政策分析の諸前提 ……………………………… 193

I	戦後日本資本主義と食糧需給政策 ……………………………	193
II	MSA・PL480の果たした役割 ……………………………………	200

Ⅲ　戦後における麦の消費仕向量の動向 …………………………………… 202
　Ⅳ　製粉業・精麦業をめぐる動向 ……………………………………………… 206
　　1　間接統制移行後の麦需給政策分析における製粉業・精麦業の位置づけ … 206
　　2　製粉業をめぐる動向 …………………………………………………… 207
　　　(1) 麦売却方式の変遷と製粉工場をめぐる動向　207　(2) 国産小麦粉の国内仕向・輸出別動向　211
　　3　精麦業をめぐる動向 …………………………………………………… 213
　Ⅴ　飼料用麦をめぐる諸動向 …………………………………………………… 215
　　1　飼料用輸入麦をめぐる制度的枠組み ………………………………… 215
　　2　戦後日本の飼料需給における麦の位置 ……………………………… 217
　Ⅵ　国産ビール大麦をめぐる動向 ……………………………………………… 221

第6章　戦後間接統制期における麦需給政策（1）——1970年代初頭まで—— … 231
　Ⅰ　国内生産と輸入をめぐる動向 ……………………………………………… 231
　　1　国内生産・輸入をめぐる概況 ………………………………………… 231
　　　(1) 国内生産・輸入動向の概要　231　(2) 国内の麦作付動向　235
　　2　国産麦政府買入価格の生産費補償率 ………………………………… 240
　　3　大麦・裸麦の作付転換をめぐる動向 ………………………………… 246
　Ⅱ　政府価格体系の動向 ………………………………………………………… 248
　　　(1) 食糧用麦　249　(2) 飼料用輸入麦　257
　Ⅲ　麦管理改善対策の開始 ……………………………………………………… 261
　Ⅳ　小　括 ………………………………………………………………………… 266

第7章　戦後間接統制期における麦需給政策（2）——1980年代半ばごろまで—— … 274
　Ⅰ　麦需給政策の転換とそれをめぐる諸動向 ………………………………… 274
　　1　国内生産・輸入をめぐる動向変化 …………………………………… 274
　　2　麦需給政策転換の要因 ………………………………………………… 275
　　3　国産麦政府買入価格の生産費補償率 ………………………………… 279
　　4　米生産調整助成金の動向 ……………………………………………… 284

	5 麦管理改善対策の動向 ………………………………………	286
Ⅱ	政府価格体系の動向変化 …………………………………………	288

　　　(1)食糧用麦　288　　(2)飼料用輸入麦　294

Ⅲ	国産飼料用麦生産施策の登場と展開 ………………………………	297

　　　(1) 施策の登場背景と仕組み　297　　(2) 施策の展開動向　298
　　　(3) 国産飼料用麦の生産抑制の萌芽　302

Ⅳ	小　　括 ………………………………………………………………	303

第8章　戦後間接統制期における麦需給政策（3）──1980年代後半以降── … 309

Ⅰ	国内生産と輸入，国産麦政府買入価格の生産費補償率をめぐる動向 …	309
Ⅱ	麦需給政策を取りまく諸状況 ………………………………………	315
	1 「プラザ合意」後の円高下における麦加工品・調整品の輸入増大 ……	315
	2 「前川リポート」と食糧需給政策 ……………………………	318
Ⅲ	麦需給政策の展開 ……………………………………………………	322
	1 政府価格体系の動向変化 ………………………………………	322

　　　　(1)食糧用麦　322　　(2)飼料用輸入麦　325

	2 改正食管法下での国産麦政府買入価格をめぐる動向 ………………	327

　　　　(1)「パリティ方式」から「生産費補償方式」への算定方式の移
　　　　行　307　　(2) 銘柄間格差の再導入・拡大，等級間格差の拡
　　　　大　329

	3 麦管理改善対策の動向 …………………………………………	332
	4 国産飼料用麦生産施策の動向 …………………………………	335
Ⅳ	小　　括 ………………………………………………………………	338

補　章　専増産ふすま制度の展開過程 ……………………………… 344

Ⅰ	本章の課題 ……………………………………………………………	344
Ⅱ	飼料需給安定法と専増産ふすま制度 ………………………………	346
	1 飼料需給安定法とふすま ………………………………………	346
	2 専増産ふすま制度の成立 ………………………………………	347

Ⅲ　専増産ふすま制度をめぐる製粉業界内の軋轢 …………………… 348
　　Ⅳ　専増産ふすま制度をめぐる諸動向 ……………………………… 352
　　　1　専管工場・増産工場の動向 ………………………………… 352
　　　2　専増産ふすまの生産動向 …………………………………… 354
　　　3　ふすまをめぐる制度別の価格・生産動向 ………………… 356
　　　4　小麦粉をめぐる動向と専増産ふすま制度 ………………… 359
　　Ⅴ　まとめ ……………………………………………………………… 363

第9章　「新たな麦政策大綱」と麦需給政策 …………………………… 368
　　Ⅰ　「新たな麦政策大綱」の登場と麦需給政策の大転換 ………… 368
　　　1　「新たな麦政策大綱」登場の経緯・背景 ………………… 368
　　　2　「新たな麦政策大綱」の内容と麦需給政策 ……………… 370
　　　　(1) 国産麦＝民間流通移行，輸入麦＝国家貿易，という基本線　370
　　　　(2) 麦加工業・飼料用麦などについて　372
　　Ⅱ　民間流通に関する制度的枠組み ………………………………… 374
　　　1　「初年度における民間流通の仕組み」の概要 …………… 374
　　　2　麦作経営安定資金の概要 …………………………………… 378
　　Ⅲ　新たな麦需給政策下における国産麦をめぐる諸動向 ………… 380
　　　1　2000年産入札をめぐる動向 ………………………………… 380
　　　2　2001年産入札をめぐる動向 ………………………………… 383
　　Ⅳ　新たな麦需給政策と今後の国内麦生産 ………………………… 388
　　　1　新たな麦需給政策の枠組みが抱える問題点 ……………… 388
　　　2　国産麦の生産構造をめぐる問題 …………………………… 390
　　Ⅴ　小　括 ……………………………………………………………… 396

終　章　総括と展望 ……………………………………………………… 402
　　Ⅰ　麦需給政策の史的展開過程のアウトライン …………………… 402
　　Ⅱ　麦需給政策・食糧需給政策をめぐる今後の展望 ……………… 407

あとがき
引用文献・統計資料等
索　引

装幀：高須賀優

図表一覧

序章
図序-1　食糧需給政策の捉え方 …………………………………………… 9

第1章
図1-1　3麦の1人当たり年間消費量の推移 ……………………………… 29
表1-1　麦の用途別消費構成 ………………………………………………… 30
表1-2　麦商品化率の推移 …………………………………………………… 31
表1-3　戦前期における小麦・小麦粉別の需給動向 …………………… 34
図1-2　麦作付面積の推移 …………………………………………………… 35
図1-3　3麦の国内消費量の推移 …………………………………………… 36
図1-4　水田における裏作麦作付率の推移 ……………………………… 36
表1-4　小麦・小麦粉・大麦の輸入税の推移 …………………………… 39
図1-5　麦・米の価格推移 …………………………………………………… 41
図1-6　第1次世界大戦前における麦需給政策の構造 ………………… 42
表1-5　戦前期における麦および米の需給政策の主な経過 …………… 45
表1-6　戦前期における小麦・小麦粉全体の需給動向 ………………… 47
図1-7　第1次世界大戦－米騒動期における麦需給政策の構造 ……… 50
図1-8　小麦の取引経路 ……………………………………………………… 57
表1-7　全販聯の小麦販売統制率の推移 ………………………………… 58
表1-8　麦の生産者手取価格・対米価比率の推移 ……………………… 58
図1-9　「小麦300万石増殖5ヶ年計画」期における麦（小麦）需給政策の構造 … 59

第2章
表2-1　戦時期を中心とした麦および米の需給政策の主な経過 ……… 76
表2-2　戦時期を中心とした小麦・小麦粉別の需給動向 ……………… 82
表2-3　戦時期を中心とした小麦・小麦粉全体の需給動向 …………… 84
図2-1　「円ブロック」の食糧需給構造 …………………………………… 85
図2-2　特定された麦流通ルートの概要 ………………………………… 92
図2-3　食糧管理法下における麦・米の流通ルート …………………… 98
表2-4　麦・米の年次別供出進捗状況 …………………………………… 100
表2-5　「重要農林水産物増産計画」における麦の増産目標と実際の生産量 … 102
表2-6　麦の公定価格と生産費の推移 …………………………………… 106
図2-4　「小麦粉等配給統制規則」に基づく流通ルート ……………… 110
表2-7　小麦粉歩留の推移 …………………………………………………… 112
図2-5　戦時期における麦需給政策の構造 ……………………………… 117

図表一覧 xi

第3章

図3-1　消費者物価指数とその上昇率 ……………………………… 129
表3-1　戦後直接統制期の麦需給政策をめぐる主な経過 …………… 130
図3-2　新集荷制度，食糧配給公団の下での主要食糧の集荷・配給ルート … 135
表3-2　戦後直接統制期における麦の価格をめぐる動向 …………… 139
表3-3　敗戦後における麦・米の供出進捗状況 ……………………… 141
表3-4　敗戦後における麦・米の輸出入動向 ………………………… 151
表3-5　輸入食糧をめぐる価格動向 …………………………………… 152
表3-6　小麦粉歩留の推移 ……………………………………………… 157
表3-7　精米・精麦・小麦粉の小売価格の推移 ……………………… 162
図3-3　敗戦後初期における麦需給政策の構造 ……………………… 165

第4章

図4-1　間接統制移行後の麦需給政策の枠組み ……………………… 189

第5章

図5-1　高度経済成長期における物価指数の推移 …………………… 196
表5-1　戦後における麦の国内消費仕向量の推移 …………………… 204
表5-2　製粉工場数の推移 ……………………………………………… 208
図5-2　小麦粉生産量の推移 …………………………………………… 212
表5-3　濃厚飼料の供給（消費）量の推移 …………………………… 219
表5-4　ビール大麦・麦芽の価格推移 ………………………………… 223
表5-5　ビール大麦・麦芽の国内生産・輸入の推移 ………………… 224

第6章

図6-1　麦の国内生産量・輸入量の推移 ……………………………… 232
図6-2　麦の国内生産量に対する政府買入比率の推移 ……………… 233
図6-3　麦作付面積の推移 ……………………………………………… 236
表6-1　麦作農家戸数の推移 …………………………………………… 237
図6-4　戦後における水田裏作麦作付率の推移 ……………………… 238
図6-5　政府買入価格の生産費補償率の推移 ………………………… 242
表6-2　食糧用麦の政府価格体系 ……………………………………… 250
表6-3　食糧管理特別会計「食糧管理勘定」の損益の推移 ………… 255
表6-4　飼料用輸入麦の政府価格体系 ………………………………… 259
表6-5　契約生産奨励金単価の推移 …………………………………… 264
表6-6　麦管理改善対策の実施状況 …………………………………… 265
図6-6　1970年代初頭までの麦需給政策の構造 ……………………… 267

第7章

図7-1　4麦の転作・水田裏作・畑作別の作付動向 ………………… 280
表7-1　米生産調整面積の推移 ………………………………………… 281

表7－2	食糧用麦の政府価格体系	290
表7－3	飼料用輸入麦の政府価格体系	295
表7－4	国産飼料用麦をめぐる価格動向	299
図7－2	国産飼料用麦の作付面積・売渡数量の推移	301
図7－3	1970年代半ば以降80年代半ばごろまでにおける麦需給政策の構造	304

第8章

表8－1	麦加工品・調整品の輸入動向	317
表8－2	食糧用麦の政府価格体系	324
表8－3	飼料用輸入麦の政府価格体系	327
図8－1	1980年代後半以降における麦需給政策の構造	339

補章

表補－1	専増産ふすま制度における小麦粉歩留の推移	350
表補－2	専増産ふすま用小麦の政府売渡価格	350
表補－3	ふすまの国内供給（消費）量の推移	355
表補－4	制度別ふすま価格の推移	357
表補－5	飼料用輸入小麦政府売渡量の推移	360
表補－6	制度別小麦粉生産量の推移	361

第9章

表9－1	小麦生産者手取価格の構成	377
図9－1	2000年度の麦作経営安定資金	379
表9－2	2000年産民間流通小麦の入札結果	381
表9－3	2001年産民間流通小麦の入札結果	384
表9－4	麦の作付規模別農家戸数の推移	392
表9－5	作付規模別に見た小麦の全算入生産費と政府買入価格の補償率	395
図9－2	新たな麦需給政策の枠組み	397

序　章　課題と方法

I　課題設定と分析方法

1　課題設定と問題意識

　本書の課題は，日本における麦（小麦，大麦，裸麦）政策について明治期以降現段階までの展開過程を分析し，各歴史的時期ごとに，政策動向を規定した要因と政策の性格を明らかにすることである。

　課題設定にあたっての筆者の問題意識は以下のとおりである。

　日本食糧政策（史）に関する従来の諸研究のほとんどはその分析対象を米政策に置いてきた。そこでは米政策が食糧政策とほぼイコールと見なされ，米政策の分析を通じて食糧政策の性格が論じられてきた。当然のことながら，このような研究動向は，明治期以降日本の主食が米であり，また，日本の食糧生産，とくにその中心である農業において米が重要な地位を占めてきた状況を反映したものである。そして，米政策を主たる分析対象とするこのような方法は，消費・生産において米が決定的な重要性を持っていた戦前期の食糧政策を対象とする際にはかなりの有効性を持っていると言っていい。

　しかし，戦前期においても政策対象とされた食糧品目は米に限られていたわけではないし，日中戦争開始以降の戦時期になると，食糧需給逼迫に対処するために多くの食糧品目が政府の直接統制という形で政策の対象に含められていった。また，戦後には農業基本法農政の下で多くの食糧（農産物）品目が政策の対象とされていった。加えて言うならば，戦後において米は引き続き日本の食糧消費・生産の中心に位置したものの，1960年代以降の消費の減退と70年代以降本格的に行われていった生産調整によって，消費・生産両面においてその地位が低下したという状況がある。

このように見てくると，戦時期および戦後の食糧政策については当然のこと，戦前期の食糧政策についても，その性格を全面的に明らかにしようとするならば，米政策の研究だけでは不十分であり，米以外の食糧品目の政策を対象とするいっそうの研究と，それを踏まえた総合的な考察が必要であると考えられるのである。しかし，米以外の食糧品目を対象とした研究，とりわけそれらの史的研究については蓄積が少ないのが現状である。
　麦について言えば，それは「米麦」という言葉に示されるように，日本では米に次ぐ主要な穀物として位置づけられてきた。したがって，麦政策の史的研究は日本食糧政策史研究において重要な意味を持つと考えられる。しかし，麦政策についてもその研究蓄積は少なく，米政策や製粉業に関する研究，また，各時期の農政分析を行った研究において麦政策を断片的に取り上げているものは見受けられるものの，麦政策の史的展開を本格的に扱った研究は筆者の知る限り見当たらない。本書の課題は，このような筆者の問題意識を背景として設定されたものである。
　付け加えるならば，麦は，輸入に依存した消費拡大という戦後日本の食糧供給・消費構造の典型であること，戦後日本農業の大きな問題となった米生産調整（＝減反）政策において重要な転作作物とされてきたこと，そして，99年7月制定の「食料・農業・農村基本法」下で現在その「本格的生産」が唱えられていることなどを考えると，麦政策の史的研究は，戦後現段階における日本の農業・食糧をめぐる問題を考察するに際しても重要な意味を持つと思われる。
　もちろん，日本食糧政策史研究としては，各食糧品目の政策史研究を行うとともに，最終的にはそれらを総合して日本食糧政策全体の史的性格をより深く考察することが求められる。しかし，これは膨大な作業であり一挙に行えるものではない。本書はその作業の一環としての位置づけを持つものである。

　　*1　ここで，本書で用いる「食糧」という語句について一言述べておきたい。言うまでもないことだが「食べ物」を表す語句としては「食糧」の他に「食料」がある。一般的には，前者が穀類を中心とした植物性の食べ物，後者はそれに加えて畜産物や林水産物さらには加工食品なども含めて食べ物全体を指すものとして捉えられており，その点からすると本書では「食料」を用いる方が適当かも知れない。

序　章　課題と方法　3

　　しかし，宮村光重氏が述べているように，「食料」は「商品化された食べ物あるいは食事材料商品という内容をも表している。そのため，加工されていない食い物や自家用ないし自給用の農産物・水産物・林産物などがうまく捉えられないし，さらにいえば人間の食い物の生産と再生産の総体の過程あるいは生活と文化の根源はおさえきれないように思われる」[4]ため，本書では「食料」ではなく，「食糧」が指す範囲を一般に捉えられている範囲よりも拡げた上でこの語句を用いることにしたい。
　　なお，「飼料」は直接に人間が消費するものではないが，その多くは最終的には「食糧」たる畜産物・水産物として消費されるため，本書では「飼料」を「食糧」と一体のものとして捉えることにする。

2　分析方法の枠組み

　本書では，以下の2つの独自的な分析方法をとる。1つは麦政策を「麦の需給に関わる諸政策の総体」たる「麦需給政策」として捉えること，2つは「麦需給政策」を「米需給政策」と関連させて把握すること，である。
　まず，1点目について。一般に，「農業政策」という用語については，「農業」という生産に焦点を当ててそれに関連する諸政策を体系的に把握しようとするもの，という共通理解があるように思われるが，「食糧政策」については，(「食糧」の生産が農業だけに限られるものではないことは別として)「食糧」という使用価値に焦点が当てられていることから，その最終消費との関連が念頭に置かれたものであるようには捉えられるが，それをどのようなものとして把握するかについては未だに一般的な共通理解はないように見受けられる。事実，「食糧政策」という用語は，従来の諸研究においてその概念規定が曖昧であったり，論者によってその内容把握がまちまちであったりしているのである。
　本書でも，ここまでは何らの規定もせずに「食糧政策」および「麦政策」「米政策」「各食糧品目の政策」という用語を用いてきた。しかし，分析を行うにあたっては，その概念・内容を明確にしておく必要がある。
　食糧政策史に関する従来の諸研究(先述のようにそのほとんどは米政策を主たる分析対象にしているが)を見てみると，そこにおいて分析の焦点とされている「食糧政策」の内容は，大きく，①価格に関する政策，②流通・市場に関する政策，③生産に関する政策，の3つに分けることができるように思われる。

まず、①については、その代表として、持田恵三「食糧政策の成立過程(1)——食糧問題をめぐる地主と資本——」（農業総合研究所『農業総合研究』第8巻第2号、1954年）を挙げることができる。これは、持田氏の方法論を受け継いだ川東竫弘氏の著作が『戦前日本の米価政策史研究』（ミネルヴァ書房、1990年、傍点は引用者）となっていることからも、価格に関する政策に分析の焦点が置かれていることがわかる。これら2つの文献では、日露戦後の米穀関税論争（持田）、およびその後の米価政策（川東）が取り上げられ、米価をめぐる地主とブルジョアジーの階級対立を焦点として膨大な議会資料が分析され、地主の利益（＝国内生産）とブルジョアジーの利益（＝輸移入）との選択をめぐる論理と、米価政策の性格が析出されている。

　②については、松田延一『日本食糧政策史の研究』（第1巻〜第3巻、食糧庁、1951年）をその代表として挙げることができる。同書は、明治期から昭和の敗戦直後までの時期について、主として米を対象に食糧の流通・市場に対する政府介入の動向を中心に分析している。これについては、松田氏自身「食糧政策といふもこゝでは主として流通面を我々の視野に入れ、生産面に関しては別の機会に譲り度いと思ふ」(5)と述べているとおりである。同書では、日本資本主義の発展に伴う明治後期から大正期にかけての国内食糧需給の不安定化、昭和期の戦時下および敗戦直後における食糧需給逼迫に対処するために、政府がどのような形で市場・流通へ介入していったか、そこにはどのような論理が働いていたかが分析されている。

　③の代表としては、田邊勝正『現代食糧政策史』（日本週報社、1948年）を挙げることができる。これは、戦時期から敗戦直後までの時期を対象としたものであるが、戦時経済および敗戦後の国民経済破綻・食糧需給逼迫の下で、食糧増産のためにどのような政策が行われたかを焦点に、農地維持拡張改良政策、小作料統制政策、農地価格統制政策、農業労力政策（共同作業、集団移動労働、勤労奉仕、戦時農業要員など）、肥料・資材政策、作付統制政策、食糧価格政策などの種々の政策を取り上げて分析している。

　もちろん、これらの諸研究も必要に応じて、分析の焦点に置いた政策以外の政策の動向にも触れているが（それゆえ、本書でも後章においてこれらの箇所

序章　課題と方法　5

からの引用を行っている），食糧政策の性格は焦点に置いた政策の分析から導き出されていると言ってよい。

　しかしながら，価格をめぐる地主とブルジョアジーとの対抗（＝国内生産と輸移入との選択）に関係する政策のみに焦点が絞られると，その政策と，国内の食糧需給の安定化を図るために行われる流通・市場政策との関連が見失われてしまうし，また，流通・市場政策のみに焦点が絞られると，食糧供給源の選択に関する政策論理（＝国内生産と輸〔移〕入との選択論理）が分析の射程外となってしまう。さらに，生産政策のみに焦点が絞られると，生産政策と輸（移）入政策や流通・市場政策との関連が明らかにされないままになってしまう。

　しかし，生産・輸移出入・流通・消費など食糧の需給に関わる諸政策はそれぞれ別個に行われるのではなくて，食糧需給をめぐる動向に対応して互いに有機的な関係を結びつつ合目的的に行われるものである。それゆえ，これらの諸政策を総体的に捉えなければ，食糧政策の全体的な性格を明らかにすることはできないであろう。⁽⁶⁾

　以上を踏まえ，本書では食糧政策を「食糧の需給に関わる諸政策の総体」として把握し，これを「食糧需給政策」と呼ぶことにする。そして，このような「諸政策の総体」は各食糧品目ごとに措定できるのであり（「麦の需給に関わる諸政策の総体」としての「麦需給政策」，「米の需給に関わる諸政策の総体」としての「米需給政策」など），それゆえ「食糧需給政策」は各食糧品目の「需給政策」を総合したものとしても捉えられることになる。

　したがって，ここで本書の位置づけを改めて述べるならば，それは，日本食糧需給政策の史的研究の一環として麦需給政策の史的展開を分析するもの，ということになろう。^{*2}

　　＊2　「食糧政策」を「食糧の需給に関わる諸政策の総体」たる「食糧需給政策」として把握する方法は，拙稿「戦前期日本における麦需給政策の展開過程」（農産物市場研究会〔現：日本農業市場学会〕編集『農産物市場研究』第32号，1991年）において「食糧需給政策を生産・国内流通・貿易・消費という食糧需給の4部面に関わる諸政策措置の総体として押さえる」（46頁）として打ち出したものである。ただし，その後，消費部面に関わ

る政策についてはその位置づけを変更し，後述するように，他の3部面の政策とは異なって食糧需給政策において補助的な位置に置かれるべきものとした。

　その後，「食糧政策は，単に米価政策だけではなく，生産・流通の両過程にわたる政策体系の『総体』として把握されるべき性格を有していた」という認識に立って「食糧問題の展開に応じた食糧政策を，米穀の生産・流通両過程にわたる諸施策の総体としてとらえ，その形成・展開・解消の過程を分析する」として，1880年代から1930年代にかけての米政策を分析した大豆生田稔氏の『近代日本の食糧政策――対外依存米穀供給構造の変容――』(ミネルヴァ書房，1993年，引用箇所は5頁，8頁) と出会い，この分析方法の有効性を確認した。

　なお，食糧に関わる政策としては，動植物検疫や残留農薬・食品添加物（さらに最近では遺伝子組み換え作物も）に対する規制など，食糧の安全性を対象とする諸政策もそこに含めることができる。これらの諸政策は，21世紀の日本の食糧を考える上で重要な意味を持つと考えられるものであるが，その分析に当たっては「需給」からは相対的に独立した「安全性」に関する視点が必要となるため（食糧の安全性が脅かされる事態は食糧の需給動向にも影響を与えるのであるから，両者はそれなりの関連を持つが），本書ではこれらを一応考察の対象からは除外した。

　次に，2点目について。戦前期の日本食糧需給政策において米需給政策が他の食糧品目の需給政策と比較して圧倒的に最重要の地位にあったことは，おそらく誰もが認めるところであろう。つまり，米需給政策は食糧需給政策の「主軸」だったのである。しかし，戦時期および戦後には多くの食糧品目が政策の対象とされ，また，戦後には食糧の消費・生産における米の地位が低下してきたのであるから，戦前期に比較すると戦時期および戦後には食糧需給政策における米需給政策の地位は相対的に低下してきたと言える。しかし，そこでも単独で米需給政策を明らかに上回るような地位を獲得したと認められる食糧品目の需給政策を挙げることは困難である。それゆえ，戦時期・戦後についても米需給政策を日本食糧需給政策の「主軸」としてよいように思われる。

　このことは，他の食糧品目の需給政策，ここでは麦需給政策に関して言うな

らば，それは日本食糧需給政策の「副軸」にとどまってきたことを意味する。そして，これは日本食糧政策（史）研究の一環として麦需給政策を分析するにあたっては，「主軸」たる米需給政策との関連を見据えることを要求するものとなる。と言うのも，米需給政策ならばそれは「主軸」であるゆえに，他の食糧品目の需給政策との関連を考慮せずに分析を行っても，不十分さは残るものの日本食糧政策（史）の研究としてそれなりの論点を打ち出せるが，麦需給政策は「副軸」であるため，「主軸」たる米需給政策との関係を切り放した分析では，日本食糧需給政策における麦需給政策の位置・役割を明確にできず，日本食糧政策（史）研究としてはその論点が曖昧になってしまうからである。とくに麦は米に次ぐ重要な穀物であるため，麦需給政策と米需給政策との関連は，他の食糧品目の需給政策と米需給政策との関連以上に強いと考えられる。それゆえ，この分析方法は，麦需給政策を分析対象とする場合にはとりわけ重要になるのである。

　本書では以上の2つの独自的分析方法をとるが，当然ながら，それらは麦需給政策の展開過程を日本資本主義の展開動向と関連させて分析することを前提としている。これは，麦需給政策が食糧需給政策の一環であり，さらに食糧需給政策が経済政策（社会政策を含む）の一環であることによる。つまり，麦需給政策は経済政策の一環を構成するのであり，したがって，そこでとられる分析方法は，経済政策分析を行う際の一般的な方法，すなわち，政策の展開過程を資本主義の動向と関連させて分析するという方法を当然の前提としなければならないのである。

II　分析方法の展開（1）
――食糧需給政策（麦需給政策）の内容把握――

　先に，「食糧（麦）の需給に関わる諸政策の総体」として「食糧需給政策（麦需給政策）」を措定したが，そこではその具体的内容については触れなかった。したがって，以下ではこの内容について検討を行うこととする。本書の直接の分析対象は麦需給政策であるが，その準備作業として，ここでは各食糧品

目の需給政策の総合であり，また，それら各需給政策の普遍としての意味をも持つ食糧需給政策について考察を行う。

　まず，一国における食糧需給に関わっては，生産部面，流通部面（加工部面を含む），貿易部面，消費部面の4つを考えることができる。それゆえ，食糧需給政策は，この4部面の各々に対して行われる諸政策から構成されるものとして把握できる。ただし，これら4部面は互いに切り離されたものではなく，有機的に関連しているため，諸政策の中にはどの部面に対する政策として捉えるか明確に分類することが難しいものがある。また，4部面が有機的に関連していることにより，ある部面に対して行われた政策が，その部面のみならず他の部面にも影響を与えることもあり得る。

　このことを念頭に置いた上で，食糧需給政策を構成する諸政策について各部面ごとに整序を行っていきたい（図序-1）。なお，食糧需給に何らかの形で関係する政策となると，それは非常に多岐にわたるものとなろうが，ここでそれらをすべて列挙・検討することはできない。したがって，以下では主要と思われる政策のみを取り上げることにする。また，食糧が農産物のみに限られるものでないことを考えると，本来ならばここで検討する政策は農産物に関係するものだけで事足れりとする訳にはいかないが（とくに，水産物については，農産物と生産形態が大きく異なるために，生産部面に対する政策も農産物と大きく異なる），ここでは麦需給政策分析の準備作業としての考察であるため，検討対象は農産物に関わる政策に限定する。

　それでは，生産部面に対する政策から見ていこう。これについては，農地の開発・改良・整備に関する政策（開墾事業，土地改良事業など），生産技術に関する政策（品種改良事業，技術開発事業，普及事業など），自然災害や病虫害等による収量減少の際の助成策（農業共済への助成など），生産者の農業生産手段購入に対する助成・低利融資，価格・所得政策（＝生産者手取価格ないし生産者所得の保障），地代＝小作料の規制，農地の転用規制，構造政策（ないし規模拡大政策），などを挙げることができる(7)。また，戦時期日本に典型的に見られた作付統制（なお，これに加えて，先の田邊『現代食糧政策史』で挙げられていたように戦時期には農地価格統制政策や農業労力政策も行われた），

序　章　課題と方法　9

図序-1　食糧需給政策の捉え方

生産部面:
- 農地の開発・改良・整備に関する政策
- 生産技術に関する政策
- 収量減少に対する助成策
- 農業生産手段購入への助成・低利融資
- 価格・所得政策
- 地代（小作料）の規制，および農地価格統制
- 農地転用規制
- 構造政策（規模拡大政策）
- 作付統制
- 土地所有制度改革

など

流通部面:
- 市場取引制度の整備
- 市場取引に関する規制
- 市場における政府の売買操作・保管・備蓄
- 民間業者の調整保管に対する助成
- 流通業者・加工業者の営業活動に対する規制・指導・助成
- 消費者購入価格統制・消費規制
- 特定用途の消費に対する助成

など

消費部面:
- 消費拡大のための政府の宣伝活動
- 民間業者の宣伝活動に対する助成

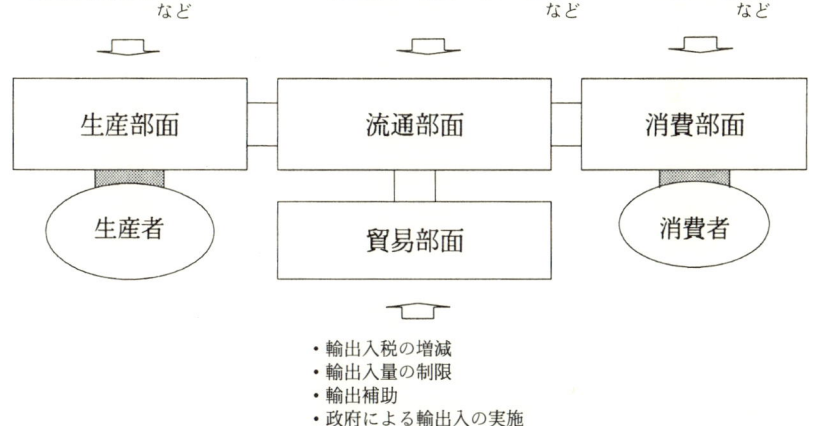

など

［生産部面］—［流通部面］—［消費部面］
　生産者　　　　貿易部面　　　消費者

貿易部面:
- 輸出入税の増減
- 輸出入量の制限
- 輸出補助
- 政府による輸出入の実施

など

　さらには土地所有制度改革（日本における戦後の農地改革など）も生産部面に対する政策として位置づけることができよう。

　これらはいずれも農産物の生産動向に影響を与える政策であるが，とくに価格・所得政策はその影響が非常に大きいため，同政策が行われている時は，これを生産部面に対する政策の中心として捉えることが必要となる。これに関しては，生産者手取価格ないし生産者所得に何らかの影響を与える政策であればそれらをすべて価格・所得政策とすることもできようが，本書では，価格・所得政策を，生産者手取価格ないし生産者所得の水準を直接に規定する次の2つの形態，すなわち，(A)生産者から対象となる農産物の大宗を政府が恒常的に買い上げることによって生産者手取価格を保障する政策，(B)対象農産物の市

場における価格形成を前提として，政府が生産者に対して一定の価格補塡ないし所得補塡を行うことによって生産者手取価格ないし生産者所得を保障する政策,[*3]に限定して捉えることにしたい。

  *3 一般的には，①政府が何らかの形で生産者手取価格の形成に関与してその価格水準を一定以上に維持しようとする政策を「価格（支持）政策」，②価格形成は市場原理に委せた上で，別途，生産者の所得を一定保障するために政府が生産者に直接支払いを行う政策を「所得政策」，として分けているように見受けられるが，生産者の手取価格ないし所得に焦点を当てた政策には様々なバリエーションがあり，「価格（支持）政策」に入るか「所得政策」に入るか，明確に分類することが難しいものもあるので，ここでは「価格・所得政策」として一括して把握した上で，上述の（A），（B）という大きく2つの典型的な形態に分けることにした。

  また，価格・所得政策を（A），（B）に限定したことに関して付け加えるならば，一般的には，生産者手取価格を保障することを目的として，農産物の市場価格を一定水準以上に維持するために政府が市場に介入する政策（典型的には市場における政府の売買操作）も「価格（支持）政策」の中に含められているようであるが，このような政府の市場介入は流通部面において行われるものであるため，本書では（A）の形態を除いて，これを流通部面に対する政策として捉えることにした。ただし，これは本書の分析視点に沿った「価格（支持）政策」の再分類であるので，生産者手取価格を保障する効力という点において，価格・所得政策（A）と，生産者手取価格保障を目的とした政府の市場介入政策との間で，単純に優劣を指摘することはできない。したがって，生産者手取価格ないし生産者所得の保障に関しては，価格・所得政策とともに，生産者手取価格保障を目的とした政府の市場介入政策にも目を向けていく必要がある。このような，生産者手取価格保障を目的とした政府の市場介入政策と生産部面との関係は，食糧需給の4部面が互いに有機的な関連を持っていることによるものである。

  なお，念のためここで確認しておくならば，本書では，「生産者手取価格」を「価格・所得政策（B）によって生産者に支払われる助成金を含む，販売農産物単位重量当たりの生産者収入額」を指す用語として使用している。

 価格・所得政策を生産部面に対する政策の中軸として位置づける理由をより詳しく述べれば以下のとおりである。すなわち，農地の開発・改良・整備によ

序章 課題と方法　11

って耕地面積拡大と生産性向上が図られ，生産技術の進展によって生産の安定化・収量の増加・生産物の品質向上が図られ，収量減少の際の助成策の拡充によって自然災害発生の際の収入減少の緩和が図られ，融資制度・助成制度の拡充によって資金調達の円滑化と負債額の縮減が図られ，地代の規制によって地代の水準が抑制され，転用規制によって農地総量の維持が図られ，構造政策の推進によって生産性向上が図られたとしても，生産者手取価格が農産物の再生産を保障する水準を満たしていなければ（もしくは，生産者所得が当該農産物の再生産を可能とする水準になければ）農産物の生産量は中・長期的には減少していくのであり，一方，上の諸政策が不十分であったとしても，生産者手取価格が再生産を保障する水準を上回っている（もしくは，生産者所得が当該農産物の再生産を可能とする水準にある），または上回ることが見込まれるならば，生産者による自発的な投資が行われ，その結果生産量は増加していくはずであって，このような農産物の生産動向を大きく左右する生産者手取価格ないし生産者所得に価格・所得政策は非常に強い影響を与えるからである。

　また，作付統制は公権力による強制の下で特定の農産物（主要食糧農産物）の作付維持・増加を目指すものであるが，生産者手取価格が再生産を満たさない水準であれば（もしくは，生産者所得が当該農産物の再生産を可能とする水準になければ），中・長期的に作付けを維持していくことは困難であろうし，さらに，土地所有制度改革は当該国の農産物生産にかなり大きな影響を与えるものであるが，それが行われたとしても，農産物の生産者手取価格が再生産を満たす水準になければ（もしくは，生産者所得が当該農産物の再生産を可能とする水準になければ），それは農産物の生産拡大には結びつかないのであるから，どちらの場合でも，生産拡大を図るためには生産者手取価格ないし生産者所得への政策的考慮が払われる必要があるのである。

　なお，このような価格・所得政策（場合によっては，生産者手取価格保障を目的とした政府の市場介入政策も含まれる）の下で需要に対して供給が過剰となった場合，当該農産物の生産調整政策が行われる場合があるが，これも生産に大きな影響を与えることから，生産部面に対する政策として位置づけることができよう。これに関連して，日本の米生産調整政策における生産調整助成金

（第7章で取り上げる）は，転作作物の生産者所得に大きな影響を与え，その作物の生産動向を左右するため，先の価格・所得政策としての機能を有しているとしていいだろう。

次に，貿易部面に対する政策については，輸（移）出入税の増減，輸（移）出入量の制限，輸出補助，政府による輸（移）出入の実施，などを挙げることができる。

流通部面に対する政策としては，市場取引制度の整備，市場取引に関する諸々の規制，市場における政府〔代行機関を含む〕の売買操作（このうち生産者から政策対象となる農産物の大宗を政府が恒常的に買い上げるケースについては，上述したように，これを価格・所得政策（A）として生産部面に対する政策の中に位置づけた）や保管・備蓄，民間業者の調整保管に対する助成，流通業者・加工業者の営業活動に対する規制・指導・助成など，何らかの形での政府の市場介入が挙げられる。

流通部面に対する政策に関しては，消費者購入価格（＝小売価格）統制・消費規制についても触れておく必要がある。これらは，日本では食糧需給逼迫が深刻であった戦時期および敗戦後初期に典型的に行われ，消費動向に大きな影響を与えたものである。これらは消費者の農産物購買・消費に直接関係するものであり，その意味では消費部面に対する政策として把握することも可能である。しかし，これらの政策は流通業者・加工業者の営業活動に対する全面的な規制（統制）を前提としており，また，政策が実施される場面が流通部面の小売段階であることを考えると（小売店に対する，消費者への売渡量・売渡価格の規制），消費部面に対する政策とするよりも，流通部面に対する政策として把握する方が適当であると考えられる。

また，特定用途の消費に対して政府が助成を行う場合があるが（個々の農産物の消費拡大を目的としたものや，学校給食用食材への助成，アメリカの「フード・スタンプ」のように貧困層の保護を目的としたものなど），これは市場における政府の売買操作において，特定用途用に対して政府が値引き販売をしたものとして捉えることができるため，これも消費部面に対する政策よりも，流通部面に対する政策として位置づける方がよいであろう。

序　章　課題と方法　13

　さて，最後に消費部面に対する政策について検討しておこう。上では，消費部面と大きく関係する，消費者購入価格統制・消費規制および特定用途消費に対する助成は，流通部面に対する政策として把握したが，これらの他に消費部面に対する政策を探すならば，特定の農産物の消費拡大を図るための政府の広報活動や，同趣旨の民間業者の宣伝活動に対する政府の助成を挙げることができる。ただし，これらは消費者の当該農産物の購買意欲を高めるための社会的環境作りの役割は果たすものの，消費者の購買行動に対する経済的インセンティブや強制力を持たないため，消費拡大には消費者の選好の変化を媒介せねばならず，したがってその政策意図を実現するためには，他の諸政策（例えば特定用途消費に対する助成など）を伴わせることが必要となる。それゆえ，政府の広報活動や，民間の宣伝活動に対する助成は，消費拡大における実際の効果の程度はともかく，経済的インセンティブや強制力を持ち，食糧需給動向を大きく左右する生産部面・流通部面・貿易部面に対する諸政策とはその性格を異にするのであり，食糧需給政策としては補助的な位置に置かれるべきものと考えられるのである。

　以上，食糧需給政策の枠組み・内容について述べてきたが，付け加えるならば，このような枠組み・内容は固定的・不変的なものではなく，資本主義の展開とともに変化していくものとして捉えることが必要であろう。なお，本書では，政府が何らかの形で食糧需給に対して積極的に関与することのみならず，関与を弱めたり中止したりすることも「政策」として捉えるものとする。

Ⅲ　分析方法の展開(2)
――食糧需給政策の展開原理の検討――

1　食糧需給政策の展開原理の導出

　先に，食糧需給政策は経済政策（社会政策を含む）の一環をなし，麦需給政策は食糧需給政策の一環をなすがゆえに，本書では，麦需給政策を日本資本主義の展開動向と関連させて分析を行うことを当然の前提とするとした。このような方法で分析を行うに当たっては，資本主義国家の食糧需給政策がそもそも

何を目的とし，どのような展開原理を持っているのかを把握しておくことが必要であろう。以下ではそれについての検討を行うことにしたい。

　さて，人間は自らの労働力をもって自然に働きかけ，物質的および精神的欲望を満たす使用価値の生産を行い，それを消費することによって労働力の再生産を行う。しかし，「生産において人びとは，たんに自然に働きかけるだけではない，またたがいにも働きかけあう。かれらが生産するのは，ただ，一定の仕方で協同し，かれらの活動をたがいに交換することによってであるにすぎない。生産するために，かれらはたがいに一定の関連と関係とにはいりこみ，そしてただ，この社会的関連と関係との内部でのみ，自然にたいするかれらの働きかけ，すなわち生産がおこなわれるのである。(8)」階級社会においてはこの「社会的関連と関係」は，大局的には，被支配階級，すなわち主要な生産手段を持たない直接的生産者と，主要な生産手段を所有し，直接的生産者から剰余労働（剰余生産物）を搾取する支配階級との対抗関係を軸とする。

　労働力の再生産に必要な使用価値（およびサービス）には様々なものがあるが，食糧は人間の生存にとって不可欠のものであるため，消費において最優先の位置づけを与えられるものである（労働力再生産の根幹をなす食糧消費）。このことは，いかなる階級社会においても，支配階級の食糧消費はもちろんのこと直接的生産者のそれをも安定させること，つまり，国家の構成員たる国民の食糧消費を安定させることが，社会体制の維持・安定を図る上で不可欠の課題であることを意味する(9)（支配階級の食糧消費の内容・水準と直接的生産者のそれとは異なるであろうが，双方とも歴史的な規定を受けるものとして捉えることができよう）。というのも，支配階級にとって，直接的生産者の食糧消費を安定させることは，自分たちの生活基盤を支える直接的生産者の生産活動が継続される保障となるものであり，また，人口の圧倒的部分を占める直接的生産者の食糧消費が不安定化するならば，それはただちに社会不安を醸成し，社会体制の動揺を引き起こすことに繋がるからである（なお，人間が従属栄養生命体であることを考えれば，無階級社会においても社会構成員の食糧消費を安定させることが社会にとっての不可欠の課題であることは疑いがないだろう）。

　いかなる階級社会においても，その国家政策の究極目標は当該社会体制の維

持・安定に置かれ，国家政策には，その時々の政治的・経済的状況に対応した，社会体制の維持・安定を図るための諸論理が働くが，上で見てきたことからわかるように，国民の食糧消費を安定させること＝「国民の食糧消費の安定化」はその諸論理の1つなのである。

このことは資本—賃労働関係が生産関係の基本をなす階級社会＝資本主義社会においても当てはまる。したがって，そこにおいては，国家政策である食糧需給政策には，「国民の食糧消費の安定化」の論理が，最優先されるべき論理として位置づくことになる。

一方で，食糧需給政策は，資本主義国家の政策であるために「安価な食糧の追求」という論理をも内包する。これは，資本にとって労働力の価値（価格）である労賃の引下げ＝相対的剰余価値の生産は利潤最大化のために追求されるべき方策の1つであり，それゆえ，食糧需給政策には，労賃の一部を構成する食糧価格の引下げを求める当該国の「総資本の本来的要求」が反映されるためである。ただし，個々の資本——典型的には農業資本——にとっては食糧価格の低下が不利益をもたらすケースはあり得るのであって，食糧価格の引下げが本来的要求であるということは，あくまで「総資本」として捉えた場合に指摘できるものである。

この「安価な食糧の追求」の論理は，食糧需給政策の最優先論理が「国民の食糧消費の安定化」の論理であることから，国民の食糧消費の安定に必要な量の食糧が確保できる条件がある場合に初めて働くことになる。ただし，「安価な食糧の追求」の論理が働くことによって，社会体制＝資本主義体制の維持・安定にとって不都合な状況が生じる（可能性がある）場合には，国家政策たる食糧需給政策には，当然ながら社会体制の維持・安定を図るための諸論理が働いて，「安価な食糧の追求」の論理は抑制されることになる。

ここでの「資本主義体制の維持・安定にとって不都合な状況が生じる（可能性がある）場合」には，いわゆる「体制危機」（政治的危機）のみならず，国際収支危機・財政危機など資本主義体制の維持・安定を図るために解決しなければならない経済的状況が生じるケースも含まれる。したがって，食糧需給政策に働く，社会体制の維持・安定を図るための諸論理は，その時々の政治的・

経済的状況によってその内容が異なるし、また、それらの諸論理が「安価な食糧の追求」の論理を抑制する程度も異なるということになる。

そして、このような、「国民の食糧消費の安定化」の論理、「安価な食糧の追求」の論理、そして、(「国民の食糧消費の安定化」の論理を除く) 社会体制の維持・安定を図るための諸論理、の相互作用が、食糧需給政策の展開原理 (以下、「展開原理」と略) になっていると考えられるのである。*4

> *4 このように、「展開原理」は、資本蓄積条件に関わる「安価な食糧の追求」の論理と、社会体制の維持・安定を図るための諸論理 (「国民の食糧消費の安定化」の論理もその1つ) からなるため、それは、独占段階における資本主義体制の危機に対応するために経済過程への国家の大規模・恒常的な介入によって「資本蓄積の補強」と「社会的統合 (そのための、労働者階級を中心とする体制批判・変革勢力への譲歩)」を図る体制として一般的に捉えられている、国家独占資本主義 (以下、「国独資」と略) の段階においては、国独資の運動原理に包摂されると考えられる。(12)
> しかし、「展開原理」は、上で見たように資本主義国家一般を対象とした検討から導出されたものであり、国独資段階に限られるものではない。したがって、「展開原理」が、国独資段階において国独資の運動原理に包摂されるとしても、両者は一応区別して捉える必要があろう。
> 本書では、通説として日本が国独資に移行したとされる1930年代前半以降の時期についても国独資概念を用いた分析を行うのではなく、「展開原理」を踏まえた分析を行うことによって、国独資研究に1つの材料を提供するという立場をとることにしたい。

食糧需給政策の分析を行うに当たっては、この「展開原理」が「導きの糸」となるであろうが、それが資本主義国家一般を対象とした検討から導出されたものであることを考えると、分析においては、まず、対象時期における資本主義の歴史段階的特徴に留意することが必要となる。

また、資本主義国家一般を対象としたことから、「展開原理」では、各資本主義国の経済構造の違いも捨象されている。しかし、現実の食糧需給政策を分析する際しては、経済構造の問題を考慮に入れたより具体性の高いレベルで、「展開原理」の発現形態、つまり食糧需給政策の展開動向について検討しておいた方がいいように思われる。

以下では本書の分析に必要な範囲で、すなわち、日本を念頭に置いて（明治期以降のすべての時期に当てはまるわけではないが）、世界市場で自国の製品が他国の製品と競争関係にあり、かつ、外国貿易において農業（ここでは食糧の生産部門を農業に代表させる）が全体として比較劣位にあるような経済構造を持つ資本主義国の食糧需給政策を対象として、そのモデル的検討を行いたい。

2 食糧需給政策の展開動向に関するモデル的検討

（1） 食糧供給の確保に関する展開動向 まず、食糧消費の前提となる食糧供給の確保についてである。社会的再生産という観点からすると消費の前提には生産が置かれるが、一国の食糧需給を考える際には消費の前提には「国内生産」と「輸入」が置かれる。これは主として生産部面および貿易部面に対する政策に関係する問題である（図序-1参照）。ただし、先に見たように、食糧需給の4部面が有機的に関連しているため、流通部面で行われる生産者手取価格保障を目的とした政府の市場介入政策が生産部面に影響を与えるなど、流通部面に対する政策についても、国内生産・輸入と関係あるものがあることには留意しておきたい。

なお、ここではモデルを単純にするために植民地が存在するケースは捨象している。植民地は政治的・経済的に自国・外国という2つの性格を兼ね備えたものとして捉えることができるため（本国の都合によって、植民地に対して自国と外国の使い分けがなされてきたことは、戦前期・戦時期の日本の植民地政策に典型的に現れている）、植民地での生産、および本国と植民地との移出入に関わる論理は、国内生産と輸入に関する論理の応用として考察できると考えられる。

さて、先述のように、食糧需給政策の最優先論理は「国民の食糧消費の安定化」である。このため、食糧需給政策は、まず、消費の前提となる供給を安定的に確保すべく展開する。したがって、国内での凶作などによって国内生産だけでは必要な食糧供給量が確保できない場合には輸入が追求されるであろうし、一方、世界的な食糧需給の逼迫や国際的な政治的・経済的状況の不安定化などによって食糧の国際市場が混乱し、食糧輸入が安定的に行えない場合には、国

内生産が追求されるであろう。また，供給の確保が不安定になる場合には，食糧を国外流出させないための政策も設定されることになろう。

　国内生産・輸入ともに大きな不安定要因がなく，食糧供給が安定的に確保される場合，当該国の総資本の本来的要求を反映した「安価な食糧の追求」の論理が働く。この場合，農業が全体として比較劣位にある資本主義国では，食糧は国内生産するよりも輸入に依存した方が安価に調達できることから，食糧需給政策には食糧供給源を輸入に求める力が働くであろう。この力は，経済発展によって当該国におけるエンゲル係数が全体的に低下し，食糧価格が労賃水準に与える影響が小さくなるにつれて弱まる傾向を持つと考えられるが，一方で，経済の国際化が進み，諸産業分野で国際競争が激化するならば，国際競争力確保・強化のための労賃抑制・引下げを目的として強まるであろう。ただし，食糧の輸入によって国際収支が悪化し，資本主義体制の維持・安定にとって不都合な状況が生じる（可能性がある）場合には，輸入は抑制されるであろう。

　食糧供給源として安価な輸入食糧が選択された場合には，国内における食糧の市場価格は輸入価格に引き寄せられて低下するが，これは生産者手取価格を低下させて生産者に経済的打撃を与え，そのような政策を行った政府に対する生産者の反発を招くことになる。この場合，19世紀のイギリスを例外として農業における資本家的経営が少数であり，農業経営の大宗が「小農」であること[13]を考えると，生産者への経済的打撃はほぼ小農へのそれと考えてよいであろう。また，生産者手取価格の低下は生産者の地代支払能力の低下を招くために，農用地の地主にも打撃を与えるものとなる。

　そして，このような反発が資本主義体制を動揺させる（可能性がある）場合には，資本主義体制の維持・安定を図るための諸論理が働いて，食糧需給政策はその方向を転換するだろう。すなわち，小農はそのプチ・ブルジョアジーとしての性格から資本主義体制の政治的基盤の一部に位置づいていることが多いが，体制維持・安定のため小農をその基盤から離反させないことが求められる場合には食糧輸入は抑制されるであろう。また，地主階級が支配体制の重要な一翼を担っているような場合にも，食糧輸入を抑制する力が働くであろう（どの程度の抑制が行われるかは，一国の経済構造〔の変遷〕から規定される，

〔農業資本家を除く〕資本家階級と地主階級との力関係に規定されると考えられる)。このような政策動向は、農業における経済的混乱(典型的には農業恐慌)が発生し、食糧の輸入がその混乱に拍車をかけるような時期にはとくに強まると考えられる。

ただし、食糧輸入による経済的打撃に対して何らかの形での補償が行われるならば、小農や地主の反発も緩和され、それゆえ、食糧輸入抑制の力はそれだけ弱まるだろう。また、小農において兼業化が拡大・深化し、農家所得における農業所得の比重が低下するならば、輸入による生産者手取価格の低下に対する反発はそれだけ弱まり、輸入抑制の力も弱まることになろう。

以上に加えて見ておかなければならないのは、「安価な食糧の追求」の論理は食糧輸入としてのみ現れるものではない、ということである。輸入に傾斜するにしても、国内の食糧消費をすべて輸入食糧で賄うことができない状況がある限りは国内生産も必要なのであり、それゆえ、「安価な食糧の追求」の論理は国内生産に対しても及ぶことになる。小農が支配的な農業生産形態である場合に食糧生産コストの低下を目指して行われる構造政策(ないし規模拡大政策)は、まさにこの論理に沿ったものである。ただし、構造政策は多くの小農を農業生産から離脱させるものであるため、資本主義体制維持のために小農保護の必要性が生じる場合には、政策の進行は抑制されるであろう。[*5]

　　*5　なお、近年、世界的に農業環境問題が大きく取り上げられる中で、農地保全・環境保全を目的とした農業生産活動に対して助成を行う政策が各国で登場してきている。これについては、本書では直接は扱わないが、食糧(需給)政策の研究においては、今後このような政策も分析の射程内に位置づけられる必要があると思われる。

(2) **食糧の流通に関する展開動向**　国内生産ないし輸入によってその供給が確保された食糧が消費者段階(消費部面)で消費されるためには、流通(流通部面)を経ることが必要である。そこで、次に食糧の流通について検討しよう。

資本主義の発展は、工業・商業およびサービス業に関連する資本の活動の場としての都市を拡大し、農村と都市の分化を進める。そして、この下で工業・

商業およびサービス業の発展に伴う労働力需要の拡大に対応して，農村から都市へ人口流出が進んでいく。このため，食糧の生産と消費は人的にも地理的にも乖離することとなり，それに伴って農業の性格は従来の自給生産的なものから商品生産的なものへと変わっていく。これにより，食糧需給において流通部面は生産部面と消費部面を繋ぐ重要な位置を占めることになる。また，食糧の生産と消費の乖離は一国内で広域化するとともに，国際的な規模へ拡大していくために，流通部面は貿易部面と消費部面を繋ぐものとしても重要な位置を持つことになる。

さて，資本主義社会において食糧の流通業務を担当するのは主として商業資本（その具体的形態は流通業者）であるが，商業資本も資本である以上，その目的は最大限の利潤獲得にある。そのため，需給均衡が大きく崩れるような市況の混乱時，とくに需給逼迫時には個別資本としての商業資本は最大限の利潤獲得のために，食糧の買占め・売惜しみ等の投機的行動を行う傾向を持つ。しかし，このような動きは食糧価格を高騰させ，国民の食糧消費を不安定化させるため，資本主義体制の維持・安定にとっては排除すべきものである。それゆえ，商業資本が投機的行動をとる（可能性がある）場合は，（未然防止策も含めて）それに対する諸々の規制が行われることになる。さらに，食糧需給が極度に逼迫する場合には，「国民の食糧消費の安定化」を最大限に図るために，単なる買占め・売惜しみの排除にとどまらず，食糧の価格規制・消費規制・加工規制（加工歩留の引上げ，不急不要用途への使用制限など），およびそれらを保障するための流通ルートの特定，そしてそれに伴う流通業・加工業の再編（新規参入抑制・業者統合など）等，流通業者・加工業者の営業活動に対する政府の全面的な規制が行われることになる。

一方，食糧消費の安定が脅かされる可能性が少ない需給緩和時においては，流通業・加工業に対する規制は緩和される傾向を持つ。需給逼迫時における政府の全面的規制（統制）は業者間の競争を排除するものであり，それゆえ，そこでは流通経費・加工経費削減のインセンティブが働きにくいが，規制緩和は流通業者間・加工業者間の競争を促し，流通費・加工費を低減させることによって食糧の消費者購入価格の低減をもたらす。これは「安価な食糧の追求」の

論理と合致したものである。ただし，規制緩和は中小零細の流通業者・加工業者の淘汰を伴うため，これが資本主義体制の政治的基盤を動揺させる（可能性がある）場合には，規制緩和は抑制されることになろう（その場合でも，流通費・加工費を低減させるため，非効率的な中小業者の淘汰を微温的に行うための政策がとられることはあろう）。

なお，注意すべきは，規制緩和による競争の結果として流通において独占が形成されるならば，その時点において規制緩和の持つ流通費・加工費の低減効果は減殺されることである。これに対しては，総資本の本来的要求を反映した「安価な食糧の追求」の論理が働き，独占の弊害を除去するための政策がとられるであろうが（その程度は，流通部門の独占資本と，それ以外の部門の諸資本との力関係に規定されるであろう），ひとたび独占が形成されたならば，それ以前の状況に戻ることは困難であろう。

さて，ここで市場における政府（代行機関を含む）の売買操作について見ておこう。これは食糧需給の逼迫や緩和という状況が消費者の食糧消費や生産者の生産者手取価格に悪影響を及ぼし（逼迫の場合には消費者への影響が，緩和の場合には生産者への影響が，それぞれ大きいと言える），それが社会不安を誘発し，資本主義体制を動揺させることを防止するために，政府が市場において食糧の買入・備蓄・売却を通じて食糧需給を安定化させ，または生産者手取価格を保障するために行われるものである。したがって，国内の食糧需給の逼迫・緩和の変動が激しい場合にはこの政策の必要性は高まるが，需給状況が安定的に推移し，また生産者手取価格が高位水準で推移する場合にはその必要性は減じると言える。また，売買操作には政府の財政支出が伴うため，売買によって恒常的に赤字が発生するような場合は，その実施は国家財政の状況からも影響を受けることになる。

また，先述のように，流通部面に対する政策には，生産者団体の販売活動に対する助成や，生産者に有利な形での市場取引制度の整備など，生産者保護を目的としたものがある。これらは，流通業者・加工業者に対する生産者（小農）の価格交渉力が弱く，低水準の生産者手取価格を余儀なくされている場合に行われるものである。したがって，これらの政策は，生産者価格水準に対す

る生産者（小農）の不満・反発が強く，これが資本主義体制の動揺に繋がる（可能性がある）場合，また，低水準の生産者手取価格が国内の食糧生産に否定的影響を与え，これが国民の安定的な食糧消費を脅かすことに繋がる（可能性がある）場合には強化されるであろうし，一方，生産者（小農）の不満・反発が体制の動揺に繋がらないと判断される場合には弱められるであろう（この場合，低水準の生産者手取価格による国内の食糧生産への否定的影響が国民の食糧消費の不安定化に繋がるものとはならないことが前提である）。また，生産者（小農）の価格交渉力が強化された場合にも弱められるであろう。

　これに関連しては，先に見た生産部面における価格・所得政策の（B），すなわち，対象食糧（農産物）品目の市場での価格形成を前提として，政府が生産者に対して一定の価格補塡ないし所得補塡を行うことによって生産者手取価格ないし生産者所得を保障する政策は，流通における生産者（小農）の価格交渉力の弱さからくる低い生産者手取価格を補償するという一面を持っている，と言うことができよう。

3　本書における分析視点

　以上，食糧需給政策の「展開原理」の導出，および，農業が比較劣位にある資本主義国の食糧需給政策の展開動向に関する検討を行ってきた。

　現実の食糧需給政策の分析を行うに当たっては，「展開原理」を「導きの糸」としつつ，その時々の食糧需給状況や政治的・経済的状況の下で食糧需給政策にはどのような論理が働いたか，これを受けて各需給部面ではどのような政策が行われたか，その結果，需給に関する動向にどのような変化が起きたか，そして，それらを踏まえると食糧需給政策はどのような性格を持ったものとして評価することができるか，という視点を持つことが求められるだろう。

　麦需給政策を分析対象とする本書ではさらに次の点に注意が払われる必要がある。すなわち，上で見た「展開原理」は，あくまで食糧需給政策を全体的に把握した場合にのみ当てはまるものであって，個々の食糧品目の需給政策は必ずしもこの「展開原理」に沿った動向を見せるとは限らない，ということである。

ある食糧品目に関して，需給上，ないし政治・経済上の何らかの問題が生じたとしよう。この場合，食糧需給政策全体としてはこれに必ず対応しなければならないが，その対応は必ずしも当該食糧品目の需給政策において行われる必要はない。他の食糧品目の需給政策によってその問題が処理できるならば，食糧需給政策としてはそれでよいことになる。そして，このような対応が行われた場合，「ある食糧品目」の需給政策，および「他の食糧品目」の需給政策の動きは「展開原理」に沿ったものとはならないことがある。したがって，個々の食糧品目の需給政策を分析する場合には，「展開原理」を踏まえつつも，常に食糧需給政策の全体的な動向，他の食糧品目の需給政策との関係に目を配る必要があるのである。

先に，本書では麦需給政策を米需給政策と関連させて把握するとしたが，これは「展開原理」を踏まえた分析という点からも必要であると言えるだろう。

IV 本書の構成

以上のような課題と分析方法の下，本書は以下のような構成で日本麦需給政策の展開過程を分析していく。なお，本書において，「日本」「国内」という語句は，戦前期・戦時期についても，植民地を含まない日本「本国」の範囲を指すものとして使用する。

第1章は明治維新以降日中戦争前までの戦前期が対象である。この時期は大正期の米騒動や昭和初期の農業恐慌などを背景として，米需給政策が米穀法・米穀統制法によって体系化されていく歴史的段階である。しかし，麦需給政策については，様々な政策が行われつつも全体としては対症療法的なものでとどまった。同章では，米需給政策との比較・対照を行いつつ，麦需給政策の展開動向を規定した要因と，政策の性格を明らかにしていく。

第2章は日中戦争勃発以降の戦時期が対象となる。この時期は戦時経済統制の強化の中で各食糧品目の需給に対する政府統制が強まり，それが1942年2月制定の食糧管理法へ収斂していった時期である。この時期には麦需給政策も，従来の対症療法的なものから，体系化されたものへと急速に変化していった。

同章では麦需給政策が急速に政府直接統制の色彩を強め，食管法へ合流していく経過を分析し，その動向を規定した要因と，政策の性格を析出する。

第3章は，敗戦時から1952年6月の間接統制移行までの，麦需給に対する政府直接統制が行われていた時期を取り上げる。敗戦後の食糧需給逼迫を背景として，米・麦をはじめとする主要食糧については戦時期の政府直接統制が引き継がれたが，食糧需給の緩和とドッジ・ラインによるインフレの強行的収束を受けて，麦の直接統制は緩和されていった。同章ではその展開過程を分析するとともに，統制緩和において異なる動向を見せた米需給政策との比較を通じて，この時期の麦需給政策の性格を明らかにする。

第4章では麦政府管理の間接統制移行の経緯を分析し，その経緯が間接統制の制度的枠組みにどのような影響を与えたかを明らかにするとともに，その枠組みの特徴をまとめる。

第5章では，間接統制移行後における麦需給政策の展開過程を分析する前提として，戦後の麦需給政策に関わる主要な動きについて触れる。

第6章は，間接統制移行後1970年代初頭までの時期を対象とする。戦後高度経済成長期とほぼ重なるこの時期は，麦の輸入依存体制が作り上げられていったことが特徴である。同章では，間接統制という枠組みの下，麦需給政策が具体的にどのように展開したかを分析し，そこに働いた論理と政策の性格を明らかにする。

第7章は1980年代半ばごろまでの時期が対象となる。この時期には，「世界食糧危機」と「社会的緊張」，そして米生産調整政策を背景として，麦の国内生産が政策的に位置づけられ，国内生産量が一定程度回復していった。同章では，このような状況変化の下での麦需給政策の動きを分析し，その動向を規定した要因と政策の性格を析出する。

第8章は，日本経済全般にわたって市場開放・市場原理導入という流れが急速に強まっていく1980年代半ば以降の時期が対象となる。この時期は，米の生産調整が継続・拡大される一方で，麦の国内生産が再び減少に転じていったことが特徴である。同章では，麦需給政策を再転換させた要因と，政策の性格を明らかにする。

補章では，戦後日本の独特の製粉制度であり，食糧たる小麦粉と飼料たるふすま（小麦をひいて粉にしたときにできる皮の屑）双方の需給と密接な関係の下に展開してきた「専増産ふすま制度」を取り上げ，その展開の論理・特徴を明らかにする。

第9章は，1998年5月発表の「新たな麦政策大綱」とその後の麦をめぐる動向が分析対象となる。1995年1月発足のWTO（世界貿易機関）体制に対応するべく，1990年代末から「食料・農業・農村基本法」（1999年7月制定）に象徴される戦後農政の一大転換が進行している。「新たな麦政策大綱」もその一環であり，そこでは従来の間接統制の大幅な見直しが行われた。一方で「食料・農業・農村基本法」下では麦の「本格的生産」が唱えられている。同章では「新たな麦政策大綱」の枠組みを分析するとともに，麦の国内生産に対する同「大綱」の影響を検討する。

以上を踏まえて，終章では，明治期以降現段階までの日本麦需給政策の展開論理と性格を総括するとともに，21世紀における麦需給政策の課題と展望について触れることとする。

（1） 米政策史に関する研究は枚挙にいとまがないが，食糧政策を米政策に代表させてその分析を行った研究（研究テーマに「食糧政策」という語句が用いられているもの）として，ここでは，松田延一『日本食糧政策史の研究』（第1巻～第3巻）食糧庁，1951年，持田恵三「食糧政策の成立過程(1)――食糧問題をめぐる地主と資本――」農業総合研究所『農業総合研究』第8巻第2号，1954年，大豆生田稔『近代日本の食糧政策――対外依存米穀供給構造の変容――』ミネルヴァ書房，1993年，を代表として挙げておきたい。なお，後にも触れるように，松田氏の著作は，とくに戦時期に関しては，米政策に限らず麦をはじめとして他の食糧品目の政策についても取り上げているが，全体としては分析の重点は米政策に置かれており，その叙述の多くも米政策に関するものである。

（2） この点について，河相一成『食糧政策と食管制度』農山漁村文化協会，1987年，は注目すべきものとして挙げられる。これは，食糧政策史の研究そのものではないが，戦後における食糧管理制度を米だけの問題に限定せず，麦・大豆・飼料穀物など穀物全体の問題として捉え，その意義を考察している。本書における麦政策の取り上げ方も同書から示唆を受けたところが大きい。

（3） 明治期以降1960年代初頭までの日本の製粉業の展開過程を分析した中島常雄『小麦生産と製粉工業——日本における小農的農業と資本との関係——』時潮社，1973年，や，日清製粉株式会社『日清製粉株式会社70年史』1970年，日本製粉株式会社『日本製粉株式会社70年史』1968年，日東製粉株式会社『日東製粉株式会社65年史』1980年，などは，製粉業の展開動向との関連で麦政策についても触れているが，そこでは政策自体の分析が行われているわけではない。また，農林大臣官房総務課編『農林行政史』の第4巻（1959年）・第8巻（1972年）・第12巻（1974年），食糧庁『食糧管理史』の各論Ⅰ～Ⅵ（1970～71年），の各所でも麦に関する政策が取り上げられているが，これらの文献は資料的色彩の濃いものである。

　　　麦政策を扱った最近の著作としては，折原直（執筆時：食糧庁総務部企画課課長補佐）『日本の麦政策——その経緯と展開方向——』農林統計協会，2000年，があるが，これは1998年5月に発表された「新たな麦政策大綱」の解説・資料集という性格がきわめて強いものであり，全211頁の中で，麦政策の歴史について触れた箇所は9頁にとどまっている。

（4）　宮村光重『食糧問題と国民生活』筑波書房，1987年，130-131頁

（5）　松田，前掲『日本食糧政策史の研究　第1巻』13頁。

（6）　この点，北出俊昭『米政策の展開と食管法』富民協会，1991年，は，政府管理の動向を分析の中心に据えて，戦前・戦時期の米政策の展開過程を価格・市場・貿易などの多方面にわたって分析している。ただし，同書では北出氏が「米政策」をどのような内容のものとして捉えているかは明示されていない。

（7）　最近，収量減少とともに収入減少に対応するものとして，収入保険制度が議論されるようになっているが，同制度が導入され，それに対して政府の助成がなされることになるならば，それは農業共済への助成と価格・所得政策の混合形態として捉えることができるものとなろう。

（8）　マルクス「賃労働と資本」『賃労働と資本　賃金，価格および利潤』新日本出版社，1976年，52-53頁。

（9）　国民の食糧消費を安定させることは，国家論で言うところの，国家の「社会的職務活動」（一定水準の人間の生存を保障する条件を確保して階級存在の前提を形成する国家機能）の1つである，と言っていいだろう。「社会的職務活動」については，古賀英三郎『国家・階級論の史的考察』新日本出版社，1991年，68-71頁，を参照のこと。

（10）　食糧消費に関わる問題が，労働者階級・資本家階級双方に関わるという点に関しては，河相一成「食糧問題研究視角に関する試論」東北大学農学部農業経営学研究室・食糧需給管理学研究室『農業経済研究報告』第23号，1990年，を参照のこと。河相氏はこの問題を労働者の貧困化問題との関連

(11) これは，安価な農産物を求める総資本の性格について三島徳三氏が用いたものであるが（三島徳三『規制緩和と食料・農業市場』日本経済評論社，2001年，17頁），「社会体制の維持・安定を図る」という面を捨象した，総資本の純経済的性格を表現するものとして適当であることから援用した。
(12) ただし，「国家独占資本主義」の概念・内容については，各論者により様々な説が出されており，見解の一致を見ているわけではない。本文で示した国独資の説明も，一般的に理解されていると思われるものの要約である。本書では国独資の概念を用いた分析を行うわけではないので，国独資についてはこれ以上は立ち入らない。

　国独資論に関する文献には枚挙にいとまがないが，ここでは，国独資に関する全般的な議論，および最新の議論を把握できるものとして，林直道編集『現代資本主義(1)』（講座「史的唯物論と現代」4 a）青木書店，1978年の「Ⅵ 国家独占資本主義の特質」（金田重喜稿），「Ⅶ 現代国家独占資本主義の構造と運動」（米田康彦稿），および，北原勇・鶴田満彦・本間要一郎編集『資本論体系10 現代資本主義』有斐閣，2001年の，第Ⅰ章「『資本論』体系と現代資本主義分析の方法」（北原勇稿），Ⅴ-1「国家独占資本主義の理論の主要内容」（北原勇稿），Ⅴ-2「国家独占資本主義の基本的政策目標と構造的特徴」（屋嘉宗彦稿），Ⅴ-3「国家独占資本主義の変質・再編」（北原勇稿），Ⅶ-8「国家独占資本主義論争小史」（屋嘉宗彦稿），を挙げておきたい。また，農業経済学分野では，農業市場問題分析の視点から国家独占資本主義論の有効性を論じている，三島，前掲書，が最近のものとして注目される。
(13) ここでは「小農」を，多くの論者と同様，「通例自分自身の家族とともに耕せないほど大きくはなく，家族を養えないほど小さくはない一片の土地の所有者または賃借者――とくに前者――」（「フランスとドイツにおける農民問題」『マルクス・エンゲルス全集』第22巻，大月書店，1971年，483頁）というエンゲルスの定義を基本にしつつ農地貸借や作業受委託および雇用・兼業を行っているケースも含む，家族労働力を基本とした農業経営として捉えている。

　なお，農業において小農が支配的である理由に関しては，大きく，①農業の技術的特性，②独占段階の特殊性，に求める見解があるが（持田恵三『世界経済と農業問題』白桃書房，1996年，242-245頁参照），これを究明することが本書の課題ではないし，また，現在，筆者にはこれを全面的に展開する準備もないため，ここでは農業経営の大宗が小農であるという状況のみを確認しておきたい。

第1章　戦前期における麦需給政策

I　戦前期における麦の経済的性格

　戦前期の麦需給政策を分析するにあたって，最初にこの期の麦の経済的性格について簡単に触れておこう。というのも，麦の経済的性格は政策の展開動向と密接な関連を持つと考えられるからである。

　　*1　現在，一般的に麦は小麦，二条大麦，六条大麦，裸麦の「4麦」として把握されている。しかし，農林統計において大麦が二条大麦と六条大麦に分類されたのは戦後1958年からであり（さらに，二条大麦と六条大麦の生産動向が田畑別に示されるのは59年から），それ以前は二条大麦と六条大麦は区別されていなかった。したがって，戦前期を扱う本章，戦時期を扱う第2章，戦後直接統制期を扱う第3章では，麦を，小麦，大麦，裸麦の「3麦」で捉えることになる。

　(1) 米との比較　まず，はじめに確認しておくべきことは，戦前期，麦は米に次ぐ主要な穀物であったが，その国内における消費量および生産量は3麦を合わせても米をはるかに下回っていたことである。これを具体的に見るならば，概数で，消費量については1900年に米606万6000 t，麦は3麦合計で263万7000 t，35年にはそれぞれ1063万 t，298万5000 t，生産量は1900年に米595万5000 t，3麦合計255万6000 t，35年にはそれぞれ777万6000 t，303万2000 tであった。わかるように，米は消費量・生産量ともにその絶対量を大きく伸ばしているのに対して（35年において米の消費量と生産量が大きく食い違っているのは，明治期以降増加していった国内の米消費量に国内生産量が追いつかず，19世紀末から輸入米・移入米〔植民地であった台湾・朝鮮との貿易は「移出入」で表される〕への依存が強まったことによる），3麦は消費量・生産量と

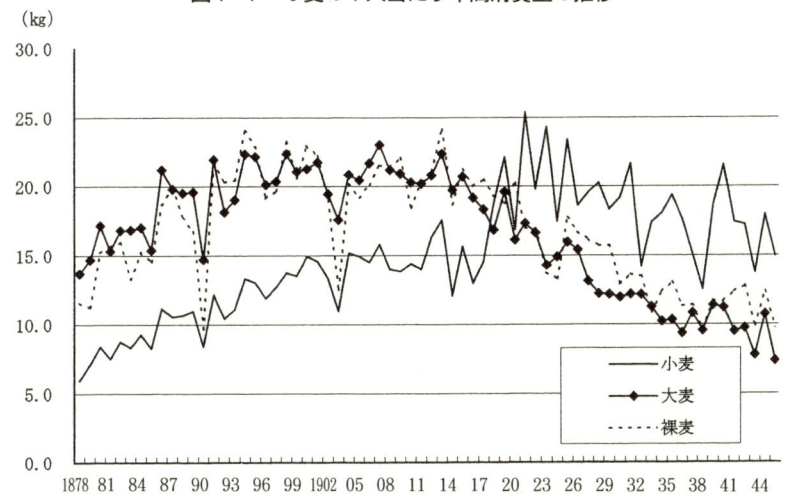

図1-1　3麦の1人当たり年間消費量の推移

注）小麦は1石＝136.875kg, 大麦は1石＝108.75kg, 裸麦は1石＝138.75kg, として換算した。
出所）加用信文監修『改訂　日本農業基礎統計』農林統計協会, 1977年, より作成。

もそれほど増加していないために，時を経るとともに米と麦との量的格差は消費・生産の双方において広がっている。そして，このような量的格差によって，日本の食糧需給政策における，主軸たる米需給政策に対する麦需給政策の副軸的な位置が確定していったのである。

（2）3麦間の経済的性格の相違　　3麦を全体的に捉えた動向は以上のとおりであるが，3麦それぞれの経済的性格は同一ではなく，とくに，小麦と大麦・裸麦との間では大きな相違が見られた。

3麦別の1人当たり年間消費量を示した図1-1を見てみよう。その消費量は年による変動があるものの，傾向としては，19世紀中については3麦とも着実な伸びを見せている。江戸時代から明治の初めごろまでは「国民の大部分を占めていた農民の主食は，麦類，アワ・ヒエ等の雑穀および米であり，米食というより雑食と呼ぶべきものであった」[2]が，「御一新以後とくに〔明治〕20年代以降の都市人口の増加は，米食（麦飯食）と粉食の増加を通して，米と麦類

表1-1 麦の用途別消費構成

(a)-① 小 麦

単位：俵，%

	1922年度		1926年度	
	数量	比率	数量	比率
製粉	13,431,818	67.2	18,204,545	83.6
醤油	4,295,455	21.5	2,500,000	11.5
味噌	363,636	1.6	227,273	1.0
飼料	295,455	1.5	500,000	2.3
種子	454,545	2.2	295,455	1.4
その他	159,091	6.0	45,455	0.2
計	20,000,000	100.0	21,772,728	100.0

(a)-② 小麦粉

単位：袋（=22kg），%

	1922年度		1926年度	
	数量	比率	数量	比率
麺類	22,636,909	50.3	15,920,182	49.9
麺麭（パン）	7,730,727	17.2	4,370,727	13.7
麩	2,393,455	5.3	1,371,820	4.3
糊	1,033,091	2.3	638,181	2.0
菓子、団子	9,326,455	20.7	8,231,181	25.8
その他	1,864,090	4.2	1,371,818	4.3
計	44,984,727	100.0	31,903,909	100.0

(b) 大 麦

単位：万石，%

	1922年度		1926年度	
	数量	比率	数量	比率
飯用	544	64.9	470	56.3
飼料	185	22.0	240	28.8
種子	24	2.9	21	2.5
製粉	2	0.2	0	0.0
醤油	10	1.2	8	1.0
麦酒	32	3.8	39	4.7
菓子及飴	8	1.0	13	1.5
味噌	28	3.3	39	4.7
その他	6	0.7	4	0.5
計	839	100.0	835	100.0

(c) 裸 麦

単位：万石，%

	1922年度		1926年度	
	数量	比率	数量	比率
飯用	476	74.0	535	71.9
飼料	75	11.7	114	15.3
種子	23	3.6	23	3.1
製粉	2	0.3	0	0.0
醤油	22	3.4	21	2.8
麦酒	0	0.0	0	0.0
菓子及飴	1	0.2	0	0.0
味噌	36	5.6	45	6.1
その他	8	1.2	6	0.8
計	643	100.0	744	100.0

出所）全国販売農業協同組合連合会『麦類に関する統計資料』
1951年，67頁，69頁，70頁の第35表，第37表，第38表，第39表より作成。

の1人当たり消費量を増加させはじめた」(〔 〕内は引用者)(3)のであり,麦の1人当たり年間消費量の伸びはこれによるものである。

しかし,20世紀に入ると,小麦の1人当たり年間消費量はそのまま増加傾向を示すが(1920年代頃からは米消費量の伸び——それまでの1人年間150kg水準から160kg水準へ(4)——に押されて停滞ないし若干の減少傾向に転じるが),大麦と裸麦のそれは停滞傾向となり,1910年代に入ると大麦・裸麦は明確に減少傾向へ転じる。

表1-2　麦商品化率の推移

単位:％

	小麦	大麦	裸麦
1933年	66.9	-	-
1934年	72.7	17.6	17.1
1935年	72.7	22.6	21.9
1936年	82.9	24.5	21.0
1937年	90.0	-	-
1938年	91.4	-	-

注)　大麦と裸麦については,1933年,37年,38年は資料なし。
出所)　全販聯『小麦の需給』1940年,32頁,
　　　同　『大麦の取引事情』1939年,139頁,
　　　同　『裸麦の取引事情』1939年,38頁,
　　　より作成。

小麦消費量が引き続き増加した要因は,明治期以降の食生活の近代化・洋風化によって小麦粉製品が国民の中に広まったことによるところが大きい。表1-1を見ると,小麦用途に占める製粉用の割合は1922年度で67.2％,26年度で83.6％と圧倒的であり,また,生産された小麦粉の約5割は麺類,2割強は菓子・団子用,1割強から2割弱は麺麭(=パン)として消費されていることがわかる。なお,小麦の用途では醬油用も少なくない比率を占めているが,このことは製粉用と併せて,小麦が食品産業の原料として商品的作物の性格を強く持っていたことを示すものである。

表1-2を見てみよう。ここでは信頼できる数字として全販聯(全国米穀販売購買組合聯合会)資料による1933年からの商品化率を示した。後述するよう(5)に,この時期は32年から「小麦300万石増殖5ヶ年計画」が開始されたこともあって,同表で示された商品化率はそれ以前の時期よりも高くなっていると考えられるが,小麦の商品化率が33年ですでに66.9％あったこと,34年から36年においては大麦・裸麦のそれよりもかなり高い数値となっていることは,戦前期,小麦が商品的作物としての性格を強く帯びていたことを示すものと捉えていいだろう。

そして,小麦が商品的作物であったことは,「我国の小作制度に於て,小作

料の納入が殆んど大部分が米の現物納入であることより考ふれば，米以外の収入は小作，自小作に取つては非常に重要なる意義がある」，「田の小作料はもっぱら米作と関係し，裏作は藺および徳島・淡路の麦小作等の特殊をのぞいて一般に小作料とは直接関係しない」という指摘にあるように，戦前期の地主制下で麦が小作料の対象となることがあまりなかった中で，小麦が小作農民の現金収入源として重要な役割を果たしていたことをも意味するものである。

　一方，大麦・裸麦における消費の停滞・減少傾向は，従来それらを主食としてきた生産農家が消費を減退させたことが大きな要因である。表1-1を見ると，大麦・裸麦とも消費用途の大部分は飯用であることがわかる。このほとんどは農家の自家消費用であったが，農家の食生活が変化する中でこれが米にとって代わられたのである。また，同表を見ると，大麦・裸麦とも22年度から26年度にかけて飯用の比率が下落する一方で飼料用の数量・比率が伸びているが，これは農家の自給飼料として消費されているものがほとんどであると見られる。さらに，大麦・裸麦の商品化率が小麦よりもかなり低かったことを考えるならば（表1-2），小麦とは異なり，大麦・裸麦は自給的作物としての性格を強く持っていたと言うことができるだろう。

　このような小麦と大麦・裸麦との経済的性格の違いは貿易においても見られる。まず，大麦の輸移出量・輸移入量は，戦前期を通してどちらも国内生産量の1割を超えることはなく，また，裸麦は1889～1901年，1937～1942年における例外を除いて貿易はほとんど行われていなかった（なお，このように輸移出入量が少なく，国内生産量と後掲図1-3で示した国内消費量とに大きな差がないため，本書では大麦・裸麦の輸移出入量・国内生産量の掲示を省略した）。

　これに対して小麦は小麦粉の原料であることから，日本の製粉業が日露戦後から近代的製粉工業として小麦粉の国内市場を拡大させながら発展し，さらに第1次世界大戦を契機として加工型輸移出産業としての性格を強めるに伴って，小麦の輸入量と小麦粉の輸移出量は年とともに増加していった。[*2]

　　*2　戦前期（一部戦時期も含めて）の日本の製粉業の展開過程は以下のように概述できる。[(11)]
　　　　明治期前半の製粉は在来的な水車製粉が主流であった。しかし，一方で

第1章　戦前期における麦需給政策　33

は明治初期から官業中心に機械製粉工場が設立されていき，それらはその後民間に払い下げられていった。そして，これらの機械製粉企業は，日清・日露戦争における軍需と戦勝による好況によって国内の小麦粉市場が拡大する中で，近代的製粉工業資本として確立した。

　その後，第1次世界大戦による海外需要の増大を契機として，製粉業は加工貿易型産業としての性格を強く帯びつつ発展していった。そこでは，原料の小麦をアメリカ・カナダ・オーストラリアからの輸入に強く依存するとともに，1920年代前半までは植民地である朝鮮・台湾を中心に，20年代後半以降は日本の中国侵略の進行を背景にして朝鮮・台湾とともに関東州と中国へ，製品＝小麦粉の輸移出が積極的に行われた。

　さらに，31年の「満州事変」以降，製粉業は「小麦300万石増殖5ヶ年計画」（後述）の下で増産された国産小麦への原料依存を強めつつ，関東州，「満州」への輸出を大きく伸ばすとともに，30年代後半以降には中国大陸における日本の支配地域への資本輸出も行っていった。そして，以上のような展開の中で，日清製粉・日本製粉の2大企業を典型とする，製粉業における独占体形成が進んだのである。

　なお，全国の製粉能力（「バーレル」で表され，1バーレルは22kg入り小麦粉袋を24時間で4袋生産する能力を指す）は，1905年に1765バーレルだったものが，14年1万1285バーレル，20年2万2215バーレル，30年に4万5290バーレル，41年に9万0100万バーレルへと増加した。[12]

　表1-3を見てみよう。小麦粉の国内生産量は，小麦粉の国内需要の増大に伴って19世紀末から増加していたが，輸出量の減少や外国産小麦粉の輸入量増加の影響を受けて20世紀初頭には国内生産量は頭打ちになっている。しかし，その後20世紀の00年代後半から移出量が増加を見せ始め，また1910年代半ばには輸出量も大きく伸び（後述のように米騒動の際には輸出制限措置がとられたため，20年代初頭に一時輸出量は大きく落ち込むが），20年代後半になると輸移出が本格化する中で国内生産量が大きく増加していることがわかる。そして，このような輸移出を主導とした製粉業の発展は，原料小麦の国内生産が伴わなかったこともあって，20年代に入ると小麦の輸移入，とくに輸入の著増をもたらした。同表を見るとわかるように，その量は年によっては国内の小麦生産量に迫るほどのものであった。戦前期，世界の小麦生産量に対する貿易量の割合が17～18％ほどあり，[13]小麦がすでに国際商品としての性格を強く持っていたこ

表1-3 戦前期における小麦・小麦粉の需給動向

単位：t

	(a) 小麦の需給動向					(b) 小麦粉の需給動向					
年度	国内生産量	輸入量	移入量	輸出量	移出量	国内生産量	輸入量	移入量	輸出量	移出量	国内供給量
1890	336,700	2,214	—	3,955	—	145,299	4,025	—	792	—	148,532
1892	421,400	1,289	—	40	—	183,424	4,514	—	484	—	186,454
1894	543,700	1,119	—	1,483	—	243,165	9,289	—	1,985	—	250,469
1896	487,200	2,335	—	273	—	198,185	14,386	—	1,952	—	210,619
1898	572,400	2,877	—	55	—	258,942	23,313	—	1,991	—	280,264
1900	582,500	13,410	—	66	—	271,502	50,579	—	824	—	321,257
1902	541,300	5,193	97	0	297	228,296	43,263	0	191	0	340,664
1904	528,200	240	97	0	320	226,376	114,852	0	55	509	340,664
1906	542,300	21,319	0	104	112	235,871	95,491	0	51	4,108	327,203
1908	604,000	35,263	0	17	205	284,516	31,095	0	69	2,283	313,259
1910	629,900	49,093	0	17	219	312,085	17,934	0	854	5,524	323,641
1912	708,900	61,457	1,157	0	235	371,206	16,826	0	413	14,058	373,561
1914	614,300	117,726	5,280	0	304	348,601	12,064	0	1,636	10,874	348,155
1915	716,000	22,053	3,002	0	138	348,997	1,819	0	14,812	10,866	325,138
1916	805,800	17,378	9,288	0	64	406,002	858	0	18,926	15,024	372,910
1917	929,000	7,635	23,691	0	274	493,924	350	0	97,679	24,115	372,480
1918	880,300	69,191	12,412	0	123	498,459	6,109	0	56,681	10,855	437,032
1919	870,600	257,930	6,309	0	539	608,694	39,012	0	37	8,502	641,167
1920	806,300	295,084	37,864	0	486	508,531	13,976	375	1,850	18,815	501,842
1921	764,100	540,458	4,206	7,306	3,780	566,329	35,050	114	1,668	11,346	588,740
1922	783,800	442,945	3,827	3,780	24,621	619,456	37,186	2	5,904	11,741	633,111
1923	710,500	701,367	9,457	24,621	2,824	662,183	20,399	6	10,410	21,170	650,995
1924	721,100	463,623	13,675	2,824	6,064	718,883	8,686	25	11,264	37,781	678,530
1925	837,900	705,758	2,439	6,064	—	802,645	4,560	12	68,928	46,153	692,149
1926	807,200	705,758	2,439	—	—	843,682	7,274	—	101,554	47,477	701,937
1928	874,500	660,027	574	14,271	—	934,528	8,293	30	142,340	52,872	747,639
1930	838,300	485,687	0	6,896	—	901,164	19,508	100	119,926	54,465	746,381
1932	889,300	749,542	15,412	10,538	—	923,758	2,490	479	221,693	48,973	656,061
1933	1,097,000	513,239	12,345	15,723	—	1,049,532	894	588	318,255	44,415	688,344
1934	1,294,000	491,228	1,400	22,507	—	1,013,848	1,007	120	265,642	59,123	690,210
1935	1,322,000	446,788	8,881	33,621	—	1,093,480	2,077	195	289,177	98,919	707,576
1936	1,227,000	311,488	4,960	26,019	—	857,846	22,511	62	129,920	71,869	678,630
1937	1,227,000	187,580	4,210	12,988	—	843,370	9,098	288	160,983	51,915	639,858
1938	1,228,000	66,526	4,214	21,441	—	932,008	416	122	285,532	55,358	591,656

出所）日本製粉株式会社『日本製粉株式会社70年史』1968年、付録「資料・統計」14-33頁より作成。

とを考えるならば，戦前期日本の小麦（粉）需給は，国内の食糧需給動向および政治的・経済的な動向のみならず，国際的な食糧需給動向および政治的・経済的な動向にも大きく左右されるものになっていったと言えるのである。

（3） **3麦の生産をめぐる動向**　図1-2は麦の作付面積の推移を3麦別に見たものである。大麦と裸麦は1910年代半ば頃から作付面積が減少しているが（表示していないが，収穫量も1920年代以降減少傾向に転じる）[14]，これは図1-3で示された国内消費量の減少（図1-3は図1-1に国内人口を乗じたものである）に対応したものであり，先に触れた農家の自家消費の減少を反映した動きである。一方，小麦の作付面積は10年代後半までは緩やかながらも増加したが，その後減少傾向に転じる。そして，20年代後半からは再び増加傾向となり，33年からは「小麦300万石増殖5ヶ年計画」の下で急増する。これは図1-3の小麦の国内消費量の推移とは異なる。このような国内における消費動向と生産動向との乖離は，小麦の商品的作物としての性格，とりわけ国際商品としての性格から来るものである。

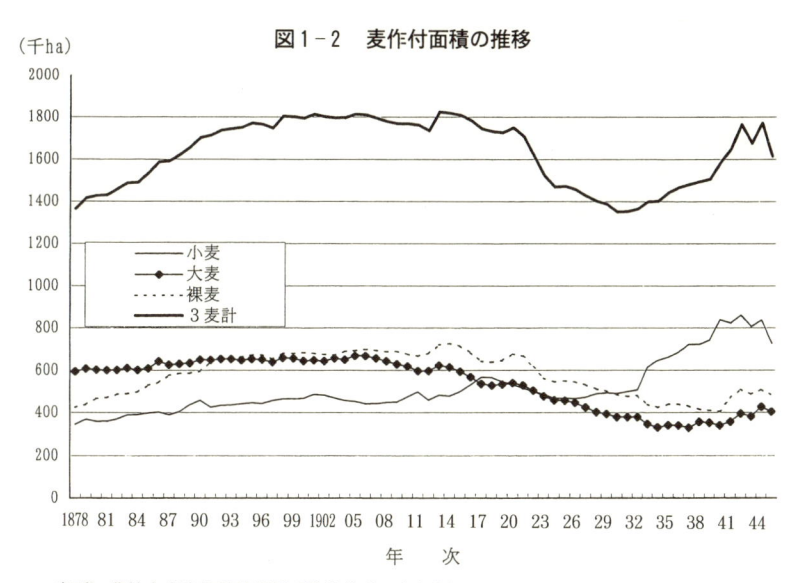

図1-2　麦作付面積の推移

出所）農林水産省統計情報部『作物統計』各年版より作成。

図1-3　3麦の国内消費量の推移

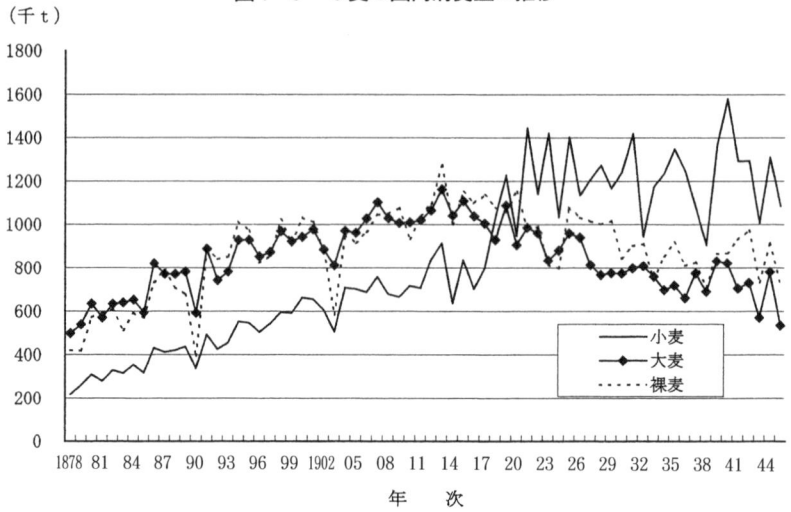

(千t)

注）小麦は1石＝136.875kg，大麦は1石＝108.75kg，裸麦は1石＝138.75kg，として換算した。
出所）図1-1に同じ。

図1-4　水田における裏作麦作付率の推移

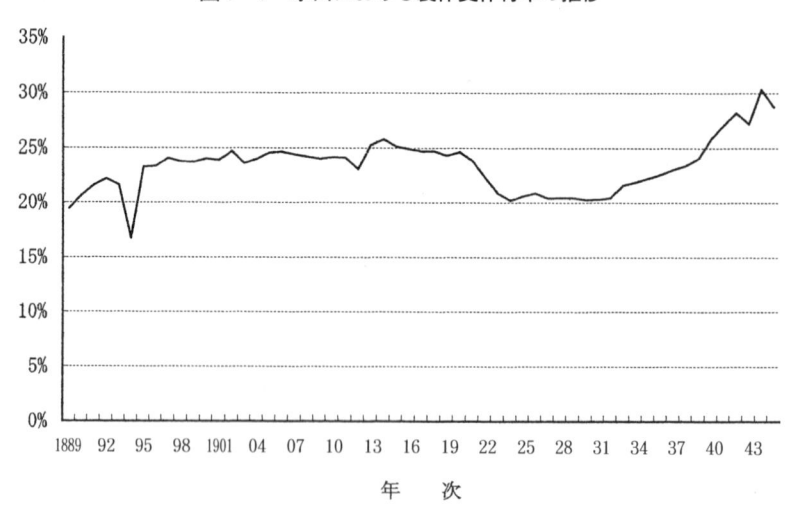

注）作付率＝田麦作付面積÷水稲作付面積×100，として計算。
出所）図1-1に同じ。

第1章　戦前期における麦需給政策　37

　これに加えて指摘しておかなければならないのは，麦は戦前期・戦時期において水田裏作の中心的な作物であったため，その生産動向は米のそれと密接な関わりをもってきたということである。図1-4は水田における裏作麦作付率の推移を示したものである。これを見ると，年による若干の変動はあるものの，作付率は戦前期を通しておおよそ20％から25％で推移していることがわかる（1920年代から30年代初めまでは作付率が低下しているが，これは本章Ⅳで触れる，この時期の国内麦作の後退によるものである。なお，戦時期に入ると作付率は急増し，1944年には30％を超える）。戦前期において「二毛以上作田」が水田面積の40％前後であったことを考えると，[15]水田裏作が可能な田の半分以上で麦の作付けが行われていたことになる。また，麦の田麦（＝水田裏作麦）と畑麦の作付割合は1890年に33：67であったものが1935年には44：56になっており，とりわけ小麦については同時期に25：75から47：53へと田麦の比率が大きく増加した。[16]このことは戦前期の水田面積の拡大（1890年272万9331ha→1935年293万8778ha）[17]と歩調を合わせる形で，小麦を中心に水田裏作麦が作付けられていったことを示すものである（1933年以降は「小麦300万石増殖5ヶ年計画」の影響もある）。

　以上を踏まえて，戦前期における麦需給政策の展開過程を見ていこう。

Ⅱ　第1次世界大戦前における麦需給政策

　明治維新（新暦・1868年1月3日「王政復古の大号令」）を画期として，日本はそれまでの徳川幕藩体制から近代社会＝資本主義社会へと移行していった[18]が，この日本資本主義における麦需給政策の出発点を，本書では1899年1月の関税定率法の施行に求めることにしたい。ただし，その時点まで麦の需給に関する政策が全くなかったわけではない。例えば，1874年5月には米とともに麦の輸出を禁止する措置がとられ，翌75年3月にはこれが解除になる，という動きがあり，また，米価の安定を図るために1878年に設置された大蔵省常平局（米穀の買入れ・輸出・払下げを活動内容とする。1882年に廃止）では1878年度，1879年度に小麦の買入れ・売渡しが行われている。[19]しかし，前者の輸出禁

止について言えば，これは1874年2月に発生した「佐賀の乱」の影響による米価高騰を抑えるために行われたものであり，社会体制転換時の混乱への対策としての性格が強いこと，また，後者の常平局による小麦売買については2ヶ年で2万石（2737.5 t）に満たない数量しかなく(20)，麦が政府売買の実質的対象として位置づけられていたとは捉えられないことにより，これらの政策については本書ではとりあえず麦需給政策から除外することにしたい。

さて，周知のように幕末の1858年に日本がアメリカ，オランダ，ロシア，イギリス，フランスとの間でそれぞれ締結した通商条約は日本側の関税自主権が欠落した不平等なものであった。それゆえ，明治政府にとって関税自主権の獲得は外交上の最重要課題の1つであり，そのため条約を改正すべく各国に対する働きかけが行われてきた。その結果，1894年にイギリスとの間で関税自主権獲得を含む条約改正が実現し，これに基づいて1897年3月に関税定率法が公布され，1899年1月に施行された(21)。これによって従来無税となっていた穀物・穀粉のうち(22)，小麦，大麦（裸麦を含む），小麦粉，および燕麦に対して1899年1月1日から輸入税が課せられることになったのである。*3

> *3 「関税」という用語は，厳密には「輸入税」だけではなく「輸出税」（や「通過税」）も含むが，現在，一般的には関税＝輸入税として使用されている。本書でも基本的には関税を輸入税と同義のものとして用いるが，戦前期・戦時期の日本では対植民地関税としての「移入税」が存在していたことを考慮して，第1章・第2章においては，輸入に関しては「輸入税」という用語を用いることにする。なお，関税定率法の施行以降現在まで，麦に輸出税・移出税が課されたことはない。

この輸入税額・税率は，表1－4でわかるように，その後1911年7月まで小麦・小麦粉・大麦全体で5回改正され，改正の度に全体的に引き上げられていった。このうち注目すべきは，1905年1月1日と11年7月11日における大幅な引上げである。前者については，日露戦争（1904年2月勃発）への対応として行われた非常特別税法改正によるものであることから，日露戦争遂行のための財源確保を目的としたものであるということができる（なお，1905年7月には同様の趣旨で米籾に対する輸入課税が開始された(23)）。しかし，後者については，

表1-4 小麦・小麦粉・大麦の輸入税の推移

期　　　間	100斤（60kg）当たり輸入税（円）					
	小麦		小麦粉		大麦	
1898.12.31まで	無税		無税		無税	
1899. 1. 1～1903. 3.31	0.153	(5%)	0.465	(10%)	0.101	(5%)
1903. 4. 1～1904. 9.30	0.159	(5%)	0.465	(10%)	0.106	(5%)
1904.10. 1～1904.12.31	0.159	(5%)	0.703	(15%)	0.106	(5%)
1905. 1. 1～1906. 9.30	0.536	(15%)	1.196	(25%)	0.404	(15%)
1906.10. 1～1911. 7.16	0.570	(15%)	1.450	(30%)	0.450	(15%)
1911. 7.17～1919. 3.26	0.770	(20%)	1.850	(34%)	0.550	(20%)
1919. 3.27～1920.10.31	免除		0.750		免除	
1920.11. 1～1923. 9.16	0.770	(20%)	1.850	(34%)	0.550	(20%)
1923. 9.17～1924. 2.27	免除		1.850	(34%)	免除	
1924. 2.28～1926. 3.28	0.770	(20%)	1.850	(34%)	0.550	(20%)
1926. 3.29～1932. 6.15	1.500		2.900		0.600	
1932. 6.16～1945.12.31	2.500		4.300		0.810	

注 1) （ ）内は従価率。
　 2) 1910年8月29日から1920年8月28日まで朝鮮から移入する小麦・大麦・小麦粉について輸入税と同率の移入税がかけられる。
　 3) 1934年7月20日から12月31日までカナダ産小麦・小麦粉に限り通常輸入税の他従価5割増徴（「貿易調節及通商擁護ニ関スル法律」による）。
　 4) 1936年6月25日から12月31日までオーストラリア産小麦・小麦粉に限り輸入許可制施行（「貿易調節及通商擁護ニ関スル法律」による）。
出所) 農林省農務局編纂『麦類統計』1928年，付録10-11頁，食糧庁『食糧管理統計年報』1949年版，413頁，財務省資料より，作成。

　それが日露戦争終結（1905年9月5日「ポーツマス講和条約」調印）後に行われたことに注目する必要がある。

　日露戦争後，日本は戦費調達のために生じた膨大な対外債務を抱えた中で貿易収支の赤字が続いたため，国際収支の危機に絶えずつきまとわれており，政府としては国際収支均衡の観点から輸入をできるだけ抑制する必要があった。したがって，11年7月11日の麦の輸入税引上げは，まず，国際収支危機対応のための麦（とくに小麦）輸入抑制という役割を担ったものとして捉えることができる。そして，これが米穀輸入税の引上げと同時に行われたことを考えると（米穀輸入税は引上げ決定がなされた後もしばらくは引下げと復旧を繰り返すが）[24]，玉真之介氏が11年7月11日の米穀輸入税の引上げに対して「その基本的目的は外米輸入の増加に伴う正貨流出を抑制することにあった」[25]としている評価と同じことが当てはまる。

　しかし，麦については輸入税引上げの意義をそれだけに限定することはできない。というのは，米については，国産米＝短粒種が世界的には特殊な商品で

あって輸入米＝長粒種との競合関係が限定されていることが，輸入税引上げの基本目的が国内米作保護よりも国際収支危機対応＝正貨流出防止にあったとする論拠の1つとされるのであるが，小麦について言うならば，それは国際商品であるため，輸入麦が国産麦と競合する可能性は十分あったと考えられるからである。すなわち，国内価格よりも国際価格の方が低い中にあっては，品質的に国産麦が向きにくい用途において国産麦が輸入麦に代替されることはもちろんのこと，国産麦が適している用途においても国産麦と類似した品質の輸入麦が国産麦を放逐する可能性が存在したと言えるのである。

ここで，表1-3を見ると，小麦粉輸入税の引上げと対応して小麦粉の輸入量は20世紀の00年代後半から1910年代の後半まで減少していることがわかる。輸入小麦粉の減少は，国内の小麦粉市場において国産小麦粉のシェアを拡大させるが（このことは，先述した日露戦後における日本の製粉業の急速な発展に，小麦粉輸入税の引上げも寄与していたことを示すものである），このような中での小麦輸入税の引上げは，国産小麦粉の原料市場において輸入小麦に対する国産小麦の価格競争力に有利性を与えるものである。したがって，小麦粉を含めた麦の輸入税の引上げは，国内の小麦作を保護する性格を持っていたとすることができよう。

なお，米については，11年7月の輸入税引上げが国内米作保護の内実を持っていなかったとするもう1つの論拠として，10年から輸入税と同率で設定された移入税が13年に撤廃され，その後植民地から米が大量に移入されたことが挙げられているが，麦については10年に開始された移入税が20年まで存続していたのであるから（表1-4の注2）），米のように移入税に関する措置が輸入税の効力を減殺するという構図はなかったと言える。

ここで，小麦について見ると，20世紀の00年代から1910年代半ばまで輸移入高は不規則な動きを示しているものの（表1-3），為替相場・小麦国際価格とも安定的に推移した中で，輸（移）入税の引上げとともに輸入価格も安定的に上昇して国内の卸売価格を押し上げており（図1-5），作付面積・生産量はだいたいにおいて増加しているのであるから（図1-2，表1-3），輸（移）入税の引上げは国内小麦作保護の内実をある程度持ったとしていいだろう。

第1章　戦前期における麦需給政策　41

図1-5　麦・米の価格推移

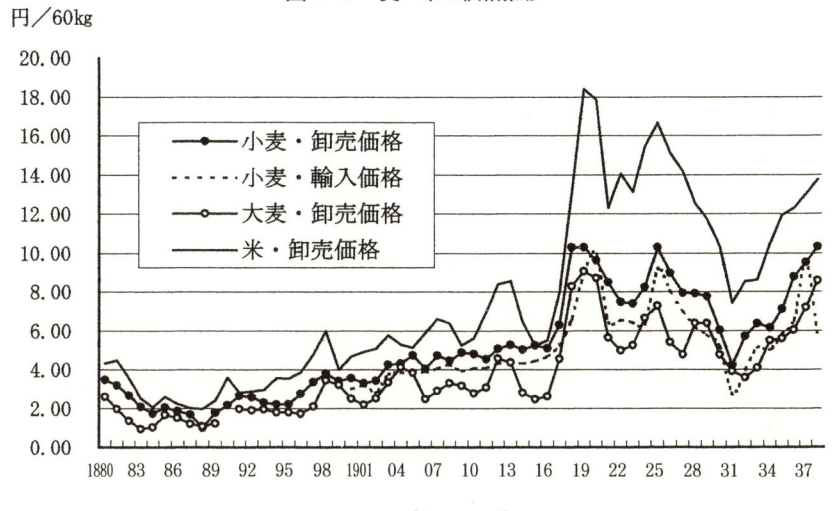

円／60kg

凡例：
— 小麦・卸売価格
･･･ 小麦・輸入価格
— 大麦・卸売価格
— 米・卸売価格

年次

注 1) 小麦は1石＝136.875kg，大麦は1石＝108.75kg，米は1石＝150.00kgとして換算。
　 2) 小麦・卸売価格は，1899年までは肥後産・大阪市場価格，1900以降は茨城産3等・東京市場価格。
　 3) 小麦・輸入価格は日本貿易年表による年平均価格で，1900年から表示。
　 4) 大麦・卸売価格は東京市場価格。
　 5) 米・卸売価格は東京深川正米市場の内地玄米中米標準相場。
　 6) 1900年の大麦価格は，出所資料の誤記の可能性があるため除外した。
　 7) 1920年代半ばの価格高騰は，世界的不作による国際価格高騰の影響を受けたことによるもの。
出所）日清製粉株式会社『日清製粉株式会社70年史』1970年，751頁，水野武夫『日本小麦の経済的研究』千倉書房，1944年，附録「日本小麦年表」，より作成。

大麦・裸麦は作付面積にほとんど変化が見られないが（図1-2），これについては，大麦・裸麦の貿易量が少なく，また，それらが自給的作物という性格を強く持っているため，輸（移）入税の動向は国内生産にほとんど影響を与えず，先述した消費量の減少がそのまま生産に反映されたと考えられるのである。

以上，関税定率法施行以降の麦の輸（移）入税の動きを見てきたが，通説において産業資本確立期とされている第1次世界大戦前のこの時期において，麦需給政策として挙げられるものはこの輸（移）入税だけであったと言っていい。したがって，この時期の麦需給政策の構造は図1-6のように示すことができよう。そこでは，貿易部面で輸（移）入税の設定とその引上げが行われ，それ

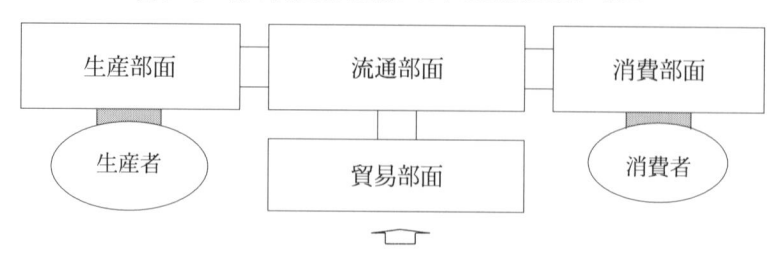

図1-6　第1次世界大戦前における麦需給政策の構造

```
┌──────────┐   ┌──────────┐   ┌──────────┐
│  生産部面  │───│  流通部面  │───│  消費部面  │
└──────────┘   └──────────┘   └──────────┘
   ╱─────╲       ┌──────────┐      ╱─────╲
  │ 生産者 │      │  貿易部面  │     │ 消費者 │
   ╲─────╱       └──────────┘      ╲─────╱
                      ⇧
           輸（移）入税の設定およびその引上げ
```

は日露戦時には戦争遂行のための財源確保，同戦後には国際収支悪化防止という役割を担うとともに，日露戦時・戦後を通じて国内の小麦作を保護する性格も帯びたのである。

さて，ここでこの時期の米需給政策に目を向けてみよう。米需給をめぐっては，先述のように19世紀末から輸移入米への依存が進んだが，この下で米価の高騰・暴落が生じることになった（図1-5）。これに対して，米価の安定を図るために，米需給政策では，上述したような輸入税の設定・引上げ・引下げおよび移入税の設定・廃止という貿易部面に対する政策とともに，流通部面に対する政策も行われた。先に触れた常平局による米の買入れ・払下げはその先駆けの1つであるが，19世紀末以降においては，米価高騰への対処として1898年にとられた米穀取引所の定期取引に対する外国米の受渡代用の強制，1912年の価格高騰時における受渡代用の朝鮮米・台湾米への拡大，米価下落に対処するための1915年1月の勅令「米価調節ニ関スル件」に基づく政府による正米市場からの米の買入れ（この政府買入分は1917年の米価高騰時に，米価引下げのために市場に売り渡された），などが行われた。(30)

麦についても，この時期に卸売価格の高騰・下落は見られたが，流通部面に対する政策はとくには行われなかった。このような米・麦の需給政策間の差異をもたらした最大要因は価格変動の違いであろう。図1-5を見るとわかるように，米に比べて麦の価格変動は小さいものだったのである。ただし，需給政策間の差異には，国内の食糧生産・消費における米と麦の地位の違い，およびそれらの経済的性格の相違も関わっていると考えられる。

まず，消費について言えば，米は国民（とりわけ量的に拡大しつつあった都市の労働者）の最重要の食糧品目であるため，その価格の乱高下，とりわけ高騰を抑えることは政府にとって最重要課題の1つであり，それゆえ，米需給政策には「国民の食糧消費の安定化」という食糧需給政策の最優先論理が働いて，流通部面に対する政策が行われた。しかし，麦については消費量が少なく，とくに大麦・裸麦は農家の自給的作物の性格が強かったため，そのような政策を設定する必要がなかったと考えられるのである。

また，生産については，米は日本農業生産の中心であることより，その価格の下落を防ぐことは，「松方デフレ」（1881年）期以降の自作農の没落の中で20世紀初めにかけて天皇制国家体制の階級的支柱として成長していった地主層の利益を擁護するとともに，農民層（自作農・小作農）の所得を一定程度保障する[31]ことによって，社会体制を安定させるために必要であった。しかし，麦については，自給的作物である大麦・裸麦に対しては価格下落時の政策的考慮を払う必要は少なく，また，小麦は商品的作物であるものの，農業生産における重要性は米よりも小さかったことにより，流通部面に対する政策まで行う必要性は認められなかったのである。

Ⅲ 第1次世界大戦—米騒動期の麦需給政策

1 米騒動の背景と食糧需給の状況

明治期・大正初期を通じての日本資本主義の発展は，人口の増加とその都市への集中を進展させ，食糧需要の増大をもたらした。[32]先に触れた19世紀末以降の輸移入米への依存傾向の強まりは，このような状況を背景としており，1910年代半ばごろからは朝鮮からの移入米が日本の米供給に不可欠のものとなった。[33]10年代半ばまでは小麦のみならず大麦・裸麦の国内消費量も増大したが（図1-3），これも人口増加によるものである。さらに注目しなければならないのは，都市と農村の分化の進行に伴う食糧生産と消費との人的・地理的乖離によって，食糧農産物の商品化が大きく進行し，[34]食糧需給において流通部面の重要性が高まったことである。

このような食糧需給構造の変化の中，1914年7月に勃発した第1次世界大戦によって戦争景気が発生したが，これは日本経済に通貨膨張とそれによる物価騰貴をもたらし，諸食糧品の価格も高騰させた。この食糧価格高騰は，18年のシベリア出兵のための軍用米需要によってさらに拍車をかけられ，これによって国内の食糧需給は大混乱することになった。すなわち，米をはじめとする諸食糧品目の価格高騰 → 流通業者による投機的行動（＝食糧品の買占め・売惜しみ）→ 価格のさらなる高騰，という事態が発生したのである。そして，この価格高騰による民衆の生活圧迫は，18年7月から9月にかけて全国的に米騒動を引き起こすことになった。

その間の価格（卸売価格）動向を見てみると，米価は16年9月に1石当り13円50銭だったものが翌17年6月には20円を上回り，翌18年7月には30円を超え，同年10月には40円を突破，翌19年8月には50円を超えて，20年1月には54円63銭まで高騰した。また，麦価についても16年9月から20年1月にかけて，1石当たりで小麦は10円78銭から29円94銭へ，大麦は4円76銭から20円63銭へ，裸麦は7円36銭から35円71銭へ，小麦粉は1袋（22kg）当たり4円18銭から7円31銭へ高騰したのである（図1-5も参照のこと）。

これに対して，政府は，食糧価格高騰による社会不安が社会体制を揺るがしかねない事態に発展することを避けるために，価格高騰を沈静化させ，食糧需給の安定化を図る必要に迫られた。そのため，政府は米価引下げに焦点を当てて，先述した17年の政府米売渡しをはじめとして，米穀取引所における台湾米および外国米の受渡代用（18～19年），米穀取引所の一時停止（19年），さらには以下で述べる麦と共通する政策など，米需給に関わる政策を次々にとっていった。このことは，米需給政策において，「国民の食糧消費の安定化」という食糧需給政策の最優先論理が前面に出たことを示すものである。

しかし，食糧需給の安定化を図り，諸食糧品目の価格高騰を抑制するためには，米だけを対象とするだけでは不十分であり，そのため，麦を含む他の食糧品目に対しても様々な政策がとられることになった。なお，米騒動については，一方で警察・軍隊を用いての鎮圧が図られたことも見逃すことはできないが，それについての分析は本書の対象外であるのでここでは触れない。

2 麦需給政策の動向

表1-5に見られるように，1917年以降，食糧価格の高騰に対応するために麦についても様々な政策が矢継ぎ早に打ち出されたが，それらは貿易部面・流通部面・生産部面にわたるものとなった。

(1) **貿易部面**　国内の食糧価格高騰を抑えるためには，まず，必要な食糧供給量を確保することが求められる。

表1-3を見ると，第1次世界大戦による海外需要の増大を受けて，小麦粉の輸出量は1914年度に1636tだったものが15年度には一挙に1万4812tとなり，17年度には9万7679tになるなど飛躍的に増加していることがわかる。これに

表1-5　戦前期における麦および米の需給政策の主な経過（麦の関税動向は除く）

麦需給政策	年	米需給政策
	1905	米穀輸入税の開始（7月）
	1910	朝鮮米移入税の開始（8月）
	1913	朝鮮米移入税の廃止（7月）
暴利取締令公布（9月）	1917	暴利取締令公布（9月）
麦・小麦粉の輸出制限開始（3月）	1918	米穀の輸出制限開始（3月） 外米管理令公布（4月）
穀類収用令公布，外米管理令改正（8月） 外米管理令廃止（11月）		穀類収用令公布，外米管理令改正（8月） 外米管理令廃止（11月）
開墾助成法・主要食糧農産物改良増殖奨励規則公布，穀類収用令失効（4月）	1919	開墾助成法・主要食糧農産物改良増殖奨励規則公布，穀類収用令失効（4月）
麦・小麦粉輸出制限解除（11月）	1920	米穀の輸出制限解除（11月）
	1921	米穀法公布（4月）
	1925	米穀法第1回改正（3月）
	1931	米穀法第2回改正（3月）
小麦3百万石増殖5ヶ年計画樹立	1932	米穀法第3回改正（9月）
	1933	米穀統制法公布（3月）
	1934	臨時米穀移入調節法・政府所有米穀特別処理法公布（3月）
	1936	米穀統制法改正，米穀自治管理法・籾共同貯蔵助成法公布（5月）

出所）太田嘉作『明治大正昭和米価政策史』（復刻版）図書刊行会，1977年，農林大臣官房総務課編『農林行政史 第4巻』農林協会，1959年，松田延一『日本食糧政策史の研究』（第1巻～第3巻）食糧庁，1951年，その他より作成。

よって，表1-6でわかるように，14年度まで輸移入超過が続いてきた日本の小麦・小麦粉全体の需給は15年度に輸移出超過へと転じた。つまり，日本国内から小麦・小麦粉が全体として海外に流出する事態が生じたのであり，その輸移出超過量は17年度には13万tを超えるにまでなった。

これに対処するため，貿易部面に対しては，日本国内から海外への麦の流出を防ぐとともに，輸移入量を維持・拡大することによって国内供給量の確保を図る政策が行われた。

まず，18年3月から米とともに麦の輸出制限が開始された。これは第1次大戦中の物品輸出の取締を規定した14年9月公布の農商務省令第22号中に米・麦と小麦粉がその対象品目として追加されたことを受けたものであり，これによって従来原則的には自由であった麦の輸出は農商務省の許可を要することになった。また，18年8月には，同年4月に公布された勅令「外国米ノ輸入等ニ関スル件」(外米管理令) が改正され，政府が麦の輸移入を行う態勢が作られた。同改正は，従来，米価変動の調節のために政府が「外国米，朝鮮米又ハ台湾米ノ輸入，移入，買入又ハ売渡ヲ為スコト」ができるとしていたものを，「米雑穀ノ輸入，移入，買入又ハ売渡ヲ為スコト」として，政府の政策介入の範囲を国産米の買入れ・売渡し，および米以外の主要穀物の輸移入・買入れ・売渡しにまで広げたものである。さらに，民間貿易においても麦の輸移入を増加させるため，19年3月からは小麦・大麦の輸移入税が免除されることになった（表1-4）。小麦粉については輸移入税は引き下げられたものの免除にはならなかったが，これは国内への食糧供給量増加を目指した政策がとられた中でも，製粉業保護の観点が貫かれていたことを示したものと言える。なお，輸入税の免除は18年11月から20年10月まで米についても行われた。

これら一連の政策によって，18年度以降小麦粉の輸出量は大きく抑えられ（移出量も減少），一方，小麦と小麦粉の輸入量は大きく伸びていった（表1-3）。そして，18年度以降小麦・小麦粉全体の需給は輸移入超過に復帰したのである（表1-6）。

ただし，これらの政策は短期間で終了した。すなわち，政府による麦の輸移入は18年11月に「外米管理令」が廃止されたことによって3ヶ月足らずで中止

第1章　戦前期における麦需給政策　47

表1-6　戦前期における小麦・小麦粉全体の需給動向

単位：t

需給年度	国内生産高	輸移入高 輸入高	輸移入高 移入高	輸移入高 合計	輸移出高 輸出高	輸移出高 移出高	輸移出高 合計	純輸移出入高	純輸出入高
1900	582,489	83,007	0	83,007	1,314	0	1,314	▲81,694	▲81,694
1902	541,272	64,698	0	64,698	288	0	288	▲64,410	▲64,410
1904	528,199	182,002	7,263	182,996	2,199	1,088	3,287	▲179,709	▲179,803
1906	542,335	152,698	23	152,702	732	6,313	7,045	▲145,656	▲151,966
1908	603,953	78,515	0	78,515	122	3,652	3,774	▲74,741	▲78,393
1910	629,865	96,480	35,692	101,366	1,568	12,004	13,572	▲87,794	▲94,913
1912	708,944	149,249	11,587	150,835	14	22,168	22,183	▲128,653	▲149,235
1914	614,328	47,685	49,133	54,410	17,503	14,484	31,987	22,423	30,182
1915	716,006	18,294	14,300	20,251	15,140	20,802	35,943	15,691	▲3,154
1916	805,830	20,039	71,861	29,875	103,974	29,699	133,672	103,797	83,934
1917	929,036	11,784	242,371	44,959	149,475	26,804	176,279	131,321	137,691
1918	880,308	163,212	49,346	169,966	42	15,255	15,296	154,670	163,170
1919	870,641	370,148	46,967	376,738	161	19,337	19,499	357,239	370,148
1920	803,574	138,237	175,104	162,204	3,411	17,508	20,919	141,285	134,826
1921	764,064	685,458	162,149	707,652	1,366	26,378	27,744	679,908	684,092
1922	783,831	392,045	45,548	398,280	13,456	27,390	40,847	357,433	378,589
1923	710,466	784,243	4,893	784,913	9,614	65,925	75,540	709,373	774,629
1925	721,079	411,794	95,420	424,854	52,895	58,765	111,659	313,195	358,899
1925	837,872	757,874	73,871	767,985	130,240	73,657	203,897	564,088	627,634
1926	807,187	499,683	20,340	502,467	106,715	67,410	174,125	328,342	392,968
1928	874,510	770,230	815	770,341	288,543	82,881	371,424	398,917	481,686
1930	838,328	691,832	5,493	692,584	213,121	73,974	287,096	405,488	478,710
1932	889,374	514,402	129,788	532,167	404,449	72,560	477,009	55,158	109,953
1933	1,096,785	452,349	149,577	472,883	321,193	73,175	394,368	78,455	131,156
1934	1,293,572	491,116	10,478	492,550	412,135	137,118	549,254	56,704	78,980
1935	1,321,641	409,228	84,216	420,755	254,320	140,666	394,986	25,769	154,908
1936	1,226,582	240,378	16,834	242,682	111,240	116,374	227,614	▲15,068	129,138
1937	1,368,209	128,046	46,447	134,403	3,424,690	80,367	3,505,057	3,370,654	3,296,644
1938	1,227,983	35,049	34,608	39,786	277,376	84,748	362,124	322,337	242,327

注1）　1石＝136.875kgとして計算。
2）　需給年度は当年7月から翌年8月まで。
3）　小麦粉は小麦に換算してある。
出所：水野武夫『日本小麦の経済的研究』千倉書房，1944年，134-135頁，食糧管理局『食糧管理統計年報』1948年版，137頁，より作成。

となり，また，20年4月以降米およびその他食糧品目の価格が下落し始めたことを受けて同年11月には米とともに麦・小麦粉の輸出制限が解除された（表1-5）。そして，同じ20年11月には小麦・大麦・小麦粉の輸入税も従来の水準に戻されたのである（表1-4。なお，移入税は20年8月28日で廃止）。

（2）**流通部面**　食糧価格の高騰を抑制するには，食糧供給量の確保とともに，流通業者の投機的活動の規制が必要である。

このため，1917年9月に農商務省令として「暴利ヲ目的トスル売買ノ取締ニ関スル件」（暴利取締令）が公布・施行された。同令は大戦景気による物価急騰の中，暴利を目的とした諸物資の買占め・売惜しみが横行したため，これを防ぐために制定されたもので，同令で指定した物資（米穀類，鉄類，石炭，綿糸及綿布，紙類，染料，薬品）の買占め・売惜しみを禁止し，違反者には罰則を科すという内容を持っていた。(39)指定物資のうち食糧関係は「米穀類」だけである。これが米およびその加工品に限定されたものなのか，それとも他の主要食糧品目まで含むのかについては議論が生じるであろう。ただし，この時期，上述のように貿易部面において麦に対して米とほぼ同様の政策がとられていたことを考えるならば，必要な場合には「米穀類」に麦も含めて「暴利取締令」が運用される可能性はあったと思われる。

また，18年8月には緊急勅令として「穀類収用令」が公布・施行された。これは，国民の生活上緊急の場合には政府が補償金額を定めて米雑穀を収用し，収用した穀類を政府が価格を定めて売却できるというものである。(40)これによって，政府は麦を含む米雑穀類の遍在を防止する態勢を整えた。先述の「外米管理令」の改正はこの「穀類収用令」の公布・施行と同時に行われたが，そこでは政府が雑穀の買入れ・売渡しを行えるという規定も設けられたのであり，「外米管理令」改正が「穀類収用令」と一体的に行われたことがわかる。(41)

しかし，この時期，「暴利取締令」の対象物資のうち，同令の適用が行われたのは米だけであった。(42)また，「穀類収用令」はすべての穀物について1度も発動されることなく19年1月に失効となり，改正「外米管理令」も上述のように公布の3カ月後には廃止となった。つまり，流通部面では麦の遍在を防止するための諸政策が設定されたが，それらは発動されないままに終わったのであ

る。

（3）**生産部面**　必要な食糧供給量の確保には，上述の輸出制限・輸入拡大に加えて国内での食糧の増産が必要とされた。

これに対して，1919年4月に，16年3月公布の「米麦品種改良奨励規則」（農商務省令）を改正した「主要食糧農産物改良増殖奨励規則」（農商務省令）が公布され[43]，政府は米・麦，大豆その雑穀，甘藷，馬鈴薯の改良増殖の奨励のために，道府県に対して，道府県の専任技術員設置費，府県立農事試験場の原種圃経営費，道府県農会の関係事業，技術員に対する補助金などの関係経費および補助金に対して奨励金を交付し得ることになった[44]。これは生産技術に関する政策として把握することができるものである。そして，この政策によって，19年度には，推算で，麦の改良品種の普及面積が52万町歩（約51万6000ha），それによる麦の生産増加高が78万石（約10万6800t）となったのである[45]。

また，同じ19年4月には開墾助成法も公布された（同年6月施行）。これは，「開墾の当初未だ十分の収益をあげることができない期間における投入資本に対する利息を補給するという精神にもとづき，年々一定の標準による助成金（工事開始の年より工事終了4年にいたる期間内において毎年その年までに支出した費用の累計額の100分の6）を事業者に交付する[46]」ことによって，新耕地を開拓して米・麦その他主要食糧を増産することを目的としたものであり[47]，これに付随しては，開墾地移住奨励金交付などいくつかの開墾助成事業も行われた。

次節で見るように，米騒動以降，日本食糧需給政策は「食糧アウタルキー」を追求するものとなり，この下で「主要食糧農産物改良増殖奨励規則」および開墾助成法に基づいた施策が継続されていったことを考えると，この2つは「食糧アウタルキー」に向けた端緒的な政策としても位置づけることができよう。

3　麦需給政策の特徴と性格

以上のような諸政策がとられる下，第1次世界大戦終結（1918年11月）による戦後不況の発生（20年3月株式相場大暴落）も相俟って，20年4月以降米の

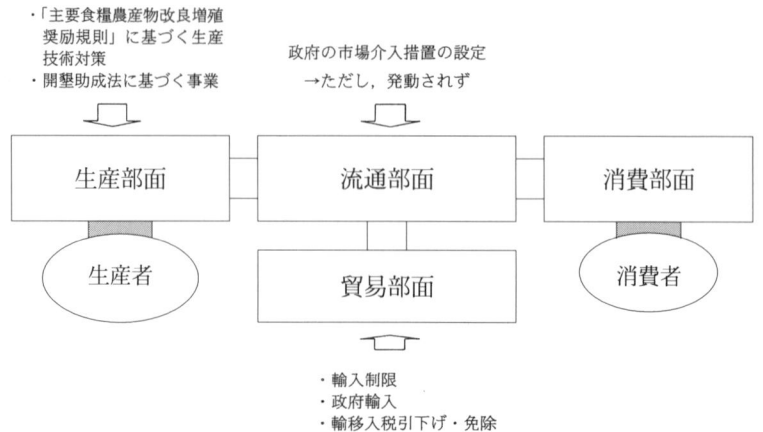

図1-7　第1次世界大戦―米騒動期における麦需給政策の構造

- 「主要食糧農産物改良増殖奨励規則」に基づく生産技術対策
- 開墾助成法に基づく事業

　　↓

政府の市場介入措置の設定
→ただし，発動されず

　　↓

```
┌─────────┐   ┌─────────┐   ┌─────────┐
│ 生産部面 │──│ 流通部面 │──│ 消費部面 │
└─────────┘   └─────────┘   └─────────┘
     │             │              │
  (生産者)      ┌─────────┐    (消費者)
                │ 貿易部面 │
                └─────────┘
                     ↑
```

- 輸入制限
- 政府輸入
- 輸移入税引下げ・免除

卸売価格は下落に向かい，同年9月には1石当たり40円を割り込んで39円台に，12月には30円を割って26円31銭まで低下し，また，麦の卸売価格も，1石当たり小麦は20年6月に20円を割って同年12月には15円24銭へ，大麦は20年5月に20円を割って同年12月には9円90銭に，裸麦は20年6月に30円を割って同年12月に15円53銭に，また，1袋（22kg）当たりの小麦粉価格も20年4月に7円を割り，同年12月には5円84銭となるなど，米と同様の傾向を示した（図1-5も参照のこと）。そして，ここに食糧価格の高騰という状況は一応沈静化したのである。

　この第1次世界大戦―米騒動期における麦需給政策は，上で見てきたように，大戦景気，軍用米需要，流通業者の投機的行動を原因とする食糧価格の全般的高騰に対処することを目的として，米需給政策と一体的に行われた。このことは米需給政策と同様，麦需給政策も，「国民の食糧消費の安定化」の論理が前面に出たものだったことを意味するものである。

　ここで，この時期の麦需給政策の構造を示すならば図1-7のようになるだろう。すなわち，貿易部面に対しては，国内の食糧供給量の確保を図るために輸出制限，政府輸入，輸移入税の引下げ・免除が行われ，流通部面に対しては，買占め・売惜しみを排除するために「暴利取締令」，「穀類収用令」，改正「外

米管理令」などによる政府の市場介入の態勢が整えられ，さらに生産部面に対しては，麦を含む主要食糧農産物の増産を図るために「主要食糧農産物改良増殖奨励規則」や開墾助成法が制定され，それに基づく事業が実施されたのである。

このうち，流通部面に対する諸政策は実際には発動されなかったが（なぜ，発動されなかったかについては別途検討が必要であるが，政策を設定するだけで流通業者の投機的行動に対する牽制となったこと，発動せずとも他の需給部面に対する政策だけで米騒動に対処できるという政府の判断があったこと，などがその理由であろう），政策が設定されたこと自体は，食糧農産物の商品化が全般的に進展する中で，麦の需給においても流通の重要性が高まり，食糧需給の安定化を図るために米に加えて麦（およびその他の主要食糧）も政策対象とするにあたっては，麦（およびその他の主要食糧）の流通に対しても政策介入が必要と考えられるようになったことを示すものである。

さて，米騒動を契機に，米の需給安定を図り，米価の高騰・下落を防ぐことを目的として1921年4月に米穀法が制定され（同月施行），これによって政府は米の需給調節を行うために必要な場合には，米について買入れ，売渡し，交換，加工，貯蔵，輸入税の増減・免除，輸出入制限を行えることになった。[49]同法は米の自由流通を前提としつつ，必要時には政府が市場に介入して需給の調節を図るという，間接統制形態の需給管理体制を作ったものである。

今まで見てきたように，第1次世界大戦—米騒動期までの米需給政策は（麦需給政策も同様であるが），政府が政策介入しなければならない状況が生じた際に，初めてその状況に応じた新たな政策（法令）を策定し，あるいは諸政策を寄せ集めて対処するという，対症療法的な性格が強かった。しかし，恒久法である米穀法の制定によって，米需給政策は諸政策の寄せ集めではなく，政府が恒常的に米の需給を管理するという1つの体系的な政策となったのである。[50]なお，同法の目的は制定時において「米穀ノ需給ヲ調節スル」こととされていたが，25年3月の改正で「米穀ノ数量又ハ市価ヲ調節スル」へ変更され，米価の安定を図る旨がいっそう明確にされた。

麦については，米穀法の立案段階では米とともに政府の需給管理の対象とし

て考えられていたが、その最終制定段階では対象から外された。そのため、麦需給政策はこの時点では体系的なものとはならなかった。麦が政府の需給管理の対象から外れた理由についてその詳細は定かではないが、その背景には、第1次大戦期前と同様、米と比較した国内の食糧生産・消費における麦の地位の低さがあったであろう。とくに、米穀法が価格の高騰・下落双方に対応する形になっているものの、米価の高騰抑制ないし引下げを直接の目的としており、「国民の食糧消費の安定化」の論理をビルト・インしたものとして制定されたことを考えると、麦を米穀法の対象から除外した最大の要因は、麦の国内消費量の少なさであったと考えられるのである。

Ⅳ 「小麦300万石増殖5ヶ年計画」期における麦需給政策

1 「食糧アウタルキー」路線への流れ

第1次世界大戦―米騒動期以降しばらくの間は麦需給政策に目立った動きはなかった。ただし、1923年9月1日に関東大震災が発生したため、食糧供給の確保を目的として、同年9月17日から半年弱の間、小麦・大麦の輸入税が免除となった（表1-4）。

一方、先述の開墾助成法の下で全国的に開墾事業が進められ、また、「主要食糧農産物改良増殖奨励規則」に基づいた麦の改良品種の普及が進められていったにも関わらず、3麦ともその作付面積は20年代半ばまで減少していった（図1-2）。これは、「欧州大戦〔第1次世界大戦〕の影響を受けて大正6、7年頃からの著しい繭価の騰貴と、これに伴ふ桑園の増加は、かなり多くの畑作物の作付増加を阻止したばかりでなく、反対にその転換をすら惹起したのであつた。かゝる事情の下に於て、小麦の作付反別も亦その影響から全く免かれる事は出来なかつた」（〔　〕内は引用者）という状況が発生し、このような動きが戦後もしばらく続いたこと、さらに、「食糧対策から麦類の輸入税が減免されて、輸入小麦が無税となった大正8年3月末から大正9年10月末までの時期と、大震災のため輸入税免税が実施された大正12年9月から、13年2月までの時期における小麦輸入の急増は、国内小麦生産に大きな打撃を与えた」ことに

よる。

　このような国内麦作後退の動きを受けて,「国内食糧確保, 農業者保護の目的から食糧品の関税引上が論議され」, その結果, 麦の輸入抑制を図り, 国内生産を増加させることを目的として, 26年3月に小麦・大麦・小麦粉の輸入税が引き上げられた。また, これに対応する形で, 26年度からは小麦の改良増殖奨励に関する施策が開始された。

　これは, 第1次世界大戦による食糧需給の混乱を教訓として非常時に備えた「食糧アウタルキー」路線に踏み出したヨーロッパと同様, 米騒動を契機として, 日本の食糧需給政策が「国民の食糧消費の安定化」を目的として食糧輸入依存から脱し,「食糧アウタルキー」を追求するものとなったことを受けたものである。日本食糧需給政策のこのような方向性は, この時期, 植民地たる朝鮮・台湾を巻き込み, そこでの増産を含めて, 米の「自給」を追求していった米需給政策に典型的に現れた。

　同時に, 第1次大戦後日本の貿易収支が逆調基調となり, 正貨保有高が減少していった中で,「食糧アウタルキー」はこの時期の日本にとって国際収支悪化防止という点からも求められた, という点も見ておく必要があろう。

　ここで, 表1-4を見ると, 26年3月の麦の輸入税引上げでは, 大麦は100斤(=60kg)当たり55銭から60銭へと9.1％しか引き上げられなかったのに対し, 小麦は77銭から1円50銭へと94.8％の引上げがなされており, 小麦の輸入抑制にとくに力点が置かれたことがわかる。これは, 大麦の輸入量が少なかったのに対して, 小麦については小麦・小麦粉全体の輸入超過量（玄麦換算）が20年代半ばには恒常的に30万tを超えており（表1-6）, 日本の小麦消費の対外依存が強まっていたこと, また, 製粉業が加工貿易型産業として発展する中で, 24年度には小麦の輸入量が, 外貨支払いが必要なアメリカ・カナダ・オーストラリアを中心に70万tを超え（表1-3）, 22年から26年の5カ年平均で輸入超過額が6882万0217円の巨額に上るようになった一方で, 製品たる小麦粉の輸移出では,「円」圏であった朝鮮・台湾への移出が大宗を占めていて（表1-3を見ると, 22～24年度では移出量は輸出量の2～3倍台となっている。なお, 輸入税引上げ直前の25年度には輸出量も大きく伸びているが, そこでは「円ブロ

ック」形成前の当時においてもほとんど外貨獲得には繋がらなかったと見られる関東州向けの輸出が45％を占めている），これが国際収支上好ましくない状況を作り出していたこと，によるものであろう。

そして，このような麦の輸入税引上げによって，大麦・裸麦の生産は依然減退が続いたものの，小麦の生産は，小麦の改良増殖奨励に関する施策も相俟って，20年代後半から回復していったのである（図1－2）。なお，輸入小麦を加工して小麦粉を輸出する際には戻し税を払うという政策が14年から行われていたため（戻し税の額は21年6月以降は輸入税と同額），今回の小麦の輸入税引上げが国内の製粉業に与えた影響はそれほど大きくはなかった。それどころか，同時に行われた小麦粉輸入税の引上げは外国産小麦粉の輸入をいっそう抑制し，国内小麦粉市場における国産小麦粉のシェアを高める役割を担ったのである。

2 「小麦300万石増殖5ヶ年計画」の登場とその背景

さて，このような流れの中，1932年に「小麦300万石増殖5ヶ年計画」（以下，「小麦計画」と略）が樹立され，小麦の本格的増産が目指されることになった。この「小麦計画」は大きく以下の2点を背景として登場した。

1点目は，上で見た国際収支の逆調基調が20年代後半も続き，正貨保有高がさらに減少したことである。この下で，小麦は26～30年平均で輸入額6500万円，輸入総額の約3％を占め，輸入品目中第4位の位置にあったため（小麦輸入の中心がアメリカ・カナダ・オーストラリアであることは従来と同様），国際収支悪化防止のためにその輸入量の可及的縮小が求められ，これに対して国内の小麦消費および製粉業の原料確保のために国内で小麦を増産することが必要になったのである。

これは，井上晴丸氏が「小麦計画」について「当時〔1929年発生の世界〕大恐慌のなかでの資本主義列強のいわゆる『広域アウタルキー政策』をめざす関税競争がしのぎをけずりつつある中での，戦争経済前夜のアウタルキー政策の一環にほかならなかった」（〔 〕内は引用者）と指摘するとおりである。先に見たように，26年3月の小麦輸入税の引上げは，「国民の食糧消費の安定化」を図るための小麦増産に加えて，国際収支悪化防止のための小麦輸入抑制とい

う役割を担ったものであったが,「小麦計画」は, 世界大恐慌以降の世界的な「ブロック経済化」の流れの中で, とりわけ国際収支悪化防止の点から従来の路線をさらに強めたものとして捉えることができよう。

　2点目は昭和農業恐慌下における農村の問題である。世界大恐慌は30年以降日本にも波及し,昭和恐慌として日本経済に大きな打撃を与えた。これは農業においては農業恐慌として現れ,国内の農産物価格は31年を底とする大きな下落を示し,日本の農村は重大な影響を被った。これに対して,疲弊していた農家経済を救済するため,農家の余剰労働力を用いて,商品的作物の作付けを行わせて農家所得を増大させることが必要とされ,その中で冬期の水田利用という点から小麦が着目され,「小麦計画」は「農山漁村経済更正運動」や「産業組合拡充5ヶ年計画」とともに農村対策の一環に組み込まれることになった。先に引用したように,26年3月の麦輸入税の引上げにおいても「農業者保護」はその目的の1つとされていたが,「小麦計画」はそれを中心目的の1つに明確に位置づけたのである。水田裏作麦としての小麦の増産は小作農民の生計補充源となるものであり,表作＝稲作の小作料をめぐる地主と小作農民との利害衝突を緩和する役割を果たすことが期待できた。そのため,農業恐慌下で小作争議が激化していた中で「小麦計画」は地主層からも歓迎されたのである。

3　「小麦計画」の内容と展開動向

「小麦計画」は,1933年産から37年産までの5ヶ年で作付面積を約20万町歩,単位面積当たり収量を15％近く増加させて, 年産300万石（約41万1000ｔ）以上の増産を図ることを目標としていた。「小麦計画」においてとられた政策は「広範囲にわたる総合的なもので,またその手段は国において直接経営する事業のほかは,補助金を骨子とするものであ」り,その政策方針および施策については水野武夫氏が要領よく以下の5点にまとめているとおりである。

　①栽培地の拡張　　冬期休閑地の利用を目標とし他作物よりの転換は極力阻
　　止の方針をとる。
　②反当収量の増進　　計画前迄の全国平均1石2斗余の反当収量を1割5分
　　増加せしめんとす。

③**優良品種の育成**　従前行つて来た諸施設を拡充す。
④**販売統制**　産業組合及び農会をして，之に当らしめ，諸種の奨励金を交付す。
⑤**小麦及小麦粉の輸入関税の引上**　小麦は100斤に付従前1円50銭を2円50銭に，小麦粉は100斤に付従前2円90銭を4円30銭に引上ぐ。

　①②は政策方針，③④⑤は具体的な政策であり，このうち③は先述した26年度からの小麦の改良増殖奨励に関する施策を拡充したものである。ここで注目すべきは④と⑤である。というのは，③の成果を現実の生産において発揮させるためには，生産者に優良品種の作付けを行わせることが必要であるが，それには小麦の生産者手取価格を増産のインセンティブを持つような水準とすることが必要であり，④と⑤はそれに大きな影響を与えるものだからである。

　まず，⑤については，32年6月に小麦・小麦粉の輸入税が大幅に引き上げられた（表1-4）。26年3月の輸入税引上げの後，小麦の国内価格は一時的には下げ止まったものの，30年以降になると世界大恐慌による小麦の国際価格低下の影響を受けて国内価格は大きく低下した（図1-5）。32年6月の輸入税の大幅な引上げは，低迷している国際市況の国内市場への影響をさらに遮断しようとしたものである。

　次に，④であるが，これは産業組合と農会の系統機関を動員して，産業組合の全国機関である全販聯に小麦の販売統制を自主的に行わせることを主眼としていた。

　当時の小麦の流通ルートは，大きく，(イ)製粉会社・醸造会社の専属業者による取引経路，(ロ)独立商人による取引経路，(ハ)農会系統による取引経路，(ニ)産業組合系統による取引経路，の4つがあり，さらに，この4つのルートは複雑に入り組んでいた（図1-8）。そして，流通の大部分は(イ)と(ロ)によって行われており，一方の(ハ)と(ニ)では農会と産業組合の間での縄張り争いがあった。[70] 販売統制の趣旨は，この実態を踏まえた上で，農会と産業組合との和解の下，産業組合系統組織が各生産者の販売小麦を一元的に集荷し，これを全販聯に集中させて，製粉業者や醸造会社などの実需者に小麦を一元的に販売することによって小麦取引における生産者の価格交渉力の強化を図るとともに，中間商人を排除

第1章　戦前期における麦需給政策　57

図1-8　小麦の取引経路

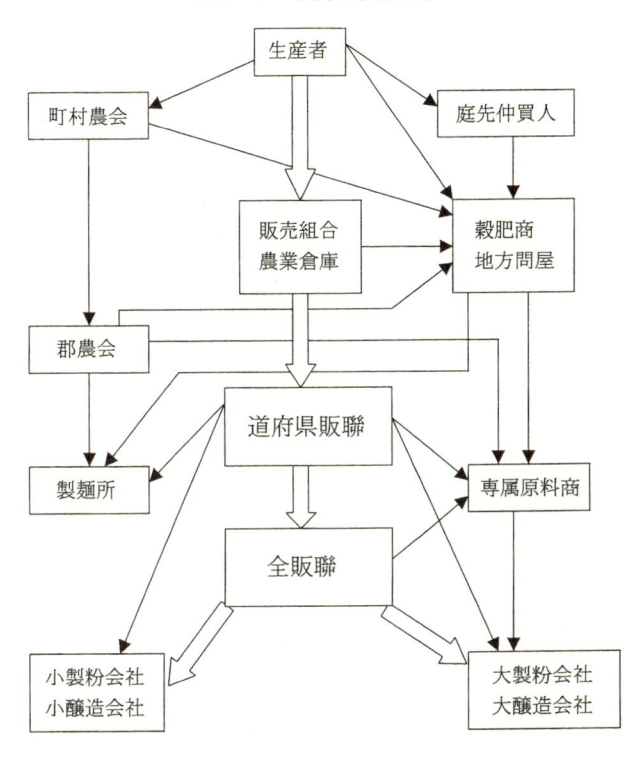

```
                    生産者
         ┌──────────┼──────────┐
         ↓          ↓          ↓
     町村農会                庭先仲買人
         │          │          │
         │          ↓          ↓
         │      販売組合 ←→ 穀肥商
         │      農業倉庫      地方問屋
         │          │          │
         ↓          │          │
       郡農会        │          │
         │          ↓          │
         │      道府県販聯      │
         ↓          │          ↓
       製麺所        │      専属原料商
                    ↓
                  全販聯
         ┌──────────┴──────────┐
         ↓                      ↓
     小製粉会社              大製粉会社
     小醸造会社              大醸造会社
```

出所）水野武夫『農産物取引論』日本評論社, 1939年, 711頁の図より作成。

して中間経費を節減し, それによって生産者手取価格を引き上げようというものであった。そして, この販売統制を進めるにあたって, 政府は産業組合および農会に対して, 経済情報の収集・宣伝のための情報助成, 職員の設置などの人的物的助成, 種々の金融的助成など, その遂行に必要な付帯的措置を並行して行った。ここで表1-7を見ると, 31-32年度に4.7％しかなかった全販聯の小麦販売統制率は, 34-35年度には24.6％, 36-37年度には22.9％, さらに37-38年度には52.5％へと大きく上昇しており, 販売統制がかなりの進展をしたことがわかる。

それでは, 輸入税引上げと販売統制によって小麦の生産者手取価格はどのよ

表1-7 全販聯の小麦販売統制率の推移

(1俵＝60kg)

年度	全販聯販売俵数（A）	全国出回り俵数（B）	A／B
1931-1932	451,443	9,598,503	4.7%
1932-1933	1,114,284	11,837,447	9.4%
1933-1934	2,792,424	15,380,959	18.2%
1934-1935	3,826,223	15,532,862	24.6%
1935-1936	2,926,339	13,238,327	22.1%
1936-1937	3,900,600	17,038,718	22.9%
1937-1938	6,961,477	13,253,445	52.5%

注 1) 年度は其年10月から翌年10月まで。
　 2) 1931-32年度、32-33年度、35-36年度、36-37年度の全国出回数量は、それぞれ32年産、33年産、36年産、37年産の生産高の65％として計算されている。その他は全販聯調査による。
出所）水野武夫『農産物取引論』日本評論社、1939年、697頁、第9表より作成。

表1-8 麦の生産者手取価格・対米価比率の推移

単位：円、％

年次	米（150kg）		小麦（60kg）		大麦（45kg）		裸麦（60kg）	
	価格	比率	価格	比率	価格	比率	価格	比率
1934	24.91	100.0	5.85	58.7	3.90	52.2	6.96	69.9
1935	28.33	100.0	6.77	59.7	3.98	45.3	6.83	60.3
1936	27.16	100.0	6.87	63.3	3.90	48.0	6.90	63.5
1937	30.89	100.0	9.06	69.9	5.03	51.7	8.72	67.3
1938	32.67	100.0	9.85	74.8	6.10	61.8	9.84	74.7

注）3麦の対米価比率は同重量の米に対するもの。
出所）全国販売農業協同組合連合会『麦に関する資料』1951年8月、184頁、第123表より作成。

うに変化しただろうか。表1-8を見てみよう。ここでは34年以降の資料しかないが、小麦の60kg当り生産者手取価格は34年に5円85銭だったものが、35年6円77銭、36年6円87銭、37年9円6銭、38年9円85銭と大幅に上昇している。また、同期間に対米価比率も58.7％から74.8％へと大麦・裸麦以上に好転しており、「小麦計画」の意図がだいたいにおいて成功していることがわかる。

そして、これによって32年から37年にかけて、小麦の作付面積は50万7281町歩から72万3211町歩へ21万5930町歩、42.6％の増加、また、生産量は649万7711石から999万6048石へ349万8337石、53.8％の増加を見せ、20万町歩増加・300万石増殖という目標は達成されたのである（図1-2、表1-6参照）。[73] そして、小麦輸入量は33年度以降大きく減少していった（表1-3）。それゆえ、この「小麦計画」は、井上晴丸氏をして「小麦増殖は、農林省が何々増産計画と

第1章　戦前期における麦需給政策　59

銘うっておこなった政策のうちで，あとにも先にも異例の成功を収めた（もっとも菜種などの他の裏作がかなり犠牲になっているが）ものである」[74]と評価せしめたのである。

ただし，小麦作付面積の増加分のうち，水田裏作による増加分は21万5930町歩中11万1707町歩，51.7％に過ぎず，残りの大部分は，井上氏も触れているように畑作における大麦・裸麦・桑・菜種などからの転換だったのであり，小麦の実際の作付動向は「他作物よりの転換は極力阻止の方針をとる」とした「小麦計画」の方針どおりとはならなかったのである。[75]

4　「小麦計画」の特徴と性格

以上のように，「小麦計画」は，第1次世界大戦—米騒動期後の「食糧アウタルキー」路線の下で行われてきた小麦輸入抑制・国産小麦増産という政策が，世界大恐慌後の「ブロック経済化」の流れの中でとりわけ国際収支悪化防止という点から強められ，さらに昭和農業恐慌下の農村対策という目的を付加して登場したものであった。

この「小麦計画」期における麦需給政策の構造は図1-9のように示すことができる。貿易部面に対して行われた輸入税の大幅引上げは，小麦輸入を抑制することによって国際収支悪化を防止するとともに，小麦価格が低迷していた国際市況の国内市場への影響を以前よりもいっそう強力に遮断する役割を担っ

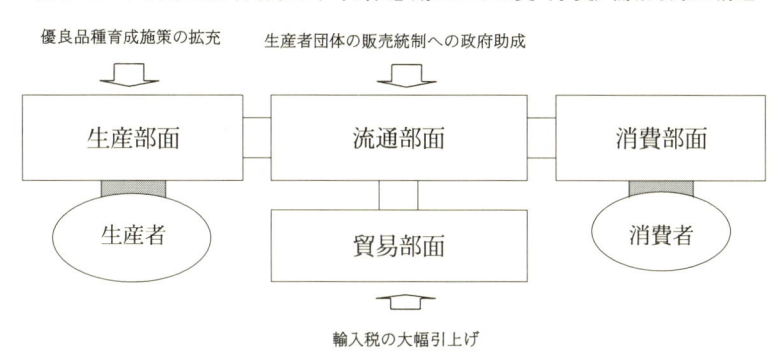

図1-9　「小麦300万石増殖5ヶ年計画」期における麦（小麦）需給政策の構造

優良品種育成施策の拡充　　生産者団体の販売統制への政府助成

生産部面　　流通部面　　消費部面

生産者　　貿易部面　　消費者

輸入税の大幅引上げ

た。また，流通部面に対して行われた，生産者団体の自主的販売統制への政府助成は，生産者の価格交渉力強化と中間経費節減を促進させる役割を担った。この2つの政策は優良品種育成施策拡充による生産技術の向上を増産に結びつける役割を果たすものであった。そして，これらの政策によって，生産者手取価格は上昇し，小麦生産が促進されて小麦増産目標が達成され，一方で小麦輸入量は減少したのである。

　なお，大麦・裸麦については，1926年3月の輸入税引上げ以降も生産量が減少していたが，小麦・小麦粉の輸入税が大幅に引き上げられた32年6月に輸入税が若干引き上げられ（表1-4），また，「産業組合拡充5ヶ年計画」の下で販売統制も行われたものの[76]，小麦のように増産を明確な目的として掲げた政策は行われなかった。これには，小麦と大麦・裸麦の経済的性格の相違が大きく関わっていたと考えられる。すなわち，1つには，この時期の日本の食糧需給は昭和農業恐慌に加えて植民地米が大量に移入されていたことにより（後述），米価に下落圧力が働く過剰状況にあり，そのため，この時期における「食糧アウタルキー」は食糧増産よりも国際収支悪化防止に主眼が置かれたものとなり，それゆえ，麦においては，国際商品でありその輸入が国際収支赤字の一因となっていた小麦のみに対策が立てられたこと，2つには，昭和農業恐慌対策として農民の収入を増大させるという点でも，商品的作物＝換金作物たる小麦のみが増産対象とされたこと，である。

　ただし，「小麦計画」の開始当初時は大麦・裸麦から小麦への作付転換が著しかったため，35年には「小麦作改善奨励に関する施設」が講ぜられ，生産の調整，技術の改良を図る中で，小麦の作付けは未利用地を利用することという趣旨が徹底させられた[77]。このことは，政府は大麦・裸麦の増産対策をとくには行わなかったものの，小麦への転換によってそれらの生産があまりにも減少することは好ましくないと考えていたことを示すものであろう。

　さて，この「小麦計画」については暉峻衆三氏の次の指摘がある。すなわち，小麦を増産させた要因は関税（＝輸入税）の大幅引上げよりもむしろ当時の為替相場の急激な円安による輸入麦に対する国産麦の競争力の強化に求められること（円安を招いた31年12月の金輸出再禁止・金兌換停止については第2章で

触れる），深刻な農業恐慌下過剰労働力を抱えた農民が小麦増産に走る中で小麦過剰が生ずる恐れが多分にあったこと，また，政府助成の下で産業組合や農会が栄える反面で急増する市場向け原料小麦の買い叩きなど「団体栄えて農民衰う」状態もあったことなどを挙げ，「急速な小麦増産という一面のみをとらえて〔井上晴丸氏のように〕『異例の成功』とするわけにはいかな」（〔　〕内は引用者）いというものである。これは「小麦計画」の評価をめぐる問題として大いに議論の余地があろう。

　ただし，暉峻氏・井上氏の「小麦計画」の評価をめぐってはこれ以上は立ち入らない。ここで注目したいのは，「小麦計画」において，明治期以降の麦需給政策において初めて生産者手取価格の引上げのために関税＝輸入税以外の政策が採用されたことである。

　輸入税の引上げは生産者手取価格を好転させる機能を有するが，その場合の「好転」はあくまでも国際価格に対してであり，したがって，国際価格が下落するならば生産者手取価格の絶対額も下落する。しかし，「小麦計画」において輸入税の引上げとともに行われた販売統制への政府助成は，暉峻氏が指摘するように現実には買叩きという状況があったにせよ，生産者の価格交渉力を強化させることによって，生産者手取価格を国際価格との関係だけではなく，絶対額においても好転させようとしたものであると言うことができる（国内の物価水準に対する生産者手取価格水準の好転）。その意味で，「小麦計画」は，麦における，生産者手取価格保障を目的とした政府の市場介入政策ないし価格・所得政策の端緒的形態として捉えることができるのである。また，日本における農産物品目全体からしても，当時日本農業の中核であった「米，繭以外の小麦に対しても，兎に角価格政策的な考慮が払はれたと云ふ処に，小麦増殖5ヶ年計画の意義は非常に多きい」とすることができよう。

　ただし，その価格保障の方法は間接的であったことも見ておかなければならない。すなわち，輸入税引上げと販売統制への政府助成は，生産者手取価格が上昇するように市場条件を整備するものではあったが，生産者に対してある水準の手取価格を保障するものではなかったのである。

　一方，米需給政策は昭和農業恐慌の下，31年3月の米穀法第2次改正（政府

買入れを行う場合の価格を生産費および率勢米価を基礎として定める），32年9月の第3次改正（政府買入れを行う場合の価格を33年12月末まで生産費によって決定する）と生産者手取価格への配慮を次第に強めていった。そして，米穀法に代わるものとして33年3月に公布（同年11月施行）された米穀統制法では，自由流通を前提としながらも米穀生産費を考慮した最低価格で政府が米を無制限に買入れを行うという最低価格保障制度が取り入れられたのである。[80]

この時期における麦と米の需給政策の間での相違は，米穀法制定に際して米のみが政府の需給管理対象とされた理由とは異なり，消費量の相違よりは米・麦の生産に関する政治的・経済的事情の相違に主たる要因を求めなければならないだろう。

すなわち，米は日本農業生産の中心であり，その生産者手取価格＝地主手取価格（もちろん，地主の方が販売時期を選択するなど有利な価格で販売を行っていたが，同等の条件であれば市場において生産者手取価格と地主手取価格が同一になることが想定できる）の動向は，農民層（自作農・小作農）の経済状況，および第1次大戦後の不況以降米価低落や小作争議そして租税・公課負担などによって力を落としつつもいまだ天皇制国家体制の階級的支柱を担っていた地主層の経済状況に大きな影響を与えるものであった。[81]したがって，農業恐慌下で米価が大きく下落して国内の農業が大きな打撃を受けているにも関わらず，国内への米供給に植民地米が不可欠であったことに加えて植民地経営や植民地の日本地主の利害上の問題から植民地米移入を抑制することができず，一方では米価下落によって（さらに31年の不作も加わって）小作料・耕作権をめぐる地主と小作農の対立が激化していた状況下では，[82]体制危機を回避するためには（31年の「満州事変」によって準戦時体制に突入した中ではとくに），「農山漁村経済更生運動」や「産業組合拡充5ヶ年計画」などの農業恐慌対策に加えて，政府による米の生産者手取価格＝地主手取価格の直接的な支持が強く求められたのである。これは「植民地米移入制限を避け，あくまで帝国主義的国策を貫徹しつつ，他方内地米価の公定により米穀統制を強化する方向で」[83]地主層の利益を一定程度守ったものでもあった。

しかし，小麦については，米に比べて農業生産に占める重要性が小さかった

こと，また，小麦の価格動向は主として農民層（自作農・小作農）に関わるものであり，地主層にとってはそれほど大きな意味を持つものではなかったこと（先述のように，小麦増産が農業恐慌下での小作料をめぐる地主と小作の対立を緩和するという役割は認められたが），そして，輸入税引上げと販売統制の進展によって小麦の生産者手取価格が好転し，「小麦計画」がそれなりの成果を挙げたこと，などによって，政府による直接的な価格保障を行う必要性は認められなかったと考えられるのである。

V 小　括

　日本麦需給政策は1899年1月の関税定率法施行による小麦・大麦・小麦粉への輸入課税によって開始された。そこで設定された輸入税は，その後，日露戦時には戦費調達，同戦後には国際収支悪化防止を目的として引き上げられていったが，それは国内の小麦作を保護する役割をも担うものとなった。

　1914年7月に勃発した第1次世界大戦がもたらした戦争景気とシベリア出兵のための軍用米需要は食糧価格を高騰させ，米騒動を発生させることになった。これに対して，社会体制の維持・安定を図るため，麦需給政策は，米需給政策と同様，「国民の食糧消費の安定化」の論理が前面に出たものとなった。そこでは，海外への麦流出防止と輸入確保のために，輸出制限，政府輸入，輸入移税引下げ・免除が行われ，流通業者の投機的行動を排除するために政府の市場介入態勢の整備が行われ，また，国内の麦生産増大を図るために「主要食糧農産物改良増殖奨励規則」や開墾助成法が制定されたのである。

　第1次大戦後は，世界各国と同様，日本も「食糧アウタルキー」路線をとることになり，この下で輸入を抑制して国内生産を増加させるために麦の輸入税が引き上げられた。その後，1929年に世界大恐慌が発生し，「ブロック経済化」の流れが進むと，とくに国際収支の点から小麦の輸入抑制の必要性が高まった。また，昭和農業恐慌下で自作・小作農民，地主とも経済状況が悪化し，小作争議が激化する中，農民の所得を高めるために商品的作物の生産を位置づける必要が生じた。これを受けて，国内での小麦増産を図るべく32年に「小麦300万

石増殖5ヶ年計画」が樹立された。そこでは，生産者手取価格を引き上げるために，輸入税のさらなる引上げと生産者団体の自主的販売統制への政府助成を中心とした政策が行われ，その結果，「小麦計画」は目標を達成したのである。

　以上のような戦前期の展開を見ると，麦需給政策はその対象とする需給部面を広げていったことがわかる。すなわち，第1次世界大戦前に設定されたものは貿易部面に対する政策だけであったが，第1次世界大戦—米騒動期になると貿易部面に加えて流通部面と生産部面に対しても政策が設定され，「小麦計画」期においても同3部面に対する政策が設定された。それらの中には発動されなかったものもあったが，政策が設定されたこと自体は，日本資本主義の発展とともに麦の商品化も進展し，それゆえ政策対象とすべき需給部面が拡大したことを示すものと言えるだろう。

　しかし，米騒動を契機として制定された米穀法によって米需給政策が体系的な政策となったのに対して，麦需給政策は戦時期を通じて対症療法的な域を出るものにはならなかった。また，米需給政策が，米穀法改正で生産者手取価格への配慮を強め，米穀統制法によって政府による最低価格保障を行うことになったのに対して，麦需給政策は「小麦計画」においても生産者手取価格が好転するよう市場条件を整備するという間接的なものにとどまった。そして，この要因としては，麦と米との間の，国内消費量の違い，および国内農業生産における政治的・経済的重要性の違いを指摘することができたのである。

（1）　国内消費量については，加用信文監修『改訂　日本農業基礎統計』農林統計協会，1977年より，1石を米150kg，小麦136.875kg，大麦108.75kg，裸麦138.75kgとして計算（以下，重量換算の際にはこの換算率を用いる）。国内生産量は農林水産省統計情報部『作物統計』より。
（2）　吉田忠「日本人と米——米食型食生活とは何か——」吉田忠・秋谷重男『食生活変貌のベクトル』農山漁村文化協会，1988年，14頁。
（3）　同上書，23頁。
（4）　前掲『改訂　日本農業基礎統計』338頁の数値より換算。
（5）　本来ならば表1-2で示した以前の商品化率についても見るべきであるが，筆者の調べた範囲では，明治期・大正期の麦の商品化率に関する十分信頼できる資料は見あたらなかった。

（6）　水野武夫『日本小麦の経済的研究』千倉書房，1944年，30頁。
（7）　栗原百寿「農業危機の成立と発展——日露戦争から昭和大恐慌前まで」『農業危機と農業恐慌』（栗原百寿著作集Ⅲ）校倉書房，1976年，66頁。
（8）　この原因について持田恵三氏は「……農家における食生活の向上は大・裸麦自給生産の縮小の原因ではなく，むしろ麦作後退の結果に他ならなかった。農業における商品生産の発展が自給麦作の後退を生み出したからである。」と指摘する；持田恵三「麦作後退の基本的性格（上）」農業総合研究所『農業総合研究』第17巻第2号，1963年，141頁。
（9）　小麦＝商品的作物，大麦・裸麦＝自給的作物，という経済的性格の相違は，持田，前掲稿をはじめとして，今まで多くの論者が指摘している。
（10）　前掲『改訂 日本農業基礎統計』より。
（11）　ここでの叙述は，中島常雄『小麦生産と製粉工業——日本における小農的農業と資本との関係——』時潮社，1973年，日本製粉株式会社『日本製粉株式会社70年史』1968年，日清製粉株式会社『日清製粉株式会社70年史』1970年，日東製粉株式会社『日東製粉株式会社65年史』1980年，を参照してまとめた。
（12）　中島，前掲書，95頁，132頁，176頁，の各表より。
（13）　農林省農務局編纂『麦類統計』1928年，後編「世界之部」参照のこと。
（14）　ただし，この時期も10a当たり収量（田畑平均）は，大麦が1910年の163kgから35年の234kgへ，同期間に裸麦が152kgから211kgへと増加している。また，小麦も125kgから201kgへ増加している；前掲『作物統計』より（ただし，同統計では1910年の大麦のデータがないので，これについては，前掲『改訂 日本農業基礎統計』196頁より重量換算して算出した）。
（15）　前掲『改訂 日本農業基礎統計』56頁より計算。
（16）　同上書，196-199頁より計算。
（17）　同上書，55頁より，1町＝0.991736haとして計算。
（18）　日本における資本主義の成立・確立の時期については，資本主義理解に関わって諸々の見解があるが（持田恵三『農業の近代化と日本資本主義の成立』御茶の水書房，1976年，序章参照），本書ではそれを詳しく論じることが目的ではないので，「資本主義社会への移行」を，明治維新を起点として日本が資本主義社会への道を歩み始めた，という意味で押さえるにとどめたい。
（19）　これらについては，太田嘉作『明治大正昭和米価政策史』（復刻版。原著は，丸山舎書店，1938年刊），図書刊行会，1977年，第4章，第5章，第7章，農林大臣官房総務課編『農林行政史 第4巻』農林協会，1959年，52-56頁，を参照。
（20）　太田，同上書，133-135頁の表による。なお，常平局設置に伴って，そ

れまで貯蓄米条例（1875年制定）の下で大蔵省出納局貯蓄課が管掌していた米穀等は常平局に引き継がれた。太田，同書，128-129頁ではその引継品が示されているが，その中には小麦（内地産3094万石，外国産1万5642石）が含まれている。したがって，常平局以前にも貯蓄米条例の下で政府による若干の小麦売買はあったものと思われる。

(21) ただし，実際にはこの関税定率法による国定税率とともに，それまでの不平等条約による協定税率がしばらくは並存していたため（1901年まで），この時点では関税自主権は不十分なものであった。これについては，北出俊昭『米政策の展開と食管法』富民協会，1991年，28-29頁，を参照のこと。

(22) 穀物・穀粉の輸入が無税となったのは1866年にアメリカ，オランダ，イギリス，フランスとの間で調印された「改税約書」によってである。「改税約書」における農産物の扱いについては，中島，前掲書，37-38頁，を参照のこと。

(23) 麦よりも米の方が輸入課税の行われた時期が遅かった理由は定かではないが，関税定率法が施行された時期は日本が米の自給を行えなくなり米の輸移入を大規模に行い始める時であったため，米については輸移入確保の点から輸入課税を行わなかったということが1つの理由として考えられる。なお，1890年代における米の輸移入およびそれをめぐる諸動向については大豆生田稔『近代日本の食糧政策――対外依存米穀供給構造の変容――』ミネルヴァ書房，1993年，第1章，を参照のこと。

(24) 100斤（＝60kg）当たり米籾輸入税は，1911年7月17日に従来の64銭から1円へ引き上げられたが，国内米価上昇の中で同月29日に64銭に引き下げられた。その後，同年10月1日から1円に戻されたが，12年5月28日から同年10月31日まで40銭に引き下げられ，同年11月1日から18年10月31日まで再び1円とされた。この間の経緯については，北出，前掲書，33-35頁，を参照。

(25) 玉真之介「資本主義の発展と農業市場」臼井晋・宮崎宏編著『現代の農業市場』ミネルヴァ書房，1990年，22頁。

(26) 玉，同上稿，22頁。玉氏は，米籾輸入税の引上げの基本目的について，それが国内米作保護よりも正貨流出防止の方にあったと明確に述べているわけではない。しかし，「これ〔米籾輸入税の引上げ〕はヨーロッパの農業保護関税と同様の性格のものではなかった」（同上，〔　〕内は引用者）としていることは，玉氏が米籾輸入税の引上げについてその主たる目的が正貨流出防止の方にあったという認識を持っていると理解することができる。

(27) 小麦粉輸入税の引上げが日本の製粉業の発展に対して果たした役割については，日本製粉，前掲書，95-98頁，も参照のこと。

(28) この点の指摘については，大豆生田，前掲書，136頁，北出，前掲書，37頁，を参照のこと。なお，この点について，玉氏は「この改正〔米籾輸入税の引上げ〕と併せて，朝鮮・台湾からの植民地移入税が撤廃されたことの方が重要であった。これは凶作時の米価騰貴に備えて，品質的に内地米と近い植民地米の移入促進を狙ったものだったからである」（玉，前掲稿，22頁，〔　〕内は引用者）と述べている。

(29) この時期の為替相場は100円＝49ドル台，小麦の国際価格（シカゴ相場）は1ブッシェル当たりだいたい80～90セント台であった；総務庁統計局監修『日本長期統計総覧 第3巻』日本統計協会，1988年，104-107頁，および水野，前掲書，附録「日本小麦年表」より。

(30) 第1次世界大戦前までの米の価格・需給状況，および政策動向については，太田，前掲書，第2編第2章～第12章，前掲『農林行政史 第4巻』第2章～第3章，第4章第1節～第3節，櫻井誠『米 その政策と運動（上）』農山漁村文化協会，1989年，第1章第1節・第2節，松田延一『日本食糧政策史の研究 第1巻』食糧庁，1951年，第1部第1章，などを参照のこと。

(31) 地主層の発展過程については，暉峻衆三『日本農業問題の展開（上）』東京大学出版会，1970年，第1章第3節，第2章第3節・第4節，第3章第3節，を参照のこと。

　なお，1914年の米価低落に対して，地主団体としての性格が強い帝国農会は同年10月に政府に対して「米価調節ニ関スル建議」を行った；櫻井，前掲書，46-47頁。1915年1月の勅令「米価調節ニ関スル件」による政府による正米市場からの米の買入れはこれを受けたものである。そして，このような米価調節を求める帝国農会や産業組合の要請を受けて，1917年には農業倉庫法が制定された。

(32) 日本の人口は，1872年の3480万6000人から1913年の5130万5000人へと増加した；安藤良雄編『近代日本経済史要覧（第2版）』東京大学出版会，1975年，4頁より。また，総人口に占める人口1万人以下の町村人口比率は1898年に81.6％だったものが1913年には74.2％に低下，同期間に人口10万人以上の都市人口比率は9.1％から12.5％へ上昇した（長崎，新潟，愛知，石川，岡山，鳥取，福島，大分，鹿児島，北海道を除く）；中村隆英『日本経済──その成長と構造──（第3版）』東京大学出版会，1993年，99頁，第16表より。

(33) この点に関して，先に触れた1913年の米移入税の撤廃は，国際収支の点から米の供給源を外貨決済が必要な外国から円決済で済ませられる植民地へ移動させるとともに，内地米に品質が近い米を確保するという役割を担っていたと言える。移入米をめぐる動向については，大豆生田，前掲書，

第2章が詳しい。

なお，日本資本主義の後進性およびそれと結びついた早熟性が，食糧農産物の需要増大に対して，イギリスのように輸入を急増させて国内生産を減少させていったのではなく，自給率を漸減させながらも国内での増産・自給の方向をとらせたという暉峻衆三氏の指摘は，この時期の食糧需給政策を見る上で重要である；暉峻，前掲書，88-98頁。

(34) 戦前期・戦時期における日本農業の商品的生産の動向については，栗原百寿「日本農業の生産分化過程」(栗原百寿著作集Ⅱ『日本農業の発展構造』校倉書房，1975年，に所収)が詳細な分析を行っている。

(35) 以下の数値は，水野，前掲書，付録「小麦年表」421-434頁に基づく。価格は東京市場の卸売価格である。

(36) これらの諸政策については，太田，前掲書，第2編第13章，前掲『農林行政史 第4巻』第4章第4節，櫻井，前掲書，第2章第3節，松田，前掲書，38-47頁，を参照のこと。

(37) 太田，前掲書，269-270頁，前掲『農林行政史 第4巻』131頁。

(38) 川東靖弘『戦前日本の米価政策史研究』ミネルヴァ書房，1990年，71頁参照。

(39) 「暴利取締令」の条文については，太田，前掲書，266-268頁，を参照のこと。

(40) 「穀類収用令」の条文については，太田，同上書，287-290頁，を参照のこと。

(41) 「穀類収用令」および改正「外米管理令」の「雑穀」に麦が含まれるどうかについても議論が生じるかも知れないが，米に加えて「雑穀」も政府収用の対象となるに当たって，米に次ぐ主食である麦がそこから外されたとは考えにくい。

(42) 米については11件の適用が行われた；太田，前掲書，268-239頁。

(43) 農林大臣官房総務課編『農林行政史 第2巻』農林協会，1958年，422頁では，同規則の制定背景として，「第1次世界大戦には交戦各国は，自衛の目的をもって食料品の輸出の禁止もしくは制限等をおこない，なおわが国内では大正7年に米騒動の勃発をみた」ことを挙げている。

(44) 同規則の内容については，上掲『農林行政史 第2巻』422-432頁，前掲『農林行政史 第4巻』146頁，を参照のこと。

(45) 上掲『農林行政史 第2巻』431頁，第15表。なお，同表では1925年度の麦の改良品種の普及面積は93万町歩，それによる麦の生産増加見込額は115万石と推算されている。

(46) 農林大臣官房総務課編『農林行政史 第1巻』農林協会，1958年，752頁。

(47) 開墾助成法は1941年5月の農地開発法の施行によって廃止となったが，

それまでの開墾面積は農林省報告分で田 7 万2458町 4 反, 畑 3 万1125町 3 反, 合計10万3583町 7 反であった；上掲『農林行政史 第 1 巻』755-756頁。また, 米の作付面積は1919年の296万0874町が30年には309万8568町歩となっている；前掲『改訂 日本農業基礎統計』194頁。

(48) 卸売価格の数値は, 水野, 前掲書, 付録「小麦年表」434頁より。

(49) 米穀法制定の背景および成立経過については, 太田, 前掲書, 第 2 編第14章, 川東, 前掲書, 第 2 章, 大豆生田, 前掲書, 第 4 章, などを参照のこと。

(50) 松田, 前掲書, 13頁では,「我が国の米穀を中心とする政策の発展段階」について, 明治年間から米穀法制定前までを「随時的米価調節時代」, 米穀法制定から1939年の米穀配給統制法制定前までを「恒久的米価調節時代」, それ以降の戦時期・戦後初期を「食糧国家管理時代」として区分している。

(51) 米穀法制定に当たっては,「臨時国民経済調査会」(1918年 9 月設置, 19年 7 月廃止)と「臨時財政経済調査会」(1919年 7 月設置, 24年 4 月廃止)において議論が行われているが(この前段階としては1915年10月設置, 16年 9 月廃止の「米価調節調査会」がある),「臨時国民経済調査会」における政府の諮問案である「米価調節法ノ要項」では「米其ノ他ノ主要食糧品」として麦も政府の需給調節の対象に含められていたことが窺われるし,「臨時財政経済調査会」において政府から諮問された「常平倉」案(米穀法の原型となる)では「米麦」という, いっそう明確な形で麦を政府の需給調節対象とすることが示されていた。「臨時国民経済調査会」と「臨時財政経済調査会」については, 川東, 前掲書, 第 2 章, 松田, 前掲書, 第 1 部第 2 章, 北出, 前掲書, 第 2 章, で詳しい分析が行われているが, そこにおいても麦が最終的に米穀法の対象から外された理由については触れられていない。

(52) 川東, 前掲書, 143-144頁, 北出, 前掲書, 148-149頁。

(53) 東亜経済調査局『本邦に於ける小麦の需給』1933年, 6 頁。

(54) 日本製粉, 前掲書, 208-209頁。

(55) 水野, 前掲書, 447頁。

(56) これについては, 前掲『農林行政史 第 2 巻』433-436頁, を参照のこと。

(57) 第 1 次世界大戦後のヨーロッパ・日本の食糧(農業)アウタルキー政策のアウトラインについては玉, 前掲稿, 22-25頁。また, 1920年代後半に植民地を含む形で日本の食糧「自給」達成が促進されたとする, 大豆生田, 前掲書, 第 4 章, も参照のこと。

(58) 正貨保有高は1920年末の21億7862万円(内地正貨11億1630万円, 在外正貨10億6232万円)をピークとして, その後減少し, 25年末には14億1267万

円（内地11億5544万円，在外 2 億5723万円）となっていた；前掲『日本長期統計総覧 第 3 巻』109頁。
(59) 東亜経済調査局，前掲書，5 頁。
(60) 数値は，日本製粉，前掲書，附録「資料・統計」24-25頁より計算。
　　　中国・遼東半島南端の関東州は，1898年の露清講和条約によって25年の期限付きで中国からロシアに租借され，1905年の「ポーツマス講和条約」によってロシアから日本へ租借権が委譲された。その後15年の「21ヶ条の要求」によって租借期限が延長（1896年起算の99年）され，45年の敗戦まで日本に帰属した。関東州では，円を通貨の基本単位として日本銀行券と 1 対 1 の固定比率で自由に交換できる朝鮮銀行券（当初は横浜正金銀行券）とともに，中国の通貨も流通していた。関東州の通貨流通および対外決済の実態については，筆者の浅学からそれに関する信頼できると思われる資料・文献を見いだすことができなかったが，上述のように朝鮮銀行券が通貨となっていたため，日本との貿易決済については「円」圏である朝鮮と似たような状況であったと考えられる。なお，関東州の性格・経済動向については，松本俊郎『侵略と開発——日本資本主義と中国植民地化——』御茶の水書房，1988年，第 1 章，溝口敏行・梅村又次編『旧日本植民地経済統計——推計と分析——』東洋経済新報社，1988年，第 1 部第 1 章（梅村又次・溝口敏行稿）・第12章（松本俊郎稿），を参照。
(61) 戻し税の額は，小麦100斤当たり，1914年 6 月 1 日から15年11月11日までは70銭，21年 5 月31日までは 1 円，26年 3 月31日までは77銭，26年 4 月 1 日以降は 1 円50銭であった；前掲『麦類統計』附録10-11頁。
(62) 正貨保有高は1931年末には，内地正貨が 4 億6955万円，在外正貨が8774万円まで減少した；前掲『日本長期統計総覧 第 3 巻』109頁。
(63) 農林水産省農蚕園芸局農産課・食糧庁管理部企画課監修『新・日本の麦』地球社，1982年，124頁。
(64) 井上晴丸『日本資本主義の発展と農業及び農政』（著作選集第 5 巻）雄渾社，1972年，384頁。
(65) 昭和農業恐慌の農村への影響については，暉峻衆三『日本農業問題の展開（下）』東京大学出版会，1984年，第 5 章第 3 節を参照。
(66) 「農山漁村経済更正運動」と「産業組合拡充 5 ヶ年計画」については，井上，前掲書，366-367頁，を参照のこと。
(67) 同上書，384-385頁。
(68) 前掲『新・日本の麦』129頁。
(69) 水野，前掲書，105頁。なお，「小麦計画」で行われた諸々の施策については，前掲『農林行政史 第 2 巻』436-447頁，を参照のこと。
(70) 日本農業研究会編『農産物販売統制問題』（日本農業年報第 6 輯）改造

社，1935年，15-16頁。
(71) 小麦販売統制の趣旨については，全販聯『戦時下における小麦事情』1939年，14-16頁，を参照のこと。
(72) 水野，前掲書，101頁。
(73) 数字は前掲『改訂 日本農業基礎統計』196頁より。
(74) 井上，前掲書，385頁。
(75) 水野，前掲書，116頁。
(76) 全販聯の大麦販売統制率は1934-35年度の4.1％から36-37年度の21.1％へ，同期間に裸麦の販売統制率は3.1％から11.1％へ上昇した（なお，37-38年度においては，大麦の販売統制率は9割程度，裸麦のそれは3割程度と推計できる。これについては，第2章注(50)を参照のこと）；全販聯『大麦の取引事情』1939年，21-22頁の第14表，24-25頁の第15表より計算。
(77) 水野，前掲書，105頁。
(78) 暉峻，前掲『日本農業問題の展開（下）』201-204頁。
(79) 水野，前掲書，101頁。
(80) 米穀法の改正経緯については，太田，前掲書，333-350頁，を参照。なお，米穀統制法では，政府は無制限買入れと同時に，家計費を考慮した価格での無制限売渡しも行うことになっている。
(81) 地主層の弱体化については，暉峻，前掲『日本農業問題の展開（上）』第4章第4節・第5節，同『日本農業問題の展開（下）』第5章第4節，を参照のこと。
(82) 昭和農業恐慌下における小作争議・農民運動をめぐる動向については，暉峻，前掲『日本農業問題の展開（下）』第5章第6節，を参照のこと。
(83) 川東，前掲書，208頁。

第2章　戦時期における麦需給政策

I　戦時経済と食糧需給政策をめぐる動向

1　戦時経済統制の流れ

　前章でも触れたように，1929年に始まった世界大恐慌は30年以降日本にも波及し，日本の経済全般，農業・農村に大きな打撃を与えた。32年に「小麦300万石増殖5ヶ年計画」が樹立された背景に，この世界大恐慌・昭和農業恐慌があったことも既述のとおりである。

　この恐慌に対処するため，31年12月に金輸出の再禁止（金輸出は第1次世界大戦中の17年9月に停止されたが，30年1月から解禁されていた）と日本銀行券の金兌換停止が行われ，ここに日本は金本位制度から離脱し，管理通貨制度へ移行した。そして，この下で公債の日銀引受発行方式による積極財政が行われ，有効需要創出による恐慌打開策が展開されていった（いわゆる「高橋財政」）。この30年代前半の時期は，種々の論争はあるが，管理通貨制度を槓杆とした政府の経済過程への本格的介入という特徴から，通説として日本において国家独占資本主義が成立したとされている時期である。[1]

　さて，金本位制からの離脱は円の対外信用力を落とし，その為替レートを大幅に下落させたが，これは結果として日本製品の国際競争力を強化させ，世界大恐慌の打撃を受けていた輸出関連産業を急速に回復させた。また，31年勃発の「満州事変」の拡大は，多額の国家財政を軍需産業に流し込むことによって，その関連産業を活況化させる役割を果たした。これらによって日本経済は34〜35年頃を底として恐慌から脱却していった（ただし，農業については恐慌からの脱却は農産物価格が恐慌前の水準に回復した36〜37年頃である）。

　しかし，その後日本製品の大量輸出に対して世界各国が次々に輸入制限措置

を強化したため，日本製品の輸出の増勢は鈍化し，他方で国内産業の設備投資再開によって輸入需要が増大したことにより，下落した為替レートの下で日本経済は国際収支の危機に直面することになった。これに対して政府（高橋蔵相）は公債漸減政策の強化と軍事費膨張の抑制を行い，財政収支および国際収支の均衡を図ろうとした。

しかし，36年の2・26事件で高橋蔵相が暗殺され，これを契機に軍部が台頭する中，政府（馬場蔵相）の財政政策は，公債漸減や軍事費抑制を放棄して軍部の意向に沿った形で軍事費を増大させ，その財源確保のために公債を増発するという方向に転じた。この下で「生産の増加と設備投資活発化に伴いすでに輸入が増加していたのに加えて，財政膨張による需要増加と為替相場下落を見越して輸入為替の取組が急がれ，国際収支の危機は一挙に表面化した。」これに対して政府は37年1月に「輸入為替管理令」（33年3月制定の外国為替管理法に基づく）を施行した。これは「思惑取引のみならず貿易上の実需にもとづく為替取引をも許可事項と」するものであり，「ここに為替面を通じて事実上輸入自体を制限するという，直接的経済統制が開始された。従来の外国為替管理法にもとづく投機取締と為替相場安定を目標とした為替管理は，輸入抑制と為替相場維持を目的とする貿易管理へとその性格を質的に転化させた」のである。「満州事変」以降，日本は中国への侵略を急速に進め，「日満支経済ブロック」=「円ブロック」を拡大していったが，外貨決済を必要としない「円ブロック」から輸入できたものは大豆，豆粕，石炭，塩，皮類，麻類などであり，「その他戦時経済に不可欠の礦油，ゴム，機械類，金属及同製品の如き重要製品は『円ブロック』からは輸入不可能であり，全く第3国に依存せざるを得な」かったのであり，軍需関連物資の優先的輸入のためには，外貨決済を必要とする「円ブロック」外地域に対する国際収支の点から，民需品の輸入を制限する必要があったのである。

37年7月に日中戦争が勃発し，戦火が拡大すると，同年9月には「政府ハ支那事変ニ関聯シ国民経済ノ運行ヲ確保スル為特ニ必要アリト認ムルトキハ命令ノ定ムル所ニ依リ物品ヲ指定シ輸出又ハ輸入ノ制限又ハ禁止ヲ為スコトヲ得」（第1条）とした輸出入品等臨時措置法（輸出入品等ニ関スル臨時措置ニ関ス

ル法律）が制定され（同月施行），輸入統制とともに輸出統制も開始された。同法は政府に対して，輸出入統制のみならず「輸入ノ制限其ノ他ノ事由ニ因リ需給関係ノ調整ヲ必要トスル物品」について，その物品を原料とする製品の製造の制限や，その物品またはそれを原料とする製品の配給・譲渡・使用・消費に関して必要な命令をなす権限も与えたが，「貿易依存度が高い日本では，ほとんどすべての商品が，多かれ少なかれ輸出入に関連していたから，この法律は貿易統制を把握することによりほとんど全部の物資に対して全面的な統制を可能」とするものとなり，その後同法を根拠とする物資・物価統制の政策が次々にとられていった。同法は，同じく37年9月に「本法ハ支那事変ニ関聯シ物資及資金ノ需給ノ適合ニ資スル為国内資金ノ使用ヲ調整スルヲ目的トス」(第1条）として制定された臨時資金調整法とともに，自由な経済活動を制限し，戦争遂行のために物資・資金を動員するという，戦時体制下の経済統制を本格化するものとなった。

　さらに，38年4月には，従来の軍需工業動員法（1918年4月制定）に代わって，総動員業務への国民の徴用を含む国民生活・経済の全般を統制する権限を政府に白紙委任で付与した国家総動員法が制定された。同法は「本法ニ於テ国家総動員トハ戦時（戦争ニ準ズベキ事変ノ場合ヲ含ム以下之ニ同ジ）ニ際シ国防目的達成ノ為国ノ全力ヲ最モ有効ニ発揮セシムル様人的及物的資源ヲ統制運用スルヲ謂フ」（第1条）としており，物資統制に関して，政府が軍用物資，被服・食糧・飲料・飼料，衛生用物資・家畜衛生用物資，輸送用物資，通信用物資，土木建築用物資・照明用物資，燃料・電力などあらゆる物資の，生産・修理・配給・譲渡・使用・消費・所持・移動・輸出・輸入などについて勅令をもって必要な命令を行えるとしたのである。そして，同法制定後は，輸出入品等臨時措置法を根拠とする物資統制も行われたものの，国家総動員法に基づく統制が主流を占めるようになった。そして，このような経済統制の強化の中で，日本は太平洋戦争へと突入していくのである。

2　米需給政策──食糧需給政策をめぐる動向

　戦争の拡大は日本の食糧需給にも大きな影響を及ぼした。前章で見たように，

第2章 戦時期における麦需給政策

　昭和農業恐慌下では，植民地米の移入が抑制できなかったこともあって米価の暴落が顕著となり，そのため1933年制定の米穀統制法では生産費を考慮した最低価格での政府による米の無制限買入れが定められた。そして，これに付随して34年から36年にかけては，臨時米穀移入調節法，米穀自治管理法，籾共同貯蔵助成法が制定され，米の市場出回量を調整して米価下落を防止する態勢がとられるとともに（ただし，前2者は発動されず），米の需要増進を図るために，市場に影響を及ぼさない限りにおいて米の新規利用の試験研究用に政府所有米を特別処分できることを定めた政府所有米穀特別処理法も制定された(8)（表2－1）。つまり，いかに米過剰を解消し，米価を引き上げるかが，農業恐慌下における米需給政策ないし食糧需給政策の最大の焦点となっていたのである。

　しかし，37年7月の日中戦争勃発以降，軍需に向けられる食糧が増加する中で米過剰という状況が消失し，また，輸出入品等臨時措置法や国家総動員法などによって経済統制が強まる中，米需給政策―食糧需給政策は大きく転換していった。結論的に述べると，そこでは食糧需給逼迫の進行に対して「国民の食糧消費の安定化」という食糧需給政策の最優先論理が前面に出た下で，食糧需給に対する政府の統制・管理が急速に深化・拡大していったのである。以下，麦にのみ関わる政策を除いてその経過を概観してみよう。(9)

　まず，39年4月に米穀配給統制法が公布・施行され，米の流通に対する統制が開始された。同法は，米穀取引所の廃止（＝先物取引の禁止），国策会社たる日本米穀株式会社の設立（政府と米穀取扱業者が50％ずつ出資）と米穀市場開設事業の同社のみの限定，米穀取引業者の許可制，などを定めたものであり，ここに「米穀配給統制法による米穀取引は，従来の取引機構，取引慣習を止揚することにより，新たなる国家目的に適合する如き機構たらしめられたのである。すなはち，従来の自由経済時代に於ける市場機能は揚棄せられ，投機的な性格は抹殺せられた。その為め所謂商売のうま味はなくなり，従来の意味に於ける取引所としての機能は喪失し，実物市場化したのである。かくて営利的機関から公益的機関，国策担当機関としての性格が強く現れるやうになつたのである」。(10)

　同39年秋には西日本と朝鮮が干魃に襲われ，米が大減収となったが，これは

表2-1 戦時期を中心とした麦および米の需給政策の主な経過

麦需給政策	年	米需給政策
	1931	米穀法第2次改正（3月）
小麦3百万石増殖5ヶ年計画樹立	1932	米穀法第3次改正（9月）
暴利取締令公布（9月）	1933	米穀統制法公布（3月）
麦類・小麦粉の輸出制限開始（3月）	1934	臨時米穀移入調節法・政府所有米穀特別処理法公布（3月）
米穀統制法改正（5月）	1936	米穀統制法改正，米穀自治管理法・籾共同貯蔵助成法公布（5月）
	1937	輸出入品等臨時措置法公布（9月）
暴利取締令改正（8月）		米穀応急措置法公布（9月）
	1938	国家総動員法公布（4月）
小麦の増産計画開始， ▲小麦等輸出許可規則公布（11月）	1939	米の増産計画開始， 米穀配給統制法公布（4月），「米穀ノ配給統制ニ関スル応急措置ノ件」公布（11月）
大麦・裸麦の増産計画開始， 米穀応急措置法第1次改正（3月）， △「臨時穀物等ノ移出統制ニ関スル件」公布（4月）， △臨時輸出入許可規則改正（5月）， △麦類配給統制規則公布（6月）， △小麦配給統制規則公布（7月）， △小麦粉等配給統制規則公布（8月）	1940	米穀応急措置法第1次改正（3月）， △「臨時穀物等ノ移出統制ニ関スル件」公布（4月）， △臨時米穀配給統制規則公布（8月）， △米穀管理規則公布（10月）
▲臨時農地等管理令公布（2月）， ▲新・麦類配給統制規則公布（6月）， ▲小麦粉等製造配給統制規則公布（7月） 「緊急食糧対策ノ件」決定（9月） ▲農地作付統制規則公布（10月） 作付統制助成規則公布（10月）	1941	▲臨時農地等管理令公布（2月）， 米穀応急措置法第2次改正（3月）， 「米価対策要綱」決定（8月）， 「緊急食糧対策ノ件」決定（9月） ▲農地作付統制規則公布（10月） 作付統制助成規則公布（10月） 米穀生産奨励金交付規則公布（12月）
食糧管理法公布（2月）	1942	食糧管理法公布（2月）
昭和19年産麦類ノ供出確保ニ関スル件公布（5月）	1944	「米穀ノ増産及供出奨励ニ関スル特別措置」公布（4月）

注）△は輸出入品等臨時措置法に基づくもの，▲は国家総動員法に基づくもの。
出所）太田嘉作『明治大正昭和米価政策史』（復刻版）図書刊行会，1977年，農林大臣官房総務課編『農林行政史 第4巻』農林協会，1959年，松田延一『日本食糧政策史の研究』（第1巻～第3巻）食糧庁，1951年，その他，より作成。

縮小再生産たらざるをえない戦時経済下とは言え，それまで顕在化していなかった食糧供給の不安定さを露呈させ，これを境に日本の食糧需給は一挙に逼迫へ転じた。しかし，このような事態に対して，米穀配給統制法は米需給の安定化に有効性を発揮することができなかった。これは，同法に基づく市場取引では取引価格が米穀統制法で定められた最高価格を超えることができなかったため，需給逼迫による米価高騰の下では米は開設された市場には集まらず，市場外取引が主流となったためである。(11) これに対して，40年3月には，政府は軍用に供するために必要と認める時にはその所有する米を時価に準ずる価格で軍用として売り渡せること（第1条），政府は日中戦争に関して必要な量を保有するためにとくに必要があると認める時には米価が米穀統制法で定める最高価格の一定割合に相当する価格以下である場合に米の買入れをなし得ること（第2条），それに係る予算は米穀需給特別会計で賄うこと（第3条），を定めた37年9月公布（12月施行）の米穀応急措置法（米穀ノ応急措置ニ関スル法律）が改正（第1次）され，①政府は米の配給上とくに必要があると認める時に米および米以外の穀物・穀粉の買入れ・売渡しをなしうる，②その場合の政府売買価格は時価に準拠して定められる価格で買入れを行える（すなわち，米の政府買入価格は米穀統制法による最高価格によることを要しない），という内容となり，米穀配給統制法の不備に対応して，政府による米の買入れ・売渡しの態勢強化が図られた。(12)

　その後，食糧需給がさらに逼迫し，また，戦時下でのインフレーションを抑えるために39年10月公布・施行の国家総動員法「価格等統制令」によってすべての物価と賃金が公定される中，米需給に対する政府の管理は，自由流通を原則としてそれに一部統制を加えるという間接統制から，自由流通を排除して政府が流通を完全に統制する直接統制へ急速に移行していった。すなわち，40年8月には米の流通ルート（生産者・地主から政府〔または日本米穀株式会社〕までの集荷ルート，政府〔または日本米穀株式会社〕から〔一部大都市の〕小売業者までの配給ルート）を特定した「臨時米穀配給統制規則」（輸出入品等臨時措置法に基づく）が公布され（同年9月施行），また同年10月には生産者に対する米の販売割当を定めた「米穀管理規則」（輸出入品等臨時措置法に基

づく）が公布されたのである（同年11月施行）。[13]

「米穀管理規則は，生産者及び地主の所有する米穀につき，一定の自家保有量を控除した残りのすべてを国家管理の対象におき，之を管理米として，区別し，保管せしめ，場所的人的移動を禁止し，臨時米穀配給統制規則による配給ルート以外に流れ出ることを防止したものであって，正に我が国米穀政策史上画期的のものである。／すなはち臨時米穀配給統制規則は，米穀の配給機構の框を確定したものであるが，本管理規則この（ママ）配給機構に流れ入るべき米穀そのものを規定したのに外ならない。前者は米穀国家管理の骨骼であるとすれば，後者はその肉であり血液であり両者は唇歯輔車の関係にあるといふことが出来る。」[14]

そして，このような流通統制に加えて，34年11月公布（同年12月施行）の国家総動員法「米穀搗精等制限令」による酒造米の節約や，34年11月公布（同年12月施行）の「米穀搗精制限規則」（「米穀搗精等制限令」に基づく）による米搗精割合下限94％の設定などによって消費節約が追求され，また，41年4月からは全国的に配給制度が導入されるなど，加工統制や消費規制の動きも強まったのである。

また，以上のような流通部面に対する政策に加えて，生産部面に対しては39年4月から「重要農林水産物増産計画」によって米の増産計画策定が開始されるとともに，食糧農産物の生産確保を定めた41年10月公布・施行の「農地作付統制規則」（41年2月公布・施行の国家総動員法「臨時農地等管理令」に基づく）や，作付統制に対する政府助成を定めた41年10月公布・施行の農林省令「作付統制助成規則」などによる作付統制，39年12月公布・施行の国家総動員法「小作料統制令」や，41年12月公布・施行の「米穀生産奨励金交付規則」[15]（農林省令）による自作農・小作農などの直接的生産者に対する奨励金支給などによって，米の生産増大を図る政策がとられた。

さらに，貿易部面に対しては，米穀統制法による輸出入統制（米穀統制法は制定当初から米，粟，高粱，黍を輸出入統制の対象にしていた）に加えて，40年4月には「米穀其ノ他ノ穀物及穀粉ニシテ農林大臣ノ指定スルモノハ船用品，郵便物，又ハ100斤ヲ超エザルモノヲ除クノ外農林大臣ノ許可ヲ受クルニ非ラ

ザレバ之ヲ内地ヨリ該地域外ニ移出スルコトヲ得ズ」(第1条) とした「臨時穀物等ノ移出統制ニ関スル件」(輸出入品等臨時措置法に基づく) が公布・施行され, 国内供給量の確保を図るための輸移出統制が行われていったのである。

なお, 米については40年8月の「米価対策要綱」によって政府売渡価格を政府買入価格 (米穀生産奨励金を除いた, いわゆる「地主価格」) よりも低く設定する「二重価格制」への移行が決定され, 41年産米からこれが実施されたことも押さえておく必要があろう。(16) これは, 生産者からの米買入れに対しては生産刺激的な価格設定をしつつ, 消費者には低価格で米を供給することによって, 生産の増加とインフレの抑制とを両立させようとしたものである (なお, インフレ抑制を実効あるものにするためには, 生産者への支払金を預貯金や公債の形で市中から隔離することが必要であり, 戦時中はそれが行われた(17))。

以上のような需給に対する政府の統制・管理の動きは米だけにとどまらず他の食糧品目にも及んだ。先述の40年3月の米穀応急措置法第1次改正は政府の買入れ・売渡しの対象を米以外の穀物・穀粉にも広げたものであり, また,「作付統制規則」は米以外の穀物・農作物も対象とするものであった。なお,「臨時穀物移出統制ニ関スル件」については米以外では3麦と小麦粉のみが対象となった。

さらに, 輸出入品等臨時措置法に基づいて, 40年7月には「青果物配給統制規則」が公布 (同月施行), 同年8月には「澱粉類配給統制規則」が公布 (同年9月施行), 同年10月には「雑穀類配給統制規則」と「大豆及大豆油等配給統制規則」が公布 (両規則とも同年11月施行) された (なお, 後2者はその後, 41年10月に公布・施行された「雑穀配給統制規則」〔41年4月公布・施行の国家総動員法「生活必需物資統制令」に基づく〕として一本化された。なお, これに伴い, 41年10月には「大豆及大豆油等配給統制規則」が改正されて大豆油のみを対象とする「大豆油等配給統制規則」となった)。また, 国家総動員法「生活必需物資統制令」に基づいて「鮮魚介配給統制規則」(41年4月公布・施行), 新「青果物配給統制規則」(41年8月公布・施行),「諸類配給統制規則」(41年8月公布, 同年9月施行),「食肉配給統制規則」(41年9月公布, 同年10月施行) なども定められるなど, 流通統制対象品目が広がっていった。

また，41年3月には米穀応急措置法の第2次改正が行われ，政府は従来の穀物・穀粉に加え，甘藷・馬鈴薯などの食糧農産物やその加工品についても買入れ・売渡しを行えるようになった。そして，最終的に米・麦・雑穀・藷類などの主要食糧については，42年2月公布の食糧管理法（条文によって，施行時は同年7月，同9月，同12月に分かれる）によってその需給に対する全面的な政府統制・管理が行われることになったのである。[*1]

> *1　食糧管理法は「本法ニ於テ主要食糧トハ米穀，大麦，裸麦，小麦，其ノ他勅令ヲ以テ定ムル食糧ヲ謂フ」（第2条）として，米と麦を法律記載の主要食糧とし，「雑穀」「穀粉」「甘藷及馬鈴薯並ニ其ノ加工品タル食糧」「麺類」「パン」を同法施行令記載の主要食糧とした（施行令第1条）。主要食糧として定められた品目は敗戦時まで変化がなかったが，敗戦後は品目が拡大された（これについては第3章で触れる）。

　それでは，上で見たような戦時経済，および米需給政策—食糧需給政策の動きの中で，戦時期の麦需給政策はどのように展開したのだろうか。以下，見ていくことにしたい。なお，政府が直接統制を行う場合は，流通部面は，生産者（および地主）から政府に食糧が集中するまでの集荷段階と，政府に集中された食糧が消費者に至るまでの配給段階とに分かれる。したがって，流通部面に対する政策についてはこの2つに分けて分析する。

II　麦需給政策の展開（1）
——貿易部面——

1　輸入統制の開始

　先に見たように，戦時期の経済統制は為替管理のための輸入統制から開始されたが，麦需給政策においても政府統制はまず輸入に対して行われた。したがって，ここでは貿易部面に対する政策から見ていくことにしたい。

　1932年樹立の「小麦300万石増殖5ヶ年計画」では生産者手取価格を引き上げるための措置の1つとして小麦・小麦粉の輸入税が大幅に引き上げられたが，それは輸入を抑制する機能は持つものの，輸入税さえ支払えば自由に輸入でき

るという点で、輸入そのものを制限したものではなかった。また、33年5月からは外国為替管理法が施行されたが、当初は小麦輸入を対象とした統制は行われていなかった。

小麦・小麦粉輸入を対象とした政府統制が設定されたのは36年5月の米穀統制法改正（同年9月施行）によってである。先に簡単に触れたように、米穀統制法はその制定当初から、米、粟、高粱、黍を輸出入統制の対象にしていた。すなわち、米穀の輸出入については原則として政府の許可を受けなければこれを行うことはできない（第7条）、政府は米穀の統制を図るためとくに必要があると認めるときには期間を指定して粟・高粱・黍の輸入を制限することができる（第8条）、政府は米穀の統制を図るためとくに必要があると認めるときには期間を指定して米穀・粟・高粱・黍の輸入税の増減・免除を行うことができる（第9条）、とされていたのである。これらの規定は日本国内だけではなく、植民地であった朝鮮・台湾・樺太にも適用されたが、これは、とりわけ朝鮮における粟輸入を対象としたものであった。その背景には、後述するように朝鮮が「満州」から粟を輸入して食糧とし、朝鮮で生産された米が日本に移出されるという食糧需給構造があった中で、「満州」から朝鮮に粟が大量流入すれば、朝鮮から日本への米の移出が促進され、日本国内の米価が下落する、という政府の認識があった。36年5月の改正では、この期間を指定しての輸入制限および輸入税増減・免除の対象に小麦と小麦粉が加えられたのである。

ただし、これは先述の臨時米穀移入調節法、米穀自治管理法、籾共同貯蔵助成法の制定と連動したものであり、植民地を含めて食糧の輸移出入調整を強化して日本国内の米価引上げを図ろうとした昭和農業恐慌対策の一環であって、戦時経済統制として行われたものではなかったと言える。

なお、前掲表1-4〔39頁〕の注4）で示したように、米穀統制法改正以前の35年に「貿易調節及通商擁護ニ関スル法律」によってオーストラリア産小麦・小麦粉に対して輸入許可制が敷かれているが、これは日豪の通商関係における双方のダンピング非難合戦の中で、日本産の綿布・人絹布をターゲットにしたオーストラリアの関税（輸入税）引上げ装置に対抗した措置であり、小麦・小麦粉全体を対象にしたものではなかった。

表2-2 戦時期を中心とした小麦・小麦粉別の需給動向

(a) 小麦の需給動向

単位：t

年度	国内生産量	輸移入量		輸移出量	
		輸入量	移入量	輸出量	移出量
1935	1,322,000	446,788	8,881	0	33,621
1936	1,227,000	311,485	4,960	0	26,019
1937	1,368,000	187,580	4,210	0	12,988
1938	1,228,000	66,526	4,214	0	21,441
1939	1,658,000	32,474	2,673	0	0
1940	1,792,000	164,012	1,572	0	0
1941	1,460,000	83,665	288	0	0
1942	1,384,000	0	0	0	0
1943	1,094,000	0	0	0	0
1944	1,384,000	0	0	963	0
1945	943,300	0	0	0	0

(b) 小麦粉の需給動向

単位：t

年度	国内生産量	輸移入量		輸移出量		国内供給量
		輸入量	移入量	輸出量	移出量	
1935	1,093,400	2,077	195	289,177	98,919	707,576
1936	857,846	22,511	62	129,920	71,869	678,630
1937	843,370	9,098	288	160,983	51,915	639,858
1938	932,008	416	122	285,532	55,358	591,656
1939	885,747	2,719	197	207,039	61,233	620,391
1940	974,137	6,819	451	259,496	37,689	684,222
1941	746,520	458	49	162,683	19,264	565,080
1942	602,238	30	0	20,657	31,029	550,582
1943	514,000	0	0	34,332	20,789	458,879
1944	559,000	0	0	49,361	4,086	505,553
1945	437,624	0	0	2,473	0	435,151

出所）表1-3に同じ。

　その後37年から小麦・小麦粉の輸入統制は急速に強化されていく。そして，それは農業恐慌対策と言うよりも，戦時体制に対応した為替管理の必要から行われたものであった。これは小麦が外貨支払いを必要とする国際商品であったことによるところが大きい。以下，その経過を概観してみよう。

　前述のように，外国為替管理法に基づいて37年1月に「輸入為替管理令」が施行された。同令は同年4月，8月と改正され，これによって軍需品の優先的輸入のための民需品の輸入制限がさらに強化されるが，この下で小麦輸入も大きく制限されることになった[21]。さらに，同年9月に輸出入品等臨時措置法が制定されると，小麦は輸出入制限品目の対象に含められ，小麦輸入は原則的に輸出向小麦粉用原料小麦に限られることになったのである[22]。

38年からは外貨不足に対処するために原料輸入と製品輸出をリンクさせる「輸出入リンク制」が採用されるが，そこでは外貨獲得に繋がらない「円ブロック」向け輸出製品の原料輸入は除外された。輸出向小麦粉用原料小麦の輸入先は外貨支払いを必要とするアメリカ・カナダ・オーストラリアが圧倒的であったが，小麦粉の輸出先はほとんどが「満州」，関東州，中国北部という「円ブロック」向けであったのであるから，「輸出入リンク制」からの「円ブロック」除外によって，小麦輸入はさらに大きく制約されることになった。

　そして，このような下，表2-2に示されているように，小麦輸入量は37年度から39年度にかけて大きく減少した。40年度には若干回復しているものの，それでも36年度に比較するとかなり低い水準であり，小麦輸入が大きく制限されていることがわかるのである。

　ここで前掲表1-4を見ると，小麦・小麦粉（さらに大麦）の輸入税は32年6月の大幅な引上げ以降変化がない。このことは，戦時経済下の為替管理強化に対応して，麦の輸入抑制を図るための措置は，輸入の原則自由が前提である関税政策＝輸入税引上げから，より強力な輸入抑制効果を持つ，政府による直接的輸入制限＝輸入統制へその重心が移行したことを示すものである。

　なお，以上のように小麦の輸入制限が急速に強化された背景には，「小麦300万石増殖5ヶ年計画」によって小麦の国内生産量がそれなりに拡大していた状況があったことも見ておく必要があろう。

2　輸移出統制の開始

　先述のように1939年秋に西日本と朝鮮を襲った干魃によって日本の食糧需給は一挙に逼迫へ転じたが，これを契機として麦の輸移出に対する政府統制が急速に強化されていった。

　ここで，当時の麦の貿易構造を概観しておきたい。戦前期における3麦の経済的性格については前章で触れたところであるが，戦時期についても貿易に大きく関係していたのは小麦だけであったと言ってよい。小麦の輸入量は「小麦300万石増殖5ヶ年計画」の開始以降減少していたが，上述のように37年以降の輸入統制の強化によって輸入量がさらに減少したことによって，小麦・小麦

表 2-3 戦時期を中心とした小麦・小麦粉全体の需給動向

単位：t

需給年度	国内生産高	輸移入高			輸移出高			純輸移出入高	純輸出入高
		輸入高	移入高	合計	輸出高	移出高	合計		
1935	1,321,641	409,228	84,216	420,755	254,320	140,666	394,986	▲ 25,769	▲ 154,908
1936	1,226,582	240,378	16,834	242,682	111,240	116,374	227,614	▲ 15,068	▲ 129,138
1937	1,368,209	128,046	46,447	134,403	3,424,690	80,367	3,505,057	3,370,654	3,296,644
1938	1,227,983	35,049	34,608	39,786	277,376	84,748	362,124	322,337	242,327
1939	1,658,085	—	—	171,023	—	—	469,985	298,963	—
1940	1,792,208	—	—	167,055	—	—	378,057	211,002	—
1941	1,459,792	—	—	4	—	—	167,270	167,266	—
1942	1,384,427	—	—	0	—	—	91,821	91,821	—
1943	1,093,698	—	—	0	—	—	87,479	87,479	—
1944	1,383,971	—	—	0	—	—	74,401	74,401	—
1945	943,296	—	—	141,989	—	—	0	▲ 141,989	—

注）1939年度から45年度までは輸入・移入別，輸出・移出別の数値は示されておらず，「輸移入」「輸移出」で一括されている。
出所）表1-6に同じ。

粉全体の需給動向は37年度から輸移出超過に転じた（表2-3）。

小麦・小麦粉全体の輸移出超過は当時の「円ブロック」の食糧需給の構造と大きく関わっていた。先述のように37年以降の為替管理・輸入統制の強化は外貨決済を必要とする軍需品の優先的調達を目的としていたが，この下では外貨決済を必要としない「円ブロック」内で調達できるものについては，「円ブロック」内調達が最大限に追求されることになる。そして，その追求は当然のことながら食糧に関しても行われ，この下で戦時期における「円ブロック」内における食糧の交易構造は図2-1のようになっていた。そこでは，日本から「満州」へは小麦粉が輸出され，「満州」は小麦粉を食糧とする代わりに朝鮮へ粟を輸出し，朝鮮はその粟を食糧とすることによって米を日本に移出する，という関係が見られた。つまり，小麦粉は日本が朝鮮から米を得るための手段だったのである。[25] 日本の小麦粉の輸出先のほとんどが「円ブロック」向けであったことは先述のとおりであるが，これも上述のような「円ブロック」内の食糧交易構造を背景としたものであった。[26]

しかし，39年以降の食糧需給逼迫は，「朝鮮から米の供給を得るためには，かつては内地からの大麦，小麦，小麦粉を差水とし，満洲からの粟をもって米を押出してゐたのであるが，今や大麦は重要な軍需物資として却つて朝鮮から

第2章　戦時期における麦需給政策　85

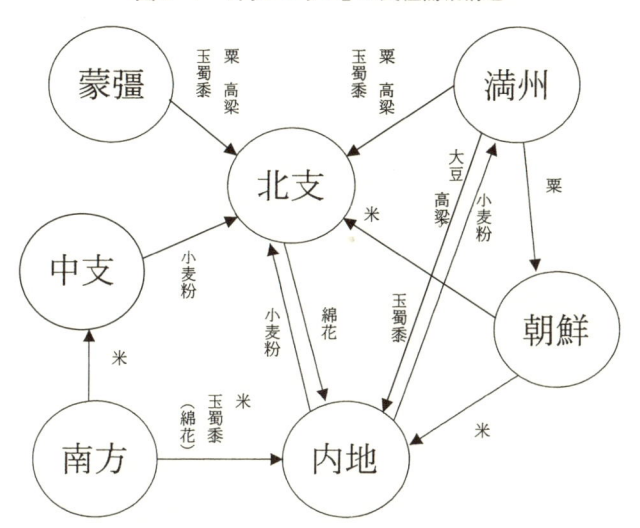

図2-1　「円ブロック」の食糧需給構造

注）中国の各地域名は原図のままとしてある。
出所）久保田明光『戦時下の食糧と農業機構』実業之日本社，1943年，10頁の図。

の移入にまつといふがごとく逆転し，他方小麦，小麦粉は共栄圏を通じての不足食糧となつてゐるので，朝鮮の米の内地流入を促進するためには専ら満洲粟に負ふところいよいよ大となつてきたばかりでなく，内地における飼料用としても満洲の高粱，玉蜀黍に対する需要はますます増大して来てゐるのである」(27)とされるように，「円ブロック」内の従来の食糧交易構造に大きな影響を与えるものとなった。これに対して，麦の輸移出に関しては以下のような政府統制が行われていった。

　まず，39年11月に国家総動員法「米穀搗精等制限令」に基づいて「小麦等輸出許可規則」が公布された（同年12月施行）(28)。これは「小麦其ノ他ノ米穀以外ノ穀物又ハ穀粉ニシテ農林大臣ノ指定スルモノハ船用品，郵便物又ハ100斤ヲ超エザルモノヲ除クノ外農林大臣ノ許可ヲ受クルニ非ザレバ之ヲ輸出スルコトヲ得ズ」（第1条）と規定しているように，米穀統制法ですでに輸出が許可制となっていた米に加えて，他の穀物の輸出をも政府統制の下に置こうとしたも

のである。当初，対象となった品目は小麦と小麦粉だけであったが，その後大麦と裸麦が無統制で輸出されるという事態が発生したため，40年5月にはこの2品目も追加されることになった。これは「円ブロック」外地域のみならず，「円ブロック」内の「満州」，関東州，中国北部への輸出も統制しようとしたものであった。

続いて40年4月には先にも触れた「臨時穀物等ノ移出統制ニ関スル件」が公布・施行された。(29) そこでは，米とともに小麦，大麦，裸麦，小麦粉が統制対象となり，これによって輸出に加え，朝鮮・台湾に対する麦の移出も政府の統制下に置かれることになった。なお，付け加えるならば，同年5月には37年9月から施行されていた「臨時輸出入許可規則」（輸出入品等臨時措置法に基づく）が改正され，商工大臣の許可を受けなければ輸出できない品目として新たに「マカロニー，ヴアーミセリー其ノ他各種ノ麺類」が追加された。(30) これは上で見た政府統制によって輸移出が制限された小麦・小麦粉が，麺類に加工されて「満州」や中国に多量に流出したことに対処したものであった。

そして，これら一連の輸移出統制強化によって，40年度以降小麦・小麦粉の輸移出は激減していったのである（表2-2，表2-3）。(31)

これらの輸移出統制の動きは，食糧需給逼迫の進行下，国内へ供給すべき食糧の確保が求められていた中で，日本よりも物価の高い「円ブロック」内の他地域に食糧が流出していったことに対応したものである。このことは，上述した「円ブロック」内の食糧交易構造が崩れ，小麦粉に代表される麦が，もはや朝鮮から米を移入する手段としてではなく，日本国内で消費されるべき食糧として位置づけられるようになったことを示している。

なお，「円ブロック」内の他地域（植民地を除く）への物資流出に対しては，輸出数量統制を規定した39年9月公布・施行の「関東州，満洲国及中華民国向輸出調整ニ関スル件」（輸出入品等臨時措置法に基づく），およびそれに価格調整を加えた40年8月公布（同年9月施行）の「関東州満洲及支那ニ対スル貿易調整ニ関スル件」（輸出入品等臨時措置法に基づく）によって輸出制限が行われることになったが，後者において小麦・大麦・小麦粉は輸出制限品目に指定された。(32) これらの措置は「円ブロック」外から原料輸入を行っている産業の製

品が「円ブロック」内に販売されることに対処するための為替管理政策であり，先に触れた，「輸出入リンク制」適用からの「円ブロック」除外と同様の論理によるものである。ただし，前述のように，37年以降の小麦の輸入統制強化によってすでに輸移出される小麦粉の大部分は国産小麦を原料としたものになっていたことを考えると，「関東州満洲及支那ニ対スル貿易調整ニ関スル件」に基づく麦の輸出統制は，為替管理とともに，「小麦等輸出許可規則」を出発点とする，国内へ供給すべき食糧を確保するための一連の輸移出統制を補強する役割も担っていたと見るべきであろう。

以上，麦の貿易に関しては，輸入については為替管理の点から政府統制が強化されたのに対して，輸移出については食糧確保という点から政府統制が強化されていったのである。

3 食糧管理法下における貿易統制

以上のように，その背景は異なりつつも，輸入と輸移出双方で強化されていった麦の貿易に対する政府統制は，最終的には1942年2月制定の食糧管理法に引き継がれた。

先にも触れたように，食管法は米とともに小麦・大麦・裸麦を法律記載の「主要食糧」として位置づけ（この4つの品目を法律では「米麦」と称している），また小麦粉については勅令＝食糧管理法施行令で規定される「主要食糧」の中の「穀粉」に含めた。そして，同法は「政府ハ必要アリト認ムルトキハ主要食糧ノ輸入若ハ移入ヲ目的トスル買入又ハ輸出若ハ移出ヲ目的トスル売渡ヲ為スコトヲ得／前項ノ場合ニ於ケル政府ノ買入又ハ売渡ノ価格ハ政府之ヲ定ム」（第6条）として政府が輸移出入のために麦の売買を行えるとするとともに，「米麦ノ輸出若ハ移出又ハ輸入若ハ移入ハ勅令ニ別段ノ定アル場合ヲ除クノ外政府ノ許可ヲ受クルニ非ザレバ之ヲ為スコトヲ得ズ／前項ノ規定ニ依リ政府ノ許可ヲ受ケ米麦ヲ輸入又ハ移入シタル者ハ命令ノ定ムル所ニ依リ其ノ輸入又ハ移入シタル米麦ニシテ命令ヲ以テ定ムルモノヲ政府ニ売渡スベシ／前項ノ場合ニ於ケル政府ノ買入ノ価格ハ政府之ヲ定ム」（第11条第1項〜第3項）として，3麦の輸移出入について恒常的な政府許可制を定めた。また，「政府ハ

特ニ必要アリト認ムルトキハ勅令ノ定ムル所ニヨリ期間ヲ指定シ米麦以外ノ主要食糧ノ輸出若ハ移出又ハ輸入若ハ移入ヲ禁止又ハ制限スルコトヲ得」(第11条第4項)として，小麦粉についても必要時における輸移出入の政府統制を定めたのである。さらに，同法は「政府ハ必要アリト認ムルトキハ勅令ノ定ムル所ニ依リ期間ヲ指定シ主要食糧ノ輸入税ヲ増減又ハ免除スルコトヲ得」(第12条)とした。

　このように食管法によって麦の輸移出入は恒常的に政府の統制下に置かれることになった。そして，同法で麦の輸移出入統制が米のそれとほぼ同様の形態で行われるようになったことは(小麦粉を除けば全く同じ)，従来，麦の輸入統制が主に為替管理の側面からなされてきたのとは異なって，食糧需給逼迫が進行する下，輸入も含めて麦の輸移出入統制全体が米のそれと同様，「国民の食糧消費の安定化」を図るため，食糧確保を主目的とするものになったことを意味するものである。

　同法の下で，表2-3に見られるように42需給年度以降も小麦・小麦粉の輸移出量は減少させられるが，他方で，他の食糧品目と同様，戦争激化の下で小麦・小麦粉の輸移入もほぼ途絶したため(大麦も同様)，輸移出入統制による食糧確保という政策方針は最終的には限界に突き当たったのである。[34]

Ⅲ　麦需給政策の展開(2)
――流通部面［集荷段階］――

1　麦流通に対する政府介入の開始

　戦時期における麦流通に対する政府介入の態勢構築は，商工省令として1937年8月に公布・施行された新「暴利取締令」(暴利ヲ得ルヲ目的トスル売買取締ニ関スル件)の対象品目に「麦及小麦粉」が挙げられたことを初発とする。この新「暴利取締令」は，2・26事件後公債増発と民需品の輸入制限によってインフレが進行する中，37年7月に日中戦争が勃発したことを受けて，インフレのさらなる高進を防ぐため，19年9月公布・施行の旧「暴利取締令」の対象品目を入れ替えるとともに品目数を拡大(29品目)したものであるが，そこに

おいて対象品目の1つとして「麦及小麦粉」が挙げられたのである。[35]

新「暴利取締令」の対象品目はほとんどが工業製品やその原材料であり，農業資材関係では輸入に頼るところが大きかった「肥料及飼料」が，食糧では[36]「麦及小麦粉」以外に「砂糖，鳥獣肉，鳥卵，バター，紅茶，珈琲其ノ他穀物以外ノ飲食料品」が挙げられている。このことは，この新「暴利取締令」が主として輸入に関わる物品を対象としており，この時点では戦時経済統制がまだ39年10月の「価格等統制令」のようにすべての物資を対象とするような段階には到っていなかったことを示すものである。米が対象品目とされていないことからわかるように，この時点では食糧需給の逼迫はまだ大きな問題とはなっておらず，新「暴利取締令」は為替管理に対応して輸入制限品目の買占め・売惜しみを排除することを主目的としていたのである。

しかし，39年秋以降食糧需給が逼迫に転化するに伴い，麦流通に対する政府介入は大きく変わっていった。先述のように，この時期から米の政府管理は間接統制から直接統制に急速に移行したが，それまで米需給政策のように政府が市場介入できる恒常的な態勢を持っていなかった麦需給政策も，この時期から政府による市場介入・流通統制を急速に確立させていくのである。これは麦の輸移出統制と対応したものでもある。

先述のように，40年3月に米穀応急措置法の第1次改正が行われ，そこでは米に加えて米以外の穀物・穀粉も必要時における政府の買入・売渡対象品目として位置づけられた。この米穀応急措置法第1次改正が米穀配給統制法の不備を補う役割を担っていたことは先に見たとおりであるが，同改正は需給逼迫に対処するため，政府が米に加えて他の食糧品目の流通に対しても介入・統制を行っていく出発点としての意味を持つものでもあったのであり，これ以降麦の[37]流通についても政府の介入・統制が強化されていくのである。

2 麦集荷に対する政府直接統制の確立

(1)「麦類買入要綱」による販売量の割当と集荷ルートの特定　米穀応急措置法第1次改正を受けて，1940年5月に「麦類買入要綱」が発表された。これは，前年の米の大減収によって，「本米穀年度の米の需給関係が相当窮屈であ

ることは争はれない事実であり、本年10月乃至11月の所謂米の端境期を過す迄は米の不足数量を麦を以て補充するの処置を講ずることが絶対に必要である」[38]ために、契約栽培によるビール大麦を除いて農家の販売する大麦・裸麦をすべて政府が公定価格で買い上げようとしたものであり、これに基づいて各地方に40年産の大麦・裸麦の買入数量が割り当てられた（全国で政府買上分として大麦100万石、裸麦50万石、軍用供出として大麦101万1000石、裸麦93万7000石）。[39]

そこでは、①道府県は割当数量を各市町村農会に割り当て、市町村農会はそれをさらに地区内の生産者（および地主）に割り当てること、②生産者（および地主）は割当を受けた数量の麦を産業組合に販売委託すること（ただし、地方の実情に応じては農会の斡旋により日本米穀株式会社または地方長官の指定するものに販売することができるものとする）、③産業組合は生産者（および地主）から買い受けた麦を全販聯を通じて政府に売り渡すこと（日本米穀株式会社または地方長官の指定する者が買い受けた麦は政府に直接売り渡すこと）とされて、販売量の割当と集荷ルートの特定が行われたのである。[40]

（2）「麦類配給統制規則」「小麦配給統制規則」の登場　「麦類買入要綱」は1940年産の大麦・裸麦のみを対象としたものであったが（大麦・裸麦に続いて40年7月には「小麦買入要綱」が出されて政府買入数量300万石が示され、各地方に割り当てられた）、そこで設定された販売量の割当と集荷ルートの特定を恒久的なものとしたのが、40年5月の「米穀対策ニ関スル件」[41]（農林省の企画院に対する説明文書）を受けて同年6月に公布・施行された「麦類配給統制規則」（輸出入品等臨時措置法に基づく）と、同年7月に公布・施行された「小麦配給統制規則」（同前）である。前者は当初、大麦、裸麦および燕麦に加えて小麦も対象としていたが、「小麦は其の販売数量も大麦、裸麦に比し多量であり、且小麦は其の大部分が製粉原料として製粉業者に買付けらるゝ事情にあるので、其の農家より最終需要者たる製粉業者等の手に入る迄の過程を一々規則上明確にする必要があ」[42]り、「之を大麦、裸麦等と同一基準によって統制することは実情に副はないので、その後、小麦配給統制規則の制定に伴ひ、本則から除外せられることゝなつた」[43]。以下では、これら2つの規則の内容について、その「取扱要綱」を含めて簡単に見ておきたい。[44]

「麦類配給統制規則」は，市町村農会を出荷統制団体と位置づけ，地方長官の指導監督と県農会・郡農会の協力の下で市町村農会に生産者（および地主）の麦類販売見込高を調査させるとともに，出荷計画を立てさせ，また，原則として農業者団体（販売組合・農業倉庫業者）に集荷を行わせるとして，第1次集荷段階までの集荷ルートを規定している。それ以降の集荷ルートについては，とくに必要な場合，農林大臣・地方長官は生産者・市町村農会・産業組合等に対して必要な命令を行えるとの規定があり，命令によってルートの特定ができるようになっている（図2-2）。

一方，「小麦配給統制規則」は，生産者（および地主）は市町村農会の統制に従って原則として販売組合・農業倉庫に小麦を出荷することとし，その小麦は原則として道府県販売組合聯合会・聯合農業倉庫業者に販売（委託）され，それは当該道府県内で消費されるものを除いて政府，全販聯，または製粉業者（製粉能力日産200バーレル以上）およびその団体，醸造業者（年間小麦消費高5万石以上）およびその団体，日本米穀株式会社に販売しなければならないとして（さらに，全販聯は政府と製粉業者・醸造業者・日本米穀株式会社以外には販売できないとされる），生産者から政府ないし大規模製粉業者・醸造業者，日本米穀株式会社までの集荷ルートの全段階を規定している（図2-2）。

「小麦配給統制規則」が全集荷ルートを規定しているのに対して，「麦類配給統制規則」が第1次集荷段階までしか規定していないのは，後者の制定時には農林省と商工省との物資別主管に関する事務分掌が決定していなかったため，農林省が商工省との摩擦を慮ったことによるものである（事務分掌の決定は40年7月9日の「農林商工両省所轄事務調整方針要項」による。「小麦配給統制規則」の公布はその6日後の15日）。[45]

なお，「麦類配給統制規則」と「小麦配給統制規則」とでは，前者が商品化される麦を基本的にすべて政府に買い入れさせることにしたのに対して，後者は商品化される小麦をすべて政府に買い入れさせるのではなく，集荷方法を明示して民間取引によって実需者である製粉業者，醸造業者等に小麦を集中させようとした点が異なっていた。[46]

この違いは，大麦・裸麦が高度な加工過程なしに消費されるのに対し（精麦

図2-2 特定された麦流通ルートの概要

(a)「麦類配給統制規則」に基づくルート（大麦・裸麦）

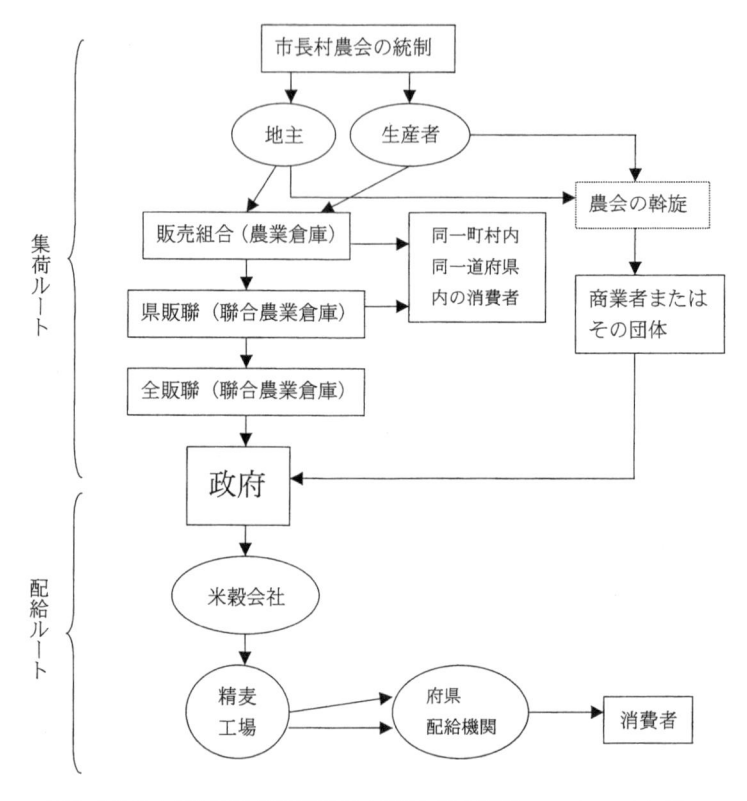

```
                    市長村農会の統制
                    ↓          ↓
                  地主        生産者 ─────────┐
                    ↓          ↓              ↓
集荷ルート    販売組合（農業倉庫） → 同一町村内      農会の斡旋
                    ↓              同一道府県        ↓
              県販聯（聯合農業倉庫） 内の消費者    商業者または
                    ↓                              その団体
              全販聯（聯合農業倉庫）
                    ↓
                   政府 ←──────────────────────────┘
                    ↓
配給ルート      米穀会社
                    ↓
                 精麦工場 → 府県配給機関 → 消費者
```

出所）片柳眞吉『米麦等食糧配給関係法令解説』週刊産業社, 1940年, 38頁の図, および松田延一『日本食糧政策史の研究 第2巻』食糧庁, 1951年, 120頁の第2図, を修正して作成。

過程は必要としても），小麦は，小麦粉および小麦粉製品，味噌・醤油などとして消費されるのが一般的な形態であり，それには企業による高度な加工が必要であることによるものであろう。つまり，食糧需給逼迫に対応するために後述するような配給制度を行うに当たって，大麦・裸麦の配給量を確保するためには政府が農家が販売するものの全量を押さえておく必要があるが，小麦については農家から製粉企業・醸造企業までの流通ルートを明確にしておきさえす

第2章　戦時期における麦需給政策　93

(b)「小麦配給統制規則」に基づくルート（小麦）

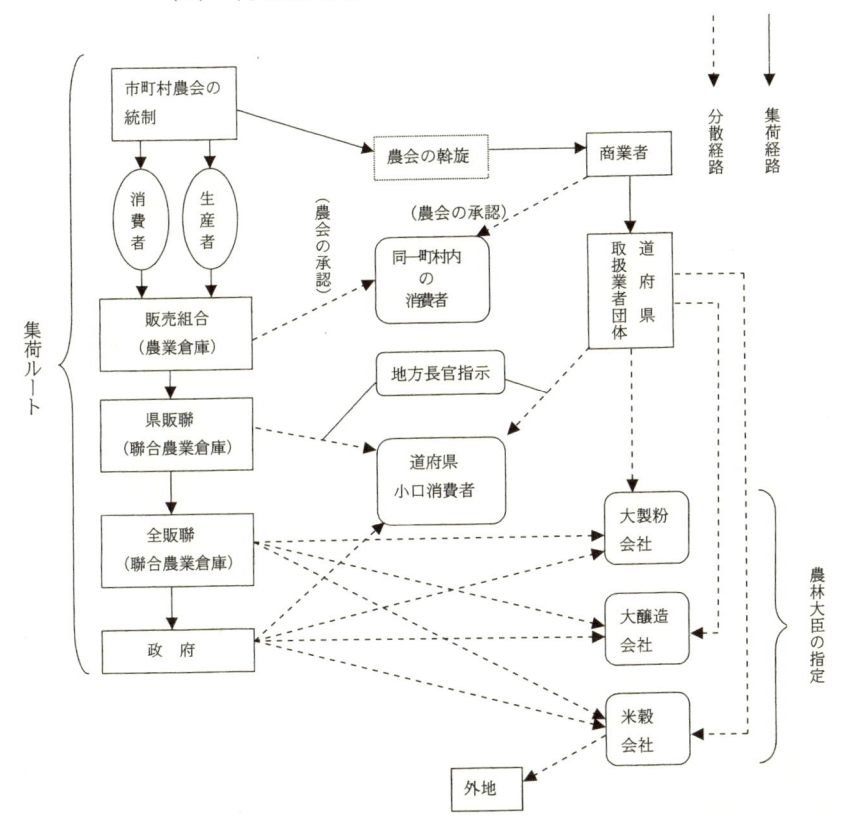

出所）片柳眞吉『米麦等食糧配給関係法令解説』週刊産業社，1940年，53頁の図。

れば，小麦はそれら企業に順調に集まり，流通統制は加工品たる小麦粉および小麦粉製品，味噌・醬油に対して行うだけで配給制度に対応できると考えたのであろう。小麦消費の圧倒的部分を占める小麦粉（最終消費形態としての小麦粉加工品を含む）について言えば，後述する加工統制の下，40年度の各製粉企業への原料小麦の割当比率は，日清製粉・日本製粉の大手2社で73.6％，昭和製粉・日東製粉を加えた上位4社で86.2％となっていたように製粉業における独占化が進んでいたのであるから，小麦の配給については製粉過程以降の小麦

粉の流通統制でかなりの有効性を発揮できたと思われる。そして，小麦粉の統制については別途「小麦粉等配給統制規則」が制定されたのである（後述）。

　ただし，後述するように41年6月公布・施行の新「麦類配給統制規則」では小麦もすべて一旦政府が買い上げることになるのであるから，「小麦配給統制規則」の集荷方法は，40年の時点では政府が販売小麦を完全に掌握しなくてはならないような需給逼迫状況（例えば，生産者から製粉企業・醸造企業までの流通の途中で，小麦としては一般的な消費形態でない精麦用として横流れするような状況の発生）までには至っていなかったことがその背景にあったことも見ておく必要がある。さらに，「麦類配給統制規則」「小麦配給統制規則」とも，麦を所有・占有する者は農林大臣による最高価格での買入れ申し込みがあった場合にはこれに応じなければならないとして，政府による強制買入れが規定されていたのであるから（40年産麦の政府買入れに際しては，この規定を発動してもよいとの通牒が農林省米穀局長から各知事宛てに発せられた[48]），いざという時にはこの規定を発動すればよいとの考えも政府にはあっただろう。

　以上のような「麦類買入要綱」と「麦類配給統制規則」「小麦配給統制規則」は，米穀応急措置法第1次改正によって作られた，流通に対する政府介入のありかたを短期間で大きく変えた。つまり，米穀応急措置法第1次改正は，必要時に政府が市場で麦の売買を行うという方法で，麦流通に対する政策介入の恒常的態勢を作ったところにその意義が認められたのであるが，それはあくまで麦の自由流通を前提としていた。しかし，「麦類買入要綱」とそれに続く「麦類配給統制規則」「小麦配給統制規則」は，自由流通を排除して，すべての販売麦を特定されたルートによって集荷する体制を作ったのであり，これによって麦の集荷は政府の直接統制下に置かれることになったのである。

　（3）　**直接統制をめぐる米・麦間の異同**　　さて，米については，麦に遅れて，前述した40年8月公布・同年9月施行の「臨時米穀配給統制規則」によって生産者・地主から政府（または日本米穀株式会社）までの集荷ルートの特定が行われた。米穀法以来，流通に対する政府介入に関して概ね米は麦に先んじてきたが，今回はその順序が逆となったのである。

　これについて，松田延一氏は「麦類は米穀に比べ，その数量も少ないのと，国

第2章　戦時期における麦需給政策　95

家的な強度の統制を加えることによる農民への心理的影響が少いので，先づ麦類について，食糧統制の効果を的確ならしめることが，米穀統制強化のために必要であつた。換言すれば，政府は麦類の統制によって，高度の統制に関する自信を得たる後，米穀についてこれを実施するのが，政策の樹立，運営上好ましいと考えたのである。このことは例えば曽つて小麦の増産運動を試みた際（昭和7年）に，その販売統制を農民の組織する自主的機関たる当時の全販聯をして担当せしめ，政策目的の実現をなし，之によって得た経験から遂に米穀その他の農産物の販売統制（自主的統制）をなさしめることに成功したという経験からいっても，当然そういうことが考えられたわけである。」と捉えている。確かに，これは1つの有力な理由であろう。しかし，麦について集荷ルートの特定を速やかに行える客観的状況があったことも見落としてはならないだろう。

　すなわち，「産業組合拡充5ヶ年計画」と一体となった「小麦300万石増殖5ヶ年計画」によって全販聯の小麦販売統制率は38年には52.5％にまで高まっており（前掲表1-7〔58頁〕），また，大麦の販売統制率も「産業組合拡充5ヶ年計画」の下で37-38年度には約9割に達していたと推計できるが（裸麦は約3割），米については38年時点でも7割近くが米穀商人への販売であった。つまり，麦については産業組合系統ルートが流通の主流となっていたため，政府が流通統制を行うにあたって速やかに集荷ルートを特定できたと考えられるのである。このことは米との比較で麦の流通統制を捉える際には看過できない問題であると思われる。

　ただし，統制の強度は米の方が上回っていた。上述のように，この時点で小麦については「小麦配給統制規則」によって生産者から実需者（製粉業者等）までの集荷ルートが特定されており，製粉過程後の小麦粉については「小麦粉等配給統制規則」によって製粉業者から地方小麦粉配給機関までの配給ルートが特定されていたが（後述），大麦・裸麦については「麦類配給統制規則」によって特定された流通ルートは第1次集荷段階までであり，それ以降政府に至るまでの集荷ルートおよび政府から消費者に至るまでの配給ルートは政府の指示によるものとなっていた（後述）。しかし，米については前述したように

「臨時米穀配給統制規則」によって生産者・地主から政府までの集荷ルートに加えて，一部大都市については小売業者までの配給ルートも特定されていたのである。

また，販売割当量の算定についても米の方が厳格であった。40年産麦は「麦類買入要綱」および「小麦買入要綱」に基づいて，生産者（および地主）に対して販売量が割り当てられたが，41年産麦に関しては41年5月の「麦類対策要綱」によって大麦・裸麦の販売量は「本年産大麦，裸麦生産見込数量ヨリ生産者又ハ地主ノ自家消費推定数量ヲ差引タルモノヲ以テ販売数量トスルコト／前項ノ自家消費推定量ハ〔昭和〕14麦年度ニ於ケル販売見込数量，軍供出数量及検査数量並ニ〔昭和〕15麦年度ニ於ケル政府買上数量等ヲ参酌シテ之ヲ決定スルコト」（〔　〕内は引用者），小麦の販売量については「本年産小麦生産見込数量ヨリ生産者又ハ地主ノ自家消費推定数量ヲ差引タルモノヲ以テ販売数量トスルコト／前項ノ自家消費推定量ハ昭和12, 13, 14ノ3ヶ年平均販売見込数量及検査数量ヲ参酌シテ之ヲ決定スルコト」として，この販売量が道府県→市町村農会→生産者・地主，というルートで割り当てられた。しかし，この割当は，40年10月公布の「米穀管理規則」によって各農家ごとに自家保有量が定められ，自家保有量以外のものが販売割当量とされた米よりは緩やかなものであった。(53)

麦について，この時点で米のような販売割当量の算定方法がとられなかった理由としては，政府見解として「麦類ニ於テハ飼料等トノ関係アリ各農家ニ対スル自家保有麦ノ算定極メテ困難ナルコト」「販売麦ノ絶対数量ガ米穀ニ比シ僅少ナルコト」「麦類生産者又ハ地主ニ付自家保有麦ノ数量ヲ決定シ販売スベキ数量ヲ強制的割当テザル限リ政府ニ於テ直接買上ヲ行フコトガ農民心理ニ与ヘル影響ヨリスルモ出荷ノ円滑ヲ期シ得ルコト」などが示されている。(54) しかし，これに関しても，「小麦配給統制規則」が販売麦の全量を政府買入れとしていなかったことと同様，この時点では麦に対して厳格な供出制度を求めるまでには食糧需給が逼迫していなかった状況がその背景にあったと見るべきだろう。(55)

3 麦集荷に対する政府統制の進展

その後，戦争によって食糧需給がさらに逼迫する中，国家総動員法「生活必

需物資統制令」に基づいて1941年6月に「麦類配給統制規則」と「小麦配給統制規則」を一本化した新「麦類配給統制規則」が公布・施行された。(56)

その内容について集荷ルートから見てみよう。先述のように旧「麦類配給統制規則」では第1次集荷段階以降のルートは命令によって特定されることになっていたが，その具体的な措置は道府県に一任されていたため，商品化される大麦・裸麦はすべて政府が買い上げることになっていたにも関わらず，「逼迫せる食糧事情の下に於て，府県ブロック主義の禍するところとなり，且麦類生産者の飼料難及び食糧不安に基く出荷不良と相俟って販売数量の相当部分に付買上を遂行することを得ず，その結果麦類の地方的偏在を来した(57)」。

一方「小麦配給統制規則」は集荷ルートの全段階を規定していたものの，先述のように道府県内の消費に充てられるものを除外しており，さらに，商品化される小麦をすべて政府が買い入れることにはなっていなかったため，こちらも「急迫せる食糧事情の下に各道府県のブロック主義を誘発し，加ふるに，小麦粉等配給統制規則を制定施行し大型製粉業者の生産した小麦粉はすべて中央機関から，各道府県に対し計画的配給を行ふことゝしたために，各府県に於ては小麦配給統制規則の集むる集荷配給ルートとの間隙に乗じ，大口需要者に供給すべき小麦の相当部分を県内小型製粉業者に振り向け小麦粉の確保を図ると共に，一部精麦の上混食する等の方策をとらしたために，小麦生産者の飼料難及び食糧不安に対する委託製粉，売惜等と相俟って大型製粉業者に供給すべき数量中未出荷数量数10万石に達し，小麦及び小麦粉の配給円滑を著しく阻害した(58)」。

これに対して，新「麦類配給統制規則」は，市町村農会を出荷統制団体として生産者・地主の販売見込量を調査させ，出荷計画を立てさせるとともに，販売組合・農業倉庫業者→道府県販聯→全販聯→政府という集荷ルートを特定し（産業組合以外のものが買い付けた麦については，農林大臣が指定する当該道府県の麦取扱業者の団体→政府というルート），販売される麦はすべて政府が一旦買い上げることとし，また，2つの旧「配給統制規則」の政府強制買入規定も引き継いだ。

つまり，新「麦類配給統制規則」は，食糧需給のさらなる逼迫に対して，政

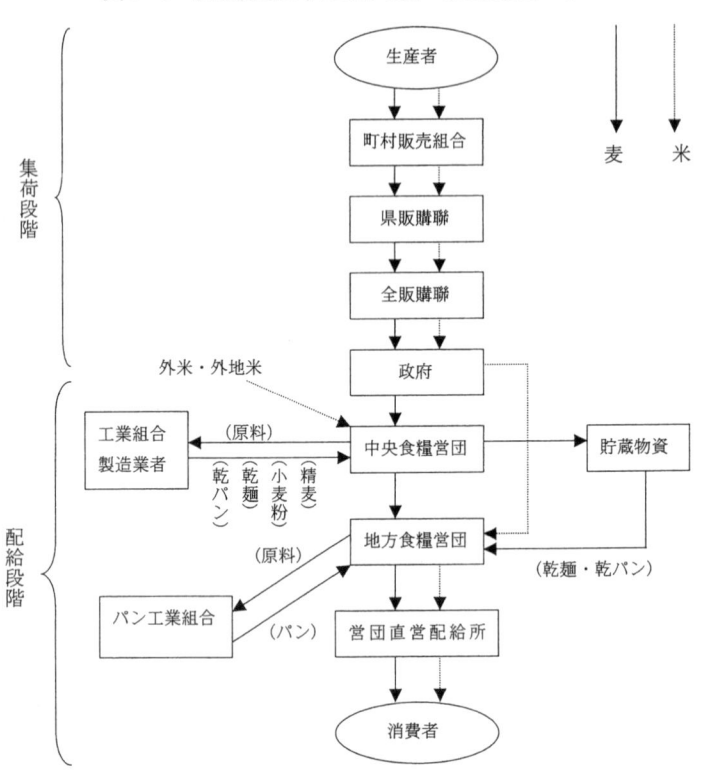

図 2-3　食糧管理法下における麦・米の流通ルート

出所）松田延一『日本食糧政策史の研究　第2巻』食糧庁，1951年，248頁第7図，249頁第8図，より作成。

府に可及的大量の食糧を集中して政府の食糧需給操作能力を向上させようとしたものだったのである。

　そして，このように強化されてきた麦の集荷段階における政府統制は食糧管理法に引き継がれていった。先述のように食管法は主要食糧の需給を全面的に政府統制の下に置いたものであり，そこでは生産者から政府までの集荷ルートについてもその特定が行われたが，それは図2-3のように従来の形態をほぼ引き継いだものであった（産業組合へのさらなる一元化が図られるが）。なお，43年3月制定の農業団体法によって農会と産業組合が農業会へ一本化されると，

第2章　戦時期における麦需給政策　99

農業会が出荷統制業務・集荷業務の両方を担当することになった。

また，食管法は「米穀，大麦，裸麦又ハ小麦（以下米麦ト称ス）ノ生産者又ハ土地ニ付権利ヲ有シ小作料トシテ之ヲ受クル者ハ命令ノ定ムル所ニ依リ其ノ生産シ又ハ小作料トシテ受ケタル米麦ニシテ命令ヲ以テ定ムルモノヲ政府ニ売渡スベシ」（第3条第1項）としたが，この下で麦についても厳格な供出制度がとられるようになった。すなわち「従来の管理制度に於ける管理米は，米穀管理規則に於て出荷すべく特定されたものが臨時米穀配給統制規則に定むるルートを通じて販売され，結局其の大部分が政府の手に納まることになつてゐたが，生産者，地主が一定の米麦を政府に売渡さねばならぬ義務は無かつた。食糧管理法は其の売渡義務を規定して，実質的専売体制の建前を明かにしたのである。又，麦類配給統制規則に於て，出荷自体が生産者，地主の自由に委ねられていた麦類も，本法に於ては管理麦として売渡義務を課せられ，米麦は管理上全く同列に置かれることになつた(59)」。つまり，食糧需給のさらなる逼迫の中，食糧の偏在を防いで「国民の食糧消費の安定化」を最大限に図るため，食管法下で麦は米とほぼ同等の位置づけを与えられ，可能な限り大量の麦を政府に集中させる方策がとられたのである。ただし，「米については1人当基準消費量より計算したる自家保有米数量を生産者，地主の生産米又は小作米から差引いた残り全部を供出せしめる訳であるが麦については其の自家消費が飼料其の他極めて多用途に亘る関係上，米の如き一定の基準消費量に依ることが難しいから，各農家の供出能力を具体的に測つて割当を行ふ(60)」こととされた。

さらに，米の供出促進を図るために，43年産米からは供出割当を従来の個人から部落単位に変え，「ムラ」機能の利用によって供出量増大を図る「部落責任供出制度」が開始されたが，麦についても44年5月に「昭和19年度麦類ノ供出確保ニ関スル件」が出され，44年産麦から同制度が開始された(61)。それは「部落に対し供出割当をした小麦，裸麦及び大麦の各々について部落内の農家の供出総量が，その部落に対する各種類別の供出割当量の10割を超えたときは，それぞれ麦の種類別にみた超過供出総量に対し，小麦，裸麦は各々石当り11円，大麦は石当り7円50銭の供出報奨金を，その部落に対し交付する(62)」ものであり，また，麦類相互の代替措置も認めることによって，政府への麦売渡しに経済的

表2-4 麦・米の年次別供出進捗状況

単位：石

年産		小麦	大麦	裸麦	3麦合計	米
1941	割当数量	8,510,487	1,327,298	2,095,349	11,933,134	29,903,000
	買入数量	6,285,639	1,158,213	2,180,799	9,624,651	28,866,804
	進捗率	73.9%	87.3%	104.1%	80.7%	96.5%
1942	割当数量	6,531,059	1,517,574	2,613,363	10,661,996	41,017,000
	買入数量	5,404,002	1,236,428	2,070,604	8,711,034	39,970,012
	進捗率	82.7%	81.5%	79.2%	81.7%	97.4%
1943	割当数量	4,542,149	837,317	1,363,467	6,742,933	39,059,000
	買入数量	4,668,574	1,041,733	1,726,527	7,436,834	39,681,530
	進捗率	102.8%	124.4%	126.6%	110.3%	101.6%
1944	割当数量	6,807,983	1,596,285	2,360,321	10,764,589	37,250,300
	買入数量	6,038,960	1,838,377	2,745,061	10,622,398	37,294,222
	進捗率	88.7%	115.2%	116.3%	98.7%	100.1%
1945	割当数量	5,038,133	1,481,462	2,582,846	9,102,441	26,561,000
	買入数量	3,940,187	1,526,153	2,420,039	7,886,379	20,610,596
	進捗率	78.2%	103.0%	93.7%	86.6%	77.6%

注 1) 単位の「石」は、米は玄米石、麦は玄米換算石。
　 2) 1945年産の米政府買入数量には未利用資源・雑穀104万9223石が含まれる。
出所）食糧庁『食糧管理統計年報』1950年版，70頁，77頁より作成。

インセンティブを持たせた。供出報奨金については，44年9月の閣議決定で，7分以内の超過供出については従来どおりとするが，7分を超える超過供出については小麦・裸麦は石当たり25円，大麦は石当たり17円とするとされ，超過供出に対する経済的インセンティブがさらに強化されたのである。

　ここで表2-4でこの時期における麦の供出進捗状況を見てみよう。これについては，生産量に対する供出割当量の設定がそもそも妥当であったかどうかという問題はあるが，だいたいの供出動向を把握することはできるだろう。まず，41年産，42年産においては3麦合計の進捗率は8割にしか達していない。この理由は定かではないが，41年産については厳格な供出制度がとられていなかったこと，42年産は食管法の始動期であるために供出制度がまた完全に機能していなかったことが考えられる。その後，43年産（不作だったため，割当数量も引き下げられた）では3麦合計で110.3％となっており，供出制度が機能し始めていることを示している（後述する政府買入価格の引上げも進捗率向上に寄与していると見られる）。「部落責任供出制度」が開始された44年産は豊作を受けて割当量も増大したが，3麦合計の進捗率は98.7％にまで達している。しかし，45年産になると，戦争の深まりの中で供出の前提となる生産量が大き

く減少したことに加え（後述），敗戦後の混乱のために3麦合計の進捗率は86.6％にまで落ち込むのである。

IV 麦需給政策の展開（3）
——生産部面——

1 「重要農林水産物増産計画」の登場

前章で見たように，1932年に樹立された「小麦300万石増殖5ヶ年計画」の下で小麦の国内生産量は大きく伸びた。しかし，この「小麦計画」は，国際収支悪化防止と，昭和農業恐慌への対応として行われたものであり，食糧一般を増産する必要から行われたものではなかった。それゆえ，大麦・裸麦については，小麦増産の影響によってそれらの生産が大きく減少することは望ましくないと考えられていたものの，増産対策はとくには行われなかった。

しかし，日中戦争の勃発を境にこのような動向は大きく変わっていく。

その出発点は38年に行われた大麦・燕麦の増産奨励措置に求めることができる。これは日中戦争の勃発に伴って軍需馬糧用の大麦・燕麦の需要が増加したことに対応して，38年産大麦・燕麦の増産を図ることを目的としたものであり，大麦については種子購入費と増殖指導のための指導員派遣旅費，燕麦については北海道における増加作付分の種子購入費をそれぞれ国家財政から助成することにしたのである。(63) ただし，これは軍需用の飼料増産のために行われたものであって，国民が消費する食糧を直接に対象としたものではなかった。

しかし，戦争が進展する中，39年度からは国民食糧の確保を目的として，農林省による「重要農林水産物増産計画」の策定が開始され，以後43年度まで毎年増産計画の策定が行われていった。そこでは，小麦については40年産から43年産まで，大麦と裸麦は41年産から43年産まで，それぞれ生産目標数量が定められた（表2-5）。そして，この下で育種事業，優良種子配給事業，病害防除事業，増産促進事業（休閑地利用・耕種改善等），指導普及事業等に対して，国家財政からの助成が行われたのである。(64) なお，麦は39年度から41年度までの「増産計画」では翌年産の生産目標，42年度・43年度の「増産計画」では当年

表2-5 「重要農林水産物増産計画」における麦の増産目標と実際の生産量

単位：石

収穫年	種別	基準数量	増産数量	計	実際の生産量
1940	小麦（1次）	9,500,000	1,500,000	11,000,000	13,093,758
	小麦（2次）	9,500,000	3,500,000	13,000,000	
1941	小　麦	9,500,000	3,500,000	13,000,000	10,665,149
	大麦・裸麦	12,915,000	1,097,000	14,012,000	13,252,467
1942	小　麦	9,500,000	4,579,000	14,079,000	10,114,535
	大　麦	7,103,000	2,216,000	9,319,000	6,745,454
	裸　麦	5,812,000	2,631,000	8,443,000	6,624,486
1943	小　麦	9,500,000	4,101,354	13,601,354	7,990,485
	大　麦	7,103,000	1,923,408	9,026,408	5,266,073
	裸　麦	5,812,000	2,514,210	8,326,210	5,280,649

注）1940年の小麦の1次計画は39年度初めに作成されたものであり，2次計画は39年8月に変更されたものである。
出所）田邊勝正『現代食糧政策史』日本週報社，1948年，76頁の図，楠本雅弘・平賀明彦編『戦時農業政策資料集 第1集』第4巻，柏書房，1988年，加用信文監修『改訂 日本農業基礎統計』農林統計協会，1977年，340-342頁，より作成。

産の生産目標が決められた（表2-5の42年産の数値は42年度の増産計画のもの）。

　この「増産計画」における小麦と大麦・裸麦の計画開始には1年のずれがある。当初，39年度の「増産計画」（40年産麦の生産目標数量を策定）では「大麦，裸麦及燕麦ニ付テハ今後ニ於ケル軍需ノ決定ヲ俟テ増産計画ヲ確定ス」となっており，大麦と裸麦の増産は当面の緊急的課題とはされていなかったが，翌40年度に大麦・裸麦は「増産計画」（41年産麦の生産目標数量を策定）の対象に加えられた。これは，田邊勝正氏が「食糧の需給関係は益々均衡を失するに至つたばかりでなく，一方日本を繞る国際情勢は愈々緊迫を告げるの状態にあつたから，これに対応して食糧需給の完璧を期する為には，小麦の増産のみでは足れりとせず，その大部分が直接食糧に供せられる大麦及び裸麦についても増産計画を樹立する必要に迫られ，昭和16年収穫の麦類に付ては，小麦，大麦及び裸麦を通じての生産目標が定められるに至つた」[65]と述べているとおり，39年秋の米大減収を境に食糧需給が逼迫に転じたことを受けたものであろう。40年産の小麦の生産計画が39年8月に増産の方向で変更されたのも，8月時点で39年産米の大減収がほぼ確実になったためであると考えられる。

　食糧需給が一挙に逼迫に転じた39年秋以降，食糧需給政策の一環としての麦

需給政策は,「国民の食糧消費の安定化」という食糧需給政策の最優先論理が前面に出たものとなり,先に見たように貿易部面・流通部面［集荷段階］では国内へ供給すべき麦の確保および政府の需給操作能力の向上を図るための政策が設定されていったが,それと連動して生産部面では小麦に加えて大麦・裸麦の増産を図る政策が設定されたのである。

2　作付統制と価格・所得政策による増産態勢の確立

「増産計画」では,主として生産技術の向上に関わる施策が設定されたが,これだけでは米・麦を急速に増産することは難しい。そこで,これらの施策に加え,農地の拡張・改良のための施策,小作料の統制,農業労働力調達のための施策,生産資材の調達・配給のための施策など,増産のための多くの関連施策がとられた。これらの諸施策は複数の食糧（農産物）品目に影響を与えるものであって当然麦の増産にも関係するが,これを踏まえつつも,ここでは麦という個別の品目に直接関わる作付統制,および麦の生産動向に非常に強い影響を与える価格・所得政策に焦点を当てることにしたい。

まず,作付統制についてである。先述のように,食糧需給の逼迫が進行する中で政府は41年10月に「農地作付統制規則」を公布・施行した。この内容は概要,①生産者は40年9月1日以降「食糧農作物」（稲,麦,甘藷,馬鈴薯,大豆）の作付けをした農地に当分の間「食糧農産物」以外の作付けをしてはならない（第2条）,②農林大臣は「制限作物」（桑樹,茶樹,薄荷,煙草,果樹,花卉）を「食糧農産物」に転換させるため必要な場合には各道府県ごとに作付転換計画を定めて地方長官に通知する（第3条）,③農林大臣・地方長官が作付けを抑制すると指定した農産物は40年9月1日以降作付けした農地以外の農地に作付けをしてはならない（第8条）,というものである。つまり,同「規則」は農業生産を極力「食糧農産物」に集中させて国民食糧の確保を図ろうとするものであり,そこにおいて麦は「食糧農産物」の指定を受けたのである。同「規則」に先だって41年9月に閣議決定された「緊急食糧対策ノ件」では,作付転換と裏作奨励による麦の急速な増産が強調されたが,同「規則」はこれを補強したものと言える。

次に、麦の価格・所得政策についてであるが、これは流通統制と一体となって構築された。前節で見たように、新「麦類配給統制規則」によって3麦とも販売麦は政府が全量買い上げることとされ、これは食糧管理法へと引き継がれたが、このことは生産者手取価格が政府買入価格と直結し、それゆえ、政府買入価格が麦の生産動向に非常に強い影響を与えることになったことを意味する。これをめぐる経緯は以下のとおりである。

先述のように戦時下のインフレ対策として39年10月に「価格等統制令」が公布・施行されたが、その下で小麦と小麦粉については40年1月から、大麦と裸麦については同年2月からその最高販売価格が決定されることになった。そこでは、「小麦の最高価格は其の生産費一般物価特に主要食糧として密接な関係を持つ米穀の需給数量及び価格との関係並びに増産計画達成の見地等から考慮して決定することとした。／また同時に小麦の作付と直接競合関係にある大麦及び裸麦に付いても最高価格を公定する必要があるが、大麦及び裸麦に付いては基準とする生産費の調査を欠くので、従来の価格比率により、小麦の最高価(ママ)を標準としてこれと均衡した最高価格を決定する方針を定めた」(69)(小麦に対して大麦は59.1％、裸麦は96.3％)のであり、インフレ抑制のための価格統制下でも生産費への配慮がなされたことは、食糧増産の点から麦が重要視されていたことを再確認させるものである。なお、小麦の最高販売価格は「昭和14年産小麦ノ平均生産費(推定)10円90銭ヲ基礎トシ『パーク・ライン』ノ方法ニ依リ、72％ノ生産ヲ『カバー』スベキ生産費12円30銭ヲ決定シ、之ヲ生産者庭先価格トシ、運搬費、取扱者手数料其ノ他諸掛ヲ加算シ」(70)て定められた。

米穀応急措置法第1次改正を受けて40年5月に「麦類買入要綱」が出された下で政府による大麦・裸麦の買入れが始まったが、そこでの政府買入価格はこの最高販売価格とされた。その際「政府の買入を行はんとした大麦及び裸麦の最高販売価格は、昭和15年2月、農林商工両省の告示第4号を以て公定せられてゐた価格を改訂し、政府買入のものに限り、買入を便ならしめるやうな措置をとつた」(71)。前節で見たように40年産麦の政府買入れが39年の米大減収への緊急対応だったことを考えると、この時点においては「買入を便ならしめるやうな措置」＝最高販売価格の引上げは、増産対策というよりも、政府への麦売渡

しを促進する集荷対策としての意味を持ったものだったと言える。

「価格等統制令」に基づく最高販売価格は41年産および42年産にも適用された(72)（表2-6参照。なお、42年産は等級整理・正味量統一が行われたため前2年産とは価格が若干異なる）。ただし、41年産以降は新「麦類配給統制規則」の下で政府が販売麦を全量買い上げることになったのであるから、最高販売価格は生産者手取価格に直結し、麦の増産に対して非常に強い影響を与えるものになった。このことは「小麦300万石増殖5ヶ年計画」を出発点とする生産者手取価格への政策的考慮が新たな段階へ入ったことを意味する。すなわち、同「小麦計画」は生産者手取価格の絶対額の引上げに焦点を当てたところに画期的意義が認められるが、そこでの価格保障の方法は、輸入税の引上げと生産者団体（全販聯）の販売統制に対する政府助成によって小麦の生産者手取価格が好転するように市場条件の整備をする、という間接的なものであった。しかし、販売麦の政府全量買入れの下で行われた今回の最高販売価格＝政府買入価格の公定は、生産者手取価格を直接的に規定するものである。つまり、「小麦計画」は、麦における、生産者手取価格保障を目的とした政府の市場介入政策ないし価格・所得政策の端緒的形態とでも言うべきものであったが、今回の最高販売価格による政府全量買入れは麦における価格・所得政策の確立として捉えることができるのである。

43年産以降の政府買入価格は、42年産から大麦と裸麦についても開始された生産費調査を基に、「政府ノ買入ノ価格ハ勅令ノ定ムル所ニ依リ生産費及物価其ノ他ノ経済事情ヲ参酌シテ之ヲ定ム」（第3条第2項）とされた食糧管理法の下、生産費計算方式で決定されることになった（政府買入価格・政府売渡価格に関する条文は42年7月からの施行だったため、42年産麦には「価格等統制令」が適用された。なお、米の政府売買価格について食管法の規定が適用されるのは実質的に43年産からである）。そして、そこでの価格決定は、43年産麦の政府買入価格についての方針を示した42年10月の「麦類ノ価格対策ニ関スル件」が「今後ノ主要食糧ノ需給調整ガ米穀以外ニ麦類ニ依存セザルベカラザルコトハ言ヲ俟タザルノミナラズ、当面セル昭和18米穀年度ノ事情ヨリシテ、麦類ノ供給力ノ増強ヲ図ルコトハ内外諸般ノ情勢ヨリ焦眉ノ急務ナリ。然ル処最

表 2-6 麦の公定価格と生産費の推移

単位：円／石

		1940・41年産	1942年産	1943年産	1944年産	1945年産
小麦	政府買入価格（A）	28.44	28.71	34.71	45.75	72.84
	（対前年増加額）		(+0.27)	(+6.00)	(+11.04)	(+27.09)
	政府売渡価格（B）	28.10	28.37	33.29	33.29	34.34
	（対前年増加額）		(+0.27)	(+4.92)	(±0)	(+1.05)
	政府売買価格差（B－A）	▲0.34	▲0.34	▲1.42	▲12.46	▲38.50
	生産費（C）	—	—	43.93	51.25	95.95
	補償率（A／C）	—	—	79.0%	89.3%	75.9%
大麦	政府買入価格（D）	16.32	18.12	22.12	30.45	49.71
	（対前年増加額）		(+1.80)	(+4.00)	(+8.33)	(+19.26)
	政府売渡価格（E）	16.01	17.81	21.53	23.20	23.20
	（対前年増加額）		(+1.80)	(+3.72)	(+1.67)	(±0)
	政府売買価格差（E－D）	▲0.31	▲0.31	▲0.59	▲7.25	▲26.51
	生産費（F）	—	—	29.41	37.38	73.03
	補償率（D／F）	—	—	75.2%	81.5%	68.1%
裸麦	政府買入価格（G）	26.78	27.38	33.38	45.09	72.84
	（対前年増加額）		(+0.60)	(+6.00)	(+11.71)	(+27.75)
	政府売渡価格（H）	26.44	27.04	32.04	34.34	34.34
	（対前年増加額）		(+0.27)	(+4.92)	(+1.05)	(±0)
	政府売買価格差（H－G）	▲0.34	▲0.34	▲1.34	▲10.75	▲38.50
	生産費（I）	—	—	43.52	55.90	96.76
	補償率（G／I）	—	—	76.7%	80.7%	75.3%

注 1）『食糧管理統計年報』では100斤当たりの生産費が示されているが，ここではこれを小麦1石＝229斤，大麦1石＝181斤，裸麦1石＝231斤として1石当たりに換算した。
2）『食糧管理統計年報』では1942年産からの生産費が示されているが，42年産については同年産の反収統計がなく，全5ヶ年平均の反収で反当生産費を除して100斤当たり生産費を算出しているため，ここでは除外した。
3）生産費は調査農家平均。
4）政府買入価格・政府売渡価格は3等のもので，括弧内は対前年比。
出所）農林大臣官房総務課編『農林行政史 第4巻』農林協会，1959年，372頁，第42表，食糧管理局『食糧管理統計年報』1948年版，188-189頁，より作成。

近ノ麦類ノ生産実績及其ノ供出ノ成績ヲ観ルニ所期ノ計画ニ達スルニ遙カ遠ク，此ノ儘推移センカ将来ハ勿論直面セル麦米穀年度ノ需給操作上甚ダ憂慮スベキ結果ヲ招来スルノ虞アリ／惟ウニ麦類ニ付テハ従来ハ概シテ農家ノ農閑期遊休労力ノ利用トシテ耕作セラレ，其ノ食糧的地位モ亦副次的ノモノニ過ギザリシガ，最近ノ食糧情勢ヨリシテ其ノ重要性ハ頓ニ増加シ米穀ニ準ズベキ，食糧的地位ヲ占メ来リタルニ拘ラズ之ニ応ズベキ価格ヲ与ヘザリシコトガ，生産供出ノ不振ナル重大ナル事由ノ一トナスヲ得ベシ／仍テ麦類ノ増産及其ノ円滑ナル供出ヲ確保センガ為ニハ各般ノ指導奨励ノ施設ヲ実行スルコト相並ビ，其ノ価格ニ付米穀ニ準ズベキ食糧トシテ米穀ト並ビ増産ガ推進セラレ供出ガ円滑ニ行ハレル様之ヲ是正スルノ要アリ」と明確に述べているように，需給逼迫がさ

らに深刻化する中，米とともに麦の増産・供出を円滑に行うため，政府買入価格を引き上げる方向性を持つものであった[73]。

しかし，その実態はどうであったか。表2-6を見てみよう。3麦とも政府買入価格は41年産については価格が据え置かれ，42年産についてもあまり変化は見られないが，食管法の規定が適用される43年産以降になると毎年大きく引き上げられており，生産刺激的なものとなっているように見える。しかし，それを生産費と比較してみると，生産費も毎年上昇しているため，政府買入価格は生産費を補償する水準には達していない。これは，政府買入価格は収穫年の前年10月（作付前）に決定され，その際価格算定に用いられる生産費は収穫年の前年産のものを基礎とするが（物価指数や経済事情による補正が加えられるが），実際の生産費は戦時下のインフレによって前年産の生産費を大きく上回ってしまうことによるものであったと思われる[74]。生産費については調査戸数が少なく十分信頼できる数字とは言えないが[75]，政府買入価格の引上げが，インフレによる生産費上昇によって，実際にはその効力をかなり減殺されていることが推察できるのである[76]。

なお，米については生産者の増産意欲を向上させるため，41年12月の「米穀生産奨励金交付規則」によって自作・小作などの直接的生産者から政府が買い入れるものについては41年産米以降政府買入価格（＝地主価格）の他に生産奨励金を支払う措置がとられたが（これによって代金納小作料率は大幅に低下），麦についてはこのような措置はとられなかった。これは現物小作料として麦が地主に払われる事例がほとんどなかったためであると考えられる。

以上のような作付統制，価格・所得政策によって麦の作付面積は40年代前半を通じて一定程度増加した（前掲図1-2〔35頁〕。ただし，敗戦年の45年には減少）。これには水田裏作麦作付率の上昇も寄与していた（前掲図1-4〔36頁〕）。しかし，政府買入価格が生産費を補償する水準にはなく，また，資材不足・労力不足が深刻になる中，生産量は40年産の小麦を除いて「増産計画」を下回り，さらにその乖離は年とともに開いていったのであり（表2-5），結局は敗戦に向かって生産量は大きく減少したのである（表2-2，表2-3）。

V 麦需給政策の展開（4）
――流通部面［配給段階］――

　以上見てきたように，戦時下における食糧需給逼迫の進行に対応して，「国民の食糧消費の安定化」を図るため，麦需給政策では，貿易部面，流通部面［集荷段階］，生産部面に対して様々な政策が行われたが，「国民の食糧消費の安定化」に向けて最終的な役割を担ったのが流通部面［配給段階］（加工部面を含む）であった。ここに対してはどのような政策が行われたのだろうか。

1　配給ルートの特定と加工部面に対する統制の強化
　1939年秋に食糧需給が逼迫に転化したことを契機として米・麦の流通統制が急速に強化されたことは前述したとおりであるが，その下で米・麦の卸売商・小売商の配給統制機関化が進められた。
　前述のように，40年8月公布・同年9月施行の「臨時米穀配給統制規則」によって米については集荷ルートに加えて，一部大都市地域については配給ルートも特定されていたが（政府〔または日本米穀株式会社〕→米穀商統制団体→米穀小売業者団体），「米の消費規正を励行する為に，昭和16年全国的に消費者1人当りの配給割当量を規定し，通帳制による配給統制が実施されるに至つたが，例へば東京府では同年4月1日から通帳制を実施するに先立ち，配給機構を一元的に整備する為に，同年1月に米穀取扱業者を総合して東京府米穀商業組合を設立し，その本部では府下全部の消費米の払下を一手に引受け，方面事務所及び支所を通じて，精米所で混合し，一定の規格に包装して，配給所から通帳によって各家庭へ配給することになつた。斯様にして米穀商人は企業合同による共同仕入及び共同販売によって，独立の商人から商業組合の一配給労務者と化したのである」[77]。
　先に見たように，40年6月の旧「麦類配給統制規則」公布・施行以降，生産者が販売する大麦・裸麦は政府がすべて買い上げることとされたが（新「麦類配給統制規則」で政府買上態勢が強化されたことは先述のとおり），上述のよ

うな配給統制機構確立の中で，政府が買い上げた大麦・裸麦は，まず日本米穀株式会社へ売り渡され，精麦工場に委託精麦をさせた上で（新「麦類配給統制規則」は第12条と付則で精麦事業の許可制を規定），政府の指示に従って各府県の配給統制機関を通じて消費者へ販売されることになったのである（図2-2）。(78)

小麦については先に触れたように40年7月公布・施行の「小麦配給統制規則」によって生産者から政府ないし大規模製粉企業（日産200バーレル以上）・大規模醸造業者（年間消費量5万石以上），日本米穀株式会社までの集荷ルートが定められたが，小麦用途の圧倒的部分を占める小麦粉については40年8月に公布・施行された「小麦粉等配給統制規則」（輸出入品等臨時措置法に基づく）によって大規模製粉企業以降の配給ルートが特定されることになった。

そこでは，大規模製粉業者は製造した小麦粉をすべて中央小麦粉配給機関（大規模製粉業者15社の共同出資によって40年9月に設立された「全国製粉配給株式会社」が担当）に売り渡すこととされ，中央配給機関はその小麦粉を農林大臣の認可した配給計画に従って基本的に地方小麦粉配給機関（大規模製粉企業の特約店などの小麦粉取扱業者によって組織）に売り渡すこととされ，地方配給機関は，その小麦粉と地方長官指定の小型製粉業者（基本的に日産2バーレル以上，場合によっては下限なし）製造の小麦粉とを合わせ，地方長官が許可した配給計画に従って配給を行うこととされたのである（図2-4）。(79)

また，「小麦粉等配給統制規則」は，政府による小麦粉の強制買入を規定するとともに，小麦粉用途の制限・許可制，小麦粉製造業者・売買業者に対する政府命令，製粉事業の許可制，製粉施設の新設・増設・改設の許可制など，加工部面に対する政府統制をも規定していた。(80)

同規則は，その後41年7月公布・施行の「小麦粉等製造配給統制規則」（国家総動員法「生活必需物資統制令」に基づく）へと改められる。これは「小麦配給統制規則」が新「麦類配給統制規則」に合流し，従来政府買上げの対象外であった道府県内消費分の小麦も原則的にすべて政府買上げとされたことに対応したものである。「小麦粉等製造配給統制規則」の下で行われた施策のポイントは，農林大臣指定の大規模製粉業者の基準を従来の日産200バーレル以上(81)

図 2-4 「小麦粉等配給統制規則」に基づく配給ルート

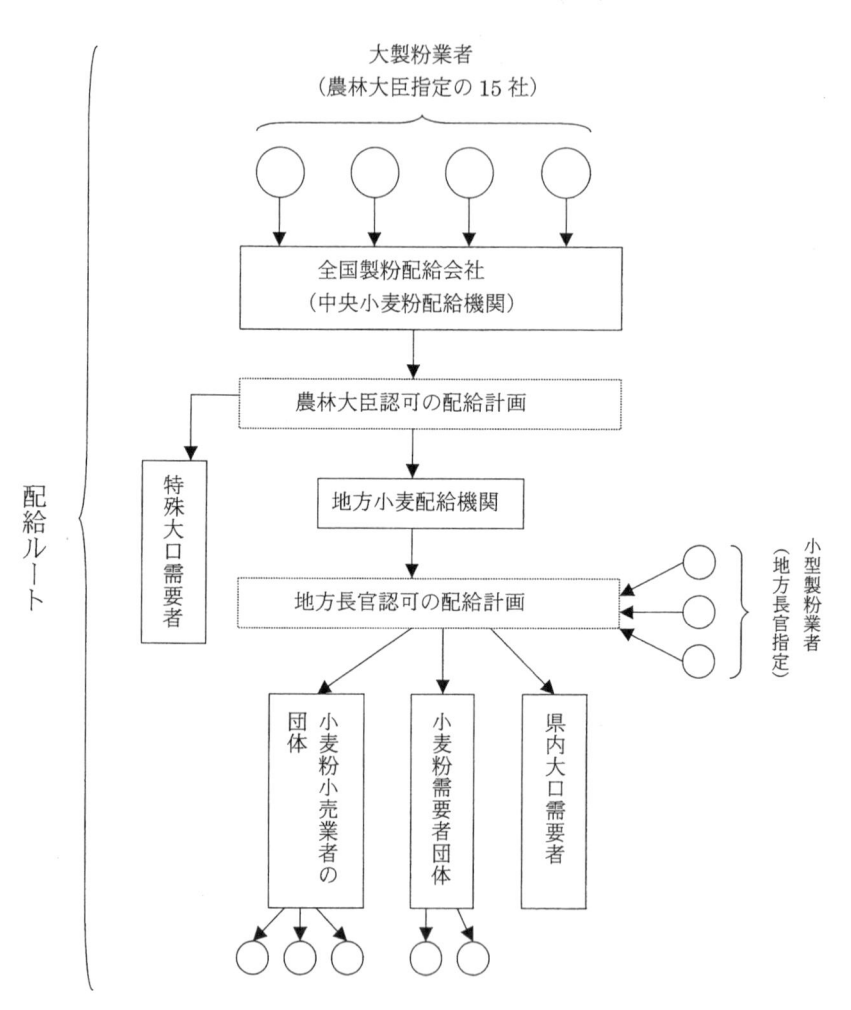

```
                大製粉業者
             （農林大臣指定の 15 社）
        ○    ○    ○    ○
         ↓    ↓    ↓    ↓
        ┌──────────────────┐
        │  全国製粉配給会社    │
        │ （中央小麦粉配給機関）│
        └──────────────────┘
                 ↓
        ┌──────────────────┐
        │ 農林大臣認可の配給計画 │
        └──────────────────┘
                 ↓
        ┌──────────────────┐
        │  地方小麦配給機関   │
        └──────────────────┘                        ○
                 ↓                                 ○   小型製粉業者
        ┌──────────────────┐  ←──────────────  ○   （地方長官指定）
        │ 地方長官認可の配給計画 │
        └──────────────────┘
          ↓         ↓         ↓
      ┌──────┐ ┌──────┐ ┌──────┐
      │小麦粉 │ │小麦粉 │ │県内大口│
      │小売業者│ │需要者 │ │需要者 │
      │の団体 │ │団体   │ │       │
      └──────┘ └──────┘ └──────┘
       ○ ○ ○   ○ ○
```

配給ルート（全体を括る）／特殊大口需要者（左側に分岐）

出所）片柳眞吉『米麦等食糧配給関係法令解説』週刊産業社, 1940年, 67頁。

から50バーレル以上に，また，地方長官指定の小型製粉業者の基準を原則2バーレル以上から基準なしに，それぞれ引き下げたところにある。これは，すべての製粉業者を統制対象にするとともに，より中央集権的な小麦粉配給体制を作るものであった。

　さて，麦に関する以上のような配給ルートは最終的に食管法の下で先の図2－3で示されるような形態となった。すなわち，政府に集められた販売麦は，政府の配給計画に従って中央食糧営団（食管法に基づき，従来の食糧統制機関であった，日本米穀株式会社・全国製粉配給株式会社・全国米穀商業組合聯合会・日本精麦工業組合聯合会・日本製麺工業組合聯合会，を合併して設立。資本金の半額は政府出資，残りの半額は前記5社およびその他の食糧取扱業者が出資）へ売り渡され，その販売麦は中央食糧営団から工業組合・製造業者へ売り渡されて加工され，その加工品は中央食糧営団へ売り戻されて，各道府県ごとに設立された地方食糧営団（中央食糧営団と，米麦取扱業者・同府県聯合会がそれぞれ半額づつ出資。これによって主要食糧の卸売業務は地方食糧営団に吸収。米・麦の小売業務は，企業合同を行っている地域および計画配給上必要な地域においては地方食糧営団に吸収，その他の地域では従来どおり小売業者が担当）および営団直営配給所（または小売業者）を通じて，消費者に売り渡されるのである。

　このように一元的に特定された配給ルートは米に関しても基本的に同様であり，配給統制機関化しつつあった米・麦取扱商を国策遂行機関たる食糧営団に編成替えしたことは，政府による食糧配給体制が完全に整備されたことを意味するものである。

　なお，米が政府から直接に地方食糧営団へ売り渡されていたのに対し，麦は政府から中央食糧営団を経由して地方食糧営団に売り渡されていたが，これは中央食糧営団が「政府ノ指定スル主要食糧ノ加工，製造及保管」（食管法第19条第4号）を行うとされており，米に比べて高度な加工業務を必要とする麦（小麦）は中央食糧営団を経由させる必要があったためであろう（製造業者は卸・小売業者とは異なって，食糧営団設立後も独立の企業者として存置された）[82]。すなわち，食糧需給の逼迫が深刻化する中で，40年に78％であった小麦

表2-7 小麦粉歩留の推移

単位：％

年	国産麦	輸入麦
1940	78.0	80.0
1941	80.0	82.0
1942	86.0	-
1943	89.0	-
1944	91.0	-
1945	91.0	-

注）1942年から45年までの輸入麦の小麦粉歩留については資料なし。
出所）日清製粉株式会社『日清製粉株式会社70年史』1970年，670頁の表より。

粉歩留はその後急速に引き上げられて44年には91％となり（表2-7），また，42年7月からは大手製粉15社製造の普通小麦粉について小麦粉100に対して澱粉10（重量比）の混入が開始され，43年9月には澱粉割合が20に高められ，さらに44年4月からは玉蜀黍粉の混入が始められるなど，小麦を節約する措置がとられていくが，小麦粉の品質低[83]下を伴うこのような方策を地方的格差を生ぜしめないで強力に行っていくためには，中央段階で加工業務を把握しておく必要があったと考えられるのである（これに関して付け加えておけば，食管法施行後も，小麦粉の製造・加工に関する政府統制は従来どおり「小麦粉等製造配給統制規則」に基づいて行われた）。

そして，食糧需給逼迫がさらに深刻となった敗戦直前の45年7月には，①需給操作を敏速・円滑に行うため原料および製品をつねに政府の意のままになしうる状態に置く必要があること，②麦の品質が多種多様にわたるのに対して消費者価格は一本であることに対処するため，その時期に応じてできるだけ高い歩留で全国的に統一する必要があること，③弱小加工業をフルに活用する必要があること，等の理由で，製粉業者の営業形態は従来の買取加工制から政府所有小麦の委託加工制へと移行させられ，ここに製粉業者は完全に政府の下請機関と化したのである。[84]なお，委託加工制への移行後，小麦粉への澱粉・玉蜀黍の混入は廃止されたが，これは食糧事情の好転を示すものではなく，「生産設備の被災，輸送路の梗塞などのため混入操作を行なう余裕すら失われ，小麦粉，澱粉，雑穀粉など，それぞれ単品で配給せざるを得ない逼迫した事態を意味するものであった」。[85]

大麦・裸麦についても，その精麦歩留（全国加重平均）は，大麦では42年度の77.0％が43年度には77.5％となり，44年度以降はさらに79.0％へと引き上げられ，裸麦でも43年度まで91％だったものが，44年度以降91.5％へと引き上げ

第2章　戦時期における麦需給政策　113

られたのである。[86]

2　消費規制・消費者購入価格統制をめぐる動向

　以上のような配給ルートの特定と麦加工に対する政府統制とともに,「国民の食糧消費の安定化」を最大限に図るため,米とともに麦についても消費者の購入段階(＝小売段階)において量および価格に関する規制・統制が行われた。
　まず,消費規制(＝購入量規制)についてである。[87] 1939年秋以降の食糧需給逼迫を受けて,39年11月から各自治体で自発的・応急的措置として割当配給制度がとられ,これは40年5～6月頃から急速に全国に普及していったが,これに対して政府としても食糧の全国的な需給調整を行うことが必要になった。そこで政府は40年の下半期に各府県別に米の消費量の割当を行って消費規制を促進することとし,さらに同年10月の「米穀ノ配給割当制度ニ於ケル大都市ノ消費基準量決定方法ニ関スル件」によって,6大都市(東京,横浜,名古屋,京都,大阪,神戸)と福岡市において一律的に割当配給制度を実施する方針を立てた。その内容は,年齢別,性別,職業別に1人1日当りの必要消費量を定め(平均2.3合＝345g),それに基づいて各家庭への米の配給量を決めるというものであり,6大都市では麦は米に換算されて割当配給の一部に組み込まれることになった。
　この割当配給制度は41年4月に上記7都市で開始された後,全国に拡大されたが,6大都市以外については2.3合という基準は設定されず,また,割当配給の対象が米のみの地域もあって,麦,藷類,雑穀類などの統制についても緩厳の差があった。しかし,食糧需給の逼迫がさらに進む中,42年8月には米に加えて麦・麦加工品が配給品目となり,同年11月からは米と麦・麦加工品を合わせて1人1日当たり平均2.3合の配給基準量を賄うという「総合配給制」が全国的に開始された。そして,需給逼迫のいっそうの進行を受けて,43年3月からは甘藷が,43年7月からは馬鈴薯が「総合配給制」の枠の中に加わることになったのである(さらには雑穀も)。
　次に,消費者購入価格の統制についてである。先述のように39年10月公布・施行の「価格等統制令」以降すべての物価・賃金が公定されたが,その下で麦

の小売価格＝消費者購入価格も公定された（食管法施行後は同法に基づいて公定）。ここでその動向（東京における公定価格の月別平均）を簡単に見るならば，精麦（10kg）は41年2円60銭→42年2円60銭→43年2円85銭→44年3円22銭，同期間に小麦粉（10kg）は2円80銭→3円→3円37銭→3円80銭，というように推移した（同期間に米は10kg当たり3円32銭→3円32銭→3円36銭→3円57銭）。[88]

　この小売価格は政府売渡価格と密接な関係を持つものであった。先に見たように，集荷段階における流通統制の強まりの中で，生産者の販売麦はすべて一旦政府が買い上げることになったが，一方で，流通業者や加工業者のマージンや加工賃も「価格等統制令」ないし（食管法施行後は）食管法に基づいて公定されたのであるから，政府が米穀会社や製粉業者（食管法施行後は中央食糧営団〔米は地方食糧営団〕）に売り渡す際の価格，すなわち政府売渡価格は小売価格と直結することになったのである。そして，政府買入価格と同様，政府売渡価格も40年産から42年産までは「価格等統制令」の適用を，43年産以降は食糧管理法の適用を受けたのである。

　先の表2-6を見てみよう。40年産以降，麦の政府売渡価格は政府買入価格を常に下回って設定されているが，とくに43年産以降については，政府買入価格が年々大きく引き上げられているのとは対照的に（ただし，政府買入価格が生産費を補償していないことは前述のとおり），政府売渡価格の引上げは抑制されており，そのため，政府売買価格差の逆ざや幅は43年産以降拡大している。前述のように政府売渡価格が政府買入価格を下回る二重価格制は米についても41年産からとられたものであり，その後米では政府買入価格に生産奨励金を加えた額と政府買入価格との逆ざや幅は拡大していくが[89]（政府買入価格＝地主価格と政府売渡価格との逆ざや幅は1石当たり1円のままで変わらなかった），麦についても逆ざや幅が拡大していることは，生産増大を図るために政府買入価格の引上げを行う一方で，戦時下のインフレを抑えるためには小売価格＝消費者購入価格については抑制する必要があったことを示すものである。また，前述した出荷計画に基づく生産者の麦供出との関係では，政府売渡価格が政府買入価格よりも低く設定されたことは，政府への麦売渡しに経済的インセンテ

ィブを持たせることによって供出制度を補強する役割を担うものでもあった。

なお,「政府ノ売渡ノ価格ハ勅令ノ定ムル所ニ依リ家計費及物価其ノ他ノ経済事情ヲ参酌シテ之ヲ定ム」(食管法第4条第2項)と規定されている麦の政府売渡価格を決定するに当たっては,「玄麦ニ付テハ玄米ノ標準売渡価格及経済事情ヲ参酌シテ之ヲ定ム」(食管法施行令第3条第2項)として,「家計費ヲ基礎トシテ算出シタル家計米価ニ基キ米価指数ト物価指数トノ関係ヨリ算出シタル価格及経済事情ヲ参酌シテ」(同前)定められる玄米の政府売渡価格との関係が参酌事項とされていた。ただし,実態としては,43年産については「大麦及裸麦ニ在リテハ其ノ用途ガ主トシテ精麦トシ精米トシテ混入スルニ対シ小麦ニ在リテハ精麦トスルハ寧ロ例外ニ属シ主トシテ製粉ノ上麺類,麺麭或ハ小麦粉トシテ消費サルル点ニ鑑ミ大麦及裸麦ニ付テハ精麦価格ト精米価格トノ関係ヨリ又小麦ニ付テハ小麦粉価格ト精米価格トノ関係ヨリ,標準売渡価格ヲ算出スルヲ適当トス」(43年6月「昭和18年産麦類売渡価格ニ関スル件」),44年産については「政府ノ買入価格引上ニ伴フ麦類ノ売渡価格ノ点デアルガ,精米小売価格トノ均衡上,又米ノ代替トシテ精麦ガ相当多量ニ配給セラルル必至性ニ鑑ミテ精麦ノ小売価格ハ精米小売価格ノ範囲内ニ於テ或程度之ヲ引上ゲテモ差支ナイト認メラルルノデ,大麦裸麦並ニ精麦用トシテノ小麦ニ付テハ若干政府売渡価格ヲ引上グル予定デアルガ,製粉及醸造用小麦ニ付テハ既ニ新精米小売価格トノ均衡等ヲ考慮シ決定シタノデ,此等ノ用途向ノ売渡価格ハ引上ゲナイ方針デアル」(43年10月「麦類価格対策ニ関スル件」)とされたように,[90] 小売段階での精麦・小麦粉価格と精米価格との関係を睨んで麦の政府売渡価格が決められたのである。このことは食糧需給逼迫が深刻化する中で,「総合配給制」を行うにあたっては米と麦を「食糧」としてほぼ同一のものとして扱う必要があったことを示していると言えるだろう。

　以上,流通部面〔配給段階〕においては配給ルートの特定,加工事業への統制,消費規制,消費者価格統制などが行われてきた。しかし,前述したように輸移入量および生産量が激減する中では食糧需給逼迫の進行は当然ながら避けることはできず,それゆえ,敗戦直前の45年7月には配給基準量が従来の2.3合から2.1合(315g)へ切り下げられる事態となったのである。

VI 小　括

　1936年の2・26事件を契機として日本は戦時経済体制へ大きく踏み出したが，37年7月の日中戦争勃発と戦火の拡大は戦時経済体制の本格的な構築を求めるものとなり，これ以降日本経済全般にわたって政府統制が急速に強化されていった。このような中，麦需給政策も戦時経済体制に対応すべく展開することになった。

　それは，まず，為替管理の必要から行われた小麦の輸入統制として現れた。この輸入統制は37年1月施行の「輸入為替管理令」によって開始され，その後，同年7月制定の輸出入品等臨時措置法，38年の「輸出入リンク制」などによって強化されていった。これは，国際収支危機＝外貨不足という状況の下，戦争遂行のために軍需品を優先的に輸入することが求められる中で，小麦輸入は外貨決済が必要である一方，輸入小麦を原料とした小麦粉の輸出は外貨獲得に繋がらない「円ブロック」向けが大部分であり，したがって，小麦輸入が外貨不足を助長するものとなっていたことによる。

　その後，39年秋の米の大減収を契機として日本の食糧需給が一挙に逼迫へ転じ，これに対して「国民の食糧消費の安定化」の論理が米需給政策―食糧需給政策の前面に出て，食糧需給に対する政府の統制・管理が急速に拡大・深化すると，麦需給政策の展開軸も「外貨節約」から「国民の食糧消費の安定化」へと急速に移行していった。

　そこでは，国内への麦の供給確保を図るとともに，政府の需給調整能力を高めるために，各需給部面において政府統制を中心とした政策が次々と設定され，また，その統制は食糧需給逼迫の進行とともに強化されていった。そして，このような諸政策は最終的には政府による食糧の一元的管理を定めた42年2月制定の食糧管理法に合流したのである。

　戦時期における麦需給政策の最終的な（食管法下の）構造は図2-5のように示すことができる。まず，貿易部面に対しては国内からの麦流出を防止をするための輸移出統制が行われ，併せて輸移入統制も設定された。流通部面［集

第2章　戦時期における麦需給政策　117

図2-5　戦時期における麦需給政策の構造

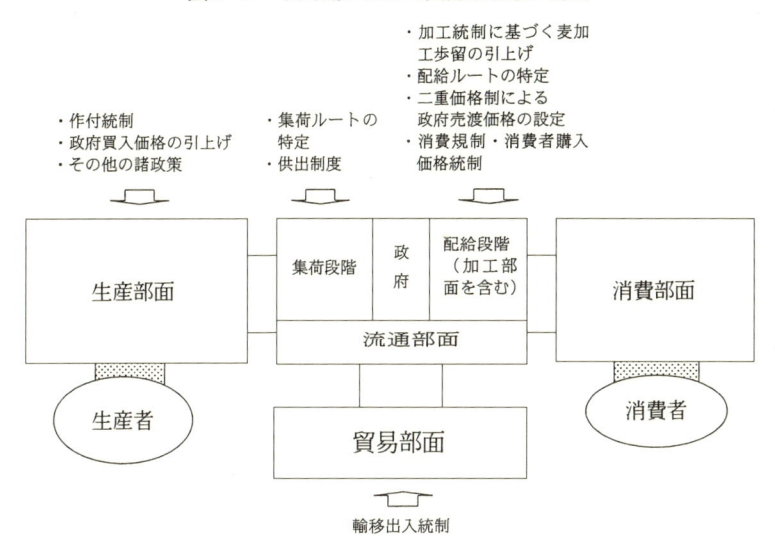

- 作付統制
- 政府買入価格の引上げ
- その他の諸政策

- 集荷ルートの特定
- 供出制度

- 加工統制に基づく麦加工歩留の引上げ
- 配給ルートの特定
- 二重価格制による政府売渡価格の設定
- 消費規制・消費者購入価格統制

[生産部面] — [集荷段階][政府][配給段階（加工部面を含む）] — [消費部面]
　　　　　　　　　流通部面
[生産者]　　　　　　　　　　　　　　　　　　　[消費者]
　　　　　　　　　[貿易部面]
　　　　　　　　　輸移出入統制

荷段階］に対しては政府に麦を集中させて政府の食糧需給調整能力を向上させるための集荷ルートの特定と供出制度を中心とした諸政策が設定された。生産部面に対しては，増産を図るために作付統制および政府買入価格の引上げなどの諸政策が行われた。そして，流通部面［配給段階］に対しては，消費者への配給総量を可及的に増大させるとともに，消費者への麦供給を安定させ，さらにインフレを抑制することを目的として，加工統制に基づく麦加工歩留の引上げ，配給ルートの特定，消費規制，二重価格制による政府売渡価格の公定（二重価格制は供出制度を補強する役割も担う）およびそれと直結する小売価格＝消費者購入価格の公定，が行われたのである。

　しかし，戦時下の縮小再生産の下で，生産は激減して「重要農林水産物増産計画」を大きく下回り，また，麦を含む食糧の輸入はほぼ途絶することになり，そのため，国民の食糧消費水準は悪化の一途を辿り，敗戦直前には配給基準量の引下げが行われざるを得なくなったのである。

　さて，以上のような戦時期の麦需給政策について注目すべきは，その政策構造が食管法下において米需給政策のそれとほぼ同様のものになったことである。

これは，食糧需給逼迫が深刻化する中，「国民の食糧消費の安定化」を最大限図るためには，食糧需給政策には各食糧品目を「食糧」という単一の使用価値として扱うことが求められるようになり（それゆえ，政府統制の対象は米から次第に他の食糧品目に拡大していった），そのため，少なくとも米に次ぐ主食である麦については米とほぼ同等に扱う必要があったことによるものである。

　そして，このような食管法に至る過程は，戦前期においては体系的な整備がなされず，対症療法的なものにとどまっていた麦需給政策が，麦の需給に焦点を当てた法令に基づいて政府が恒常的に需給管理を行う，体系的なものへと急速に進展していった過程でもあったのである。

　なお，ここで確認しておくべきは，戦時期の麦需給政策（さらに米需給政策ないし食糧需給政策も）は当然のことながら戦争遂行のために国民生活全般を強権的に統制する戦時経済政策の一環であり，「国民の食糧消費の安定化」も「銃後」を支える国民の食糧消費の必要最低限を何とか維持しようとするものに過ぎなかったことである。しかし，逆に見るならば，最低限を確保する必要があったがゆえに，食糧統制の最終版として制定された食管法は，曲がりなりにも「国民の食糧消費の安定化」，およびその前提となる国内での食糧生産の保障を図るための枠組みを持つものになったと言えるのである（それが内実を伴わなかったことは再確認しておくべきだが）。そのため，戦時下で形成された食管法の枠組みは，食糧需給逼迫がさらに深刻となった敗戦後へと引き継がれていったのである。

（1）　日本における国家独占資本主義の成立に関する論争については，木村隆俊『日本戦時国家独占資本主義』御茶の水書房，1983年，第1章・第2章，を参照のこと。
（2）　原朗「戦時統制経済の開始」『日本歴史 近代7』岩波書店，1976年，221頁。
（3）　同上。
（4）　同上。
（5）　朝倉孝吉『日本貿易構造論』北方書店，1955年，102頁。
（6）　これに関連して見ておきたいのは，軍需産業の生産力拡充を中軸とした，陸軍策定の「5カ年計画」が37年以降国策にも反映されることになったこ

第2章　戦時期における麦需給政策　119

とである。この計画が国際収支に与えた影響について，原朗氏は「軍需品の生産増加こそが要請されている時期に，直接に軍需品の増加をはかりえず，むしろその基礎産業たる金属工業やエネルギー部門の設備能力の拡大を主要内容とする生産力拡充が強調されたことは，日本における重工業生産力の低位性と資本蓄積の立遅れを如実に示すものであり，急増する軍需品への需要を，国内生産では賄いきれずにさしあたり輸入に頼らざるをえなかった点にこそ，巨額の輸入増の原因があった。外貨不足問題と生産力拡充問題とは，こうして同じメダルの表裏両面をなしており，37年初頭の国際収支の危機は，短期的な偶然のものというよりも，軽工業が外貨獲得によって重工業を代位補充してきたという日本における工業発展の構造そのものに根拠をもっていた」とされている；原，前掲稿，223頁。

(7)　原，同上稿，226頁。

(8)　米穀統制法を補完するこれらの諸立法については，荷見安『米穀政策論』日本評論社，1937年，がその背景や議会での審議経過を詳しく分析している。

(9)　以下の叙述については，片柳眞吉『米麦等食糧配給関係法令解説』週刊産業社，1940年，片柳眞吉『日本戦時食糧政策』伊藤書店，1942年，日本窒素肥料談話会『非常時経済法令集』1942年，市原正治『主要食糧の価格政策史』農林技術協会，1948年，田邊勝正『現代食糧政策史』日本週報社，1948年，松田延一『日本食糧政策史の研究　第2巻』食糧庁，1951年，農林大臣官房総務課編『農林行政史　第4巻』農林協会，1959年，櫻井誠『米　その政策と運動（上）』農山漁村文化協会，1989年，川東竫弘『戦前日本の米価政策史研究』ミネルヴァ書房，1990年，を参照した。
　　なお，松田氏の著書は，片柳氏の2つの著書をベースにして叙述されている部分があるため，以下の注では，両者が重複する部分については，片柳氏の著書の該当箇所のみを挙げた。また，以下の注における参照部分について，『農林行政史　第4巻』に該当箇所があるものもあるが，それらはほとんどが片柳氏，松田氏の叙述と重なるため，注(61)を除いて引用を省略した。

(10)　松田，前掲書，34頁（原文には傍点が付されている）。

(11)　市場外流通に対抗するため，政府は1939年8月に38円で設定した最高価格を同年11月に43円に引き上げたが効果はなかった。この事情については川東，前掲書，295頁，を参照。

(12)　片柳，前掲『米麦等食糧配給関係法令解説』3-9頁，市原，前掲書，192-196頁，を参照のこと。なお，米穀応急措置法第1次改正に先だって，1939年11月には米穀統制法・米穀配給統制法に基づいて「米穀ノ配給統制ニ関スル応急措置ニ関スル件」が制定され，政府による米穀の強制買上げ

が規定された。

(13) 「臨時米穀配給統制規則」の解説については, 片柳, 前掲『米麦等食糧配給関係法令解説』68-92頁,「米穀管理規則」の解説については, 同書, 225-237頁, を参照。なお,「臨時米穀配給統制規則」の全文は, 同書, 169-174頁に,「米穀管理規則」の全文は, 同書, 238-239頁, に掲載されている。
(14) 松田, 前掲書, 186-187頁（原文には一部傍点が付されている）。
(15) 作付統制は, 農業団体法, 国家総動員法「臨時農地等管理令」, 国家総動員法「農業生産統制令」（1941年12月公布, 42年1月施行）, のいずれでも行えることになっていたが, 農業団体法と「農業生産統制令」に基づく作付統制は農業会が自治的に農業の計画生産を行う上で必要と認める場合に行うことになっているのに対し,「臨時農地管理令」に基づく作付統制は農林大臣または地方長官が必要と認めたときには一般的に行えることになっていることから, 作付統制の根本法規は「臨時農地等管理令」にあるとされる；田邊, 前掲書, 146頁。
(16) 二重価格制については,「増産刺激とインフレ抑制という戦時体制のジレンマこそが, それを回避しうる唯一残された対応策として, 生産奨励金とともに二重価格制を執らせた基本的背景であった」とした上で, そのことが従来地方長官の管理の下にあった米までも政府の直接買上げとさせたとして,「増産と配給の円滑化の要請が二重価格制を導き, 二重価格制が専売制を導くという相互関係の中で食管制度は価格・流通の全面的・直接的管理という原型を形づくっていったのである」とする玉真之介氏の主張が注目される；玉真之介「戦時体制下における米穀市場の制度化と組織化——食管制度の歴史的性格についての一考察——」市場史研究会編『市場史研究』第8号, 1990年, 68頁。
(17) 中村隆英『日本経済——その成長と構造——（第3版）』東京大学出版会, 1993年, 140頁。同書では「1944年秋以降, 空襲が激化してのちは, 政府や日本銀行は人心の動揺をおそれて資金放出の手心をゆるめざるをえなかった」（140頁）ことも指摘されている。
(18) これについては, 川東, 前掲書, 186-187頁, 205-206頁, 荷見, 前掲書, 72-77頁, を参照のこと。なお, 米穀統制法に先んじて, 1932年9月の米穀法第3回改正では, 朝鮮米の内地移入調整のために,「政府ハ当分ノ内米穀ノ数量又ハ市価ヲ調節スル為特ニ必要アリト認ムルトキハ勅令ヲ以テ期間ヲ指定シ粟ノ輸入税ヲ増減又ハ免除スルコトヲ得」（附則第5項）ことが規定され, これは, 同年10月から朝鮮・台湾・樺太において施行された；太田嘉作『明治大正昭和米価政策史』（復刻版。原著は, 丸山舎書店, 1938年刊）, 図書刊行会, 1977年, 340-347頁。
(19) 改正米穀統制法をめぐる審議経過とその内容については, 荷見, 前掲書,

162-168頁，市原，前掲書，96-104頁，川東，前掲書，213-242頁，を参照のこと。
(20)　日豪の通商摩擦と双方の制裁措置については，日本製粉株式会社『日本製粉株式会社70年史』1968年，293頁，を参照のこと。
(21)　この経緯については，水野武夫『日本小麦の経済的研究』千倉書房，1944年，474頁，全販聯『戦時下における小麦事情』1939年，48頁，日東製粉株式会社『日東製粉株式会社65年史』1980年，102頁，を参照のこと。
(22)　中島常雄『小麦生産と製粉工業——日本における小農的農業と資本との関係——』時潮社，1973年，181頁，日本製粉，前掲書，385頁。
(23)　輸出入リンク制度については，原，前掲稿，230頁，を参照のこと。
(24)　この点について，全販聯，前掲書，116-117頁では，「……日本にあつては，支那事変の勃発する以前にも既に準戦時の体制を整えつゝあり，『為替管理法』の強化及び『輸出入品等ニ関スル臨時措置ニ関スル法律』等に依つて，輸出入品の全面的統制期にあり，小麦及び小麦粉の輸入に於いてもその影響を受けて全く不円滑なる状態にあった。然る処偶々支那事変の発生となり，長期抗戦となるに及んで，小麦，小麦粉の輸入は殆ど禁止状態となり，既定の輸入関税率には何等変更を見なかったが，既にこれは有形無実の存在と化するに至つたのである。従つて戦時下の対外貿易政策は関税政策時代は既に去つて，為替政策の運用時代にあると見られるのである。」と指摘している。
(25)　当時，「満州」における主食は小麦であり，朝鮮の農民の主食は粟であった。「円ブロック」における食糧の交易構造もこのような消費動向に基づいて形成されたものである。ブロック内の食糧交易構造およびその実態については，久保田明光『戦時下の食糧と農業機構』実業之日本社，1943年，第1章・第2章，を参照のこと。
　なお，このブロック内の食糧交易関係を踏まえて，「満州」農業移民を，単純な国内農村の過剰人口対策ではなく，ブロック内食糧自給態勢構築の一環として位置づけたものに，玉真之介「総力戦下の『ブロック内食糧自給構想』と満洲農業移民」歴史学研究会編集『歴史学研究』729号，1999年，がある。
(26)　日本の小麦粉の輸出先がほとんど「円ブロック」となった要因としては，「満州」・関東州における高関税・貿易統制によって「円ブロック」外地域産の小麦粉が「満州」・関東州の市場から閉め出されたことによるところも大きい。ちなみに，「満州」ではただ日本から小麦粉を受け入れるだけではなく，高関税・貿易統制の下で，1935年から37年まで小麦増殖奨励施策が行われ，38年からは「小麦増殖5ヶ年計画」が策定されるなど，戦争の深化に対応して日本産小麦粉への依存を小さくする方向が目指された。

同様の小麦増産奨励施策は，植民地の台湾・朝鮮でも行われた。このような「円ブロック」内の小麦・小麦粉をめぐる動向については，全販聯，前掲書，第3章，を参照のこと。
(27) 久保田，前掲書，10頁。
(28) 同「規則」の解説については，片柳，前掲『米麦等食糧配給関係法令解説』10-13頁，を参照のこと。なお，同「規則」の全文は，同書，96-98頁に掲載されている。
(29) 同「件」の解説については，同上書，13-16頁，を参照のこと。なお，同「件」の全文は，同書，98-100頁に掲載されている。
(30) 同「規則」改正の解説については，同上書，16-17頁，を参照のこと。なお，同「規則」の全文は，同書，100-105頁に掲載されている。
(31) 大麦についても同様の傾向が見られるが，その輸移出量は昭和初期以降大麦・裸麦の国内生産量の5％に満たないものであったので，輸移出統制の影響は小麦ほど顕著には現れなかった。
(32) 前掲『非常時経済法令集』1497-1506頁には，この2つの法令と，そこにおける対象品目が掲載されている。
(33) 原，前掲稿，230頁，三好正巳「国家独占資本主義の社会」塩沢君夫・後藤靖編『日本経済史』有斐閣，1977年，435頁。
(34) 戦時経済の物的側面を総合する政府の「物動計画」は，1945年に入ると輸入については軍需よりも食糧を優先するものとなったが，この目標は達成されることなく「物動計画」は崩壊した；中村隆英「戦争経済とその崩壊」『日本歴史 近代8』岩波書店，1977年，128-136頁。
(35) 新「暴利取締令」の内容・条文については，全販聯，前掲書，52-57頁，159-161頁を参照。
(36) 戦時期の肥料・飼料の需給動向については，玉，前掲「総力戦下の『ブロック内食糧自給構想』と満洲農業移民」113-114頁，を参照のこと。
(37) 米穀応急措置法第1次改正が米以外の食糧品目への政府統制の出発点であるという評価は，松田，前掲書，89頁，市原，前掲書，193頁，においても見られる。
(38) 片柳，前掲『米麦等食糧配給関係法令解説』21頁。
(39) 松田，前掲書，108-109頁。
(40) 「麦類買入要綱」の全文は，片柳，前掲『米麦等食糧配給関係法令解説』107-108頁，に掲載されている。なお，同「要綱」について松田延一氏は「政府が単に，麦類を買入れるといふに止まらず，その買上麦の流れるルートが明確に規定せられてゐる……この政策理想は後の麦類配給統制規則，小麦配給統制規則，臨時米穀配給統制規則，米穀管理規則に於て一貫してゐるものであり，当時の麦類の配給機構からいへば，革新的な要素を含ん

でゐたものである。」（原文には傍点が付されている）とされている；松田，前掲書，115頁。
(41) 同「件」については，松田，前掲書，75-78頁，を参照のこと。
(42) 片柳，前掲『米麦等食糧配給関係法令解説』39頁。
(43) 松田，前掲書，117頁。
(44) これについては，片柳，前掲『米麦等食糧配給関係法令解説』26-53頁，松田，前掲書，116-144頁，を参照。なお，「麦類配給統制規則」の全文は，片柳，同書，105-106頁に，「小麦配給統制規則」の全文は，同書，146-149頁に掲載されている。
(45) 松田，同上書，118頁。なお，松田氏はこの農林・商工両省の事務分掌の未定が，「小麦配給統制規則」では出荷統制を市町村農会に行わせる旨が明確に規定されたのに対して「麦類配給統制規則」ではそれは明確には示されなかったことにも現れていることを指摘している；同書，135頁。これは，「麦類配給統制規則」の市町村農会に関する規定に関し，同「規則」の「取扱要項」では「統制」という語句が用いられているものの，本体の「規則」では「斡旋」という語句しか用いられていないことを指しているものと思われる。さらに，松田氏は各物資別に配給統制規則を制定するにあたって「農林商工両省所管事務調整方針要綱」が担った役割についても触れている；同書，172-175頁。
(46) 同上書，123頁。
(47) 日東製粉，前掲書，105頁。
(48) 松田，前掲書，107頁。
(49) 松田延一『日本食糧政策史の研究 第3巻』食糧庁，1951年，50頁。
(50) 全販聯『大麦の取引事情』1939年，24-25頁の第15表では，1937年11月から38年10月にかけての全販聯の大麦の取扱量が308万9826俵と記されている。ただし，大麦の商品化数量を示した21-22頁の第14表では36年までの数値しか示されていない。しかし，35年の商品化数量が348万2009俵，36年のそれが328万1377俵であまり大きな変動がないこと，そして，5-6頁の第4表で示されている大麦の収穫高も36年の635万5157石に対して37年は687万9380石，38年は632万4055石とあまり変わりがないことを考えると，37-38年の大麦の商品化数量も，だいたい330万俵ぐらいと推測でき，ここから計算すると全販聯の大麦販売統制率は約9割となる。なお，同書に基づいて全販聯の裸麦販売統制率を推計すると，37-38年度で3割程度である。
(51) 産業組合を中心とした米の共同販売の比率は，37年25.8%，38年28.4%，39年30.9%に過ぎず，圧倒的多数は米穀商への販売を意味する個人販売であった；玉，前掲「戦時体制下における米穀市場の制度化と組織化」59頁，

表1より（原資料は，統計研究会『日本農業構造の統計的計測とその諸問題』1951年，225頁）。
(52) 41年5月の「麦類対策要綱」については，市原，前掲書，234-239頁，に全文が掲載されている。
(53) 米の自家保有量は，①1消費単位当たり標準消費量から算出される年齢別1人1日当たり消費量を基礎とし当該家族の構成人員に応じて算出される1ヶ年分の数量，②前記の数量の100分1の数量，③種子用所要量，を合計したものであり，年齢別1人1日当たり消費量については全国を3合3勺（495g）と3合1勺（465g）の2つのグループに分けた；松田，前掲『日本食糧政策史の研究 第2巻』192-194頁（なお，同書では後者のグループが2合1勺となっているが，他の文献と照らし合わせるとこれは誤植であると思われる）。

なお，「米管理規則」，および農家の自家保有量の考え方を示している「米穀管理実施要綱」「自家保有米ノ標準ニ関スル件」等については，片柳，前掲『米麦等食糧配給関係法令解説』239-246頁，に詳しい資料が掲載されている。
(54) 「米穀ニ於ケルガ如ク管理制度ヲ採用セズシテ販売麦ノ全部ヲ政府ニ於テ買上グルコトトナシタル理由」（資料は，市原，前掲書，232-233頁，に掲載）。
(55) 松田延一氏は，この政府見解に対して「この考え方からいえば，当時なお，米麦を真に総合的に考えていなかったということが分る。農民心理に及ぼす影響を顧慮するとはいうものゝ，理論的には本質的に米と麦類とを区別すべきものは何等存しないはずである。それにも拘らずこうした考え方をしたこと自体が，当時の統制段階を反映しているといえる」としているが，これも食糧需給の状況を念頭に置いたものであろう；松田，前掲『日本食糧政策史の研究 第3巻』77頁。
(56) 新「麦類配給統制規則」の条文・内容については，片柳，前掲『日本戦時食糧政策』104-111頁，市原，前掲書，243-245頁，松田，前掲『日本食糧政策史の研究 第2巻』199-209頁，を参照。なお，同「規則」の全文は，前掲『非常時経済法令集』571-573頁，に掲載されている。
(57) 松田，同上書，200頁。
(58) 同上。
(59) 遠藤三郎『食糧管理と食糧営団』週刊産業社，1942年，36頁。
(60) 同上書，37頁。
(61) 同制度については，前掲『農林行政史 第4巻』364-368頁，田邊，前掲書，233-246頁，市原，前掲書，405-407頁，を参照。
(62) 田邊，同上書，244頁。

(63) これについて詳しくは，楠本雅弘・平賀明彦編『戦時農業政策資料集 第1集』第3巻，柏書房，1988年，20頁，を参照のこと。
(64) 各年度の農林省「重要農林水産物増産計画概要」は，楠本雅弘・平賀明彦編『戦時農業政策資料集 第1集』第4巻，柏書房，1988年，に掲載されている。
(65) 田邊，前掲書，75頁。
(66) 同上書では，戦時下における食糧増産政策がこのような多様な側面から分析されている。
(67) 「農地作付統制規則」の内容については，前掲『非常時経済法令集』901-902頁に掲載されている条文による。また，田邊，同上書，145-153頁では戦時作付統制をめぐる経過が扱われている。
(68) 松田，前掲『日本食糧政策史の研究』第3巻，130-131頁。
(69) 市原，前掲書，246頁。
(70) 1940年1月15日の中央物価委員会の公示（資料は同上書，246頁に掲載）
(71) 松田，前掲『日本食糧政策史の研究 第2巻』114頁。
(72) 1941年産・42年産麦の最高販売価格の決定経緯については，市原，前掲書，262-276頁，を参照。
(73) 「麦類ノ価格対策ニ関スル件」は，同上書，372頁に掲載。なお，麦の政府買入価格を引き上げる方向性は1944年産，45年産にさらに強化されて引き継がれた。45年産麦の政府買入価格は，決定当初の44年10月段階では44年産米の政府買入価格が前年据え置きであったためにこれに準じて据え置きであったが，食糧需給逼迫がさらに深刻化する中で45年4月に改訂された。食糧管理法下の麦政府買入価格については，同書，371-378頁，389-398頁，407-408頁，を参照。
(74) 同上書，371頁では，1943年産麦の政府買入価格の決定過程が簡潔に述べられている。
(75) 1942年産・43年産・44年産・45年産の調査戸数は，それぞれ，小麦が450戸・379戸・448戸・202戸，大麦が204戸・187戸・233戸・136戸，裸麦が206戸・183戸・226戸・43戸である；食糧管理局『食糧管理統計年報』1948年版，188-189頁。
(76) 膨張する戦時財政に対して，インフレを顕在化させないための様々な金融政策がとられたが，実際には卸売物価指数・小売物価指数とも上昇した。農業における生産費の上昇はこの影響を受けたものと考えられる。戦時期の財政・金融・インフレをめぐる動向については，中村，前掲「戦争経済とその崩壊」148-154頁，が簡潔にまとめている。
(77) 平野常治『配給政策』千倉書房，1942年，219-220頁。なお，米穀商の配給統制機構への移行をめぐる諸動向については，松田，前掲『日本食糧

政策史の研究 第2巻』251-266頁，武田道郎『戦前・戦中の米穀管理小史』地球社，1986年，を参照のこと。
(78) 片柳，前掲『日本戦時食糧政策』109頁。
(79) 「小麦粉等配給統制規則」の解説については，片柳，前掲『米麦等食糧配給関係法令解説』54-67頁，を参照のこと。なお，同「規則」の全文は，同書，162-167頁，に掲載されている。
(80) 小麦粉製造施設の新設・増設・改設の許可制は，「小麦300万石増殖5ヶ年計画」以降国産麦の増大を背景に内陸部に中小規模製粉企業が乱立し，製粉能力が過剰となったのに対して，これを合理化するという目的を持ったものでもあった；松田，前掲『日本食糧政策史の研究 第2巻』145頁。そこでは，新設，増設，製粉能力を増加させる改設は原則として許可されないこととされた；片柳，同上書，63-64頁。
(81) 「小麦粉等製造配給統制規則」の解説については，片柳，前掲『日本戦時食糧政策』111-117頁，を参照のこと。なお同「規則」の全文は，前掲『非常時経済法令集』573-575頁，に掲載されている。
(82) 食糧営団発足後の製造業者の扱いは，農林省「食糧営団運営の方針」の中に示されている。先に触れた卸売業務の地方食糧営団への吸収なども同「方針」によるものである。同「方針」については松田，前掲『日本食糧政策史の研究 第2巻』240-246頁，に全文が掲載されている。
(83) このような小麦節約のための方策については，日本製粉，前掲書，397-400頁。なお，上記の「食糧営団運営の方針」では「甘藷及馬鈴薯の澱粉及粉は小麦粉混入用として中央食糧営団に於て日本澱粉株式会社より買受け製粉工程に於て小麦粉に混入するものとすること」とされている。
(84) 日本製粉，同上書，400-401頁，481-484頁。
(85) 同上書，401頁。
(86) 全国販売農業協同組合連合会『麦類に関する統計資料』1951年，260-261頁。
(87) これについては，片柳，前掲『日本戦時食糧政策』191-222頁，松田，前掲『日本食糧政策史の研究 第2巻』216-238頁，農林大臣官房総務課編『農林行政史 第8巻』農林協会，1972年，86頁，を参照。
(88) 食糧庁『食糧管理統計年報』1949年版，236頁。なお，そこで示されている40年の小売価格は「商工省調査による東京における小売価格」となっていて，公定価格を示した41年以降の数値とは出所が異なるため，使用しなかった。
　『食糧管理統計年報』1948年版，179頁では，東京市場における公定価格の推移が示されており，精麦（10kg）は40年2月・2円40銭，42年8月・2円60銭，43年6月・2円85銭，43年7月・3円10銭，44年6月・3円30

銭, 45年7月・3円42銭, となっている。小麦粉については, 42年5月27日・3円70銭, 43年9月10日・3円70銭, 44年7月29日・3円90銭, 45年8月8日・4円15銭, となっているが, 42年5月27日より前の公定価格は示されていない。
(89) 政府買入価格に生産奨励金を加えた額と政府売渡価格との逆ざや幅は1石当たり, 1941・42年産米で6円（政府買入価格44円, 生産奨励金5円, 政府売渡価格43円）, 43・44年産米で16円50銭（47円, 15円50銭, 46円）, 45年産米で45円50銭（55円, 37円50銭, 47円）であった
(90) これらの「件」については, 市原, 前掲書, 378-379頁, 394-395頁, に全文が掲載されている。

第3章 戦後直接統制期における麦需給政策

I 敗戦後の食糧需給と経済をめぐる動向

　1945年8月15日日本は敗戦を迎え，その後52年4月28日のサンフランシスコ平和条約発効まで日本は連合国（実質的にはアメリカ）の占領下に置かれることになった。そこでは連合国の間接統治という形態がとられたことにより，日本国内における諸政策の遂行には日本政府が直接あたったが，政策の最終的な決定にはGHQ（連合国軍総指令部）の占領政策が絶対的な影響力を持っていた。これは食糧需給政策についても同様であった。敗戦後の食糧需給政策を見るにあたって，まず，この点を確認しておこう。

　さて，敗戦直後の日本国内の食糧需給は戦時中以上に逼迫した。これは主として次の要因による。第1には，従来日本の食糧供給基地としての役割を果たしていた植民地＝朝鮮・台湾が敗戦によって失われ，また，戦時期に日本へ雑穀等を輸出していた「満州」も日本の支配下から外れたことによって，それら地域からの食糧の輸移入がほぼ途絶したことである。第2には，戦争の進展に伴う農業資材・農業労働力の決定的な不足と作付面積の減少によって45年の国内農業生産が大減産となった上，敗戦による政府の権威失墜が加わったことによって主要食糧の供出量が激減したことである。この状況を米について見てみると，戦前期・戦時期において国内消費量の2割近くを占めていた朝鮮・台湾からの供給は敗戦後完全にストップ，また，45年産米の生産は44年産5855万9000石（約878万4000ｔ）に対して33％減の3914万9000石（約587万2000ｔ）となり，米の供出量は44年産の3729万4000石（約559万4000ｔ）から45年産の2061万1000石（約309万2000ｔ）へと48％も減少し，その結果，供出進捗率は44年産の100.1％から45年産の77.6％へ大きく落ちこんだのである（前掲表2-
(1)

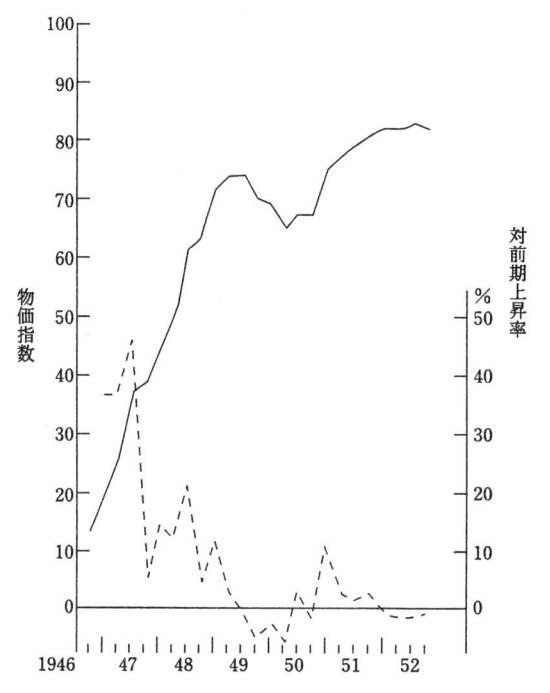

図3-1 消費者物価指数とその上昇率（四半期別データ1960年＝100）

注 1）総理府統計局「消費者物価指数」。
　　2）この指数はヤミ価格をも含む。
出所）中村隆英『日本経済―その成長と構造―』（第3版）
　　　東京大学出版会，1993年，150頁，第10図。

4〔101頁〕，後掲表3-3）。さらに，食糧需給逼迫の第3の理由として，復員軍人・海外引揚者などによって日本国内の消費人口が激増したことが挙げられる。そして，このような食糧需給逼迫の下で，46年3〜4月頃から全国各地で，とりわけ都市部において配給食糧の遅配・欠配が生じるようになったが，これは国民の中に社会不安を引き起こすこととなり，46年5月19日には政府に対して食糧の安定的供給を要求する「食糧危機突破国民大会」＝食糧メーデーが大衆的に開催されるまでになったのである。

次に，日本経済の全体的な動向に目を向けると，そこではインフレーションの高進が重大な問題として現れていた（図3-1）。戦争によって日本の産業は

表3-1　戦後直接統制期の麦需給政策をめぐる主な経過

1945. 11. 17　第1次供出対策（閣議決定）
　　　12. 20　国家総動員法廃止
　　　12. 21　輸出入品等臨時措置法廃止
1946. 1. 18　「食糧管理の強化に関する件」（第2次供出対策）
　　　2. 17　金融緊急措置令公布（新円切り替え）
　　　　　　食糧緊急措置令公布（主食供出に対する強権発動を規定）
　　　　　　食管法施行令改正（米麦の所有者に所有米麦の政府への売渡命令を発し得る，業務に関し対価として米麦の収受やその約束をすることを禁止）
　　　3. 3　物価統制令公布（米価と石炭価格を基準とした新物価体系）
　　　10. 1　臨時物資需給調整法公布
　　　　　　食管法施行規則改正（製粉事業の許可制の踏襲）
　　　11. 7　中央食糧営団解散
　　　12. 11　GHQ「臨時物資需給調整法にもとづく統制方式に関する件覚書」
1947. 3. 28　臨時物資需給調整法改正
　　　4. 14　独占禁止法公布
　　　6. 7　「昭和22年産麦，馬鈴薯買入要綱」
　　　7. 7　新物価体系（1800円ベース），主食価格決定で「二重価格制」が廃止
　　　9. 18　「リンク制の拡大及び計画化に関する措置要綱」
　　　11. 29　農業協同組合法公布
　　　12. 18　過度経済力集中排除法公布（49. 6. 30まで）
　　　12. 30　食管法，同施行令・施行規則全面改正
　　　　　　（指定された農協・商人による多元的集荷，食糧営団・日本甘藷馬鈴薯株式会社・日本澱粉株式会社に代わって政府全額出資の政府機関としての食糧配給公団の設立）
　　　　　　（供出対象として甘藷・馬鈴薯・雑穀が加わる。また，農地改革の実施に伴い，政府への売渡義務を負う対象から地主，小作料として受けた米・麦の規定が削除）
　　　　　　（製粉・精麦に対して農林大臣は制限をなすことができる）
1948. 2. 20　食糧配給公団業務開始
　　　2. 22　地方食糧営団解散
　　　4. 17　食管法施行規則改正（集荷業者の指定，政府への直接売渡）
　　　6. 22　政府，物価改定第1次発表（補正価格体系―3700円ベース）
　　　6. 25　「昭和23年産麦及び馬鈴しょの供出に対するリンク制実施要領」
　　　7. 20　食糧確保臨時措置法公布（供出の事前割当方式・不急農産物の作付制限）
　　　7. 28　「昭和23年産麦類及び馬鈴薯の相互代替供出取扱要領」
　　　8. 1　農業会一斉解散
　　　10. 4　「昭和23年産米及び甘しょの供出に対するリンク制実施要領」
　　　12. 18　食管法施行規則改正（食糧確保臨時措置法施行に伴い，米麦等の売渡数量決定の規定削除）

第3章　戦後直接統制期における麦需給政策

		GHQ「経済安定9原則」の指令（第9項―食糧供出計画の能率向上）
	12. 24	GHQ「主要食糧の集荷に関する件（覚書）」（追加割当の法制化を迫る）
1949.	4. 15	ドッジ・ライン（均衡財政・復興金融公庫の新規貸出停止・価格差補給金等の打ち切り，見返資金の設定，単一為替レートの設定）
	5. 17	「昭和24年産麦及び馬鈴しょの供出に対するリンク物資配給実施要領」
	9. 16	「昭和24年産米及び甘しょの供出に対するリンク物資配給実施要領」
	11. 25	GHQ「食料品，油糧及び食糧配給公団の廃止に関する件」
	12. 1	食管法施行令改正（藷類の供出後自由販売）
		外国為替及び外国貿易管理法公布・施行
	12. 7	「食糧確保のための臨時措置に関する政令」公布（追加供出の法制化）
1950.	1. 1	民間貿易再開
	1. 27	GHQ新「食料品，油糧及び食糧配給公団の廃止に関する件」
	3. 31	食管法改正（第3条から甘藷・馬鈴薯が削除，政府への供出義務解除，予算の範囲内でのそれらの買入の明記）
		（配給公団から民営移行のための販売業者規定の追加）
	8. 19	食管法施行令改正（冬作雑穀の供出後自由販売）
	10. 9	「食糧配給公団の廃止および主要食糧の新配給制度に関する措置要綱」
1951.	1. 1	麦類の配給が選択購入制へ
	3. 1	食管法施行令改正（雑穀の供出後自由販売）
	3. 31	食糧確保臨時措置法失効
		食糧配給公団解散
	6. 14	日本，国際小麦協定加入を承認される（8.1から加入）
	9. 8	サンフランシスコ平和条約・日米安保条約締結
1952.	3. 17	食管法施行令改正（販売業者の中に小麦粉製造販売業者，精麦加工業者を入れる―委託加工制から買取加工制へ）
	3. 31	臨時物資需給調整法廃止
	4. 28	サ条約・日米安保条約発効
	5. 29	食管法改正（第2条から甘藷，馬鈴薯，雑穀が削除―統制の完全撤廃）
		（第3条から麦・雑穀が削除―供出義務の解除）
		（政府による麦の無制限買入―第4条2項・3項の追加）
		（食糧配給公団に関する規定の削除）
		→麦について供出義務，配給，販売業者，政府以外との売買禁止，輸送制限の規定がなくなる
	6. 1	麦政府管理の間接統制への移行

出所）食糧庁『食糧管理史　各論Ⅱ』（昭和20年代制度編）1970年，同『食糧管理史　各論別巻Ⅰ』（法令編）1972年，農林大臣官房総務課編『農林行政史　第8巻』農林協会，1972年，矢部洋三・古賀義弘・渡辺広明・飯島正義編『現代経済史年表』日本経済評論社，1991年，より作成。

各部門ともその生産能力に壊滅的な打撃を受け，その結果，敗戦後には極度の物資不足がもたらされたが，このような状況の下で，戦時中経済統制によって預貯金や公債の形で蓄積されていた所得が一挙に市場へ放出され，また，敗戦直後には臨時軍事費（復員軍人の給与，発注済軍需品への支払・前渡金，損失補償など）が大量に放出されるなどしたために，インフレが一挙に顕在化したのである。[4]　そのため，敗戦後日本の経済政策にとっては，諸産業の生産能力を回復させることとともに，金融・財政政策によって当面のインフレ対策を行うことが至上命令となった。

　生産力回復に関しては，不足する物資の有効活用を図るために46年10月1日に臨時物資需給調整法（産業の回復・振興に関して，政府〔主務大臣〕は経済安定本部総裁が定める基本的な政策および計画の実施を確保するために，物資の割当・配給，物資の使用・制限，物資の生産・出荷・工事施工の制限・禁止，物資・遊休設備の譲渡・引渡・貸与，に関して必要な命令を行える）が公布・施行されるとともに，47年からは傾斜生産方式の開始，復興金融公庫（47年1月発足）による企業への資金融資などが行われていった。

　金融・財政政策によるインフレ対策は，46年2月17日公布・施行の勅令「金融緊急措置令」（新円切り替え）と，それを受けて物価を固定するための公定価格体系を措定した同年3月3日公布・施行（一部条文は同年3月11日施行）の勅令「物価統制令」（3.3物価体系――賃金500円ベース）によって本格的に開始された。しかし，諸産業の生産能力回復を図るために，復興金融公庫による対企業資金融資（上述）や，価格差補給金の支出などが行われたこともあって，図3-1に見られるようにその後もインフレは収束の傾向を見せなかった。そのため，47年7月には新物価体系（賃金1800円ベース），48年6月には補正価格体系（賃金3700円ベース）が設定され，高進を続けるインフレに対して価格体系を改訂して物価を固定する試みが繰り返された（表3-1参照）。そして，49年4月からは，超均衡財政および1ドル＝360円の単一為替レート設定を主な内容とするドッジ・ラインが開始され，強行的にインフレを収束させる取り組みが行われたのである。

　以上のような状況は，食糧需給政策に大きく次の2つのことを要求したと言

第3章 戦後直接統制期における麦需給政策 133

える。1つは、戦時期同様、「国民の食糧消費の安定化」を最大限に図ることを政策の最大目的とすることであり、もう1つは政策展開にあたってはインフレ対策としての金融・財政政策との整合性を強く保つことである。そして、前者については、敗戦によって日本は従来の食糧供給基地＝朝鮮、台湾、「満州」を喪失し、また、49年末までは連合国から貿易統制を受けたことにより、戦時期以上に国内生産増大と供出促進を図ることが求められた。とくに供出に関して言うならば、日本国民の食糧消費を安定させることは占領政策上も重要な課題であったために、連合国（アメリカ）は必要と考えられる量の援助食糧の放出を行ったが、そこでは日本政府が主要食糧の供出割当分の集荷を完遂することが援助食糧放出の条件とされたのである。[5]

　これを受けて、敗戦後初期（1950年頃まで）の食糧需給政策は食糧管理法に基づく主要食糧の政府直接統制を引き継ぎ、この下で主要食糧の国内生産増大・供出促進、輸入食糧の確保が図られたが、それは金融・財政政策に強く規定されるものとなったのである。そして、食糧需給逼迫という状況が食糧需給政策に対して戦時期と同様各主要食糧品目を「食糧」という単一の使用価値として扱うことを要求する中で、各主要食糧品目の需給政策、とりわけ米と麦の需給政策は非常に似通ったものとなった。

　しかし、このような状況は50年頃から大きく変化した。先の図3-1を見ると消費者物価指数は49年半ばで上昇が止まり、その後50年半ばにかけては下落に転じており、ドッジ・ラインの下でインフレが一応収束したことがわかる[6]（50年半ば以降は朝鮮戦争「特需」の下で消費者物価指数は再び上昇するが）。また、食糧需給も国内農業生産の回復とともに次第に緩和へ向かった。さらに50年1月からは連合国による貿易統制が解除されたことにより、商業ベースによる食糧輸入が再開された。そして、このような状況を背景として、49年末から51年にかけて甘藷・馬鈴薯・雑穀（これらは戦時中から供出対象となっていたが、敗戦後の食糧需給逼迫に対処するために、47年12月の食管法改正によって従来の施行令記載の「主要食糧」から米・麦と同様法律記載の「主要食糧」に格上げされ、改めて食管法の供出対象農産物に位置づけられた）についてはその政府統制が次々に緩和ないし撤廃されるなど、食糧需給政策は新たな展開

を見せるようになった（表3-1参照）。このような中，米需給政策と麦需給政策にはその動向に次第に乖離が生じ始め，米については政府の直接統制が続くものの，麦については，その政府管理が52年6月に間接統制へ移行するのである。

　以上を踏まえ，以下では敗戦から間接統制移行までの，戦後直接統制期における麦需給政策の動向を見ていく。なお，この時期は占領期とほぼ一致するため，麦需給政策も連合国（アメリカ）の占領政策に大きく影響されていたことをここで再確認しておきたい。また，前章同様，本章でも流通部面に対する政策については集荷段階と配給段階に分けて分析する。

II　麦需給政策の展開（1）
――流通部面［集荷段階］――

　食糧管理法に基づく政府直接統制が敗戦後に引き継がれたことにより，米と同様，麦についても集荷ルートの特定と供出制度が継続することになった。しかし，それらをめぐる動向は戦時期とは多少異なる様相を示した。

1　集荷ルートをめぐる動き

　敗戦直後の主要食糧の集荷は戦時期と同様に農業会によって独占的に行われ，生産者から政府までの集荷ルートも従来どおり，生産者→市町村農業会→道府県農業会→全国農業経済会→政府，という一元的なものであった。麦の集荷もこのルートで行われていた。

　しかし，1947年4月14日に「私的独占の禁止及び公正取引の確保に関する法律」（独占禁止法）が公布され（同年7月20日施行），また同年12月18日には過度経済力集中排除法が公布・施行されるなど，財閥の解体を目指した経済民主化政策が進行し（これは米・ソ冷戦の開始を受けたアメリカの占領政策の転換によってすぐに挫折させられるが），それと連動する形で農業における経済民主化の一環として，47年11月19日の農業協同組合法の公布（同年12月15日施行），同年12月からの全国各地での農協の設立，それに伴う48年7月末での農

第3章　戦後直接統制期における麦需給政策　135

図3-2　新集荷制度，食糧配給公団の下での主要食糧の集荷・配給ルート

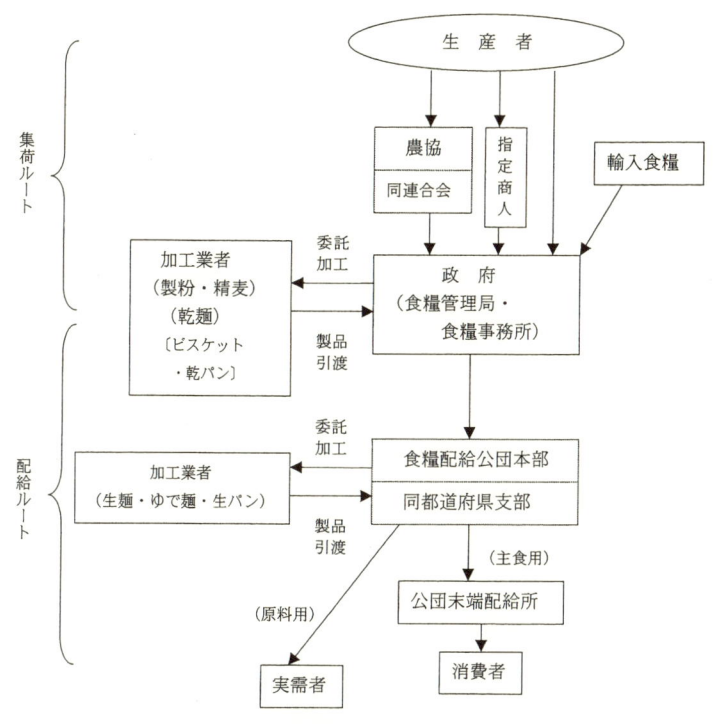

```
集荷ルート {
    生産者
     ├─→ 農協／同連合会
     ├─→ 指定商人
     └─→ （直接）
    輸入食糧
     ↓
    政府（食糧管理局・食糧事務所）
     ←委託加工→ 加工業者（製粉・精麦）（乾麺）〔ビスケット・乾パン〕
     ←製品引渡─

配給ルート {
    食糧配給公団本部／同都道府県支部
     ←委託加工→ 加工業者（生麺・ゆで麺・生パン）
     ←製品引渡─
     ↓（主食用）
    公団末端配給所
     ↓
    消費者
    （原料用）→ 実需要
}
```

出所）松田延一『日本食糧政策史の研究，第3巻』食糧庁，1951年，295頁，第3図，日本製粉株式会社『日本製粉株式会社70年史』1968年，483頁，第1図，などをもとに作成。

業会の解散，という政策が進められる中で，主要食糧の集荷制度も変更を求められることになった。

　これを受けて48年3月から新たな集荷制度が開始された。それは，集荷業者として農協を位置づけるとともに，商系業者の集荷業務への参入も認め，また農家が直接主要食糧を政府に売り渡す道も開くものであった。そこでは，集荷業務を行うには，47年12月30日に全面改正された食管法施行令の第5条第1項「命令で定める要件を具え，且つ，命令の定めるところにより農林大臣の指定を受けた者（以下指定業者という。）でなければ，食糧管理法第3条第1項の規定による売渡の委託を受けることはできない」に基づいて指定業者になるこ

とが必要とされ，それには単位事業区域（市町村）において50人以上の生産者（市町村の生産者が150人未満の場合は3分の1以上）の予備登録が必要とされたが（指定された段階で予備登録は本登録になる），生産者と集荷業者との結び付きは固定したものではなく，生産者は毎年登録先の集荷業者を変更できるとされたのである。⁽⁷⁾

これは，独占排除という経済民主化政策に沿って，農業会が衣替えした農協に加えて商系業者を集荷業務に参入させ，また，生産者に登録先集荷業者の変更を認めることによって，集荷業者間で生産者獲得競争を行わせ，集荷業務の能率向上を図ろうとするものであったと言える。

以上のような新たな集荷制度によって，集荷ルートについては農業会ルートのみという従来の一元性が崩れたが，そこにおいても指定集荷業者は生産者の政府への麦売渡しの代行業務を行うだけであって自由な営業活動は許されず，また，生産者も指定業者・政府以外には麦を販売（委託）することはできないなど，集荷ルートが特定されている状況は従来と同様だったのである（図3-2）。

2　供出対策をめぐる動向

敗戦直後の供出不振は麦についても見られた。前章で触れたように1944年産で98.7%であった3麦合計の供出進捗率は45年産では86.6%となり，米ほどではないにしても前年産に比較して大きく落ち込んだのである。45年産の供出割当量は45年産麦の大減収を受けて前年度よりも大幅に減らされたが，それでも進捗率が大きく低下したことは（大麦は100%を超えているが，前年よりは低い），食糧不足・インフレ高進という状況下，公定価格よりもはるかに高く販売できる自由市場へ麦が大量に流出したことを推測させる。45年・46年における麦の自由価格に関する資料は見当たらないが，47年8月の生産地畑作における精押麦の自由価格は1升当り全国平均71円，消費地における価格は全国平均79円であり，これらは47年7月決定の裸麦政府買入価格1升当たり10.5円（1石当たり1052.19円）に対して，それぞれ6.8倍，7.5倍だったのである。⁽⁸⁾

このような供出進捗率の大幅な低下は，政府買入価格を政府売渡価格よりも高く設定した二重価格制が，敗戦直後においては供出制度を補強する役割を果

第 3 章　戦後直接統制期における麦需給政策

たせない状況にあったことを示すものでもある。

　これに対して「国民の食糧消費の安定化」を最大限に図るために政府の食糧需給調整能力を高めるべく，麦の自由市場への流出を防止し，供出量増加・進捗率向上を図ることが緊急の課題となった。前述のように，供出割当分の完全集荷は連合国（アメリカ）が日本へ食糧援助を行うにあたっての条件とされたものでもあったのである。

　このような状況を背景として，敗戦直後から供出促進を図るための政策が次々と行われていった。

> *1　敗戦後，米は1945年産について，麦は46年産から50年産まで「総合供出制」がとられた。これは配給量を満たすために食糧となるべき資源を総動員することを目的としており，米・麦・藷類・雑穀等の供出割当量を決めた後，米と麦については一定程度まで他の食糧資源による代替を認めるというものである[9]（後掲表3-3注3），注4）参照）。これに対応して，農家の自家保有基準量は米・麦・藷類・雑穀類合計で1人1日当たり平均4合（600g）と定められた。[10]

　まず，46年2月17日に勅令として「食糧緊急措置令」が公布・施行された。これは「主要食糧（食糧管理法第2条ノ主要食糧ニシテ農林大臣ノ指定スルモノヲ謂フ以下第8条迄同ジ）ノ所有者ガ同法第3条第1項ノ規定又ハ同法第9条ノ規定ニ基ク命令ニ依リ政府ニ売渡スベキ主要食糧ヲ当該命令ノ定メタル時期迄ニ売渡サザルトキハ政府ハ当該命令ニ係ル主要食糧ニシテ政府ニ売渡サザル数量ニ相当スルモノヲ収用スルコトヲ得」（第1条）として，米・麦の生産者の中で供出割当量に対する政府売渡量が不良な者に対しては，政府に売り渡すべき米・麦のうち未だ売り渡していない米・麦を政府が強制的に収用できる（生産者に対して対価は支払われるが）ことを定めたものである。また，同日改正された食管法施行令（同日施行）も，必要時における米・麦（およびその加工品である穀粉）所有者に対する政府への売渡命令（第10条ノ5），業務対価としての米・麦（およびその加工品である穀粉）の授受の禁止（第11条ノ5），といった規定を新たに設けて，米・麦の供出制度を強化した。これらに基づいて47年3月からは強権供出（いわゆる「ジープ供出」）が開始され，農家に対する隠匿食糧の摘発が行われていった（摘発数量は，米については47年

産4万8022石，48年産9万1153石，49年産8万2129石，50年産6万4446石，51年産4万5868石，麦については47年産のみ1万石0270石)[11]。

　しかし，GHQ の絶対的権力が背景にあるとは言え，自由市場における食糧価格が公定価格をはるかに上回っている状況の下で供出量の増加を図るためには，強権的措置による対応だけでは限界がある。したがって，これに加えて生産者が自発的に政府への売渡量を増加させるような経済的インセンティブをもった措置が必要となった。とくに，敗戦後には供出割当が戦時末期の「部落責任供出制度」から「個人割当制」へと変更されていたこともあって[12]，供出量を増加させるために経済的措置は不可欠だったのである。そして，これは具体的には，政府買入価格の引上げ・上乗せと，生活物資・生産資材の特配という形で行われた。

　まず，政府買入価格の引上げ・上乗せについてである。政府買入価格は生産量に対して非常に強い影響を与えるが，供出制度が設定されている下では供出量にも影響を与える。というのも，生産者は政府買入価格と自由価格を睨んだ上で，供出に応じるか，自由市場へ販売するか，あるいは自家消費するか（供出は生産者の自家保有量をも制限しているので）を決定すると考えられるからである[13]。このような生産者の行動は戦時期にも当然存在していたであろうが，それはファッショ的な戦時統制下では顕著な動きにはならなかったに違いない（自由市場はたとえあったとしても相当に限定されていただろう）。しかし，敗戦後，それは供出進捗率の低下に端的に見られるように一挙に顕在化したのである。それでは，これに対して政府買入価格はどのような動きを示したのだろうか。

　表3-2を見てみよう。3麦の政府買入価格は45年（11月）から46年にかけては約4倍，46年から47年には2倍強，47年から48年（最終価格）にも2倍強の引き上げがなされており[14]，生産者を供出に応じさせるための経済的インセンティブを備えた外観になっていることがわかる。このような政府買入価格の連年の大幅な引上げは米についても行われたものであった。政府買入価格の動向は先述した一連の価格体系の設定と関わっており，また，第一義的には生産対策としての意味を持つものであるから，これを供出対策という側面のみで捉え

第3章　戦後直接統制期における麦需給政策　139

表3-2　戦後直接統制期における麦の価格をめぐる動向

単位：円／俵

		政府買入価格（（ ）内は実際の（事後的な）対米価比率）						政府売渡価格			生産費（（ ）内は政府買入価格の生産費補償率）		
		小麦	大麦	裸麦	米		小麦	大麦	裸麦		小麦	大麦	裸麦
1945年		31.50 (4月) 51.00 (11月) [85.0]	24.03 (4月) 39.03 (11月) [74.3]	31.50 (4月) 51.00 (11月) [85.0]	37.00 (3月) 60.00 (12月)		15.15 (6月)	9.90 (6月)	15.15 (6月)		45.88 [111.2]	48.73 [80.1]	42.44 [120.2]
1946年		204.00 [92.7]	155.98 [81.0]	204.00 [92.7]	220.00		91.50 (3月) 170.65 (11月)	59.65 (3月) 111.30 (11月)	91.50 (3月) 170.65 (11月)		308.13 [66.2]	313.18 [49.8]	390.42 [52.3]
1947年		455.00 [66.9]	344.98 [58.0]	455.00 [66.9]	680.00		446.20 (7月) 561.45 (11月)	286.75 (7月) 385.85 (11月)	446.20 (7月) 561.45 (11月)		603.08 [75.4]	757.39 [45.5]	797.30 [57.1]
1948年	(A) (B)	972.00 1,066.20 [73.1]	732.00 769.60 [60.3]	972.00 1,066.20 [73.1]	1,438.00 1,458.40		1,156.60 (7月) 1,646.20 (12月)	735.85 (7月) 1,027.00 (12月)	1,139.40 (7月) 1,595.20 (12月)		1,664.53 [64.1]	1,666.71 [46.1]	1,787.84 [59.6]
1949年	(A) (B)	1,253.00 1,384.30 [79.6]	952.00 1,015.50 [66.7]	1,253.00 1,384.30 [79.6]	1,700.00 1,739.20		1,893.20	1,175.00	1,819.40		2,874.59 [48.1]	2,088.98 [48.6]	2,900.45 [47.7]
1950年	(A) (B)	1,459.00 1,606.00 [66.4]	1,099.00 1,283.98 [60.7]	1,459.00 1,606.00 [66.4]	2,168.00 2,418.80		1,808.90 (1月) 1,811.90 (8月)	1,164.50 (1月) 1,145.50 (8月)	1,825.90 (1月) 1,778.50 (8月)		1,967.50 [81.6]	1,581.34 [81.2]	2,614.03 [61.4]
1951年	(A) (B)	1,714.00 1,765.00 [62.6]	1,335.83 1,375.50 [55.7]	1,848.00 1,903.00 [67.5]	2,812.00 2,820.00		1,750.00 (1月) 1,811.90 (2月) 1,734.00 (3月) 2,017.00 (8月)	1,117.00 (1月) 1,145.50 (2月) 1,117.00 (3月) 1,401.00 (8月)	1,734.00 (1月) 1,778.60 (2月) 1,750.60 (3月) 2,182.00 (8月)		1,891.28 [93.8]	1,388.14 [99.1]	2,506.03 [75.9]
1952年		1,920.00 [64.0]	1,470.00 [56.0]	2,000.00 [66.7]	3,000.00		2,170.00	1,415.00	2,182.00		1,982.39 [96.7]	1,527.25 [96.2]	2,594.16 [77.1]

注）1）1俵は小麦60kg、大麦52.5kg、裸麦60kg、米60kg。
　　2）政府買入価格は麦については50年産まで3等、51年産以降は小麦は2類3等、大麦・裸麦は3類3等、米については52年産まで3等のもの。
　　3）麦の政府売渡価格は51年産までは3等、52年産小麦価格は3類3等、大麦、裸麦は3類3等のもの。
　　4）1946年産の3麦の政府売渡価格は46年7月に価格が2倍に引き上げられた後のもの。
　　5）1948年産から51年産までの（A）は当初価格、（B）は追加払いを含めた最終価格。
　　6）対米価比率は同重量の米に対する比率で、46年産は11月の麦価格、48年産は12月の米の麦価は、米とも最終価格を用いて計算したもの。
　　7）政府買入価格の生産費補償率は、1945年産は11月価格、48年産は最終価格（B）を用いて計算。
　　8）1945年産の生産費は推定。
出所）農林大臣官房総務課編『農林行政史』第8巻「農林協会、1972年、132-135頁の第5-1表、148-149頁の第53表。食糧庁「食糧管理統計年報」1952年版、226頁、より作成。

ることはできない。しかし、敗戦後の主要食糧の政府買入価格の引上げには、生産者の政府への供出促進という狙いも置かれていたことは見ておく必要がある。
(15)

　政府買入価格の上乗せに関しては、「主要食糧農産物の生産及び供出を確保するため、公正且つ計画的にその生産数量及び供出数量の割当等を行い、もつて食糧事情の安定を図ることを目的」（第1条）とした48年7月20日公布・施行の食糧確保臨時措置法によって、従来の供出量の事後割当方式（収穫後割当）が事前割当方式（作付前割当）へ変更された下で（不作の場合は供出割当量は下方修正される）、48年産・49年産の麦について事前割当量を超えて供出されるものに対して「超過供出特別価格」として通常の政府買入価格の3倍での買入れが行われた。
(16)
(17)

　次に、生活物資・生産資材の特配については、麦を含む主要食糧の早期供出・供出完遂・超過供出に応じて、織物・作業手袋・地下足袋・タイヤチューブなどの繊維製品・日用品、国産煙草・酒などの嗜好品などを配給する「供出リンク物資制度」が設定された。これは、物資が全般的に不足している状況を鑑みて、現金ではなく現物の支給を行うことによって主要食糧の供出を促進させようとしたものである。
(18)

　そして、これらの政策によって、表3-3でわかるように47年産以降3麦合計の供出進捗率は100％を超えるようになり、生産量の増加と歩調を合わせて供出量も増加していったのである（なお、46年産以降は3麦一括で供出割当数量が定められている）。

　その後、48年12月18日にGHQ「経済安定9原則」指令が出され、49年4月からドッジ・ラインの下で超均衡財政政策がとられると、財政支出削減方針に沿って、供出超過分への政府買入価格上乗せ分の減額や廃止（麦については50年産の「超過供出特別価格」は政府買入価格の1.25倍、51年産から「超過供出特別価格」は廃止）、「供出リンク物資制度」の廃止（50年産から）など、経済的措置が後退させられていくことになった。このように政策が転換した背景には、この時期、食糧需給が一定程度緩和して、供出促進を図る必要性が薄れていたこともあった。例えば、50年8月の精押麦の1升当り自由価格は生産地

表3-3　敗戦後における麦・米の供出進捗状況

単位：石

年産		小麦	大麦	裸麦	その他	合計	米
1945	割当数量	5,038,133.0	1,481,462.0	2,582,846.0	—	9,102,441.0	26,561,000.0
	買入数量	3,940,187.0	1,526,153.0	2,420,039.0	—	7,886,379.0	20,610,596.3
	進捗率	78.2%	103.0%	93.7%		86.6%	77.6%
1946	割当数量	2,412,773.1	1,026,048.6	1,263,192.7	—	4,702,014.4	28,063,400.0
	買入数量						29,298,901.1
	進捗率					90.1%	104.4%
1947	割当数量	2,717,486.7	1,035,191.9	1,609,166.5	92,181.9	5,454,027.0	30,550,000.0
	買入数量						30,617,333.5
	進捗率					108.9%	100.2%
1948	割当数量	3,035,114.5	1,243,556.1	2,160,408.1	84,515.0	6,523,593.7	30,619,100.0
	買入数量						32,544,988.9
	進捗率					103.0%	106.3%
1949	割当数量	3,874,272.0	2,022,037.5	2,787,437.9	95,464.1	8,779,211.5	29,878,700.0
	買入数量						30,775,212.0
	進捗率					131.7%	103.0%
1950	割当数量	3,420,251.8	1,844,676.1	2,727,911.4	326,397.9	8,319,237.2	28,842,900.0
	買入数量						29,056,389.2
	進捗率					100.3%	100.7%
1951	割当数量	3,581,161.6	1,715,332.0	2,420,131.6	—	7,716,625.2	24,473,300.0
	買入数量						25,353,303.4
	進捗率					111.5%	103.6%

注1）単位の「石」は、米は玄米石、麦は玄米換算石。
2）麦の割当数量は1946年産から3麦一括で行われている。
3）麦の「その他」の内容は、摘発分（47年産のみ）、代替馬鈴薯（48年産のみ）、代替雑穀（50年産のみ）、代替菜種（48年産のみ）である。
4）米の買入数量には、摘発分（47年産～）、未利用資源（45年産のみ）、代替雑穀（46・47年産）、代替薯類（45年産～48年産）、代替麦（48・49年産）が含まれる。

出所）食糧庁『食糧管理統計年報』1953年版、87頁、94頁より作成。

（畑作）で全国平均42円，消費地で全国平均54円であり，それは玄麦（裸麦）政府買入価格のそれぞれ約1.2倍，約1.6倍であって，以前に比べるとその価格差は大幅に縮小していたのである。

　しかし，一方では，48年12月24日のGHQ「主要食糧の集荷に関する件（覚書）」を受けた「食糧確保のための臨時措置に関する政令」（49年12月7日公布・施行）では，農林大臣は作況が良好な場合必要時に供出割当量を増加できるとする規定が盛り込まれた。

　「主要食糧集荷に関する件（覚書）」は，「現行食糧管理諸法律には，主要食糧の供出割当は作付前なさるべきこと及び事前割当は爾後増加せしめられないことを規定している。事前割当が増加せしめられないと云う規定は，限られた入手し得る国内産食糧の供給の効果ある統制の確保を不可能ならしめるものである。」という認識の下，日本政府に対して「利用し得る主要食糧農産物の最大限実効可能な集荷を確保するための諸措置を取りこれを完遂すること。右の内には収穫の諸条件が確定した収穫時又はその直前において法的に強制力を伴う追加割当を規定するため必要な諸法令を改正又は公布することを含む。」として，食糧確保臨時措置法によって事前割当方式となった供出制度について，収穫後の追加供出割当を加えるよう要求したものであった。これを受けて日本政府は，追加供出割当を可能とするための食糧確保臨時措置法改正案を49年の第5国会に上程したが，同法案は参議院先議で参議院は通過したものの，衆議院農林委員会で継続審議とされ，第6国会では衆議院は通過したが参議院で審議未了となった。それゆえ，追加供出割当はポツダム政令である「食糧確保のための臨時措置に関する政令」に基づいて行われることになったのである。

　ともあれ，「食糧確保のための臨時措置に関する政令」はドッジ・ラインに沿った緊縮財政を貫くため，「作況が良好な場合」という限定付きながら，いっそうの政府集荷が必要な場合には追加供出を強権的に行う態勢を作ったものと言える。そして，51年3月末に食糧確保臨時措置法が失効すると供出の事前割当方式は廃止され，事後割当方式が復活したのである。

　上で指摘したように，この時点において食糧需給はある程度緩和していたものの，まだ不安定な状況から脱してはいなかった。このような中，麦需給政策

ないし食糧需給政策には供出制度の存続が求められたが，ドッジ・ライン下の財政支出削減方針によって供出促進のために経済的措置を後退させざるを得なかった下では，事前割当方式のままでは従来と同水準の供出量を期待することはできず，それゆえ，事後（収穫後）における調整が必要になったのである。

Ⅲ　麦需給政策の展開 (2)
―――生産部面―――

　供出量の増加を図るためには，その前提である国内生産量を増加させることが最も重要である。このこと自体は戦時期と同様であったが，敗戦後の主要食糧の生産をめぐる状況は戦時期と大きく変わった。

　戦時中，米・麦等の主要食糧の生産確保のために行われた作付統制は，国家総動員法「臨時農地等管理令」に基づく「農地作付統制規則」にその法的根拠を有していた。しかし，敗戦後1945年12月20日に国家総動員法が廃止されると作付統制はその法的根拠を失い，政府は，食糧農産物以外の作付けを制限して農業生産を食糧農産物に集中させるという従前の方策をとることができなくなった。

　ただし，作付統制的な政策が全く消え去ったわけではなく，国家総動員法廃止の2年7ヶ月後に公布された前述の食糧確保臨時措置法では，「都道府県知事が主要食糧農産物の生産を確保するため，その生産の確保に支障を及ぼすおそれのある農産物の一定面積以上の作付を制限する必要があると認める場合において，都道府県農業調整委員会の議決を経て，地域，期間，農産物の種類及び面積を指定したときは，市町村農業調整委員会の承認を受けなければ，当該地域において当該期間内は当該面積をこえて当該農産物の作付をしてはならない」（第10条）として，農業調整委員会（同法第12条から第26条で規定。農家による公選制の機関で，主要食糧の生産・供出等に関わる審議を行う）の審議を経るという条件は付いていたものの，不急農産物の作付制限に関する規定が設けられたのである。しかし，これはあくまで主要食糧の生産確保に影響がある場合に限って行うというものであるから，戦時期の「農地作付統制規則」に

比べると主要食糧農産物の作付維持・拡大のための強制力はかなり弱いものであったと言える。

このような中で，生産者を主要食糧農産物の作付けに向かわせるためには，経済的インセンティブを持った措置を強化せざるを得ない。そして，その中軸とされたのが政府買入価格の引上げであった。政府買入価格は先述のように供出制度がとられている下では供出動向にも影響を与えるが，当然ながら生産動向に対しては非常に強い影響を与える。麦の政府買入価格については先に供出対策との関係で若干触れたが，以下ではもう少し詳しく分析していきたい。

なお，敗戦後初期における麦の増産政策に関しては，この時期に行われた「緊急開拓事業」[21]および農地改革についても目を向ける必要があろう。ただし，ここでは，麦という個別品目を対象とすること，また，序章でも触れたように，開墾事業や農地改革の成果が増産（およびそれによる供出量の増加）に結びつくかどうかは価格・所得政策ないし生産者手取価格保障を目的とした政府の市場介入政策の運用に大きく影響されることにより，麦の政府買入価格の動向に分析の焦点を絞ることとする。[*2]

*2　敗戦後の食糧・農業をめぐる動向について，西田美昭氏は，「食糧問題と農地改革は別個の展開を示したのであり，相互の有機的関連はごく限られた範囲でしかみられなかったといってよい」[22]とされている。ここまで断言してよいかどうかは判断が難しいが，食糧供出・増産政策と農地改革とを短絡的に結びつけることへの警鐘として傾聴すべき指摘であろう。

さて，戦時期において麦の政府買入価格が生産費計算方式によって決められるようになったことは前章で見たところであるが，これは46年産麦まで続いた[23]（46年産麦の政府買入価格発表は45年11月17日）。しかし，この算定方式は新物価体系が措定される中で47年産以降大きく変化した。これをめぐる経緯は以下のとおりである。

先述のように46年3月に「物価統制令」＝3.3物価体系が設定されたが，それ以降もインフレが高進を続けたため，これに対応するために47年7月7日に新物価体系が発表された。それは価格体系の基礎に石炭とともに米を据えるものであり，そこにおいて米の政府買入価格の算定方式は従来の生産費計算方式

第3章　戦後直接統制期における麦需給政策　145

から戦前34〜36年基準のパリティ方式に変更された。
＊3

＊3　ただし，46年産米の政府買入価格ではすでにパリティ方式の考え方がとられていた。46年産の60kg当たり価格については，当初，農林省案（240円）と物価庁案（180円）とが対立していた。これは，両者とも同じ生産費計算方式に基づいていたものの，算定要素の1つである自家労賃の評価が異なることによるものであった。これに対してGHQから34〜36年を基準年次とするパリティ方式による220円という案が示され，最終的には農林省案と物価庁案との中間である220円に落ち着いた。
　　しかし，そこでの農業パリティ指数の計算方法は，項目や品目数が少ない，ウェイトの出し方がつぎはぎである，指数算定方式も不完全であるなど，不十分なものであった。[24]

　新物価体系では鉱工業製品の価格については工業賃金を月1800円に抑えた上での原価計算方式がとられたが，米をはじめとする農産物の価格についてはパリティ方式が基本とされた。これは，農産物価格も「一般物価政策に適合した均衡ある体系を確立することが特に肝要である」が，「農畜水産物は，一般に多種多様の経営様式により無数の零細生産者によって生産されるので，その生産費は極めて複雑多岐であり且つ家計と経営とが一体となっている結果，適当な生産原価を算定することは至難である。従ってその生産物の価格は原則として諸物価とのパリティ計算によって算出するのが妥当と認められる。」（物価庁「主要食糧その他食料品の価格形成に対する試案」〔47年3月下旬に作成〕）という物価庁の考えに基づいており，これはGHQの意向にも沿ったものでもあった。[25]

　同「試案」は，麦の政府買入価格に関して，「生産者価格〔＝政府買入価格〕については，米価との間に適当な比例関係を維持するため，最近数カ年における米価との比ず及びカロリー含有量等を参酌して均衡を維持せしめる。尚，その場合の米価は……麦価決定時における米価を想定して基準とする。」（〔　〕内は引用者）とした。[26]これを受けて，47年産から麦政府買入価格は米政府買入価格に一定比率を掛けて決定する対米価比率方式によって決められることになった（他の主要食糧の政府買入価格も同様）。そして，この算定方式は，48年6月の補正価格体系，49年4月からのドッジ・ラインの下でも引き継がれてい

ったのである。

それでは，この算定方式の下，麦政府買入価格をめぐってはどのような動向が見られただろうか。

まず，新物価体系発表に先んじた47年6月18日に，政府は47年産麦政府買入価格の対米価比率を47年産米の想定政府買入価格に対して小麦・裸麦は82%，大麦は71%で決定した。この比率は43〜46年産の麦政府買入価格の対米価比率を平均したものであって，(27) 先の表3-2でわかるように，45年産政府買入価格において小麦・裸麦85.0%，大麦74.3%となっていた対米価比率とほぼ同水準である（インフレ高進の中で45年産の政府買入価格は米・麦とも11月17日に引上げ改定がなされており，表で示した対米価比率は改定後のものである。46年産については，米政府買入価格についてパリティ方式の考え方がとられたこと，また，麦政府買入価格の半額は実質的には供出奨励金であったこと〔本章注(14)参照〕など，米・麦を単純に対比できない状況がある）。なお，米政府買入価格が「想定」となっているのは，麦政府買入価格が米政府買入価格よりも早い時期に決定されるため（47年産では，麦政府買入価格の決定が上述のように47年6月18日であったのに対し，米政府買入価格の決定は同年10月23日であった），インフレ高進下では，麦政府買入価格の決定時において，米政府買入価格の算定に用いる農業パリティ指数（米政府買入価格の決定時点のもの）を確定することができないためである。

しかし，麦政府買入価格の決定時点で想定された米政府買入価格決定時点の農業パリティ指数が48倍であったのに対し，その後の予想以上のインフレ高進によって実際の米政府買入価格決定時における農業パリティ指数が62.5倍となり，その結果47年産米政府買入価格が想定価格を上回ったことにより，(28) 47年産麦政府買入価格の実際の（事後的な）対米価比率は，小麦66.9%，大麦58.0%，裸麦66.9%となり，当初決定の対米価比率を下回った（表3-2）。

48年産・49年産は米の想定政府買入価格に対して小麦・裸麦が81.3%，大麦が70.0%で当初決定されたが，これは包装代込みで決定されていた47年産の対米価比率を裸価格での決定に変更したことによるものであり，実質的には47年産の対米価比率と同じであった。(29) しかし，表3-2を見ると，実際の（事後的

第3章 戦後直接統制期における麦需給政策

な）対米価比率は，48年産では小麦・裸麦が73.1％，大麦が60.3％，49年産では小麦・裸麦が79.6％，大麦が66.7％となっており，47年産と比較して大幅に好転していることがわかる。これは，48年産以降，米・麦・馬鈴薯の政府買入価格に追加払制度（9・3方式）が導入されたことによるものと考えられる。

同制度は「まず出回当初のパリティ指数によって第1次価格を決定し，その後，第1次価格を算出した月の3ヵ月前の月から以降，1ヵ年間の平均指数によって最終価格を決定し，その差額を追加払いする」(30)ものであり，同制度の採用によって，インフレ高進の見込み違いによる，当初決定の対米価比率と実際の（事後的な）対米価比率との乖離を小さくすることができたのである。

そして，このような実際の（事後的な）対米価比率の好転の下，48年産以降50年産まで麦の作付面積は増大していったのである（後掲図6-3〔236頁〕参照）。

しかし，表3-2を見ると，実際の（事後的な）対米価比率が好転したはずの48年産・49年産においても政府買入価格は生産費を大きく割り込んでいることがわかる。敗戦後，麦は主要食糧農産物としてその生産の維持・拡大が目指され，それゆえ追加払制度も導入されたのであるが，そもそも新物価体系を含む敗戦後の一連の金融・財政政策はインフレを収束させるために諸物資の公定価格を生産費に対して全体的に低く抑える性格を持ったものだったのであり(31)，したがって麦の政府買入価格も，あくまで他の農産物に対して相対的に有利になるように設定されただけであって，生産者に対する低価格の押し付けの域を出てはいなかったのである。

50年産麦政府買入価格の当初決定の対米価比率は小麦・裸麦81.3％，大麦70％で前年産と同様とされたが(32)，その後「ドッジラインによってインフレも漸次収まり，物資の統制も解除されて，回復した日本経済に即応した価格体系が考えられるようになって，米価についても国際価格さや寄せが問題となったことと〔後に触れるように，この時点では国産主要食糧の政府買入価格・政府売渡価格とも国際価格を下回っていた〕，他面インフレの終息が農家経済の弱い基盤をさらに悪化させ，農家所得の維持が強い関心事となり，米価の引上が強く要請される」(33)（〔　〕内は引用者）という状況下で，50年産米政府買入価格が

農業パリティ指数によって算出される額の15％の特別加算額を加えて決定されたため，結果的に実際の（事後的な）対米価比率は小麦・裸麦が66.4％，大麦60.7％となり，前年産を下回った（表3－2）。

これが51年産麦になると，当初決定の対米価比率自体が小麦64％，大麦57％，裸麦69％と引き下げられた。これは，食糧需給の緩和にともなって麦製品の配給辞退が増加し始めた中で（後述），配給辞退による食管特別会計の赤字を防ぐために麦製品小売価格（およびそれと連動する麦政府売渡価格）を抑制することが必要となり，これに合わせて財政負担圧縮の観点から麦政府買入価格の抑制が求められたことを反映したものである。そして，51年産米政府買入価格が農業パリティ指数によって算出される額の5％の特別加算額を加えて決定されたこともあり，51年産麦政府買入価格の実際の（事後的な）対米価比率は，裸麦については67.5％と前年産とほぼ同水準だったものの，小麦（62.6％）と大麦（55.7％）は前年産を下回ることになったのである。

ただし，50年産・51年産の麦については生産費が抑制されたことにより，政府買入価格の生産費補償率はかなり好転した（表3－2）。それにも関わらず，51年産以降麦の作付面積は減少するが（後掲図6－3），これには以下の事情が関わっていたと考えられる。当時，作付統制が解除され，他方では主要食糧農産物の供出制度が存続するという状況の下で，農業生産においては主要食糧農産物たる米・麦作から統制が相対的に弱く経済的に有利であった果樹，蔬菜，工芸作物等に転換する動きが見られた。このような中，水田裏作作物としてとりわけ菜種と競合する面を持っていた麦において，その政府買入価格の対米価比率が引き下げられたことは，生産費補償率の好転にも関わらず，生産者にとっては麦作が不利なものと映ったのであろう。

IV 麦需給政策の展開（3）
――貿易部面――

以上見てきたように，敗戦後の食糧需給逼迫に対処するために，流通部面［集荷段階］および生産部面に対しては，供出促進と国内生産増大を図るため

第3章　戦後直接統制期における麦需給政策　149

の政策が行われた。しかし，朝鮮，台湾，「満州」などからの食糧供給が途絶した下では，このような政策だけで食糧の絶対的不足に対処することはできなかったのであり，それゆえ，不足分を海外から調達することは当時の日本食糧需給政策にとって不可欠の課題であった。

　しかし，敗戦後の占領下において，日本は連合国による貿易統制（外国貿易・外国為替の全面的管理）を受けることになったために自由に食糧輸入を行うことはできず，それゆえ，海外から食糧を調達するには日本政府が GHQ へ食糧援助を要請する以外に方法はなかった。48年9月からは政府貿易という限定付きながら商業資金（輸出代金）による輸入が認められるようになったが，「エジプト米，オーストラリア産小麦，シャム米などがこの資金によって輸入されたが，数量的にはみるべきものはな」く[37]、49年末までは日本政府の要請に対する連合国（実質的にはアメリカ）による援助食糧の放出という形での調達がほとんどであった。先述のようにこの食糧援助は連合国側にとっても占領政策上必要とされたものであった。

　そこでは，連合国18ヶ国で構成され，食糧不足国に対する援助食糧の国際割当を行う「国際緊急食糧委員会」によって日本に対する援助食糧の割当が行われ，アメリカの「占領地救済資金」（ガリオア・ファンド）によって輸入資金が賄われた[38]。すなわち，「日本の食糧の輸入は，国際緊急食糧委員会の割当という制約のもとでアメリカ政府が司令部に通達し，日本政府は司令部から与えられたのである」[39]。そこにおいては日本政府は援助食糧品目の種類および量に関する若干の注文は行ったものの，基本的にはアメリカから放出される諸々の食糧を無条件に受け取るほかはなく，日本側の政策的な裁量の余地はほとんどなかった[40]。したがって，麦についてもその海外調達はアメリカ側の判断に委ねられていたのである。この食糧援助要請については日本政府が海外から調達する食糧品目の種類・量などを決定できなかったのであるから，これを「政策」とすることができるかどうかは議論となろう。しかし，この時期食糧援助要請が海外から食糧を調達するための唯一の方策だったことは確認しておく必要がある。

　その後，49年10月28日にGHQから日本政府に対して50年1月1日からの民

間取引による輸入を承認する指令が出され（実際に民間取引による輸入が行われるようになったのは50年4月からである。なお，民間取引による輸出は49年12月1日から承認された），これに基づいて49年12月1日に「外国為替及び外国貿易管理法」が公布・施行されるなど，連合国による貿易統制が基本的に解除されると，上述の状況は大きく変わった。すなわち，食糧についても他の物品と同様に輸出入に関する日本政府の政策的裁量が復活したのであり，これは食管法によって政府の輸出入許可制が敷かれていた麦について言えば，政府が輸入量を決定できるようになったことを意味する。

ただし，当時はまだ国際収支の天井が低く，貿易収支も赤字基調であったために外貨の節約が要求され（50年の朝鮮戦争勃発による米軍特需によって51年以降は国際収支の天井が高くなるが）(41)，また，ドッジ・ラインによる超均衡財政下で輸入食糧価格調整補給金（1ドル＝360円の単一為替レートの下，当時，国産主要食糧の政府売渡価格〔後述するように，政府売渡価格は47年7月以降コスト主義に基づいて決定されており，政府買入価格よりも高く設定されていた〕よりも外国産食糧の輸入価格の方が高かったため，国内のインフレ抑制を目的として，輸入食糧を国内に供給する際にその価格を国産食糧の政府売渡価格の水準まで引き下げるためにとられた財政支出。49年度から54年度まで行われた）も必要最小限度とすることが求められていたため，日本政府が食糧輸入において裁量を持てるようになったと言っても，それはこれらの条件に大きく制約されるものであった。端的に言うならば，輸入食糧としては輸入単価の低いもの，内外価格差の小さいものが強く求められていたのである。*4

　　*4　輸入に関連してこの時期の関税（輸入税）について触れておくと，食糧需給逼迫への対応として海外からの食糧調達が最大限追求される中，主要食糧については51年4月末まで免税措置がとられ，(42)ほぼ国際価格＝輸入価格となっていた。51年5月の改正関税定率法施行後も，米・麦については免税措置が継続されるが，これについては次章で触れる。

ここで麦および米の輸出入動向を示した表3-4を見てみよう。敗戦後，米・麦とも49年度まではそのほとんどがアメリカからの援助食糧であり，それゆえこの時期までの米と小麦とを比較するとアメリカの農業生産動向を反映して

第3章　戦後直接統制期における麦需給政策　151

表3-4　敗戦後における麦・米の輸出入動向

(a) 小麦（小麦粉を含む）　単位：t

年度	生産量	輸入量	輸出量	純輸移出入量
1945	943,296	141,989	0	▲ 141,989
1946	615,431	842,694	0	▲ 842,694
1947	766,505	1,108,365	0	▲ 1,108,365
1948	1,206,882	1,628,850	0	▲ 1,628,850
1949	1,304,145	2,054,490	0	▲ 2,054,490
1950	1,338,323	1,673,253	33,130	▲ 1,640,123
1951	1,489,912	1,196,751	50,905	▲ 1,145,846
1952	1,537,312	1,161,685	158,016	▲ 1,003,669
1953	1,374,074	2,305,180	15,596	▲ 2,289,584
1954	1,515,781	1,781,029	17,417	▲ 1,763,612
1955	1,467,656	2,164,746	26,072	▲ 2,138,674
1956	1,375,197	2,289,000	14,248	▲ 2,274,752

(b) 大麦・裸麦（麦芽を含む）　単位：t

年度	生産量	輸入量	輸出量	純輸移出入量
1945	1,255,735	0	0	0
1946	867,995	73,006	0	▲ 73,006
1947	1,156,777	127,228	0	▲ 127,228
1948	1,817,769	317,939	0	▲ 317,939
1949	1,995,590	436,851	0	▲ 436,851
1950	1,960,174	654,471	36,969	▲ 617,502
1951	2,168,712	428,255	687	▲ 427,568
1952	2,158,020	1,204,829	22,431	▲ 1,182,398
1953	2,090,860	834,967	7,408	▲ 827,559
1954	2,582,377	479,597	2,130	▲ 477,467
1955	2,407,478	725,805	546	▲ 725,259
1956	2,340,516	917,000	502	▲ 916,498

(c) 米　単位：t

年度	生産量	輸入量	輸出量	純輸移出入量
1945	8,783,827	235,800	35,145	▲ 200,655
1946	5,872,407	16,440	0	▲ 16,440
1947	9,207,902	2,767	0	▲ 2,767
1948	8,797,830	43,893	0	▲ 43,893
1949	9,965,880	91,994	0	▲ 91,994
1950	9,382,995	720,196	13,432	▲ 706,764
1951	9,650,835	765,224	10,005	▲ 755,219
1952	9,041,625	1,001,244	7,410	▲ 993,834
1953	9,922,815	1,045,500	0	▲ 1,045,500
1954	8,238,570	1,728,503	0	▲ 1,728,503
1955	9,113,355	1,152,372	0	▲ 1,152,372
1956	11,854,637	973,673	0	▲ 973,673

注 1) 年度は麦については麦年度（当年7月～翌年6月），米については米穀年度（前年11月～当年10月）。したがって，米については生産量は前年産の数値になる。
2) 小麦粉と麦芽はそれぞれ小麦，大麦に玄麦換算したものである。
3) 1石を小麦136.857kg，大麦108.75kg，裸麦138.75kg，米150kgとして重量換算した。
出所）加用信文監修『改訂 日本農業基礎統計』農林統計協会，1977年，338頁，340頁より作成。

表3-5 輸入食糧をめぐる価格動向

（a）輸入食糧買付価格の推移

単位：ドル／t

年度	小麦	大麦	米
1949	95～100	73～79	160～168
1950	95	72	160
1951	82～105	85～111	153～184
1952	75～106	75～121	191～208
1953	75～104	56～77	163～197

注 1）CIFまたはC&F価格。
　 2）1951年～53年の米は普通外米。準内地米はこれよりさらに約10～30ドル高い。
出所）1949年、50年は全国販売農業協同組合連合会『麦類に関する統計資料』1951年、204-205頁より、51年～53年は食糧庁『食糧管理統計年報』1953年版、312頁、より作成。

（b）輸入食糧価格調整補給金単価の推移

単位：円／t

年度	小麦	大麦	米
1949	1,276	7,865	23,529
1950	8,766	6,537	16,323
1951	5,588	9,837	13,978
1952	3,946	10,529	24,739
1953	▲2,301	5,103	18,228

出所）食糧庁『食糧管理統計年報』1954年版、409頁より算出・作成。

後者が圧倒的に多くなっている。しかし、50年4月から連合国による貿易統制が解除され、またアメリカからの食糧援助が減少する中（「占領地救済資金」による食糧援助は51年6月で打ち切られる）、50年度以降になると米の輸入量が急増する一方で、小麦の輸入量は減少している。これは、日本政府が食糧輸入に関して政策的裁量を持てるようになったことにより、輸入が主食たる米に傾斜していったことによるものであると考えられる（大麦・裸麦については、50年度以降飼料用としての輸入もかなり含まれていると見られるのでここでは参考として掲げておくにとどめる）。

しかし、注目すべきは、50年度以降米の輸入は増大したものの、その純輸入量は戦前期34～36年度平均の純輸移入量207万tの35～37％に留まっているのに対し、小麦についてはその輸入量は減少したものの、純輸入量は戦前期のピークである20年代前半の純輸移入量約70万tをはるかに上回る水準となっていることである（表3-4の小麦輸入量には小麦粉が玄麦換算して加えられているが、50年度と51年度の小麦粉輸入量は玄麦換算で2万tに満たない）。

ここで表3-5を見てみると、米と麦とでは同重量で輸入単価についても輸入食糧価格調整補給金単価についても麦の方がかなり低いことがわかる。つまり、上で見たような50年度以降の小麦の大量輸入は、外貨節約・輸入食糧価格調整補給金縮小という当時の日本食糧需給政策に求められていた方向性に沿っ

第3章　戦後直接統制期における麦需給政策　153

たものだったのである。なお，日本は51年8月に国際小麦協定に加盟したが，これは小麦の安定的輸入とともに，当時国際価格が協定最高価格を上回っていた中では外貨節約という役割をも果たすものであった。

　一方，輸出については，国内の食糧需給が一定程度緩和し，また，49年12月から民間輸出が承認されたことを受けて，50年度・51年度に小麦（すべて小麦粉），大麦，米について若干量の輸出が行われた（表3-4）。しかし，小麦粉の輸出が「原麦政府割当方式にて内需に差支えない場合承認することにした」とされるように，未だ国内の食糧需給が完全には安定しない中，国内へ供給されるべき食糧の確保に支障が生じないことが輸出を実施する際の最大の条件とされていたのである。

V　麦需給政策の展開(4)
――流通部面［配給段階］――

　戦時中，食糧需給の逼迫に対処すべく，麦需給に対する政府統制が強化されていった中で，流通部面［配給段階］（加工部面を含む）に対する政策が「国民の食糧消費の安定化」を最大限に図るための最終的役割を担ったことは前章で指摘したとおりである。その役割は，戦時中以上に食糧需給が逼迫した敗戦後においても同様であった。ただし，政策の動向は戦時中と全く同じではなく，また，それは食糧需給の緩和に伴って変化していった。

1　配給ルートをめぐる動き

　まず，配給ルートの特定から見ていこう。

　敗戦直後における主要食糧の配給ルートは，戦時中に作られた，政府→（中央食糧営団）→地方食糧営団→営団直営販売所→消費者，という一元的な形態がそのまま引き継がれた（なお，中央食糧営団はその取扱物資の中心であった外米の輸移入が敗戦によって途絶し，その後の輸入の見通しも絶望的であったために1946年11月7日に解散となった）。しかし，国策遂行機関として設立された食糧営団は，政府が中央食糧営団の資本金の半額を出資していたものの，

その実は米・麦取扱業者の私的統制機関としての性格が強いものであった。そ(47)のため，戦後の経済民主化が独占排除の方向で進む中（それは前述の独占禁止法や過度経済力集中排除法に結実した），民間産業団体から配給統制権を取り去り配給統制が必要な場合には政府機関がそれを行うよう指示したGHQ「臨時物資需給調整法に基づく統制方式に関する件（覚書）」が46年12月11日に出され(48)，これに基づいて47年3月28日に臨時物資需給調整法が改正されると（48月1日施行），食糧営団は食糧配給統制機関としての役割を担うことができなくなった。そこで，これに対応するために47年12月30日に食糧管理法が大改正され（同日施行），これに基づいて食糧営団に代わる食糧配給統制機関として全額政府出資の政府機関である食糧配給公団が設立され，48年2月20日から業務が開始された。(49)これに伴い，従来食糧営団の役職員となっていた米・麦取扱業者は食糧配給公団へ移籍した。

この配給組織の改組により，主要食糧の配給ルートは，政府→食糧配給公団本部・食糧配給公団道府県支部→食糧配給公団末端配給所→消費者，となった(50)（図3-2）。ただし，この変更を配給ルートの特定という点から見ると，従来の食糧営団の組織（直営配給所を含めて）が食糧配給公団に置き換わっただけであり，配給ルートが一元的であることには従来と変わりはなかったのである。

しかし，日本経済の復興に伴い，政府の配給統制機関として各重要物資ごとに作られていた（配給）公団が次々に廃止されて流通の自由化・民営化が進むと，これと歩調を合わせて食糧配給公団も51年3月末で廃止されることになった(51)。ただし，「公団の廃止は，食糧統制の廃止ないし緩和を前提とするものではなく，統制は継続するがただ配給のしかたにおいて公団というぎこちない方法はやめて，民営業者による自由サービスを導入しようとするものであった」(52)。

そして，これに対応するため50年3月31日に食管法が改正され（同日施行），1年後の食糧配給公団廃止以降の配給業務については許可を受けた民間業者が担うこととされたのである。これによって新たに設定された配給ルートは，政府→卸売業者→小売業者→消費者，というものであった。なお，麦に関してもう少し詳しく見るならば，小麦粉・精麦については政府が製造業者へ原料麦を委託加工させた後に卸売業者へ供給，乾麺も同様（ただし，乾麺については，

51年7月からは製造業者へ買取加工させた後に政府が買い戻す），パン・生麺・ゆで麺については，製造業者が卸売業者から小麦粉を買い受けて製造を行い，小売業者に売り渡すこととされた。[53]

そこでは，卸売業者は米・麦共通であってその業務許可要件として小売業者の登録制がとられており，小売業者についても米および小麦粉・精麦・乾麺の取扱業者（小売販売業者甲）は消費者の登録制をとることとされていた。[54]ただし，一部の麦製品（パン，生麺，ゆで麺）の小売業者（小売販売業者乙）は届出制でよいものとされた。また，事業区域は小売販売業者甲は小売業者所在の市町村の範囲内に限定されていたが，小売販売業者乙は都道府県一円まで認められた（卸売業者も都道府県一円まで）。なお，配給業務の民営移行に先立って51年1月から小麦粉・精麦・乾麺を含む麦製品に導入されていた，後述のクーポン（選択購入切符）制の下で，消費者は麦製品については基本的に全国どの末端配給所（または，食糧配給公団廃止に向けて末端配給所からの切替えが進められていた小売業者）からでも購入できるようになっていたのであるから，麦製品については小売販売業者甲を含め，小売業者の事業区域の限定は事実上なかったと言える。[55]なお，パン・生麺・ゆで麺の製造業者は届出制とされ（後述），事業区域は都道府県一円とされた。

つまり，配給業務の民営移行に際して，米については政府から消費者までの全配給ルートが引き続き一元的に特定されたのに対し，麦製品についてはすでに導入されていたクーポン制によって［小売業者→消費者］のルートは自由化されており（小売販売業者甲が精麦・小麦粉・乾麺を扱い，小売販売業者乙がパン・生麺・ゆで麺を扱うという区別はあったものの），また，［卸売業者→パン・生麺・ゆで麺の製造業者→小売販売業者乙］のルートもほぼ自由化されたのであって（都道府県内の結びつきという制約はあったものの），一元的に特定されたのは，精麦・小麦粉・乾麺についての［政府→卸売業者→小売販売業者甲］のルートのみとなったのである。

このような麦の配給ルートをめぐる動向は，食糧需給が緩和する中，この時点では麦製品については米ほど厳格な配給ルートを敷かなくても，食糧配給全体に支障が生じない状況になっていたことを反映したものである。

そして，このことは同時に，小売業者は消費者から受け取ったクーポンと引替えに卸売業者から小麦粉・精麦・乾麺を，製造業者からパン・生麺・ゆで麺を仕入れ，また，パン・生麺・ゆで麺の製造業者は小売業者から受け取ったクーポンと引替えに卸売業者から小麦粉を仕入れる，というクーポン制度の下で，配給制度の中に，消費者獲得をめぐる小売業者間の競争，小売販売業者乙獲得をめぐるパン・生麺・ゆで麺の製造業者間の競争，さらに，小売販売業者・製造業者獲得をめぐる卸売業者の競争をもたらすものとなった。そして，それは最終的には以下に見るように，製粉業にも影響を与えていくのである。

2　製粉業・精麦業をめぐる動向

前章で見たように，戦時中麦の加工は完全に政府統制の下に置かれるとともに，その加工歩留は食糧需給逼迫の進行に伴って引き上げられていった。

敗戦後は戦時中と同様の統制形態が引き継がれ（製粉業に対する政府統制の根拠法規であった「小麦粉等製造配給統制規則」は1945年12月20日の国家総動員法廃止とともに廃止されたが，46年10月1日の改正食管法施行規則〔同日施行〕によって政府統制が踏襲された），政府に集められた麦は中央食糧営団経由で工業組合・製造業者に渡されてそこで加工されたが（パンについては地方食糧営団が中央食糧営団から小麦粉を買い取ってパン工業組合に加工させた），食糧営団が廃止され，48年2月20日に食糧配給公団が業務を開始すると，原料の麦は政府から直接に加工業者に渡され，加工業者は政府所有麦を委託加工するという方式になった（図3-2）。前章で触れたように，製粉業は45年7月以降委託加工制へ移行したが，食糧配給公団の下でもそれは引き継がれたのである。生麺・ゆで麺・生パンについては，食糧配給公団が政府から小麦粉を買い受けた後，加工業者に対して委託加工を行わせるという方式がとられた。

なお，玄米の搗精は食糧配給公団が行ったが，これは「従来の商慣行からしても公団で行なわせるのが妥当であった」ことによる。これに対して「麦類の加工を公団で行なわなかったのは，麦類の加工施設が輸入港または主産地に集中して，精米施設の分布の普遍的なのに比べるときわめて偏在しており，政府みずからが原麦を委託加工によって製品とし，これを公団に配給せしめたほう

が製品価格のプールを容易に行ないうるという長所を持っていたからである。」[59]

このような下，表3-6でわかるように，敗戦後，小麦粉歩留は戦時中以上に引き上げられた。すなわち，45年・46年は戦時中と同じ91％であったが，47年には93％（輸入麦は95％）とされたのである。ここには食糧需給逼迫に対処するために小麦粉の品質を落としてでも製造量＝配給総量を増やすという政府の方針を見てとることができる。しかし，その後，食糧需給が緩和していくと小麦粉歩留は48年6月に90％（輸入麦は92％）に引き下げられ，その後75％（輸入麦78％）まで漸次低下していった（これ以降は戦後を通じてこの水準でほぼ固定される）。

表3-6 小麦粉歩留の推移

単位：％

年・月	国産麦	輸入麦
1945	91.0	-
1946	91.0	-
1947	93.0	95.0
1948. 6	90.0	92.0
1949. 4	88.0	92.0
1949. 7	88.0	88.0
1949.12	80.0	85.0
1950	78.0	80.0
1951	75.0	78.0
1952	75.0	78.0

出所）表2-7に同じ。

このような動向は小麦ほど顕著ではないが大麦・裸麦についても見られた。それらは敗戦後に精麦歩留が引き上げられることはなかったが，48年5月までは大麦80％，裸麦92％という戦時中の水準がほぼ踏襲された。しかし，その後48年6月になると大麦77.5％（輸入麦は78.0％），裸麦90.5％へ引き下げられ，その後，52年の大麦73％，裸麦82％へと漸次低下していったのである[60]（その後，大麦は55年に60％〔輸入麦は若干低め〕，裸麦69％となり，その後はほぼこの水準で固定される）。

さて，委託加工制は製粉企業にとっては原料集荷資金・製品在庫資金が不要であるために資金面での参入障壁が低く，また，製品の販売競争がなく加工賃が確実に得られるという側面を持つが（これは他の加工業でも同様），敗戦後，政府は許可制となっていた製粉業について大幅な新規参入を認める一方，能力基準に基づいて各製粉工場への原料割当量を決定するという戦時期にとられた割当方式を継続することにしたため，小規模の製粉工場が激増するという事態が生じた。[61] 政府がこのような方針をとった背景には援助食糧の加工問題があった。前述のように，敗戦後小麦を中心とした援助食糧は「国民の食糧消費の安定化」を図るために重要な役割を担っており，それゆえ，援助食糧のうち加工

する必要のあるものについてはすぐに加工して配給に回す必要があった。しかし，国内の製粉能力は戦争によって大きく低下していたため（44年の9万0961バーレルが45年には5万9097バーレルへ）,製粉能力を早急に高めることが緊急の課題となっていたのである。

敗戦直後の製粉能力別工場数に関する正確な資料が見当たらないため，企業種類別製粉能力に関する資料によって小規模製粉の動向を見てみると，46年10月には大・中型製粉（日産50バーレル以上）5万5564バーレルに対して小型製粉（50バーレル未満）は3万2781バーレルだったが，48年10月には大・中型製粉9万7996バーレルに対して小型製粉が9万3130バーレルとなっており（この他に，48年10月時点では高速度製粉が4万8613バーレル），小規模製粉の総製粉能力が大きく増加して大・中型製粉のそれにほぼ匹敵するまでになったことがわかる。

このような中，製粉能力の過剰が現れ始めたために，政府は新規の工場設営を抑制する方針を打ち出すとともに，原麦・製品輸送面における経済効率の向上や需要に見合った生産調整などを行うために，48年7月からは原料割当に際して製粉能力だけではなく製粉工場の立地条件等を重視する「2本立て割当方式」をとることにした。この方式は，工場所在以外の府県にも製品を出荷できる「中央割当工場」（大規模製粉工場）には政府（食糧管理局〔食糧庁の前身〕）が直接原料を割り当て，一方，製品出荷が工場所在府県内に限られる「その他一般工場」（中小製粉工場）に対しては，食糧管理局が各府県に割り当てた原料を各府県の食糧事務所（食糧管理局の地方出先機関）が各工場別に割り当てる，というものである。しかし，そこでは加工コストの高い「その他一般工場」については「中央割当工場」よりも高い加工賃を適用するという「2本立て加工賃制度」がとられたため，中小製粉工場の淘汰は進まなかった。すなわち，49年1月に「中央割当工場」35,「その他一般工場」2991であったものが，52年3月には前者36，後者3058と，「その他一般工場」の数はかえって増加したのである。

一方，精麦業について言えば，それは製粉業とは異なりそもそも大企業が存在しなかったが（それゆえ，2本立ての割当方式・加工方式もとられなかっ

た），戦後における工場数の激増は製粉業と同様であり，48年1月に957だったものが49年1月には1745となった[66]（50年6月には1492となり，その後は52年6月の間接統制移行まで変化せず）。

さて，クーポン制導入に合わせてパン・生麺・ゆで麺の製造業については51年1月に委託加工制から買取加工制への移行が行われ，また，51年4月の配給業務の民営移行に際しては届出制が採用された（乾麺の製造業も51年7月から買取加工制・届出制へ移行）。これは，業界への新規参入を原則自由化するとともに，従来委託加工制の下で不要ないし少額で間に合った運転資金を大きく増加させるものであり，パン・麺の製造業者間の競争を厳しいものにしたと言える。そして，この競争は，先述のように卸売業者間の競争にも繋がるものでもあった。

このような動向に対応して，51年7月から卸売業者（およびパン・麺の製造業者）は一部の小麦粉（上述の「その他一般工場」で生産されるもの）について買付先の製粉工場を選択できることになった。そこでは，卸売業者（およびパン・麺の製造業者）の選択から外れた製粉工場に対しては原料割当量の削減が行われることになり，委託加工制・許可制が続いていた製粉業についても，限定的ではあるが競争原理が持ち込まれた。そして，52年3月17日には食管法施行令・施行規則が改正・施行され[67]，同年4月1日に製粉・精麦は委託加工制・許可制から買取加工制・届出制へ移行した[68]。その2カ月後の6月1日には，麦の政府管理が間接統制へ移行し，製粉企業間・精麦企業間の競争が激化していくことになるのである。

3 消費規制・消費者購入価格統制をめぐる動向

（1）消費規制をめぐる動向　戦時中に行われた食糧の配給制度は，食糧事情のさらなる悪化を背景として敗戦後も引き継がれていった。

前章で見たように，戦時下，食糧需給逼迫の進行によって「総合配給制」下における1人1日当たりの配給基準量は1945年7月に従来の2.3合（345g）から1割切り下げられて2.1合（315g）とされたが，この基準量は46年10月まで続けられた。しかし，その後食糧需給が緩和するにつれて，基準量は46年11月

に2.5合（375g），48年11月には2.7合（405g）へ引き上げられ，また，50年から51年にかけて甘藷・馬鈴薯・雑穀に対する政府統制が緩和・撤廃されたのに伴い，これら品目が「総合配給制」の対象から外れるなど，「総合配給制」をめぐる動向は変化していった。[69]

　麦（消費者購入段階では麦製品も含まれる）は，その政府管理が52年6月1日に間接統制へ移行するまでは米とともに「総合配給制」の対象品目であり，その消費規制は継続されたが（麦の間接統制移行をもって「総合配給制」は終焉し，その後は配給対象品目は米だけとなる），食糧需給の緩和は麦製品の配給制度にも影響を与えた。すなわち，従来から政府は配給制度を厳格に運用するために消費者に対して主要食糧の購入券（通帳または切符）を交付し，消費者は購入券と引き換えに食糧配給公団（同公団設立までは食糧営団）配給所から主要食糧を購入していたのであるが，先に触れたように，51年1月から麦製品[70]の購入券にクーポン（選択購入切符）制が導入されたのである[71]。これは，食糧需給の緩和に伴って麦製品の配給辞退が著増したことに対応したものであり（小麦粉の配給辞退率は49年度6％，50年度11.6％，51年度28.5％）[72]，これによって，消費者は従来購入に際して基本的に選択の余地がなかった麦製品に対して，パン・生麺・ゆで麺・乾麺・小麦粉・精麦の6品目の中から購入品目の選択を行うことができるようになった。

　クーポン制導入は麦製品の消費規制を緩和したものであるが，同時に，上述したような配給ルートおよび加工に対する政府統制の緩和と相俟って，麦製品の販売業・加工業に競争原理を持ち込む契機にもなったのである[73]。

（2）消費者購入価格統制をめぐる動向　前章で触れたように，麦において政府売渡価格を政府買入価格よりも低く設定する二重価格制がとられたのは1940年産からであり，それは戦時下の食糧需給逼迫という状況に対して，インフレの抑制および供出制度の補強という役割を担っていた。

　麦における二重価格制は米・藷類のそれとともに敗戦後に引き継がれたが（ただし，供出制度補強という役割が敗戦直後には機能しなかったことは前述のとおり），政府売買価格差の逆ざや幅の拡大によって食糧管理特別会計の赤字が膨らむ中，47年7月の新物価体系において食管特別会計は他の特別会計と

ともに独立採算を要求されたため，二重価格制は廃止されることになった。なお，これには「新物価体系の設定にからんだ事情からくる面もあったわけで，工業製品については全産業平均労賃月額1800円ベースの賃金を織り込んだ原価計算によって統制価格を形成し，その価格が戦前に比し65倍以上の水準にある場合には価格差補給金を支出することによってその水準にまで引き下げ，物価体系をその水準で整備しようとしたのであるが，主食の価格水準はパリティ計算によると戦前の65倍以下にあったということである」。[74]

敗戦後，麦の政府売渡価格は「精麦を基準として〔大麦・裸麦のみならず小麦についても小麦粉ではなく精麦が基準とされた〕，精麦の消費者価格を最も安い地区の精米価格と同額とし，それから，精麦の加工賃などを差し引いて，オオムギ，ハダカムギおよびコムギの価格を算定し，……これに農業会手数料等を加算して定められ」[75]（〔　〕内は引用者）てきたが（なお，「小麦粉の消費者価格は，精麦価格から逆算された政府売渡価格に加工賃などの諸経費を加えて決定」[76]された），新物価体系の下では，麦（および米・薯類）の政府売渡価格および小売価格（＝消費者購入価格）は，政府買入価格に政府経費・流通経費・加工経費などを加算して決定するというコスト主義の考え方で決定されることになったのである。

ただし，それは各食糧品目ごとにコスト計算を行って各品目の政府売渡価格および小売価格を決定するというものではなく，主要食糧（当初は米・麦・馬鈴薯）の中でプール計算を行うものであった。これは地域間に米・麦等の配給比率の不均衡がある中で，「品目別コスト価格そのものによって消費者価格をきめると，精米価格にくらべて，麦，馬れいしょ価格が大幅に割高となり（精米10キロ47円75銭に対し，精麦は109円），消費者負担の公平を期すことができないので，米，麦，馬れいしょ価格を同一水準にそろえるためにとられた措置である」[77]（なお，精米価格は米の政府売渡価格を現行どおりとし，精麦価格は麦の政府売渡価格を現行の麦政府買入価格の水準に設定して，それぞれ算出されたものである）。[78]それゆえ，コスト主義ではあるもののプール計算が行われたことにより，麦については，精米小売価格との比率で精麦小売価格を決定し，それを逆算して政府売渡価格を決定，小麦粉価格は政府売渡価格に加工賃・手

表3-7 精米・精麦・小麦粉の小売価格の推移

単位：円／10kg, （ ）内は対米価比率

	精　米		精　麦		小　麦　粉	
1946年 3月	19.50	(100.0)	18.80	(96.4)	20.50	(105.1)
11月	36.35	(100.0)	35.85	(98.6)	39.50	(108.7)
1947年 7月	99.70	(100.0)	98.50	(98.8)	104.00	(104.3)
11月	149.60	(100.0)	127.00	(84.9)	131.50	(87.9)
1948年 7月	266.00	(100.0)	251.00	(94.4)	266.00	(100.0)
11月	357.00	(100.0)	339.00	(95.0)	357.00	(100.0)
1949年 4月	405.00	(100.0)	384.00	(94.8)	405.00	(100.0)
1950年 1月	445.00	(100.0)	400.00	(89.9)	425.00	(95.5)
1951年 1月	515.00	(100.0)	400.00	(77.7)	425.00	(82.5)
8月	620.00	(100.0)	485.00	(78.2)	485.00	(78.2)

出所）食糧庁『食糧管理統計年報』1955年版，127頁より作成。

数料を加えて決定する，という従来とほぼ同様の方式がとられたのである。このプール計算は47年11月の主要食糧の消費者価格改定において一旦放棄されたが，48年7月の消費者価格改定以降再び採用された（時期によって甘藷・雑穀等がプール計算に加わる）。

49年4月にドッジ・ラインが開始され，その下で超均衡財政政策が行われると，会計年度内における食管特別会計の収支均衡を図るために，コスト主義・プール計算に加えて，主要食糧について年度内の消費見込量を年度内の政府買入支出額と照合して政府売渡価格を決めるという「リプレイス方式」がとられることになった。その後，政府統制緩和・撤廃によって諸類が「総合配給制」の対象品目から外れたことにより，51年1月の消費者価格改定ではプール計算は米・麦の間でのみ行われ，最終的には51年8月価格改定でプール計算自体が廃止された。

ここで精米・精麦・小麦粉の小売価格の推移を示した表3-7を見てみよう。47年7月から二重価格制が廃止されて（ただし，政府売渡価格と政府買入価格の決定時期が異なるため，先の表3-2でわかるように常に前者が後者を上回っているわけではない）政府売渡価格および小売価格にはコスト方式が取り入れられるが，プール計算の下で精麦と小麦粉の小売価格は従来とほぼ同様の方式で決められたため，47年7月の対米価比率はそれ以前とほとんど変わっていない。プール計算方式が採用されなかった47年11月には両者とも対米価比率は若干低下しているが，48年7月以降はほぼ従来の水準に戻っている。しかし，

第3章　戦後直接統制期における麦需給政策　163

50年1月以降，両者とも対米価比率は大きく下がっている。これは，50年1月の消費者価格改定において「各主食の消費者価格相互間の比率については，出来るだけ最近の国民嗜好を参酌し，又それらの生産者価格間の比率等をも勘案して改訂を加えた」(47年12月27日「主要食糧の消費者価格改定について」)⁽⁸²⁾とされたように，クーポン制導入と同様，食糧需給緩和の中で現れてきた麦製品の配給辞退に対応したものであった。これに合わせて，50年産以降，麦政府買入価格の米政府買入価格に対する比率が低下させられたことは前述のとおりである。

　さて，今までたびたび指摘してきたように，二重価格制はインフレ抑制と供出制度の補強という2つの役割を担っていたが，食糧需給の逼迫状況が解消しておらず，この2つの役割がまだ麦需給政策に求められている47年7月の時点で二重価格制が廃止されたのであるから，この2つの役割は他の政策によって担われる必要があった。そして，これについては政府買入価格と，供出制度の中の強権的措置が担ったと見ることができる。すなわち，先述したように，敗戦後初期において麦の政府買入価格はその額こそ引き上げられたものの生産費を大きく下回っていたが，これはインフレ抑制のための低公定価格の一環として政府売渡価格および小売価格の抑制に大きく寄与するものであった。そして，47年3月から行われた先述の強権供出は供出促進態勢の強化を図るものだったのである。供出促進に関しては，「超過特別買入価格」「供出リンク物資制度」もその役割を果たしたが，これらは二重価格制と同様に財政支出を伴うものであり，それゆえにドッジ・ライン開始以降廃止されたのであるから，財政支出削減のために行われた二重価格制廃止を代替したものとしては，強権供出の方が注目されるべきであろう。

　また，政府売渡価格および小売価格に関して見ておくべきものとしては，先に触れた輸入食糧価格調整補給金がある。これは，先述のようにインフレ抑制のために輸入食糧の国内供給価格を国産食糧の政府売渡価格水準まで引き下げることを目的としたものであり，米の同補給金単価に対する麦のそれが小さかったことは，ドッジ・ラインによる超均衡財政の下で，米よりも麦の輸入の方を政策的に適合的なものとした一要因であった。

ここで先の表3-5を見ると，小麦については，51年度以降の国際価格の全般的な低下の中で小麦の輸入食糧価格調整補給金の単価は縮小し続け（表3-2および後掲表6-2〔250頁〕でわかるように，政府売渡価格はあまり変化しなかった），53年度にはマイナスとなっている。これは，小麦の政府売渡価格＝国内供給価格と国際価格（米，小麦，大麦〔裸麦を含む〕については関税免除が継続されたため，輸入価格＝国際価格〔C&F価格ないしCIF価格〕である）の高低が逆転したことを示すものである（正確に言うと，輸入食糧価格調整補給金には輸入業者の手数料と政府取扱中のロス分も含まれているため，同補給金の額がそのまま内外価格差の絶対額を表すわけではないが，それにかなり近いものであると言える）。大麦については52年度まで同補給金単価は増大しているが，53年度には前年の半分に縮小している。

麦の政府管理が間接統制に移行する時期は，麦の内外価格の高低が逆転しつつある時期でもあったのである。

VI 小　括

戦時中以上に逼迫した食糧需給状況を受け，敗戦後初期の日本食糧需給政策の中心目的は，戦時期同様，「国民の食糧消費の安定化」を最大限図ることに置かれた。言い換えるならば，麦需給政策は戦時期に引き続いて，「国民の食糧消費の安定化」の論理が前面に出たものとなったのである。このため，食糧管理法に基づく主要食糧の政府直接統制は敗戦後へ引き継がれた。ただし，朝鮮，台湾，「満州」という従来の食糧基地を失い，また，連合国の占領下で貿易統制を受けるという状況の下で，食糧需給政策には供出促進と国内生産増大を図ることが戦時期以上に強く求められ，さらに政策展開にあたっては，高進するインフレに対処するために行われた金融・財政政策との整合性を強く保つことが要求されたのである。

このような中で，食糧需給政策の一環として，麦需給政策も上の2つの課題を睨みつつ展開していった。敗戦後初期の麦需給政策の構造を示すと図3-3のようになろう。生産部面に対しては，国内生産量を増加させるために，政府

第3章　戦後直接統制期における麦需給政策　　165

図3-3　敗戦後初期における麦需給政策の構造

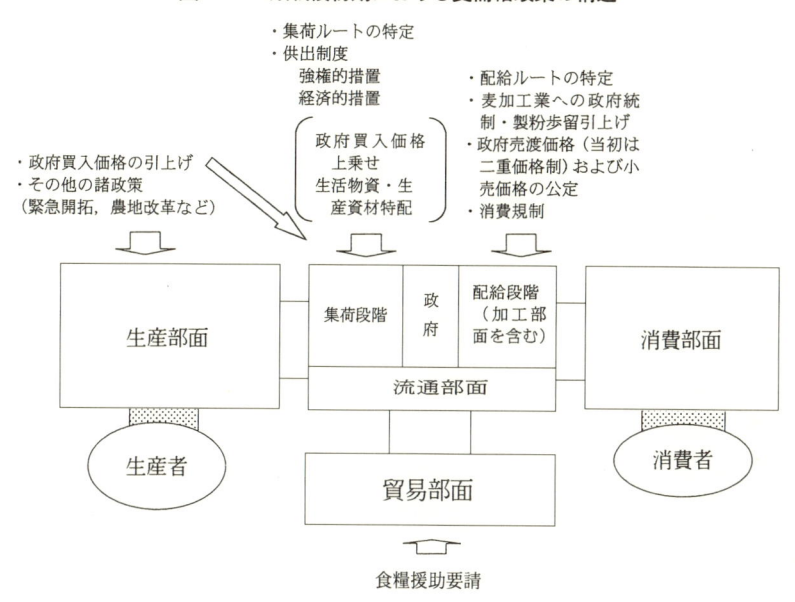

```
                    ・集荷ルートの特定
                    ・供出制度
                      強権的措置          ・配給ルートの特定
                      経済的措置          ・麦加工業への政府統
・政府買入価格の引上げ   政府買入価格       制・製粉歩留引上げ
・その他の諸政策        上乗せ             ・政府売渡価格（当初は
 （緊急開拓, 農地改革など）生活物資・生      二重価格制）および小
                      産資材特配          売価格の公定
                                         ・消費規制

  ┌──────────┐    ┌──────┬──┬──────┐    ┌──────────┐
  │          │    │集荷段階│政│配給段階│    │          │
  │ 生産部面 │    │        │府│（加工部│    │ 消費部面 │
  │          │    │        │  │面を含む）│   │          │
  └──────────┘    ├────────┴──┴──────┤    └──────────┘
                  │      流通部面        │
                  └──────────────────────┘
    ╱─────╲                              ╱─────╲
   (生産者)        ┌──────────────┐      (消費者)
    ╲─────╱        │   貿易部面   │       ╲─────╱
                   └──────────────┘
                      食糧援助要請
```

買入価格の連年の引上げが行われたが、その価格算定方式は1947年産以降生産費計算方式から対米価比率方式（米はパリティ方式）へ変更された。流通部面［集荷段階］に対しては、政府の需給調整能力の最大限の向上を図るべく、集荷ルート特定の継続や、供出促進を図るための強権的措置・経済的措置（政府買入価格の上乗せ、生活物資・生産資材の特配など）の設定が行われた。また、政府買入価格の引上げおよび二重価格制も供出を促進させる役割を担った。貿易部面では、先の2部面に対する政策だけでは十分に対応できなかった国内供給量の確保のために、連合国に対する食糧援助要請が行われた。そして、流通部面［配給段階］に対しては、麦配給の安定化と配給総量増大のために、配給ルートの特定の継続、麦加工業への政府統制の継続と製粉歩留の引上げ、政府売渡価格および小売価格の公定（47年7月以降二重価格制は廃止、コスト主義・プール計算へ移行）、「総合配給制」下での消費規制継続、などが行われたのである。

このような政策構造は、政府直接統制という点で戦時期のそれと似ているが、

具体的な政策手法には違いが見られた。すなわち，供出対策では政府買入価格の上乗せ，生活物資・生産資材の特配などの措置が新設され，また，生産対策については作付統制は基本的に廃止されて，政府買入価格の引上げが生産量増加を図るための諸措置の中心とされるなど，全体として経済的措置が強化されたのである（一方で，インフレ抑制を目的とした財政支出削減の下で二重価格制は廃止されたが）。また，集荷ルートの改革（従来の一元的ルートの解消）や，食糧営団から食糧配給公団への配給業務の移管など，私的独占の排除という経済民主化に沿った取り組みも行われた。

ただし，政府買入価格はインフレ抑制のための低公定価格の一環であったために生産費を補償する水準にはなかった。これは従来二重価格制が担っていたインフレ抑制の役割を，同制度廃止以降代替したと見ることができるものであった。また，二重価格制が担っていた，供出制度補強というもう1つの役割は，同制度の廃止以降は供出対策として設定された強権的措置によって代替されたと捉えることができた。

以上のような敗戦後初期の麦需給政策は米需給政策と非常に近似したものであった。これは，食糧需給逼迫という状況の下，戦時期と同様，「国民の食糧消費の安定化」を最大限図るためには，米も麦も同じ「食糧」という単一の使用価値として扱うことが必要であったことによるところが大きいと言えよう。

その後，食糧需給の緩和に伴って，配給基準量の引上げ，加工歩留の引下げなどが行われるとともに，政府買入価格への上乗せ額の引下げ・廃止，生活物資・生産資材の特配制度の廃止，政府買入価格の対米価比率引下げなど，供出促進・国内生産増大を図るための経済的措置は後退させられていった。ただし，これはドッジ・ライン下での財政支出削減方針を受けたものでもあるゆえに，食糧需給が完全には安定していない中，供出量を確保するため，一方では49年12月公布・施行の「食糧確保のための臨時措置に関する政令」による追加供出割当措置の設定，51年3月末の食糧確保臨時措置法失効後の供出の事後割当方式への復帰など，強制力を伴う事後調整措置が設定されたのである。

なお，50年1月に貿易統制が解除され，これ以降日本政府は食糧輸入に政策的裁量を持てるようになったが，そこでは，外貨節約・財政支出削減が求めら

れる中，輸入単価も輸入食糧価格調整補給金単価も米よりも麦の方が低かったために，麦の輸入が重視された。

このような展開の中，51年以降麦の消費規制や配給ルート統制が緩和され，米における規制・統制との間でその強度に違いが見られるようになったことは，麦政府買入価格の対米価比率の低下とともに，食糧需給政策において米需給政策と麦需給政策との乖離が始まったことを示すものとなった。また，51年度から縮小し始めた小麦の輸入食糧価格調整補給金単価が53年度にマイナスに転化したことは内外価格の高低逆転を意味するものであった。このような状況の中，麦の政府管理は52年6月に間接統制へ移行していくのである。

（1） 1945年産米の生産量については，松田延一氏の「昭和20年産米の生産高の統計それ自体の信用度が低く，色々の点でそれに連る前後の年と直接比較することは問題があ」るという指摘があるが（松田延一『日本食糧政策史の研究 第3巻』食糧庁，1951年，227-228頁），正確な数字はともかく44年産よりも生産量が大きく減少したことは確かであろう。

（2） 日本の総人口は，1946年10月1日から47年10月1日の1年間で7402万4000人から7766万人へ363万6000人の増加を見せているが，これはその後40年代後半の年間160万〜190万人の増加と比較してかなり高い水準である；加用信文監修『改訂 日本農業基礎統計』農林統計協会，1977年，338-343頁の「米の需給表」「麦類の需給表」の数字より。

（3） 1946年5月末日［6月末日］における平均遅配状況は，札幌市45.5日［50.5日］，東京都14.3日［20.2日］，横浜市10.4日［14.7日］，京都市［11.3日］（5月末日は資料なし），大阪市2.4日［9.5日］，福岡市［1.5日］（5月末日は資料なし），などとなっている；食糧庁『食糧管理史 各論Ⅱ』（昭和20年代制度編）1970年，88-89頁。配給食糧の遅配・欠配をめぐる状況については，同書，92-102頁（46年度），198-230頁（47年度），も参照のこと。なお，田邊勝正『現代食糧政策史』日本週報社，1948年，349-350頁，松田，前掲書，235-242頁，でも遅配・欠配問題が取り上げられている。

（4） 中村隆英『日本経済——その成長と構造——（第3版）』東京大学出版会，1993年，140頁。

（5） これは，1945年11月24日にGHQが日本政府に対して食糧・綿花・石油・塩の輸入を許可した際に，国内における食糧飢餓解決のための努力が真剣に行われなければならない旨を示したことや，47年2月15日に当時来日中のアメリカ食糧使節団が発した声明書において，食糧援助には供出に最

大限の努力を払っている事実の保証が必要である旨が述べられているところに見られる。前者については前掲『食糧管理史 各論Ⅱ』68-71頁、田邊、前掲書、330-331頁、後者については田邊、同書、370-371頁、松田、前掲書、250-251頁、を参照のこと。

(6) 1948年後半に各産業の生産が上昇してくるとインフレは次第に沈静化に向かったのであって、このためドッジ・ラインなしにインフレは収束しえなかったのかどうかについては議論が分かれている；中村、前掲書、149頁、155頁。ドッジ・ラインについては、井上晴丸・宇佐美誠次郎『危機における日本資本主義の構造』岩波書店、1951年、259-282頁、も参照のこと。

(7) 1947年12月30日の改正食管法施行令に基づく新たな集荷制度については、櫻井誠『米 その政策と運動（中）』農山漁村文化協会、1989年、30-32頁、農林大臣官房総務課編『農林行政史 第8巻』農協会、1972年、60-61頁、松田、前掲書、286-288頁、を参照のこと。

(8) 食糧庁『食糧管理統計年報』1950年版、242頁、244頁。

(9) 敗戦後における主要食糧の供出制度については、食糧庁『食糧管理史 総論Ⅱ』1969年、101-109頁を参照のこと。なお、敗戦直後には、未利用資源（甘藷葉茎・桑残葉・団栗・大根葉、蜜柑皮、澱粉粕、よもぎ、等々）による代替供出も試みられたが、これは成功しなかった；田邊、前掲書、333-336頁。

(10) 農家の自家保有量の変遷について詳しくは、『食糧管理統計年報』1955年版、311頁。

(11) 『食糧管理統計年報』1953年版、87頁、90頁。

(12) 「部落責任供出制度」に対しては、部落単位の責任という中で個人単位には不公平な供出割当が行われているという批判が出ていた。「部落責任供出制度」から「個人割当制」への変更については、食糧庁『食糧管理史 総論Ⅰ』1969年、167頁、前掲『食糧管理史 総論Ⅱ』103頁、を参照のこと。

(13) 敗戦後の供出制度下における生産者のこのような行動については、前掲『食糧管理史 総論Ⅱ』143-154頁、で分析が行われている。

(14) 1946年産の麦政府買入価格をめぐっては、農林省が46年3月に決定された当初価格をその後2倍に引き上げることを提案したが、大蔵省物価部（物価庁の前身）はこれに反対し、最終的には基本額は46年3月のままとするが、基本額と同額の供出奨励金を（供出時期を限って）交付するということで7月に決着した；食糧庁『食糧管理史 各論Ⅰ』（昭和20年代価格編）1970年、78-80頁。表3-2では供出奨励金を含んだ額を示した。

(15) この狙いは、1945年11月17日の「第1次供出対策」、47年6月7日の「昭和22年産麦、馬鈴薯買入対策要綱」などに端的に示されている。これ

については，前掲『食糧管理史 各論Ⅱ』26-27頁，130-134頁，田邊，前掲書，336-339頁，380-383頁，を参照のこと。

(16) 従来の事後割当方式の下では，府県が収穫量を過小に見積もり，供出割当量をできる限り少なくしようとする傾向が強かった。このため，政府はGHQの了解を得て，47年8月の第1国会に事前割当方式を含む「臨時農業調整法案」を上程したが，審議未了となった。このため，政府は同法案を若干修正して48年6月の第2国会に「食糧確保臨時措置法案」として上程し，これが国会を通過した。ただし，48年産の主要食糧の供出促進を図るためには法案成立前に事前割当方式をとる必要があったため，政府は48年3月1日に「昭和23年産主要食糧供出要綱」を決定して食糧管理法の枠内で事前割当を行うこととし，同年4月2日の閣議においては供出割当を超える分について政府買入価格の上乗せを行うことを決定した。この経緯については，前掲『農林行政史 第8巻』53頁，56頁，前掲『食糧管理史 各論Ⅰ』189-190頁，を参照のこと。

(17) 他の主要食糧については，1948年産では米・雑穀は3倍，甘藷は2.25倍，馬鈴薯は2.5倍，甘藷生切干は3倍，49年産では米・雑穀は3倍，生甘藷2.25倍，甘藷生切干1等2.5倍，同2・3等1.5倍，甘藷蒸切干2.5倍，生馬鈴薯2.25倍であった；前掲『食糧管理史 各論Ⅰ』189頁，292頁。なお，米と甘藷については，早期供出を図るために別途早期供出奨励金が設けられていた；同書，99-106頁，170-172頁，222-225頁，320-326頁。

(18) これは1946年度から「供出報償物資」「報償物資」として事実上行われていたものであったが，制度として確立したのは47年9月18日の閣議決定「リンク制の拡大計画化に関する措置要綱」によってである；前掲『食糧管理史 各論Ⅱ』309-312頁。なお，米・甘藷については，繊維製品・日用品，嗜好品に加えて窒素肥料や飼料などの農業生産資材もリンク物資とされた。「供出物資リンク制度」についての詳しい資料は，前掲『食糧管理史 各論Ⅰ』の各所に掲載されている。

(19) 『食糧管理統計年報』1950年版，247頁。

(20) 「食糧確保のための臨時措置に関する政令」の制定をめぐる経緯については，前掲『食糧管理史 各論Ⅱ』617-654頁，櫻井，前掲書，66-69頁，前掲『農林行政史 第8巻』70-71頁，を参照のこと。なお，「主要食糧集荷に関する件（覚書）」では，追加供出割当とともに，「主要食糧農産物の最大限増加に必要な諸措置を継続すること。右の内には主要食糧を生産し供出するため農民に対し報償措置を講ずることを含む。」という方針が示されたが，前述のように，ドッジ・ラインの下で「超過供出特別価格」や「供出リンク物資制度」は廃止されていった。

(21) 緊急開拓事業は1945年11月の閣議決定「緊急開拓実施要領」に基づいて

開始され，48年までに合計28万町歩，55年までの合計では52万町歩が農地として開墾された；井野隆一『戦後日本農業史』新日本出版社，1996年，63-65頁。

(22) 西田美昭「終章 総括」同編著『戦後改革期の農業問題』日本経済評論社，1994年，520頁。

(23) 前章で触れたように，戦時期以来，麦の政府買入価格は前年産の生産費を基礎としていたが，1946年産麦の政府買入価格に関しては，戦後の混乱と人手不足によって45年産麦の生産費が10県分だけしか集計できず，全国平均生産費が算出できなかった。そのため，この10県について44年産の生産費に対する45年産麦生産費の上昇率を求め，これを44年産の全国生産費に乗じて45年産の全国生産費を推定した；前掲『食糧管理史 各論Ⅰ』38-39頁。

(24) 1946年産米の政府買入価格の決定をめぐる経緯と農業パリティ指数をめぐる問題については，同上書，81-106頁，櫻井，前掲書，44-46頁，を参照のこと。

(25) 物価庁は，この「主要食糧その他食料品の価格形成に対する試案」を47年3月下旬にGHQに提出して了解を求め，これに対してGHQは同年4月26日に「食糧及び農産物の最高価格決定に関する原則の件」を寄せて，同試案を全面的に支持する旨を回答した。この経緯・資料については，前掲『食糧管理史 各論Ⅰ』131-142頁，を参照のこと。

(26) 同上「主要食糧その他食料品の価格形成に対する試案」より。

(27) 前掲『農林行政史 第8巻』147頁。

(28) 1947年産麦の政府買入価格決定に際しての47年産米の想定政府買入価格は，基準年次である34～36年の東京深川市場平均価格1石当たり28.19円を48倍して算出したが（1石当たり1387.68円，60kg当たり555.1円），その後47年産米政府買入価格は基準年次平均1石当たり27.16円（28.19円から運賃諸掛りと包装代を差引く）を62.5倍し，端数を切り上げたものとして決定された（1石当たり1700円，60kg当たり680円）；前掲『食糧管理史 各論Ⅰ』143-145頁，155-170頁，前掲『農林行政史 第8巻』138-140頁，147頁。

(29) 上掲『農林行政史 第8巻』150頁。

(30) 前掲『食糧管理史 各論Ⅰ』190頁。

(31) この点，大島雄一「戦後日本資本主義の初段階」塩沢君夫・後藤靖編『日本経済史』有斐閣，1977年，475-476頁，を参照のこと。

(32) 1950年産麦政府買入価格の対米価比率については，当初50年4月末に物価庁が小麦・裸麦71％，大麦62％という案を出し，これに対して農林省が小麦・裸麦76％，大麦66％，大蔵省が小麦・裸麦73％，大麦64％を主張し

第3章　戦後直接統制期における麦需給政策　171

た。しかし，その後GHQの示唆もあって，①食糧確保臨時措置法に基づく供出の事前割当が行われており，収穫も完了している中で急に対米価比率の引下げを行うのは農業経営の安定上好ましくない，②麦作による手取りが減少することは最近のヤミ経済圏の縮小も絡んで農家の金繰りに影響して50年産の米作に影響を与える，③国際価格が国内価格よりも高い現状において国内産の価格引下げは不当である，という意見が強まる中で，最終的には前年産と同じ対米価比率が採用された；前掲『食糧管理史　各論Ⅰ』346-352頁。

(33)　前掲『農林行政史　第8巻』141頁。
(34)　前掲『食糧管理史　各論Ⅰ』345頁。同書の叙述は，1950年段階の麦をめぐる状況を説明したものであるが，このような状況によって実際に麦政府買入価格の対米価比率が下げられたのは，本文でも触れたように翌51年産であった。
(35)　栗原百寿『日本農業の発展構造』（同著作集第2巻），校倉書房，1975年，第3篇「商品的農業の発展」の第1章「商品的農業の発展構造(1)」では，この米・麦作からの作付転換の動きが，戦後における商業的農業の発展との関連で分析されている。
(36)　1950年から51年にかけて麦から他作物への作付転換（休閑地を含む）は田では4万3875町3反，畑では3万7850町4反であったが，そのうち菜種への転換は田で9901町9反（22.6％），畑で5164町8反（13.6％）であった。一方，同期間において，田における他作物から麦作への転換および裏作麦作付増は591町7反，畑における復旧・開墾による麦の作付増は370町1反しかなかった；『食糧管理統計年報』1951年版，370-373頁。
(37)　前掲『食糧管理史　各論Ⅱ』748頁。
(38)　「占領地救済基金」による援助食糧の日本国内での売却代金（および食糧以外の物資に対して用いられたアメリカの占領地経済復興費〔エロア〕による物資の売却代金）は日本経済の復興資金に充てられた；同上書，551頁。
(39)　前掲『農林行政史　第8巻』117頁。
(40)　占領下における日本への食糧援助をめぐる動向については，同上書，115-117頁，119-120頁，122-126頁，前掲『食糧管理史　各論Ⅱ』65-76頁，165-176頁，548-557頁，清水洋二解説・訳『価格・配給の安定——食糧部門の計画——』（GHQ日本占領史第35巻）日本図書センター，2000年，5-31頁，を参照のこと。
(41)　1948年の輸出は2億6200万ドル，輸入は5億4700万ドル，貿易収支は▲2億8400万ドル，49年はそれぞれ5億3300万ドル・7億2800万ドル・▲1億9500万ドル，50年は9億2000万ドル・8億8600万ドル・3400万ドル，51

年は13億5400万ドル・16億4500万ドル・▲2億9200万ドル、52年は12億8900万ドル・17億0100万ドル・▲4億1300万ドル、であった；総務庁統計局監修『日本長期統計総覧 第3巻』日本統計協会、1988年、100頁。なお、政府統計において戦後日本の外貨準備高が示されるのは1952年の数値からである。

(42) 敗戦後における主要食糧の免税については、岡茂男『戦後日本の関税政策』日本評論社、1964年、48-50頁、を参照のこと。

(43) 輸入食糧価格調整補給金の面から、小麦の輸入が米よりも有利であるという指摘は、市原正治「補給金政策と農産物」食糧庁『食糧管理月報』1949年1月号、中内清人「輸入小麦——従属体制下の米『過剰』要因——」編集代表・近藤康男『農産物過剰——国独資体制を支えるもの——』(日本農業年報第19輯) 御茶の水書房、1970年、においても見られる。しかし、これと同時に、小麦の輸入は外貨節約という点においても米に対して有利性を持っていたことを見落としてはならないだろう。

(44) 当時のシカゴ穀物相場1ブッシェル当たり2ドル30セントに対して協定価格は1ドル80セントであった。なお、日本は49年9月下旬に国際小麦協定へ加入する方針を定め、GHQにその意思を表明していた。これに対してアメリカは日本の加入を支持したが、国際小麦理事会においてイギリスが反対したため、加入は51年8月まで延期された。日本の国際小麦協定加入をめぐる経緯については、前掲『食糧管理史 各論Ⅱ』754-756頁、843-844頁、前掲『農林行政史 第8巻』129-130頁、が簡潔にまとめている。国際小麦協定のその後の変遷については、斎藤高宏『農産物貿易と国際協定』御茶の水書房、1979年、215-224頁、『食糧管理統計年報』1988年版、396頁、を参照のこと。

(45) 『食糧管理統計年報』1953年版、505頁。

(46) 前掲『食糧管理史 各論Ⅱ』466-467頁。

(47) これは、食糧配給公団設立のための食糧管理法改正案の提案理由説明において「これらの統制機関〔地方食糧営団・日本甘藷馬鈴薯株式会社・日本澱粉株式会社〕は、その資本も構成もすべて私的な民間団体であり、このような団体に国家的な統制権能を賦与いたしますことは、去る〔1947年〕4月に改正された臨時物資需給調整法、〔1947年〕7月施行を見ました、いわゆる独占禁止法等に見られる日本経済の民主的再建の一連の指向と相容れぬものであることは否定し得べくありません」(〔 〕内は引用者) と述べられていることからもわかる；同上書、487頁。

(48) 「臨時物資需給調整法に基づく統制方式に関する件 (覚書)」では「日本帝国政府は、産業から配給統制権を取り去らなければならない。指定された私的会社または組合の独占的購入、販売の方法による資材及び生産品の

第3章　戦後直接統制期における麦需給政策　173

配給の統制は除去されなければならない。」「日本帝国政府は，政府機関としての配給公社を通じて配給機能を実施するための計画を最高司令部へ提出しなければならない。かかる公社の目的は，通常の配給ルートによっては，適当な配給が完全に行われ得ないところに必要な統制機能を行使するにある。」との指摘がなされている；覚書は，同上書，450-451頁に掲載されている。

(49) 食糧配給公団の設立をめぐる経緯については，同上書，446-500頁，食糧配給公団『食糧配給公団資料 総括之部』1951年，1-65頁，松田，前掲書，288-296頁，を参照。なお，同公団の業務については，同公団『食糧配給公団資料 地方支局之部』1951年，および同『食糧配給公団資料 追録』1952年，に詳しい資料が掲載されている。

(50) 食糧以外の物資について作られた公団は，「卸売機関として設置され，小売段階は自由切符制と結びつく登録制度によって公団とは別の機構にゆだねられたのであるが，主要食糧については，政府（食管特別会計）が，卸売販売業者としての機能を営んでおり，食糧配給公団は政府から買い取って末端配給を行なうことを主任務としたのである。」「これは，当時の主要食糧の需給事情が，末端小売機構の切り離しを許さなかったためである」；前掲『食糧管理史 各論II』475-476頁。

(51) 食糧配給公団の廃止については，経済科学局長から経済安定本部総務長官に対して1949年11月25日に廃止の示唆があり，50年1月27日には同公団を51年3月31日で廃止すべきという旨の非公式覚書が発せられた；同上書，844頁。

(52) 同上書，944頁。

(53) 配給機構の民営移行の経緯および民営化後の配給組織については，同上書，844-869頁，を参照のこと。

(54) 卸売業者の最低登録保有数は，毎年3月31日現在における当該都道府県の区域内の「小売販売者甲」「めん製造販売業者」「パン製造販売業者」「めん小売業者であって卸売販売業者から原料小麦粉を買い受ける者」の4者を合計した数の20分の1以下において都道府県知事が定めるとされた。「小売販売業者甲」は米以外に乾麺・精麦・小麦粉などを扱う業者であり，その最低登録保有者数は6大都市500人，その他の都市400人，町村300人（労務加配を受ける者の数は2分の1として計算）とされた。

(55) 前掲『食糧管理史 各論II』858-859頁。

(56) 同上書，179頁。

(57) 食糧配給公団設立後の麦加工の状況については，日本製粉株式会社『日本製粉株式会社70年史』1968年，481-484頁，が詳しい。

(58) 前掲『食糧管理史 各論II』476頁。

(59) 同上。
(60) 大麦・裸麦の精麦歩留の推移については、『食糧管理統計年報』1956年版、498頁、全国販売農業協同組合連合会『麦類に関する統計資料』1951年、260-261頁、を参照。
(61) この間の経緯については、中島常雄『小麦生産と製粉工業——日本における小農的農業と資本の関係——』時潮社、1973年、213-216頁、日清製粉株式会社『日清製粉株式会社70年史』1970年、665-667頁、を参照のこと。
(62) 日東製粉株式会社『日東製粉株式会社65年史』1980年、99頁の表より。なお、戦前期・戦時期における国内の製粉能力は42年の11万8072バーレルが最高であるが、これは戦時下で輸入小麦が激減する中、国内の生産地を中心に小規模製粉工場が群立したことによるところが大きい。しかし、これは原料事情からして当然に過剰投資だったために43年からは企業整備が行われた；中島、同上書、190-191頁。なお、第2章の注（80）も参照のこと。
(63) 前掲『食糧管理史 各論Ⅱ』235頁、第37表より。
(64) 同方式をめぐる経緯については、中島、前掲書、216-222頁、日本製粉、前掲書、484-488頁、を参照のこと。
(65) 『食糧管理統計年報』1949年版、297頁、同1951年版、292頁より。
(66) 『食糧管理統計年報』1948年版、225頁、同1949年版、297頁、同1950年版、295頁。なお、全国精麦工業協同組合連合会『精麦記念誌』1958年の38頁第6表および40頁第7表では、1940年から58年までの精麦工場数が示されているが、それは同連合会の会員工場のみの数字である。
(67) 卸売業者、パン・麺製造業者による製粉工場の選択については、前掲『食糧管理史 各論Ⅱ』978-979頁、中島、前掲書、220頁、を参照のこと。
(68) 製粉業・精麦業の買取加工制への移行については、前掲『食糧管理史 各論Ⅱ』1086-1093頁、日本製粉、前掲書、549頁、を参照のこと。
(69) 敗戦後の「総合配給制」および配給基準量をめぐる動向については、前掲『食糧管理史 総論Ⅱ』161-178頁が簡潔にまとめている。なお、同書、165-166頁、177-178頁では、甘藷・馬鈴薯・雑穀は配給辞退が起きていたために、その統制廃止以前に実質的に「総合配給制」から外れていたことが指摘されている。
(70) 主要食糧の購入券制度は1941年4月以来行われてきたが、それには法令的根拠がなく、47年12月30日の食管法施行規則改正によってはじめてその法令的根拠を与えられたという経緯がある；前掲『食糧管理史 各論Ⅱ』500-508頁、松田、前掲書、293-296頁。
(71) 麦製品のクーポン制導入については、前掲『食糧管理史 各論Ⅱ』825-834頁、前掲『農林行政史 第8巻』110-111頁、を参照のこと。

(72) 前掲『食糧管理史 総論II』639頁, 第22表より。
(73) 麦製品のクーポン制について前掲『農林行政史 第8巻』111頁では,「この制度が消費者にとっては選択拡大という点で便利であり, 進歩であったことは事実であるが, クーポン交付事務の繁雑と, 必ずしもクーポンによる配給が的確に行なわれず, したがってクーポンの回収も不完全であったが, その実態を正確に把握することは不可能であって, きわめて複雑な配給制度ということになったばかりでなく, 制度そのものに自己崩壊の要因をはらんでいたので, 事実上しだいに崩れていったが, 〔昭和〕27年から麦の統制が撤廃されるに至るまでの過渡期の措置として, 消費者ならびに販売業者の自由化へのトレーニングとなった」(〔 〕内は引用者) という評価が行われている。同様の評価は, 前掲『食糧管理史 各論II』833-834頁, にも見られる。
(74) 前掲『農林行政史 第8巻』143-144頁。
(75) 同上書, 154頁。
(76) 前掲『食糧管理史 各論I』109頁。
(77) 櫻井, 前掲書, 60頁。
(78) 前掲『食糧管理史 各論I』154頁。
(79) 新物価体系下での麦の政府売渡価格および小売価格の決定方式については, 同上書, 154-155頁, を参照のこと。
(80) 敗戦後における主要食糧の政府売渡価格および小売価格の算定方式の変遷については, 櫻井, 前掲書, 56-62頁, 107-110頁, 前掲『農林行政史 第8巻』143-146頁, 154-156頁, 161-162頁, が簡潔にまとめている。
(81) 1947年11月の消費者価格改定では, 各食糧品目ごとにコスト方式で政府売渡価格, 小売価格が算出された。これにはプール計算を行わなくても各品目間の価格が傾向的にバランスを保てるということとともに, 47年7月に行われたプール計算が政府が利益を得ているという外観をもたらし, それが生産者への返還を求める声となって現れたため, 各品目間でバランスが保てる以上, 無理をしてプール計算を行う必要はない, という政府の判断があった；前掲『食糧管理史 各論I』176-177頁。
(82) 「主要食糧の消費者価格改定について」の全文は, 同上書, 332-340頁, に掲載されている。

第4章　麦政府管理の間接統制への移行

I　麦の直接統制撤廃へ向けた動き

1　主要食糧の直接統制撤廃をめぐる論議

　前章で見たように，敗戦後の食糧需給が緩和していくにしたがって，麦需給政策は，インフレ収束のための財政支出削減を求めるドッジ・ラインの下で供出制度において強制力を伴う事後調整措置を設定するという動きを含みつつも，全体としては政府統制を次第に緩めていった。食糧需給政策全体についても，前述のように1949年末から51年にかけて甘藷，馬鈴薯，雑穀に対する政府の直接統制が次々に緩和・廃止されたのである。

　このような中，50年3月に当時与党であった自由党の政調会は「国際的食糧事情の緩和の実情に基き主要食糧の生産及び配給統制方式の根本的改正を企画し，原則として主要食糧の自由な流通を認める。」「主要食糧の需給調整を図り農産物価格の安定に依る生産の保障と消費者の生活安定に資する為主要食糧の市場操作を目的とする管理制度を確立する。」という内容を含む「農業進展政策基本方針」を打ち出した。そして，これが発端となって，主要食糧品目（米・麦）の直接統制撤廃問題が政治問題として浮かび上がることになった。

　その後，この問題は同「基本方針」についての自由党政調会と政府との間での折衝の開始，自由党政調会による第2次案の作成とそれに基づいた政府との再折衝（50年3月27日のいわゆる「湯河原会談」），50年6月の朝鮮戦争勃発で食糧の安定的確保が重要な問題となった中での論議の一時的中断，50年8月の衆議院農林委員会での池田蔵相の「国際価格サヤ寄せ論」（＝主要食糧の輸入食糧価格調整補給金の削減）発言による論議の再燃，これを受けた政府およびGHQにおける論議，という経過を辿った。しかし，50年11月に，ドッジ・ラ

第4章　麦政府管理の間接統制への移行　177

インの責任者である GHQ 財政金融顧問ドッジ氏が池田蔵相に宛てた「食糧配給統制撤廃案に関する書簡」の中で,「世界各国いずれにおいても統制が急速に強化されようとしているときに,統制撤廃は行き過ぎの危険がある」として,国際情勢とくに極東における情勢の悪化,凶作が続いた場合に起きる事態,対日援助資金の減額・撤廃の可能性,統制撤廃によって生じる国民経済の他部面に対する財政負担,予想される価格騰貴,など統制撤廃をめぐる諸問題を指摘し,直接統制撤廃に否定的な考えを示したため,これを受けて政府内で大蔵省,農林省,経済安定本部の3省連絡会議が行われた結果,米の直接統制撤廃は一応見送りとなった(6)。

　しかし,その後51年7月に,当時の根本農相が52年度から米の直接統制撤廃を行うとして事務当局に具体的検討を命じたことから,この問題が再び大きく浮かび上がることになった。これを受けて,政府内で直接統制撤廃に向けた様々な検討が行われ,51年10月に「主食の統制撤廃に関する措置要綱」が発表されたが,これに対しても同月にドッジ氏が「政府の主食の統制撤廃に関する一般論は過度に楽観的である。すなわち,日本では主食が不足で,出来たものは適切に国民全部に分配される必要がある。しかも米の統制撤廃は世界の一般的傾向とは反対の傾向にいっている。」として政府に警告を発したため,米の直接統制撤廃は頓挫した(7)。

　この時期に日本政府が米についてまでも直接統制を撤廃する方針を強く打ち出した背景には,食糧需給の緩和によって主要食糧品目の直接統制を行う必要性が小さくなっていたことがあったが,同時に財政上の理由があったことも見逃せない。すなわち,「昭和26年度においても,輸入補給金255億円及び食管特別会計に対する一般特別会計からのインヴェントリフアイナンスとして100億円が財政支出されている。講和後において,均衡財政の線を維持しながら,対外関係,治安関係等に多額の支出を賄っていくとすれば,できるだけ財政支出を縮減する必要がある。その際主食の統制撤廃によって,相当の財政負担を軽減し得る」(8)という事情があったのである。

2 麦の直接統制撤廃をめぐる政府と生産者の動き

さて，50年11月のドッジ氏の書簡を受けて開かれた先の3省連絡会議では，麦の直接統制撤廃についても議論がなされた。その結果，51年産からの供出制度の廃止と51年10月以降の麦製品の配給廃止が合意されたため，その実現を図るために第10国会に「食糧管理法の一部を改正する法律案」が上程された。

同改正案は「麦の統制撤廃に関する事項のほか，食糧配給公団廃止に伴うものおよびすでに実質的には統制からはずされているが，法律の規定上主要食糧として残っている部分の削除など所要の改正を行」(9)うものであり，「麦の統制撤廃の構想としては，直接統制は撤廃するが消費者の家計および麦作農業の経営に影響を及ぼさないように政府管理を行なうこととし，このため生産者の希望に応じて政府買入れを行なうとともに，外麦〔＝輸入麦〕は政府が全面的に管理し，輸入補給金は継続することとし，さらに国際事情の推移，経済事情の変動などにより万一国民食糧を確保するため必要があるときは，政府買入れを確保しうるよう売渡命令を発動する措置を残した」(10)（〔　〕内は引用者。なお，「内麦」＝国産麦）ものであった。

同改正案中，売渡命令発動措置に関する規定は，「これなしには法律案そのものが総司令部の承認を受けられないために，日本政府としては不本意ながらも挿入した規定であった」(11)。これは，朝鮮戦争によって食糧需給をめぐる状況が国際的に不安定となる中で，日本の食糧需給の先行きに対するGHQの不安を示したものであり，米の直接統制撤廃にドッジ氏が難色を示した理由とも重なる。しかし，この規定の挿入を条件としつつもGHQが食管法改正案の国会上程を認めたのは，次のような状況があったためであろう。すなわち，この時点においては，麦製品の配給辞退が顕著となり，これに対処するために51年1月からクーポン制が導入されたように，麦の直接統制を厳格に行う必要性が減じていたこと，麦は米に比較して食糧消費における比重が小さいために直接統制撤廃にそれほど慎重になる必要がなかったこと，食管法改正案では麦の国内需給に大きな影響を及ぼす輸出入については政府が全面的に管理することとされていたこと，などである。

このような麦の直接統制撤廃に向けた動きに対して，農民団体は51年3月15

日に「麦類統制撤廃反対全国農民代表者大会」を開催し、「麦類の統制撤廃は外国産食糧の大量輸入によるわが国農業の犠牲を踏み台にしてはじめて可能であり、農民に対しては低価格を強要し、消費者大衆に対しては流通の混乱に基づく市価の変動によって家計をますます圧迫し、結局、大資本の利益に奉仕する政策である」という宣言を行い、麦の直接統制撤廃に反対する態度を示した。これに先だって農協系統も50年11月に開催された第3回全国農協代表者会議において「主要食糧の統制問題に関する決議」を行い、麦の直接統制撤廃に反対する態度を示した。ただし、農協系統の方針は農民団体とは異なり、「統制撤廃そのものに反対するというよりも、麦について政府による無制限買入れと麦価の対米価比率の堅持を求めるものであった」。ただし、第10国会で食管法改正案が一旦廃案となった（後述）後、51年10月に発表された前述の「主食の統制撤廃に関する措置要綱」に対して、同年10月末から11月初めに開かれた第4回全国農協代表者会議では、米とともに麦についても直接統制撤廃に反対する決議が挙げられた。

　農民団体と農協系統とではその対応に多少の違いは見られるものの、麦の直接統制撤廃に警戒感を抱いていた点は共通している。これらの動きは、この時点で生産者にとって麦の直接統制が生産者保護的なものとして捉えられていたことを示すものである。

　第2章、第3章で見たように、戦時期および敗戦後初期における主要食糧品目の直接統制は、生産者にとっては供出制度として現れた。そこにおける政府買入価格は生産費を補塡する水準にはなく、また、自由価格を大きく下回っていたのであり、それゆえ、直接統制は生産者には政府による低価格での食糧収奪として受けとめられていたと言える。しかし、供出制度は販売麦を政府が全量買い入れるものであるがゆえに、そこで設定された政府買入価格は、その実質はどうであれ、生産者手取価格を下支えする機能を有するものであった。

　麦の直接統制撤廃の動きが出始めた50～51年頃には、前章で見たように、食糧需給の緩和によって自由価格は政府買入価格と大差ないものとなり、また、1ドル＝360円の単一為替レートの下、国際価格の低下によって小麦の内外価格差も縮小し始めていた。このような中、直接統制撤廃によって政府による販

売麦の全量買入れが廃止されれば，政府が輸入麦を全面的に管理することにはなっていても，近いうちに安価な輸入麦が国内に流入して生産者手取価格が大きく下がり，国内の麦作が苦境に立たされることは十分予想できることであった。それゆえ，この時点においては，生産者手取価格を下支えする直接統制の機能が生産者に強く認識され，直接統制の存続が生産者の利益に合致するものとして捉えられたのである。

II 間接統制移行へ向けた国会審議の経緯

さて，第10国会に上程された食管法改正案は1951年3月7日から審議が開始された。同案は衆議院では可決されたが，参議院では，麦の直接統制撤廃について，時期尚早である，消費者価格を高騰させることになる，農家経営を攪乱させることになる，などの反対意見が多数を占め，また，政府が総司令部の承認を得るために不本意ながら挿入した売渡命令発動措置が，政府が将来の見通しについて完全には自信が持てないことを示すものと受け取られたこともあって，同年3月29日の参議院本会議で否決され，廃案となった。

しかし，政府は麦の直接統制撤廃を行える条件は整っているという認識を持っていたため，52年3月20日に「1.昭和27年産麦の出廻期までに現行の麦類の流通及び価格の統制を廃止し，麦の供出割当は行わない。2.内麦は，生産者及び生産者の委託を受けた者の政府の定むる価格による売渡申込に応じ買い入れるものとする。3.外麦は，全量政府が買い入れる。外麦に対しては，輸入補給金を財政支出する。4.政府は，麦類の需給及び市価が安定しうるよう麦類の売渡を行う。」という方針を掲げた「統制廃止後の麦類の需給調整対策要綱」を閣議決定して法律案要綱を制定，これに基づいて食管法の一部改正案を作成し，これを同年4月13日に第13国会へ上程した。

国会審議は野党の反対で難航したが，衆議院では改進党が政府買入価格について，政府原案の「農業パリティ指数（物及役務ニ付農業者ノ支払フ価格等ノ総合指数ヲ謂フ）ニ基キ算出セラルル価格ヲ基準トシテ麦ノ生産事情及米価其ノ他ノ経済事情ヲ参酌シテ之ヲ定ム」に「麦ノ再生産ヲ確保スルコトヲ旨トシ

第4章 麦政府管理の間接統制への移行

テ」を付け加えることで賛成に回ったことにより可決した。なお，この際に，自由党・改進党が提案した，①麦類の政府買入価格の決定に当たっては50年産と51年産の平均を基準としてその再生産を確保するように決定すること，麦類の売渡価格は現行売渡価格を維持すること，②麦類の買入れ・売渡しにより食糧管理特別会計に赤字が生じた場合，政府は一般会計より赤字補填を行い，これを生産者・消費者に負担せしめないこと，という附帯決議が採択された。パリティ指数の基準年について，当初政府は51年産（対米価比：小麦64，大麦57，裸麦69）を基準とする予定であったが，50年産の方が生産者にとって有利であったため（小麦81.3，大麦70，裸麦81.3），両年を平均することとされたのである。

　参議院における審議では，衆議院通過段階からさらに4点の修正が加えられた。すなわち，①政府の麦買入れについて，政府原案の「其ノ生産者又ハ其ノ生産者ヨリ委託ヲ受ケタル者ノ売渡ノ申込ニ応ジテ買入ルルコトヲ要ス」に「無制限ニ」を追加したこと，②パリティ指数の基準を50年産と51年産の2ヶ年の平均とするという衆議院の附帯決議の内容を法文上明記したこと，また，これを単なる基準とするだけではなく政府買入価格は農業パリティ指数を「乗ジテ得タル額ヲ下ラザルモノト」したこと，そして，これによって米価を参酌するという規定は意味をなさなくなったのでこれを削除したこと，③麦の政府売渡価格について，政府原案で「第4条第2項ノ規定ハ前項ノ標準価格ヲ定ムル場合ニ之ヲ準用ス」として米の政府売渡価格に関する「家計費及物価其ノ他ノ経済事情ヲ参酌シテ之ヲ定ム」が準用されることになっていたものを，「家計費及米価其ノ他ノ経済事情ヲ参酌シ消費者ノ家計ヲ安定セシムルコトヲ旨トシテ之ヲ定ム」として米価の参酌と家計の安定を入れたこと（なお，これを受けてこの食管法改正案審議において米の政府売渡価格にも「消費者ノ家計ヲ安定セシムルコトヲ旨トシテ」が付け加えられた。また，衆議院の審議で麦の政府買入価格に「再生産ヲ確保スルコトヲ旨トシテ」が付け加わったことを受けて，参議院の審議で米の政府買入価格についてもこれが付け加わった），④政府の麦売渡しについて，政府原案で「入札ノ方法ニ依ル一般競争契約ニ依リ売渡スモノトス但シ農林大臣必要アリト認ムルトキハ指名競争契約又ハ随意契約

ニ依リ売渡スコトヲ得」となっていたものを,「随意契約ニ依リ売渡スモノトシ農林大臣ニ於テ随意契約ニ依ルコトヲ不適当ト認ムルトキハ入札ノ方法ニ依ル一般競争契約又ハ指名競争契約ノ中農林大臣ノ選択スル競争契約ニ依リ売渡スモノトス」として,政府原案とは逆に随意契約を原則として入札を例外としたこと,である。

以上のような経過を経て52年5月23日に食管法改正案は参議院で可決され,成立した。

こうして,農民団体・農協系統の反対にも関わらず,同年6月1日の改正食管法施行によって麦の直接統制は撤廃され,間接統制への移行がなされた。しかし,国会審議における政府原案の修正状況を見てみると,政府無制限買入れの明確化,生産者に有利な方向での政府買入価格の算定方式の決定など,上述した農民団体・農協系統の要求が一定程度反映されたことがわかる。これは,農地改革で自作農となり発言力を強めた農民の要求に対して,野党はこれを積極的に汲み取る必要があったし,政府・与党もこれに対しては一定の譲歩をしなければならなかったためであろう。

以上,食糧需給の緩和と財政支出削減の必要性を背景に,麦の政府管理は間接統制へ移行したが,その制度的枠組みは生産者の要求を一定程度反映したものとなった。また,そこでは「消費者ノ家計ヲ安定セシムルコトヲ旨トシテ」政府売渡価格を定めることが規定されるなど,消費者への配慮も含められたのである。

Ⅲ 間接統制の枠組みの特徴

それでは,間接統制への移行によって,麦需給政策の制度的枠組みはどのようなものとなったのだろうか。以下,見ていこう。[18]

(1) **貿易部面** 小麦・大麦・裸麦の輸出入については,従来と同様,政府の許可が必要とされ,輸入した麦は一部を除いてすべて政府の指定した価格で政府に売り渡さなければならないこととされた。つまり,民間の自由な輸入は引き続き禁止され,輸入制限が継続することになったのである。このことを

規定した「米穀又ハ麦ノ輸出若ハ移出又ハ輸入若ハ移入ハ政令ニ別段ノ定アル場合ヲ除クノ外政府ノ許可ヲ受クルニ非ザレバ之ヲ為スコトヲ得ズ／前項ノ規定ニ依リ政府ノ許可ヲ受ケ米穀又ハ麦ヲ輸入又ハ移入シタルモノハ命令ノ定ムル所ニ依リ其ノ輸入又ハ移入シタル米穀又ハ麦ニシテ命令ヲ以テ定ムルモノヲ政府ニ売リ渡スベシ／前項ノ場合ニ於ケル政府ノ買入ノ価格ハ政府之ヲ定ム」（食管法第11条第1項・第2項・第3項）という条文は従来のものがほぼそのまま引き継がれたものである。[19]

これによって、麦の輸入は「実際には、政府が輸入業者と売買契約を結び、これに輸入許可を与えて輸入を行わせ、輸入させた麦を輸入港港頭倉庫で買入れる」[20]という形態の、輸入割当・輸（出）入許可制による国家貿易として行われることになり、政府の独占的輸入が継続されることになった。これは、政策的に（つまり政府によって）麦の輸入量が決定されることを意味するものでもある。

小麦の需給に密接な関わりを持つ小麦粉について見ると、これは「外国為替及び外国貿易管理法」に基づいて1949年12月に公布・施行された「輸入貿易管理令」で輸入割当品目に指定され、輸入割当分以外の輸入は原則として認められないことになっていたが、52年6月1日施行の改正食管法施行令ではこれに対応して「米穀粉、小麦粉又はでん粉類を輸入した者は、これらの主要食糧を政府以外の者に売り渡してはならない。／政府以外の者は、主要食糧……を輸入した者から当該主要食糧を買い受けてはならない。／前2項の規定は、農林大臣の指定する場合には、適用しない」（第10条）という規定が設けられた。

このような輸入割当制による小麦粉の輸入制限は、直接的には国内の製粉業を保護するものであるが、小麦の輸入制限を行っていても小麦粉輸入に制限がかけられなければ、国産小麦を原料とした小麦粉の国内シェアが外国産小麦粉に奪われてしまう可能性が生じ、それは国産小麦の生産縮小へと繋がるのであるから、小麦粉の輸入制限は小麦の輸入制限とセットとなるべきものである。

小麦粉の輸出については、52年6月1日施行の改正食管法施行規則で「米穀粉又は小麦粉の取扱を業とする者は、輸出すべきことを条件として政府から売り渡された米穀粉及び小麦粉並びに輸出すべきことを条件として政府から売り

渡された米穀及び小麦を原料として製造した米穀粉及び小麦粉以外の米穀粉又は小麦粉を自ら輸出（他に委託してする輸出を含む。）するため，買い受けてはならない。但し，農林大臣が指定する場合はこの限りではない。」（第41条）とされ，直接的な輸出制限ではないものの，輸出用として指定された以外の小麦・小麦粉の輸出用としての買入れが禁止されたことによって，小麦粉の自由な輸出が原則禁止された。

また，必要な場合に政府が期間を限って小麦粉の輸出入を制限・禁止したり，期間を指定して麦や小麦粉の関税を増減・免除したりできる旨の食管法の規定も従来のものがほぼそのまま引き継がれた（食管法第11条第4項，第12条）。

以上，間接統制の下でも，小麦・大麦・裸麦および小麦粉の輸出入は，引き続き，政府の全面的な管理下に置かれることになったのである。

なお，輸入については本来ならば51年3月31日に改正された関税定率法によって従価で小麦には20％，大麦（裸麦を含む）には10％，小麦粉には25％の関税が掛かることになっていたが，実際には，関税定率法に基づく「米，もみ，大麦，小麦及び小麦粉の輸入税を免除する政令」によって小麦粉は53年9月末まで，小麦と大麦・裸麦は同「政令」や関税暫定措置法（60年3月公布・施行）などによって，95年4月1日からの「世界貿易機関を設立するマラケシュ協定」＝WTO設立協定の日本での発効とそれに対応しての「主要食糧の需給及び価格の安定に関する法律」（食糧法）の施行（輸出入関連条文のみ95年4月1日施行。他の条文は95年11月1日から施行）による麦の輸入割当・輸(出)入許可制の廃止と麦輸入の関税化（自由化）まで無税とされたのである[21]（小麦と大麦・裸麦は95年4月以降も国家貿易分については無税）。

（2）　流通部面　　改正食管法では生産者が政府への売渡義務を負う対象は米だけとされ（第3条），麦の供出制度が廃止されるとともに，配給の対象も「米穀及之ヲ加工シ又ハ之ヲ原料トシテ製造シタル製品ニシテ農林大臣ノ指定スルモノ（以下米穀類ト称ス）」（食管法第8条ノ2第1項）のみとなり，麦の配給制度も廃止された。ただし，政府が必要と認めた時に配給・加工・製造・[22]譲渡その他の処分・使用・消費・保管・移動に関して必要な命令を行えるという規定（第9条），および政府が必要と認めたときに価格・加工賃・製造料金

第4章　麦政府管理の間接統制への移行

に関して必要な命令を行えるという規定（第10条）の対象として，麦は引き続き位置づけられた。

　このように間接統制移行によって麦の国内流通は原則自由となったが，注目しなければならないのは，生産者からの麦の売渡申込みに対する政府の無制限買入れが設定されたことである（食管法第4条ノ2第1項）。先に見たように，これは食管法改正案の国会審議の中で生産者の要求を取り込んだ形で政府原案が修正されたものである。この政府無制限買入れは，市場価格が政府買入価格を下回る時には生産者の販売麦を政府に麦を集中させ，生産者手取価格が政府買入価格以下に下落することを防ぐ機能を持つ（麦の政府売渡しに伴う，集荷手数料，検査手数料などは政府が負担）。

　政府の麦売渡しにも目を向けてみよう。麦の政府売渡価格が，国会審議の中で政府原案が修正されたことによって「家計費及米価其ノ他ノ経済事情ヲ参酌シ消費者ノ家計ヲ安定セシムルコトヲ旨トシテ之ヲ定ム」（食管法第4条ノ3第3項）となったことは先に見たとおりである。

　これについて若干の補足をするならば，先述のように国会審議の中で政府買入価格の決定方法は生産者に有利な方向で修正がなされたが，「これに政府経費を加えて売渡価格を形成するとなると，売渡価格，ひいては消費者価格の水準が大巾に上がることとなる。したがって緑風会は，売渡価格についても現行価格を維持する旨を法律に明記することを強く主張したが，そうなると制度としてきわめて不合理となるので，政府側は，本年の売渡価格の形成についてじゅうぶんその趣旨を入れるとともに，政府原案では買入価格の形成要素の1つとして考えられていた消費者実効価格の対米価比を売渡価格の参酌事項とすることとし，また消費者価格形成の理念として『家計の安定』を入れることとし，それで両者が妥協し[23]」て，このような条文となったのである。

　その結果，政府売渡価格は引上げの余地を持つことになったが，政府売渡価格についてより注視されるべきは，それが政府買入価格とは一応切り離されて独自の原理で決められるものとされたことである。第2章で見たように，食管法制定時から政府買入価格と政府売渡価格は切り離されて決められることになっていたが，今回の改正でもそれが引き継がれたのである。コスト主義・プー

ル計算の下で47年7月以降基本的に順ざやとなっていた麦の政府売買価格差は、第6章で見るように57年以降逆ざやに転じて二重価格制が復活するが、それには政府売買価格に関する食管法の規定が大きく関係していたのである。

なお、この政府売渡価格の規定は国産麦および食糧用（主食用、固有用途〔＝加工〕用）輸入麦に適用されるものであり、飼料用輸入麦の政府売渡価格については別途、飼料需給安定法（1952年12月制定）の規定が適用される（これについては次章で触れる）。また、輸出向小麦粉用原料小麦についても、食管法の政府売渡価格の規定は適用されない。すなわち、輸出向けの小麦粉はすべて加工貿易制度の下に置かれており、原料には輸入小麦が用いられるが、製粉企業はその小麦を政府売渡価格で買い受けるのではなく、政府の許可の下、国際価格（C&F価格）で調達できることとされたのである。[24]

政府売渡価格については、従来の直接統制下の配給制度では政府売渡価格は麦製品の小売価格（＝消費者購入価格）と連動して決められていたのに対し、原則自由流通の下では政府売渡価格よりも川下の価格については基本的に市場に委ねられるため、政府売渡価格と小売価格との関係が一応間接的なものとなったことも押さえておく必要があるだろう。

間接統制移行による流通自由化は加工部面にも大きな影響を与えるものになった。前章で見たように、52年4月から製粉業・精麦業は買取加工制・届出制へ移行し、販売競争開始に向けた環境が整えられていたが、今回の流通自由化によって企業間競争が本格的にスタートしたのである。先に触れたように改正食管法の国会審議の結果、政府の麦売渡しについて入札が例外とされ随意契約が原則とされたことは（食管法第4条ノ3第1項）、輸入麦に加えて、二重価格制下で生産者が販売する国産麦の大宗も政府に一旦集中することになった下で（これについては第6章で触れる）、競争をある程度抑制する機能を持ったと考えられるが、次章で触れるように製粉企業・精麦企業の淘汰は進んでいくのである。

（3）生産部面　先述のように、政府買入価格については、改正食管法の国会審議の中で衆議院でパリティに関する附帯決議が挙げられ、それが参議院で法文上明記されることになったために政府原案が修正され、その結果「政府

第4章 麦政府管理の間接統制への移行

ノ買入ノ価格ハ政令ノ定ムル所ニ依リ昭和25年産及昭和26年産ノ麦ノ政府ノ買入ノ価格ヲ平均シテ得タル額ニ農業パリティ指数(物及役務ニ付農業者ノ支払フ価格等ノ総合指数ヲ謂フ)ヲ乗ジテ得タル額ヲ下ラザルモノトシ,其ノ額ヲ基準トシテ麦ノ生産事情其ノ他ノ経済事情ヲ参酌シ麦ノ再生産ヲ確保スルコトヲ旨トシテ之ヲ定ム」(食管法第4条ノ2第2項)という条文になった。

参議院での修正についてもう少し触れるならば,「政府としては,有利な〔昭和〕25年を加えた2ヶ年平均のパリティ価格で固定せしめられるのでは,実質上二重価格となるばかりか,価格は硬直的となって今後の需給事情の変化に即応しえないから価格形成として妥当でないと考え,今後に禍根を残すものとして反対であり,与党の参議院自由党は政府案で了承したが,緑風会が強硬で,もしこの修正をのまなければ麦の統制撤廃案は否決するという態度に出たため,政府はやむなく修正案をのむこととした」(〔 〕内は引用者)[25]という経緯があった。

それゆえ,先述の政府売渡価格とも併せて,「とくに生産者麦価〔=政府買入価格〕や消費者価格に連なる売渡価格が二重価格とならざるをえないようにしかも硬直した決め方とされたために,財政負担の面からその運営が危ぶまれた点と,直接統制から自由化の過程への措置として考えられた間接統制のねらいがむしろ形を変えた直接統制に近いものに修正せられた結果となったことは将来に問題を残すこととなった」(〔 〕内は引用者)[26],「統制撤廃後の麦の需給調整措置は,……国会修正により政府原案とかなりちがったものになり,生産者保護を手厚くするとともに,より統制的色彩の濃いものとなった」[27]という評価も出てくることになった。

しかし,政府無制限買入れの下,政府売渡価格が政府買入価格を下回る場合には,生産者の販売麦が政府に集中して自由流通が少なくなるのは事実としても,これを「統制的」として直接統制と同列に扱うことはできないし,また,単純に「生産者保護を手厚く」したとも言えない。

とくに,政府買入価格について言うならば,それが生産者保護的な内実を持つかどうかは,「麦ノ再生産ヲ確保スル」ための条件である,生産費を補償する水準を満たしているかどうかにかかっている。

確かに，政府買入価格は1950年産と51年産の平均に農業パリティ指数をかけた額を下回ってはならないとされているが，「パリティ方式が合理的な農産物価格算定方式として機能するためには，基準年のとり方とその基準年価格が適正であること，また基準年以降の生産構造や価格算定に使用する各種指標の相対関係に大きな変化がなく，価格決定年まで安定均衡状態で推移していることが必要」(28)(傍点は引用者)なのであって，農業の生産性上昇が工業に遅れる場合にはパリティ方式は農産物価格に不利に働くものとなる（これは戦後高度経済成長期の日本に当てはまるものであり，それゆえ米の政府買入価格は60年産から，それまでのパリティ方式に代わって生産費所得補償方式が採用されることになった）。さらに，政府買入価格は「麦ノ再生産ヲ確保スルコトヲ旨ト」（傍点は引用者。あくまで「旨」）すると同時に「麦ノ生産事情其ノ他ノ経済事情ヲ参酌」して決定することとされており，麦の再生産を確保することが価格決定の絶対条件とはされていない。

　したがって，政府無制限買入れ，および二重価格制の評価を行うためには，生産費に対する政府買入価格の水準を検討することが必要となる。結論を先取りして言うならば，第6章以下で行う，間接統制移行後の麦生産費に対する政府買入価格の水準およびその下での国産麦の生産動向についての分析結果は，「生産者保護を手厚く」したという評価とは異なる評価を求めることになるのである。

IV　小　括

　食糧需給の緩和と財政支出削減の必要性を背景として，1950年3月に与党自由党は主要食糧品目（米・麦）の直接統制撤廃の方針を打ち出したが，その後の様々な経緯，とくにGHQ財政金融最高顧問ドッジ氏の意向に大きく影響されて，米については直接統制撤廃が断念され，麦についてのみそれが行われることになり，52年6月1日に麦の政府管理は直接統制から間接統制へ移行した。

　麦の直接統制撤廃に対しては，生産者手取価格が低下することが予想されたため，農民団体・農協系統が反対運動を行った。結果的には直接統制は廃止さ

第4章　麦政府管理の間接統制への移行　189

図4-1　間接統制移行後の麦需給政策の枠組み

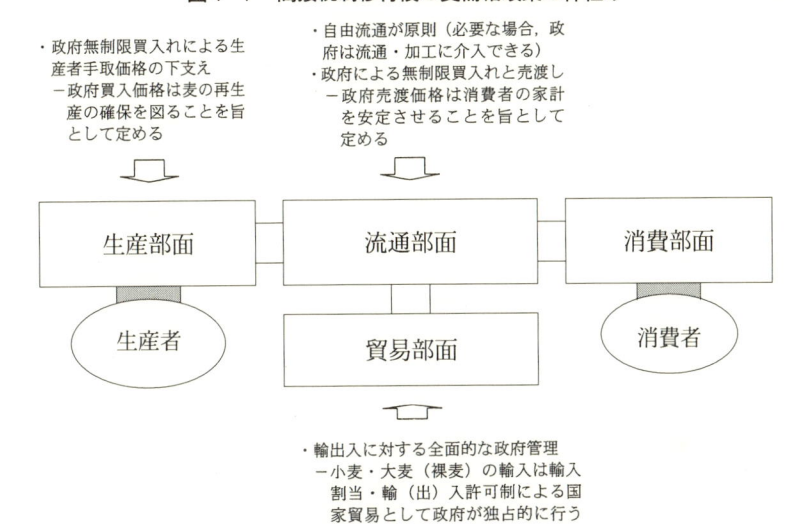

・政府無制限買入れによる生産者手取価格の下支え
　―政府買入価格は麦の再生産の確保を図ることを旨として定める

・自由流通が原則（必要な場合，政府は流通・加工に介入できる）
・政府による無制限買入れと売渡し
　―政府売渡価格は消費者の家計を安定させることを旨として定める

```
┌─────────┐   ┌─────────┐   ┌─────────┐
│ 生産部面 │───│ 流通部面 │───│ 消費部面 │
└─────────┘   └─────────┘   └─────────┘
   ( 生産者 )   ( 貿易部面 )   ( 消費者 )
```

・輸出入に対する全面的な政府管理
　―小麦・大麦（裸麦）の輸入は輸入割当・輸（出）入許可制による国家貿易として政府が独占的に行う

れたが，改正食管法の国会審議では，生産者手取価格の保障を求める生産者の要求を反映する形で政府原案が修正された。

　その結果，間接統制の枠組みは，①小麦・大麦・裸麦の輸入は輸入割当・輸（出）入許可制による国家貿易として政府が独占的に行うなど，輸出入については政府が全面的に管理を行う，②国内流通については自由流通を原則とするが，生産者の売渡申込みに対して政府は無制限に買入れを行う（政府買入価格による生産者手取価格の下支え），③政府買入価格と政府売渡価格は別の原理によって，すなわち，(ア)政府買入価格は1950年産・51年産平均を基準としたパリティ価格を下回らず，麦の生産事情やその他の経済事情を参酌し，麦の再生産を確保することを旨として，(イ)政府売渡価格は家計費・米価・その他の経済事情を参酌し，消費者の家計を安定させることを旨として，それぞれ定める，というものとなった。この枠組みは図4-1のように示すことができよう。

　そして，このような，政府による輸出入の全面的管理および再生産を確保することを旨として定められる価格での政府による国産麦の無制限買入れを中軸とした間接統制の枠組みは，政府買入価格算定方式のパリティ方式から生産費

補償方式への変更（88年産から），WTO設立協定の日本での発効とそれに伴う食糧法施行による麦の輸入割当・輸（出）入許可制の廃止と麦輸入の関税化（95年4月から）などがありつつも，基本的には，「新たな麦政策大綱」（1998年5月）に基づく2000年産麦からの民間流通移行の開始まで維持されていくのである。

なお，先に触れたように，政府無制限買入れによる生産者手取価格の下支えが生産者保護的な内実を持つかどうかは生産費に対する政府買入価格の水準にかかっている。したがって，第6章以下ではこの点が政策分析の1つの焦点になる。

（1） 自由党の「農業進展政策基本方針」については，食糧庁『食糧管理史 各論Ⅱ』（昭和20年代制度編）1970年，878-879頁，を参照のこと。

（2） 以下で触れる，主要食糧品目の直接統制撤廃問題をめぐる論議，および麦政府管理の間接統制への移行をめぐる経緯については，以下の文献を参照。上掲『食糧管理史 各論Ⅱ』，農林大臣官房総務課編『農林行政史 第8巻』農林協会，1972年，食糧庁『食糧管理月報』1952年7月号（麦類統制撤廃特集号），内村良英「食糧政策の一断面——今日までの米麦統制撤廃問題の経緯——(1)〜(9)」『食糧管理月報』（1952年3月号から53年4月号まで連載），農業協同組合制度史編纂委員会編『農業協同組合史 第2巻』協同組合経営研究所，1968年。

（3） 「農業進展政策基本方針」が直接統制撤廃の時期を1950年10月としていたことに対して，政府内では時期が早すぎるとの慎重論が大勢を占めたため，第2次案では撤廃時期が51年3月に延期された；前掲『食糧管理史 各論Ⅱ』880-883頁。

（4） 「なぜ輸入補給金の廃止が統制撤廃問題まで発展するかというと，〔昭和〕24年以降日本経済の方向を規定したドッジ・ラインは，価格差補給金，対日援助資金という日本経済の竹馬の足を切り，それによってインフレのすみやかな終息，経済の安定，自立を達成しようというもので，その本質に，価格機能により国民経済の調整を図るという自由経済的志向を持っているため，その面を貫いていくと，食糧の輸入補給金を廃止すれば，やがては食糧配給の廃止にまでいくのはそのかぎりでは論理的な帰結であった。」（〔　〕内は引用者）；同上書，896頁。

（5） 米の直接統制撤廃について，政府内では，農林省（食糧庁）と経済安定本部事務局（物価庁）は反対，大蔵省は推進の立場をとっていた。GHQ

第4章 麦政府管理の間接統制への移行　191

　　内では経済科学局財政課と天然資源局が撤廃推進であったのに対して、経済科学局価格配給統制課は麦も含めて直接統制撤廃には反対していた。これについて詳しくは、同上書、896-904頁。
（6）　ドッジ氏の書簡とこれに対する日本政府の対応については、同上書、904-907頁。なお、ドッジ氏の反対について、内村良英氏は「ドッヂ氏は日本経済のインフレは未だ完全に終そくしておらず、経済基盤の浅い日本経済は朝鮮動乱後のインフレ的な世界経済の中で最も弱い一環と判断し、そうした日本で主食の統制撤廃を行えば、これが価格騰貴、民間資金の需要激増を通じ必ずインフレ誘発の原因となることが素人眼にも明白に映ったのであろう」としている；前掲、内村「食糧政策の一断面――今日までの米麦統制撤廃問題の経緯――(7)」『食糧管理月報』1952年12月号、39頁。
（7）　前掲『食糧管理史　各論II』1005-1023頁。
（8）　田中慶二「最近における主食の統制撤廃をめぐる動き」『食糧管理月報』1951年12月号、10頁。
（9）　前掲『食糧管理史　各論II』910頁。
（10）　同上。
（11）　同上書、915頁。
（12）　前掲『農業協同組合史　第2巻』178頁。
（13）　同上。
（14）　櫻井誠『米　その政策と運動（中）』農山漁村文化協会、1989年、79-80頁。なお、同代表者会議では、直接統制撤廃に備えるために同時に「農業協同組合共同販売体制確立運動実施に関する決議」も採択された。
（15）　直接統制撤廃反対の運動に関しては、米・麦以前よりも先に、いも類の直接統制撤廃問題に対して1949年10月5日に農民・農業団体がいも類対策協議会を結成するなどの動きがあった。それはいも類の直接統制撤廃がやがて米・麦のそれにつながるという認識を背景にしたものであった；前掲『農業協同組合史　第2巻』174-177頁。
（16）　前掲『食糧管理史　各論II』914-915頁。
（17）　以下で述べる、第13国会における審議と政府原案修正の経緯については、同上書、1023-1041頁、食糧庁『食糧管理史　各論別巻I』(法令編) 1972年、を参照した。
（18）　以下で示す、改正食管法、改正食管法施行令、改正食管法施行規則の条文は、上掲『食糧管理史　各論別巻I』に掲載されている。
（19）　1952年5月の食管法改正では従来「米穀、大麦、裸麦、又ハ小麦」となっていたものが「米穀又ハ麦」と改められた。また、食管法第11条第2項に対応して、同月改正された食管法施行令では「政府の許可を受けて米穀又は麦を輸入した者は、その輸入した米穀又は麦のうち農林大臣の指定す

る試験用その他のものを除いたものを政府に売り渡さなければならない」（第14条の2）という条文が付け加えられた。

なお，食管法第11条において見られる「移出」「移入」という語句は，敗戦によって植民地を失っていたことにより，この時点ですでに実質的には意味がなくなっていたが，この語句が条文から削除されたのは1981年6月の食管法改正においてである。

(20) 農林水産省農蚕園芸局農産課・食糧庁管理部企画課監修『新・日本の麦』地球社，1982年，21頁。
(21) これについては，前掲『食糧管理史 各論Ⅱ』1000-1001頁，前掲『新・日本の麦』32頁，などを参照。
(22) なお，改正食管法では食糧配給公団に関する規定も削除されたが，米については直接統制を継続することになっていたために，米の配給ルートを特定するための条文改正が行われた（食管法第4条）。
(23) 前掲『食糧管理史 各論Ⅱ』1039-1040頁。
(24) 輸出向小麦粉用原料小麦の輸入については，明石典郎「麦製品の輸出入の手続」食糧庁『食糧管理月報』1962年7月号，同「小麦粉輸出の現状と展望」『食糧管理月報』1962年9月号，諫山忠幸監修『日本の小麦産業』地球社，1982年，282-286頁，を参照。
(25) 前掲『食糧管理史 各論Ⅱ』1039頁。
(26) 前掲『農林行政史 第8巻』179頁。
(27) 前掲『食糧管理史 各論Ⅱ』1041頁。
(28) 北出俊昭『食管制度と米価』農林統計協会，1986年，15-16頁。

第5章　戦後麦需給政策分析の諸前提

　前章で見たように，麦の政府管理は1952年6月1日に間接統制へ移行した。その後の麦需給政策の展開過程については次章以降で分析を行うが，本章では分析に際して前提となる事柄について行論に必要な限りで触れておくことにしたい。

I　戦後日本資本主義と食糧需給政策

　最初に，戦後日本資本主義の構造が食糧需給政策の展開動向をどのように規定するものとなったかについて簡単に確認しておこう。当然のことながら，これは食糧需給政策の一環たる麦需給政策の展開動向にも密接に関連する問題である。

　麦の政府管理が間接統制へ移行した1952年は，日本の戦後史にとって大きな画期となった年でもあった。すなわち，同年4月28日にサンフランシスコ平和条約が発効したことによって，片面講和という不完全な状況ながらも日本は連合国の占領下から抜け出して，形としては一応国家としての独立を回復することになったのである。ここで注目しなければならないのは，同じ4月28日にアメリカ軍の日本駐留を認めた日米安全保障条約が発効したことである。サ条約ではその発効後90日以内に占領軍（アメリカ軍）は日本国内から撤退しなければならないこととされたが，戦後米・ソ対立が急速に深まる中，日本をアジアにおける世界戦略の最前線基地＝「反共の砦」と位置づけたアメリカにとって，アメリカ軍の日本駐留を継続させることは最重要課題であった。そこで，アメリカは占領軍の撤退を定めたサ条約第6条a項に，日本と2国間もしくは多国間協定を結んだ国の軍隊は引き続き日本に駐留できる，という但し書きを挿入させるとともに，日本政府との協議によってサ条約発効と同時に日米安保条約

を発効させたのである。⁽¹⁾

　これ以降，日本はいわゆる「日米安保体制」の下で軍事的・政治的・経済的にアメリカと密接な関わりを持っていくが，この日米安保体制は，60年6月23日発効の新・日米安保条約において「経済的協力の促進」を謳った条項（第2条）が設定されたことでその経済同盟的な性格をいっそう強化した。ただし，⁽²⁾それは決して両国にとって対等なものではなく，軍事面と同様，基本的にはアメリカ主導・日本追随という「対米従属」的な性格を持つものであり，この下で「反共の砦」としての役割を担うべく，日本資本主義は潜在的軍事力たる重化学工業を中軸において展開することになったのである。⁽³⁾

　さらに，戦後日本資本主義を取り上げるに際してはIMF（国際通貨基金）・GATT（関税と貿易に関する一般協定）体制について触れないわけにはいかない。IMF・GATT体制は，戦後世界経済におけるアメリカの覇権を狙い，アメリカ主導で構築された，ドルを国際基軸通貨とした国際金融・貿易体制であるが，それは世界の資本主義経済を成長させるためとして，自由貿易主義をその基本理念に置いていた。⁽⁴⁾日本は戦後経済の復興にともない，52年8月にIMF（および世界銀行）に加盟，55年9月にGATTに加盟した。この下で，50年代半ばからの高度経済成長を受けて60年6月に「貿易為替自由化計画大綱」（貿易・為替自由化を3年後に90％達成することを目指す）が発表され，日本資本主義は「自由貿易体制」＝「開放経済体制」へと本格的に突入する。そして，日本は63年2月にGATT11条国（国際収支を理由とした貿易制限の禁止）へ，64年4月にはIMF8条国（国際収支を理由とした為替制限の禁止）へ移行するのである。

　以上のような日米安保体制，IMF・GATT体制を背景に，戦後日本資本主義の構造は高度経済成長期を通じて対外依存的性格を強く持つものへと形成されていった。戦後日本における重化学工業化は高度経済成長の牽引力となったが，それは50年代半ばから60年代初頭における，第Ⅰ部門（生産手段生産部門）主導による成長（「投資が投資を呼ぶ」）に大きな役割を果たすとともに，第Ⅰ部門主導による成長が破綻した後の60年代後半からは，「開放経済体制」の下で，（ベトナム戦争拡大による海外需要の増大という条件も加わって）日

本資本主義を重化学工業製品を中心とした輸出に強く依存（原燃料は輸入に依存）した構造を持つものへと変貌させたのである。そして，重化学工業製品の輸出先としてアメリカ市場が重要な位置を占めていたことは，50年代末からの「ドル危機」に対する日・米の「経済協力の促進」＝「ドル防衛」の一環として，重化学工業製品輸出の見返りとして日本にアメリカ産の食糧（農産物）を輸入することを強く迫るものとなった。これは，円の切上げを防ぎ，1ドル＝360円という固定レートを維持して，さらなる輸出拡大を目指そうとするわが国重化学工業関連資本の要求でもあったと言える。

ただし，食糧（農産物）の輸入は「経済協力の促進」および1ドル＝360円の為替レート維持の側面からだけのみ求められたのではない。第3章で見たように53年に小麦の輸入食糧価格調整補給金単価がマイナスになるなど，50年代前半には農産物の内外価格の高低逆転を示す状況が現れていたが，高度経済成長期を通じて外国産食糧（農産物）に対する国産食糧（農産物）の割高化は決定的になっていった。したがって，国産の食糧（農産物）よりも安価なアメリカ産およびその他外国産の食糧（農産物）の輸入を行うことは，労賃の抑制・引下げのために諸食糧品価格の抑制・引下げを求めるわが国総資本の本来的要求とも合致するものだったのであり，この点からも「開放経済体制」下の日本資本主義は食糧（農産物）輸入を指向するものとなったのである。

国産食糧（農産物）の割高化は，1ドル＝360円の固定レートの下，高度経済成長期を通じて国内の農産物の価格が大きく上昇したことによるところが大きい。

高度経済成長期の投資資金に応えるための，市中銀行に対する日銀の積極的な信用供与はインフレーションをもたらしたが，図5-1(a)でわかるように，卸売物価はそれほど上昇しなかったのに対して，消費者物価は大きく上昇した。「卸売物価と消費者物価の上昇率のこのように大きな格差は，高度経済成長のもたらした必然的な結果であった。すなわち，卸売物価は，主として工業製品の価格からなっているのにたいし，消費者物価は，農産物やサービスの価格を多くふくんでいるのであるが，重化学工業主導の高度経済成長は，工業と農業・サービス業のあいだに生産性上昇率の深刻な格差をつくりだしたのであって，

図5-1 高度経済成長期における物価指数の推移

(a) 消費者物価と卸売物価の推移 (1965年＝100)

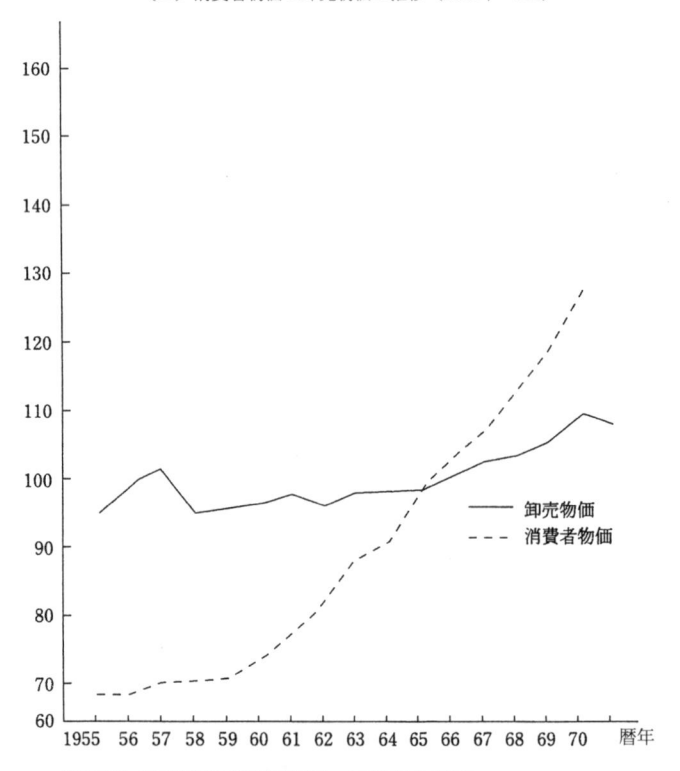

資料出所：消費者物価は総理府統計局　人口5万以上の都市
　　　　　卸売物価は、日本銀行

　一般に，異なる部門のあいだで生産性上昇率の格差が存在する場合には，相対価格の変化が生ずるのは当然である」。図5-1(b)を見ると，消費者物価の中でも，農畜水産物はサービス業と並んで上昇率が高いことがわかる。
　ここで製造業と農業の労働生産性指数（製造業は［産出量指数÷労働投入量指数］，農業は［生産指数÷就業人口指数］）を見てみると，55年度を100として，60年度は製造業171.9：農業104.0（1.65倍），65年度は製造業240.3：農業141.4（1.69倍），70年度はそれぞれ422.4：193.2（2.19倍）となっていて，年々格差が開いていることがわかる。ここでの農業の労働生産性指数は日本農

（b）消費者物価・特殊分類の推移（1965年＝100）

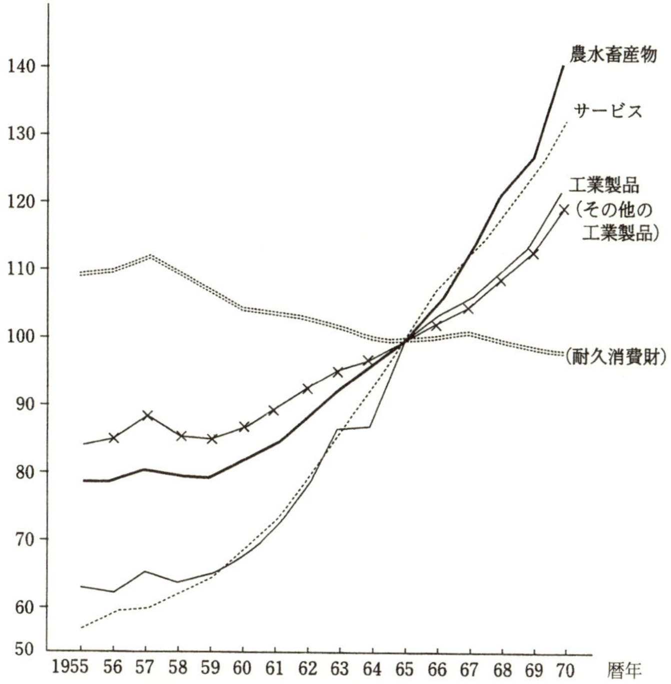

資料出所：総理府統計局　人口5万人以上の都市

出所）経済企画庁総合計画局編集『現代インフレと所得政策〔物価・所得・生産性委員会報告〕』経済企画協会，1972年，5頁。

業全体についてのものであるから，施設型に比べて生産性が上昇しにくい土地利用型については，製造業との生産性格差はさらに大きかったと考えられる。

次章で触れるように，米や麦については二重価格制がとられたことによって消費者購入価格は低く抑えられ，また，この期間を通じて安価な輸入食糧も増加していったのであるが，それでも農畜水産物の消費者物価がかなり上昇していることは，流通・加工経費の上昇を考慮に入れたとしても，日本の農業生産全般のコストがかなり上昇したことを示したものと捉えなければならないだろう。

なお，70年代以降の製造業と農業の労働生産性指数の推移は，75年度473.7：

279.6（1.69倍），80年度628.4：320.9（1.96倍），85年度707.1：404.8（1.75倍），90年度854.7：438.6（1.95倍），95年度880.3：488.6（1.80倍）となっており，格差の拡大傾向こそ見えないものの，高度経済成長期に形成された生産性格差はほぼ維持されている。
(9)

　以上のような状況は，戦後日本の食糧需給政策を全体として輸入依存の方向へ傾斜させるものとなった。ここで注意すべきは，このような方向が61年6月に制定された農業基本法ですでに予定されていたことである。

　同法は，高度経済成長を通じて現れた農・工間の所得不均衡の是正，農業生産性の向上などを眼目としたが，同時にそれは「開放経済体制」への対応という側面をも持っていた。同法第2条では国が講ずるべき施策が列記されており，その第1号は「需要が増加する農産物の生産の増進，需要が減少する農産物の生産の転換，外国農産物と競争関係にある農産物の生産の合理化等農業生産の選択的拡大を図ること。」となっている。これは需要が減少する品目に加えて，生産性向上が図られても輸入農産物に対して競争力を持てない品目については生産転換を図ることを宣言したものであり，具体的には，日本の主食であり，国内消費量に国内生産量が達していない米については生産を拡大するものの（同時に労働生産性を向上させることが求められたが），麦・大豆・なたね・飼料穀物などについては基本的には輸入に依存することとし，国内農業生産は，当時輸入農産物と競合しにくく，需要拡大が見込まれていた畜産（酪農を含む）・野菜・果実などにシフトさせることが考えられていた。つまり，「選択的拡大」路線は，「開放経済体制」下での農産物輸入の拡大・自由化進行を前提として，それに沿った形で国内の農業生産を再編成しようとするものだったのである。
(10)

　同法は「国は，重要な農産物について，農業の生産条件，交易条件等に関する不利を補正する施策の重要な一環として，生産事情，需給事情，物価その他の経済事情を考慮して，その価格の安定を図るため必要な施策を講ずるものとする。」（第11条第1項）として，政府による農産物価格保障に関しても規定している。これを受けて60年代には「畜産物の価格安定等に関する法律」（61年11月），「大豆なたね交付金暫定措置法」（61年11月），「加工原料乳生産者補給

金等暫定措置法」（65年6月），「砂糖の価格安定等に関する法律」（65年6月），「野菜生産出荷安定法」（66年7月）などが制定され，多くの農産物品目において，価格・所得政策ないし生産者手取価格保障を目的とした政府の市場介入政策が整備された。

　このような諸政策は，農業基本法の眼目の1つである農・工間の所得不均衡を是正するための役割を担うものであるが，同時に「選択的拡大」路線との関係では，「選択的拡大」対象品目については安定的な生産拡大を図る役割を，一方，輸入農産物と競合する品目については輸入拡大・自由化による国内生産への打撃を緩和させる役割を，それぞれ担ったと見ることができる（ただし「緩和」の程度は，保障される生産者手取価格の水準によるが）。このことは，農業基本法下の食糧需給政策が，農産物輸入拡大・自由化に対する農民の反発を緩和させつつ，すなわち社会体制の維持・安定を図りつつ，食糧（農産物）輸入依存体制を構築する，という性格のものであったことを示すものである。

　なお，これに関連して，農業基本法下で米については国内生産の増大を図るとされたことは，国際米市場におけるジャポニカ種の出回量が少ないという事情もさることながら，輸入の増大によって土地利用型を中心に多くの作目で生産が後退する中，米の自給が未だ達成されていない状況を踏まえるならば，政権党の政治的基盤であった農民層を政権党から離反させないという点からも必要であったと言える。そして，次章以下で触れる「生産費所得補償方式」による高水準での米の政府買入価格の設定もこの役割を担ったものと捉えられるのである。[11]

　以上見てきたように，戦後日本の食糧需給政策は50年代前半にその方向性が与えられ，高度経済成長期を通じてその方向が確定された。高度経済成長終焉後（70年代半ば以降）においては，その時々の政治的・経済的状況に応じて輸入依存の動きに強弱が生じることはあった。しかし，戦後を通じて，日米安保体制，IMF・GATT体制，そして，工業製品の輸出に依存した日本資本主義の構造をめぐって，食糧需給政策を輸入依存から国内生産中心へ抜本的に転換させるような状況は生じなかったのであり，したがって，食糧輸入依存という方向にも抜本的な変化が生じることはなかったのである。

II　MSA・PL480の果たした役割

　次章以降で詳しく分析するように，間接統制移行後の麦需給政策も輸入依存の方向で展開していくが，輸入依存への傾斜は他の食糧品目に先んじていた。その端緒は，1954年度，55年度，56年度（一部は57年度にかかる）の3ヶ年にわたって行われたアメリカ余剰農産物の受入れであった。

　第2次世界大戦中，アメリカは本土が直接戦禍に巻き込まれることなく，「連合国の兵器廠」としての役割を担う中で，工業のみならず農業の生産も大きく伸ばした。また，戦後初期においては，戦争による農業生産力の破壊によって世界各国が食糧不足に悩む中，これに対応するためにアメリカは農業生産をさらに拡大させた。しかし，その後各国の経済が復興するとともに海外需要は減退し，50年代に入ると早くもアメリカは農産物過剰問題に悩むことになった。これに対して，アメリカは，米・ソ対立が急速に深まりつつあったことも見据えて，53年から，余剰農産物処理・市場開拓と各国への軍事支援を結び付ける形で「食糧援助」を行っていった。[12]

　日本が受け入れたアメリカ余剰農産物は，この「食糧援助」の一環だったのであり，その数量は54年度は小麦60万t・大麦11万6000t，55年度は小麦34万t・大麦5万5000t（その他米10万t・葉煙草272t・綿花17万5000俵），56年度（一部は57年度にずれ込む）は小麦45万t・大麦10万tであった。[13]

　このうち，54年度分は，アメリカの1951年相互安全保障法（MSA）に沿って54年3月に日・米の間で締結されたMSA4協定の1つである「農産物購入に関する日本国とアメリカ合衆国との間の協定」（他の3協定は，「経済措置協定」，「投資保障協定」，MSA4協定の中軸たる「相互防衛援助協定」）に基づくものであり，55年度・56年度分はアメリカの1954年農産物輸出促進援助法（公法480号＝PL480）に沿って55年5月に日・米間で締結された「農産物に関する日本国とアメリカ合衆国との間の協定」に基づくものである。

　上述の51年MSAは，戦後の米・ソ対立が深まる中，アメリカと同盟国との間の軍事的関係の強化を図るために同盟国に対して軍事・経済・技術上の援助

を行うことを目的としたものであるが，農産物輸入国の多くがドル不足であることを受けて，53年に行われた改正では友好国に対するアメリカ余剰農産物の現地通貨払いによる売却を規定した「余剰農産物の使用」(第550条)が新設された。そして，これによってアメリカの「食糧援助」が開始されることになったのである。日・米間で締結された先の「農産物購入協定」に基づく「食糧援助」はこの第550条の発動によるものである。同協定では，アメリカ余剰農産物の現地通貨払い積立金(「円」で積み立てられる，アメリカ余剰農産物の日本国内での売却代金)を上記の目的のために使用することとされたが，MSAの軍事直結的性格が強く反映されて，積立金の80％は在日米軍の駐留経費に充てられ，日本側が期待していた日本の工業復興資金への充当分は20％にとどまった。

一方，PL480は，MSAよりも軍事的色彩を薄めて，被援助国に対してアメリカの「食糧援助」を受け入れやすくしたものである。そこでは，「食糧援助」について無償贈与やバーター取引の形態が加わるとともに，現地通貨払い積立金の使途もMSAより受入国側に有利な方向で設定され，日本では，現地通貨払い積立金の70％が日本の経済開発に充てられ，在日米軍の駐留経費やアメリカ農産物の市場開拓への充当分は30％にとどめられることになった。

このようにMSAとPL480の性格には若干の相違があるが，両者とも日米安保体制の下で，日本の再軍備と，潜在的軍事力たる重化学工業化推進を図る役割を担っていた点では共通していたのである[14]。

MSA・PL480について麦需給政策との関係で見ておく必要があるのは次の点である。すなわち，第3章で触れたように50年1月から連合国による貿易統制が解除される中で小麦の輸入量は50年度以降減少していったが，MSA・PL480の下でその輸入量が増加に転じたことである(前掲表3-4〔151頁〕)。これには，MSA・PL480に基づくアメリカ余剰農産物の受入れにあたっては，その受入分は通常輸入ベースの上積みとすることが要件とされていたことが大きく影響したと考えられるが，MSA・PL480の果たした役割は，日本の小麦輸入量を回復させたことにとどまらないものであった。

とくにPL480については，その現地通貨払い積立金の一部が，アメリカと

日本の小麦関連業界の意向を受けて日本人の食生活を米食から粉食へ移行させるための小麦粉製品消費拡大キャンペーンに使用され，また，先に触れた受入量とは別に，学校給食に小麦を使用させるために56年度から59年度の4年間にわたって「学校給食用贈与農産物」としてアメリカから小麦（および脱脂粉乳）が贈与されるなど（初年度の小麦の贈与額は1160億ドル＝10万ｔでその後贈与は毎年4分の1づつ減少。ただし，日本は贈与を受ける4年間は学校給食用としてアメリカ小麦を毎年18万5000ｔ使用することとされたため，この量と贈与分との差額は商業ベースでの輸入となった），戦後日本の食生活に小麦粉を定着させる役割を担っていたのである。これに関連しては，MSA・PL480に対応して，54年に「小麦粉食形態を基本とする学校給食の普及拡大」を謳った学校給食法が制定され，これが輸入小麦の使用を前提とした小麦粉製品消費拡大の下地を作る一翼を担ったことも見逃すことはできない。

MSA・PL480によるアメリカ余剰農産物の受入れは54～56年度の3ヶ年で終了し（上述したように学校給食用は59年度まで），それ以降は完全に商業ベースでの輸入となるが，次章で見るようにそこにおいても麦の輸入量は増加していくのである。その前提となる国内需要の増加（とくに小麦）に対して，MSA，PL480，そして，それらと一体となった学校給食法は一定の寄与をしたと言えるだろう。

Ⅲ 戦後における麦の消費仕向量の動向

戦後における麦の消費動向は，とくに高度経済成長期を通じて，それ以前のものから大きく変化した。これは麦需給政策によってもたらされた側面があるとともに，逆に麦需給政策の展開動向に影響を与えるものともなった。それゆえ，ここで麦の消費動向について触れておくことにしたい。

表5-1は，戦後における麦の国内消費仕向量の推移を示したものである。

まず，国内消費仕向の総量を把握しよう。小麦は1955年度の361万8000ｔから95年度の635万5000ｔへ増加しており，とくに60年度から70年度にかけての伸びが著しい。これに対して，大麦（二条大麦と六条大麦）は55年度の186万

3000 t から60年度の116万5000 t へ減少した後，増加傾向に転じて80年度には252万2000 t となるが，その後は停滞ないし微増傾向で推移している。裸麦は55年度の144万4000 t から65年度の41万7000 t ，75年度の 4 万8000 t へと急激な減少を見せ，その後もほぼ減少傾向が続いている。

　次に，これらの内訳を見てみると，小麦は一貫して仕向総量のほぼ 8 割が「粗食料」となっている。この「粗食料」に向けられる小麦は小麦粉の原料として用いられ（「粗食料」に小麦粉歩留を乗じたものが「純食料」），生産された小麦粉の大宗は 2 次加工されてパンや麺，菓子として消費される。一方，小麦のうち「飼料用」は55年度の7.2％から70年度の13.5％へと一旦は上昇するものの，その後比率を下げて95年度には7.6％となっており，また「加工用」（味噌・醤油の原料，工業用など）は 7 ％前後で推移しており，両者とも仕向総量における比率は小さいものとなっている。そして，仕向総量が一貫して増加し，「粗食料」向けがほぼ 8 割で推移した下で，「純食料」つまり小麦粉の国民 1 人当たり年間供給量（≒消費量）は，55年度の25.1kgから80年度の32.2kgに増大したのである。その後，この伸びは頭打ちとなり，95年度では32.8kgにとどまっているが，このような小麦の動向は，国民 1 人当たり年間供給量（≒消費量）が55年度の110.6kgから95年度の67.8kgへ大きく減少した米と対照的である。なお，この小麦の国内消費仕向量内訳では，専増産ふすま用小麦はその独自の小麦粉歩留に対応させて「飼料用」と「粗食料」とに振り分けられている（専増産ふすま制度については後述）。

　大麦は55年度では「粗食料」（これに精麦歩留を乗じたものが「純食料」＝精麦）が74.8％，「飼料用」が13.5％，「加工用」（味噌・醤油などの原料に向けられるものであり，二条大麦についてはビール・洋酒向けの麦芽製造用も含まれる）が8.1％となっていて，戦前期と似たような状況にあった。しかし，その後，「粗食料」はその比率を急速に低下させて70年度には10.3％となり，その後も減少を続けて90年度以降は 2 ％台となっている。一方で，「飼料用」と「加工用」は55年度から70年度までの時期を中心にその比率を大きく上昇させ，90年度以降「飼料用」は50％台前半，「加工用」は40％台前半となっている。ただし，ここでの「加工用」には輸入麦芽を大麦換算したものが含まれて

表5-1 戦後における麦の国内消費仕向量の推移

(a) 小麦　　　　　　　　　　　　　　単位：千t, kg

年度	国内消費仕向総量	国内消費仕向量内訳					純食料	1人当たり年間純食料供給量
		飼料用	種子用	加工用	減耗量	粗食料		
1955	3,618	262	39	272	91	2,954	2,245	25.1
	100.0%	7.2%	1.1%	7.5%	2.5%	81.6%		
1960	3,965	468	40	235	97	3,125	2,406	25.8
	100.0%	11.8%	1.0%	5.9%	2.4%	78.8%		
1965	4,631	530	26	361	114	3,700	2,849	29.0
	100.0%	11.4%	0.6%	7.8%	2.5%	79.9%		
1970	5,207	701	11	276	127	4,092	3,192	30.8
	100.0%	13.5%	0.2%	5.3%	2.4%	78.6%		
1975	5,578	590	9	317	140	4,522	3,527	31.5
	100.0%	10.6%	0.2%	5.7%	2.5%	81.1%		
1980	6,054	647	28	390	150	4,839	3,774	32.2
	100.0%	10.7%	0.5%	6.4%	2.5%	79.9%		
1985	6,101	563	31	435	152	4,920	3,838	31.7
	100.0%	9.2%	0.5%	7.1%	2.5%	80.6%		
1990	6,270	613	24	450	155	5,028	3,922	31.7
	100.0%	9.8%	0.4%	7.2%	2.5%	80.2%		
1995	6,355	486	16	412	163	5,278	4,117	32.8
	100.0%	7.6%	0.3%	6.5%	2.6%	83.1%		

(b) 大麦　　　　　　　　　　　　　　単位：千t, kg

年度	国内消費仕向総量	国内消費仕向量内訳					純食料	1人当たり年間純食料供給量
		飼料用	種子用	加工用	減耗量	粗食料		
1955	1,863	252	23	151	43	1,394	822	9.2
	100.0%	13.5%	1.2%	8.1%	2.3%	74.8%		
1960	1,165	293	21	162	21	668	361	3.9
	100.0%	25.2%	1.8%	13.9%	1.8%	57.3%		
1965	1,271	549	11	328	11	372	193	2.0
	100.0%	43.2%	0.9%	25.8%	0.9%	29.3%		
1970	1,474	828	7	482	5	152	76	0.7
	100.0%	56.2%	0.5%	32.7%	0.3%	10.3%		
1975	2,147	1,170	4	710	8	255	110	1.0
	100.0%	54.5%	0.2%	33.1%	0.4%	11.9%		
1980	2,522	1,515	10	857	4	136	58	0.5
	100.0%	60.1%	0.4%	34.0%	0.2%	5.4%		
1985	2,417	1,452	9	873	2	81	37	0.3
	100.0%	60.1%	0.4%	36.1%	0.1%	3.4%		
1990	2,590	1,387	8	1,140	2	53	24	0.2
	100.0%	53.6%	0.3%	44.0%	0.1%	2.0%		
1995	2,724	1,477	5	1,179	2	61	28	0.2
	100.0%	54.2%	0.2%	43.3%	0.1%	2.2%		

第5章　戦後麦需給政策分析の諸前提　205

（c）裸麦　　　　　　　　　　単位：千t，kg

年度	国内消費仕向総量	国内消費仕向量内訳					純食料	1人当たり年間純食料供給量
		飼料用	種子用	加工用	減耗量	粗食料		
1955	1,444 100.0%	213 14.8%	31 2.1%	57 3.9%	34 2.4%	1,109 76.8%	754	8.4
1960	976 100.0%	247 25.3%	21 2.2%	48 4.9%	20 2.0%	640 65.6%	397	4.3
1965	417 100.0%	116 27.8%	9 2.2%	26 6.2%	8 1.9%	258 61.9%	160	1.6
1970	211 100.0%	34 16.1%	3 1.4%	25 11.8%	4 1.9%	145 68.7%	87	0.8
1975	48 100.0%	6 12.5%	1 2.1%	8 16.7%	1 2.1%	30 62.5%	17	0.2
1980	54 100.0%	3 5.6%	2 3.7%	14 25.9%	1 1.9%	34 63.0%	19	0.2
1985	38 100.0%	1 2.6%	1 2.6%	8 21.1%	1 2.6%	27 71.1%	15	0.1
1990	25 100.0%	2 8.0%	1 4.0%	8 32.0%	0 0.0%	14 56.0%	8	0.1
1995	20 100.0%	0 0.0%	0 0.0%	8 40.0%	0 0.0%	12 60.0%	7	0.1

出所）農林水産大臣官房調査課『食料需給表』各年版より作成。

いるため（その量は90年代以降100万t近くになっている。後掲表5-4を参照），これを除くならば，大麦はそのほとんどが「飼料用」に向けられていると言ってよい。そして，このような状況の下，「純食料」たる精麦の1人当り年間供給量（≒消費量）は55年度の9.2kgが90年度以降にはわずか0.2kgになったのである。

裸麦については，「粗食料」（これに精麦歩留を乗じたものが「純食料」＝精麦）がほぼ60～70％台で推移していること，「飼料用」が55年度から65年度にかけてその比率を上昇させたものの，その後は低下傾向に転じて95年度には0.0％になったこと，「加工用」（味噌・醤油などの原料）のみが比率を上昇させていること，が特徴である。しかし，戦後を通じて国内仕向総量自体が激減したために，3者ともその絶対量は激減している。そして，「純食料」たる精麦の1人当り年間供給量（≒消費量）は55年度に8.4kgあったものが，その後大きく減少して，85年度以降は0.1kgとなっている。

以上の国内消費仕向量の動向分析から，戦後における麦の消費動向をまとめるならば，小麦については小麦粉消費量の増加，大麦については精麦消費量の

減少と飼料としての消費量増加，裸麦については消費量の全般的な減少，ということになろう。

　高度経済成長下，国民の食糧消費では穀物の消費が減少し，畜産物・果実の消費が増えるという食生活の「洋風化」「高度化」が進んだが，大麦・裸麦の精麦としての消費量の激減，大麦の飼料用としての消費量の増加はまさしく「洋風化」「高度化」の影響を受けたものである。大麦の飼料用としての増加について言えば，それは次章で見るように農業基本法下で「加工型畜産」が発展する中で，輸入大麦がその飼料として位置づけられたことも大きく関係していた。

　一方，小麦粉の消費量増加は，穀物消費の全体的な減少の中で，粒食から粉食への転換という，食糧消費の「洋風化」「高度化」のもう一つの流れに乗ったものである。これについては，先に見たMSA，PL480，およびそれらと一体となって制定された学校給食法，さらには精米に対して小麦粉を相対的に安価にするような小麦政府売渡価格の設定（次章で触れる）など，麦需給政策およびそれと関連する諸政策によってもたらされた側面が大きいことも見ておく必要がある。

　なお，小麦・大麦・裸麦とも，その製粉・精麦過程の副産物（ふすま・大麦ぬか・裸麦ぬか）が飼料として用いられることは後述するとおりである。

IV　製粉業・精麦業をめぐる動向

1　間接統制移行後の麦需給政策分析における製粉業・精麦業の位置づけ

　前章において，間接統制移行による麦流通の自由化は，1952年4月から買取加工制・届出制となった製粉業・精麦業における企業間競争を本格的にスタートさせるものであったことを指摘した。本節ではその後の製粉業・精麦業をめぐる戦後動向を概観するが，これは以下の理由によるものである。

　間接統制移行後において，製粉業・精麦業（およびその他の2次加工業）に対しては，流通規制・加工統制はとくに行われなかった。これは，間接統制移行後の国内の麦需給が比較的安定的に推移したため，そのような政策を行う必

要がなかったことによる。

しかし，製粉業・精麦業に関して，何らの政策も行われなかったかというとそうではない。間接統制下で，輸入麦のみならず，次章で触れるように二重価格制によって国産麦の大宗が一旦政府に集中するようになった下では，製粉工場・精麦工場に対する政府の麦売却方式は，製粉業・精麦業の動向を大きく規定するものとなった。そして，政府は中小企業政策とともに，この売却方式の改定によって製粉業・精麦業の再編を図ってきた。この再編政策は生産性の低い中小企業を整理し，生産性の高い大企業へ生産を集中させようとするものであり，労賃の抑制・引下げのための食糧価格の抑制・引下げを求めるわが国総資本の本来的要求に沿ったものである。

この再編政策は，とくに製粉業に関してはその原料たる小麦の輸入依存体制の構築にも大きく関わるものであった。また，製粉業では，小麦粉の販売先として海外市場は戦前ほどには重要な位置づけを持たなくなったが，これは戦後日本の小麦需給構造に戦前とは異なった特徴を与えるものとなった。

したがって，次章以下で間接統制移行後の麦需給政策の分析を行う前提として，戦後における製粉業・精麦業の動向を押さえることは重要な意味を持つと考えられる。それゆえ，ここでは製粉業・精麦業の戦後動向を一括して見ておくことにしたい。

2 製粉業をめぐる動向

(1) **麦売却方式の変遷と製粉工場をめぐる動向** まず，製粉工場数の推移を示した表5-2を見てみよう。わかるように，一般工場（後述する「専増産ふすま制度」の下でふすま増産を専門的に行う「専管工場」以外の，小麦粉生産を主目的とする製粉工場）の数は1952年度から53年度にかけて3094から1302へと激減しており，流通自由化の下で製粉工場の淘汰が一挙に進んだことがわかる。その後も減少のスピードこそ遅くなっているものの，一般工場数は減少し続けている。製粉業では日清・日本・昭和・日東の4大企業以外は中小企業であって，そのほとんどが1企業＝1工場であること，4大企業の工場数は57年度31→96年度31と変化がないこと，[20] そして，最大規模の日産設備能力200 t

表5-2 製粉工場数の推移

年度	一般工場	うち増産	専管工場
1952	3094		
1953	1302		
1954	1304		
1955	1255		
1956	1081		
1957	745		6
1958	745		11
1959	695	46	12
1960	612	66	22
1961	534	112	22
1962	513	126	22
1963	491	135	24
1964	463	135	24
1966	456	134	24
1968	401	131	24
1970	322	135	24
1972	267	120	24
1974	248	114	23
1976	238	112	23
1978	209	110	23
1980	197	109	23
1982	187	109	23
1984	185	108	23
1986	184	108	23
1988	177	107	23
1990	170	105	23
1992	166	103	23
1994	161	101	23
1995	158	95	22
1996	154	87	21
1997	146	84	19
1998	143	70	19

出所）食糧庁『米麦データブック』各年版，農林（水産）省統計情報部『ポケット農林水産統計』各年版，飼料小麦専門工場会『飼料小麦専門工場会20年史』1979年，226頁，より作成。

以上の工場数は64年度34→97年度44，100 t 以上工場数は56年度50→97年度88と増えていることを考えると，[21] 一般工場数の減少は，4大企業を中心とした大規模な設備能力を有する一部の企業に生産が集中していく過程でもあったと言える。その中で4大企業は国内の小麦粉生産において，57年度59.2%→96年度67.7%と圧倒的シェアを占めていったのである。[22]

このような生産の集中は買取加工制・届出制，流通自由化の当然の帰結であるが，それには政府の中小企業政策も大きく関わっていた。すなわち，政府は66年4月に製粉業を中小企業近代化促進法に基づく「指定業種」に指定して近代化事業を実施し，また，75年9月には「特定業種」に指定してその後4次にわたる構造改善事業を行い，企業の整理統合を進めてきたのである。[23]

第5章 戦後麦需給政策分析の諸前提

　さらに，生産の集中には製粉工場に対する政府の麦売却方式の変更も大きく関わっていた(24)。先に触れたように，この麦売却方式は，輸入麦および多くの国産麦が政府に集中する下では製粉業の動向に大きな影響を与えることになる。

　前章で指摘したように，間接統制下，製粉工場に対する政府の麦売渡しが随意契約を原則とすることになったことは（これは，食糧管理法に代わって95年11月から施行された食糧法でも引き継がれた），企業間競争を若干緩和させたと考えられるが，そこでは当初，各工場への原麦割当基準量は製粉能力に応じて定められることとされていた（能力基準100％）。しかし，これは割当基準量の拡大を狙った各企業（工場）の能力拡大競争を誘発し，製粉業全体として過剰な処理能力を抱えるという問題を生じさせたため，この弊害を解消するためとして，55年11月に割当基準量の算定要素として買受実績が加えられ，能力基準50％・実績基準50％に変更された。その後は実績基準が重視される方向で運用され，56年1月には能力基準30％・実績基準70％，同年8月には能力基準20％・実績基準80％とされ，73年から75年にかけては実績基準をさらに高める措置がとられ，75年4月からは実績基準100％となった。

　さらに，75年4月までの間には，この割当基準量の実績基準への傾斜に加えて次のような措置がとられた。56年4月からは割当基準量（「基本枠」）以外に「調整枠」が設けられ，「基本枠」を全量買い受けた工場は「基本枠」の40％を限度として代金即納で原麦の買取りができることになった。この「調整枠」は同年11月に30％に，58年6月には20％に縮小されたが，58年6月からは「基本枠」と「調整枠」の全量を消化した工場に対して，輸入麦・国産麦とも工場側でその輸送費・諸掛を負担することを条件として（「基本枠」「調整枠」については，輸入麦の場合は輸入港から工場までの，国産麦の場合は生産地から工場までの，輸送費・諸掛は政府が負担していた），「基本枠」の10％を限度に買い受けを認める「枠外」が設けられた（この前段階として，57年10月からは，「調整枠」の範囲内で工場側が輸送費・諸掛を負担して他県所在の政府所有麦を購入する「県外売却制度」が実施されていた）。

　このような措置は小麦粉の販売競争による製粉企業の淘汰を原料売渡しの側面から助長するものであり，『『調整枠』といい，『枠外』といい，生産性・資

本力・販売力等に優れた大手資本に,『調整枠』『枠外』の獲得→実績増大→『基本枠』の増大を通じて, 特に有利に作用」(25)するものとなった。また, 58年10月に認可された売却枠の譲渡移転も「操業を中止ないし縮小した工場の政府所有原麦の買付けわくを他の製粉企業が譲り受けることができるようになり, 集中傾向を促進した」(26)のである。

これ以降, 売却枠は59年7月に「調整枠」が廃止されて「基本枠」80：「枠外」20とされ, 60年7月からは「基本枠」が「事務所枠」,「枠外」が「本庁枠」と改称されて「事務所枠」60：「本庁枠」40という比率になった（この時点で「事務所枠」「本庁枠」は輸送費・諸掛負担を政府と工場のどちらが行うかについての区分となり, 能力基準20％・実績基準80％で決定される割当基準量は「事務所枠」「本庁枠」の合計に対して適用されることになった）。そして,「本庁枠」については「事務所枠」の買受数量とは関係なく買受けができることとされた。その後,「本庁枠」の比率が高められ（日産設備能力の低い工場は, 高い工場よりも「事務所枠」の比率が高く設定されたが）, 71年7月からは「事務所枠」が完全に廃止されて「本庁枠」のみとなったのである（日産設備能力500 t以上の工場は68年7月から）。

実績基準のみによって割当基準量が決定されることになった75年4月以降は, 過去1年間の各工場の買受実績によって全国売却数量が各工場に配分されることになったが, 88年からはこれが「通常分」（過去1年間の買受実績で配分）90％と「調整分」（企業の希望に応じて配分）10％に分けられた。これはその後, 90年からは「通常分」80％・「調整分」20％, 95年以降は「通常分」70％・「調整分」30％, と「調製分」の比率を高める方向で改定がなされ, また, いっそうの割当を希望する企業に対しては「超過分」を設けるなど（88年段階で「通常分」の2％だったものがその後徐々に引き上げられ95年以降は6％となった）, 大規模工場（企業）への生産集中をさらに進める措置がとられた。(27)そして, 第9章で触れるように, 98年5月の「新たな麦政策大綱」に沿って, 99年4月からは過去の買受実績に基づく配分方法が廃止され, 各工場（企業）の希望に基づいた売却が行われることになったのである。

以上のような売却方式変遷下における一部大規模工場（企業）への小麦粉生

産の集中は，同時に，北関東を中心とする内陸部の麦生産地帯に位置する「山工場」から太平洋ベルト地帯を中心とする臨海部の「海工場」へ小麦粉生産をシフトさせる過程でもあった。これには以下の事情が大きく関係していた。間接統制移行後，小麦輸入依存体制が構築される中，国産小麦が激減したために「山工場」はその原料を次第に輸入小麦に頼らなければならなくなった。しかし，上述のように，間接統制移行後当初輸入港・生産地から各工場までの原麦輸送費・諸掛の全額を政府が負担していたものが，57年10月に工場が負担を行う「枠外」が登場，その後それが「本庁枠」としてその比率を高め，71年7月以降「本庁枠」のみとなって工場側が全面的に輸送費・諸掛を負担することになったために，「山工場」は原料輸送の面で決定的に不利になった。そして，これによる小麦粉生産の「海工場」へのシフトは，小麦の輸入依存をさらに進めるものとして作用したのである。

(2) 国産小麦粉の国内仕向・輸出別動向　第1章で触れたように，戦前期，日本の製粉業は第1次世界大戦による海外需要の増大を契機として加工貿易型産業として急速に発展し（1932年樹立の「小麦300万石増殖5ヶ年計画」開始以降は小麦輸入は抑制されるが），国内小麦粉生産量に占める輸移出向けの比率は20年代末には20％を超え，30年代初頭には30％前後にまでなるなど（前掲表1-3〔34頁〕から計算。なお，その後戦争の影響で輸移出向け比率は低下していき，45年には1％以下になった），海外市場を重要な販売先としていた。

第3章で触れたように戦後の小麦粉輸出は50年度から再開され，間接統制移行後も小麦粉輸出は行われていくが，その動向は戦前期とは大きく異なるものとなった。

図5-2（ならびに後掲表補-6〔361頁〕）を見てみよう。国内の小麦粉生産量は間接統制移行時の約150万tから年々増加して90年代半ばには500万t近くにまで達するが，そこでは一貫して国内仕向用がそのほとんどを占めている。輸出量は70年代末までは数万t規模にとどまっており，80年代に入ると大きく増加して30万tを超す年度も出ているものの，それでも国内生産量のうちの1割を超えるには至っていない。つまり，戦前期と異なって，戦後の製粉業は海外市場を重要な販売先としてはこなかったのである。

図5-2 小麦粉生産量の推移

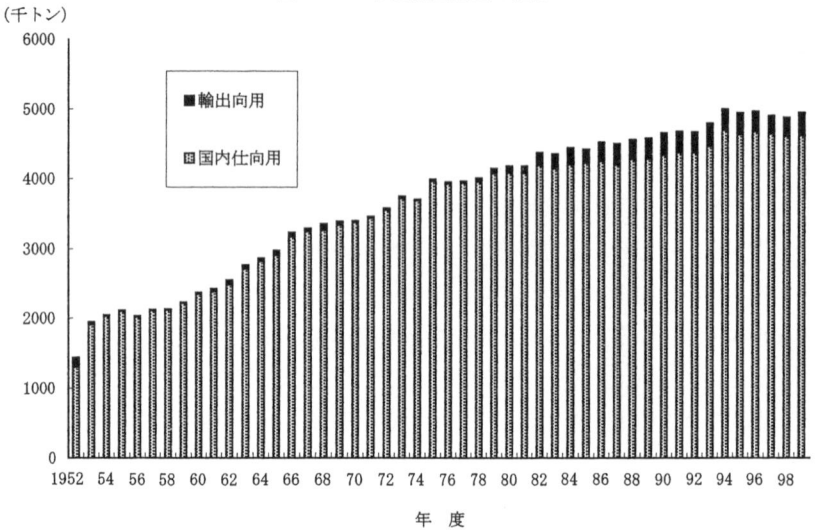

(千トン)

■輸出向用
□国内仕向用

注）国内仕向用には専増産ふすま制度下で生産された小麦粉も含まれる。
出所）食糧庁『食糧（管理）統計年報』各年版，食糧庁資料，より作成。

　これには，先に見たような小麦粉消費量の伸びによって，戦後，小麦粉の国内市場が着実に拡大していったことが大きく関係しているが，それとともに国内市場において国産小麦粉が外国産小麦粉との競争を免れてきたことがあったことも見ておく必要がある。前章で触れたように間接統制下では小麦粉輸入は輸入割当分以外は認められず（ホテル用〔国際観光ホテル整備法の登録ホテルで使用されるもの〕と外航船舶用に限られる），また，その輸入量は60年代半ばまでは毎年数万ｔ程度，それ以降は最大でも年間約500ｔに抑えられてきたために，外国産小麦粉は国内の小麦粉市場にほとんど影響を与えなかったのである。

　前章で述べたとおり，輸出向けの小麦粉は加工貿易制度の下にあり，製粉工場はその原料小麦を国際価格で調達できるが，小麦の輸入割当・輸（出）入許可制の下で各製粉工場への原料小麦の割当方式は次のように推移した。輸出再開当初は，国内仕向用小麦粉の原料として割り当てられた小麦を輸出向小麦粉用に転用し，輸出後に国内仕向用小麦粉の原料小麦を補充するという割当方式

がとられたが，53年8月からは外貨事前割当制によって工場が当初から輸出向小麦粉用原料として必要な小麦を購入できることとなり，58年5月からは外貨事後割当制への変更によって小麦購入に当たっての各工場の裁量余地が広げられた。また，61年には外貨効率（小麦輸入額に対する輸出向小麦粉と輸出ふすまの合計額の比率）が115％から110％に引き下げられて輸出承認の範囲が拡大され，さらに62年には購入小麦量の算出基準となる小麦粉歩留が76％から74％に引き下げられて同一輸出量に対してより多くの小麦を購入できるような措置がなされるなど，製粉企業に有利な方向で改定がなされていったのである。(31)

しかし，それにも関わらず小麦粉輸出量があまり伸びなかったことは，中島常雄氏の言うように「戦後の輸出先であるアジア諸地域で，自国製粉業の振興を図るために，小麦粉輸入防止の諸措置を講じたことも原因の1つであったが，また戦後の国内市場拡大とその特殊な市場条件によって，輸出に対する圧力が少ないことにも原因を求めることができ」(32)るだろう。つまり，上で見たように，国内市場が拡大し，外国産小麦粉との競争を免れるなど，製粉業全体としては戦後の国内小麦粉市場の条件はかなり良好なものだったがゆえに（もちろん，一方では国内の工場〔企業〕間の競争によって，多くの工場〔企業〕が淘汰されたが），あえて輸出に重点を置く必要がなかったのである。そして，このように見るならば，80年代からの小麦粉輸出の増加は，国内市場の拡大がそれほど見込めなくなった中での，大手製粉企業の販売量拡大を目指した行動によるものとして捉えることができるのである。(33)

なお，95年4月からは麦の輸入割当・輸（出）入許可制が廃止され，麦輸入は関税化（自由化）されたが，輸出向小麦粉用原料小麦の輸入は農林水産大臣証明をとることによって従来どおり国際価格で輸入できることになっている。

3 精麦業をめぐる動向

間接統制移行直後の精麦工場数（精麦業においてはほぼ1工場＝1企業）は52年度の1492から53年度の1173へと，精麦業ほどには減少せず，その後は57年度の1340へ向かって若干増加する傾向さえ見られた。(34)しかし，流通自由化によって企業間競争が次第に強まる中，精麦工場数は57年度をピークとして，60年

度537→70年度209→80年度134→90年度95→95年度85→99年度65，と製粉業以上のスピードで減少していった。[35]

ここで注目すべきは，製粉業は工場数を減らしているものの全体の設備能力を高めているのに対して（日産設備能力は製粉業全体で52年度1万8840 t →94年度3万1202 t，それ以降は若干減少して99年度2万8328 t），精麦業は全体の設備能力も大きく減少させていることである（日産設備能力は精麦業全体で56年度18万4235馬力→99年度3万8287馬力）。[36] これは，戦後消費量が伸びた小麦粉と，消費量が激減した精麦との相違が端的に現れたものである。

各精麦工場に対する政府の玄麦割当基準量は，55年10月までは精麦加工能力に応じて（能力基準100％），55年11月からは能力基準50％・実績基準50％で，56年1月からは能力基準30％・実績基準70％で定められ，この比率は65年6月まで続いた。また，56年4月からは割当基準量＝「基本枠」以外に，その30％を限度とする「調整枠」が設けられた。58年6月からは「調整枠」は20％に縮小され，その代わりに「基本枠」の10％を限度とする「枠外」が新設された。その後，59年4月には「調整枠」が10％へ縮小され，「枠外」は20％へ拡大された。59年7月からは「調整枠」が廃止されて各工場の割当基準量は「基本枠」70：「枠外」30とされ，60年7月には「基本枠」が「事務所枠」，「枠外」が「本庁枠」と改称された。65年7月からは割当基準量の算定は実績基準が100％となり，また，次章で触れる「麦管理改善対策」の実施に伴って69年産麦からは「本庁枠」のみとなった。そして，89年10月からは買受実績に基づく売却枠が廃止され，各工場の希望購入量に応じて売り渡す方式とされたのである。[37]

このような玄麦割当方式の動向は，製粉業におけるそれと若干異なるものの，企業の淘汰を助長する方向で改定されていった点では共通している。そして，これは精麦の国内市場が急速に縮小していった下で，精麦業における工場（企業）の淘汰を製粉業のそれよりも厳しいものにしたのである。

また，精麦業では，製粉業と同様，66年4月に中小企業企業近代化促進法の「指定業種」の指定を受けて近代化計画に基づく取り組みが行われてきたが（67年9月から74年3月までの間。なお，84年9月には「指定業種」から外れ

(38)
る)，製粉業のように一部の工場（企業）に生産が集中する状況はほとんど見られず（1000馬力以上の工場数は56年11→97年12，500馬力以上は56年68→97年29），全面的な落層状況を示したのである。
(39)

V 飼料用麦をめぐる諸動向

1 飼料用輸入麦をめぐる制度的枠組み

　前章で若干触れたように，間接統制移行後，麦の政府売渡価格は「家計費及米価其ノ他ノ経済事情ヲ参酌シ消費者ノ家計ヲ安定セシムルコトヲ旨トシテ」定められることになったが，飼料用輸入麦の政府売渡価格についてはこの食糧管理法の規定は適用されず，別途，飼料需給安定法（1952年12月制定）の規定が適用されることになった。そして，飼料用麦の輸入量は飼料需給安定法に基づいて政府が策定する「飼料需給計画」で決定されることになった。しかし，飼料用輸入麦は食管法の適用を全く受けないわけではなく，食管法の規定の一部は飼料用輸入麦にも適用される。本節では，次章以下での分析を行う前提として，まず，食管法・飼料需給安定法の双方に関わりを持つ飼料用輸入麦をめぐる制度的枠組みを押さえることにする。

　さて，敗戦後当初の日本の飼料については，戦時期の1938年3月に制定された飼料配給統制法が引き継がれ，政府の直接統制が行われていた。その後，飼料事情が次第に好転し，また，49年4月にドッジ・ラインが開始される中で統制は緩和され，50年3月末までには飼料のかなりの品目について直接統制が撤廃され，51年3月にはすべての飼料品目で直接統制は完全に廃止となった。しかし，国内の飼料需要に対して供給が追いつかない状況は未だ解消されておらず，そのため，直接統制廃止後の飼料価格は大きく上昇し，日本畜産の安定的復興を阻害する恐れが生じた。飼料需給安定法はこれに対処すべく制定されたものである。
(40)

　この法律は，「飼料の国内需給の現状を見まするに，供給量は需要量に対しまして相当の不足を告げておりますために，その価格は必ずしも低廉とは申せないのであります。……また，飼料の輸入に関しましては，国内価格の安定に

欠くるところがあって，民間輸入は至って低調な状況であります。」⁽⁴¹⁾という状況を背景に，その目的を「政府が輸入飼料の買入，保管及び売渡を行うことにより，飼料の需給及び価格の安定を図り，もつて畜産の振興に寄与すること」（第1条）とした。そして，「農林大臣は，毎年，輸入飼料の買入，保管及び売渡に関する計画（以下『飼料需給計画』という。）を定め」（第3条），これに基づいて政府は輸入飼料の操作を行い，「輸入飼料の売渡をする場合の予定価格は，当該飼料の原価にかかわらず，国内の飼料の市価その他の経済事情を参しゃくし，畜産業の経営を安定せしめることを旨として定める」（第5条第3項，傍点は原文）こととしたのである。

　そして，「この法律において『輸入飼料』とは，輸入に係る麦類，ふすま，とうもろこしその他農林大臣が指定するものであって，飼料の用に供するものと農林大臣が認めたものをいう。」（第2条）として，当時トウモロコシやふすまとともに飼料として重視されていた麦はその対象に含められた。

　これによって飼料用輸入麦は，飼料需給安定法の下，その輸入量は政府が策定する「飼料需給計画」に沿って決定されることとなり，また，その政府売渡価格は，食管法の適用を受ける国産麦および食糧用輸入麦の政府売渡価格とは異なった原理で決定されることになった。ただし，その輸入については食糧用輸入麦と同様に食管法の適用対象とされ，輸入割当・輸（出）入許可制による国家貿易として政府が独占的に行うこととされたのである。なお，95年4月からのWTO設立協定の日本での発効とそれに対応した食糧法の施行によって輸入割当・輸（出）入許可制は廃止され，麦の輸入は関税化されたが，第8章で見るように飼料用麦を含めて麦の輸入では国家貿易が継続されたために，飼料用輸入麦をめぐる制度の大枠は変わらなかった。

　飼料需給安定法は，麦以外の飼料についてはその民間輸入を排除するものではなく，政府による輸入飼料の買入れは民間輸入の不安定さを補完するものとされていたために，その後民間貿易による飼料輸入が安定的に増大していくにつれて政府操作対象の輸入飼料品目は減少していった。すなわち，飼料需給安定法制定当初は，政府操作対象の輸入飼料品目として，小麦，大麦以外に，ふすま，トウモロコシ・コウリャン，大豆，大豆油粕，脱脂粉乳，魚粕・魚粉が

あったが，それらの多くはその後次々に政府操作対象から外され，70年代以降になると，政府操作対象品目は小麦と大麦にほぼ限定され，年によってトウモロコシ・コウリャンの政府買入れが若干行われるに過ぎなくなったのである。(42)
ただし，政府操作対象飼料品目の減少には，民間輸入が安定したことだけではなく，政府売買に関わって財政負担（政府売買価格差の逆ざやや，売買に伴う諸経費など）が発生し，食糧管理特別会計「輸入飼料勘定」の赤字が急増したという事情もあったことは見ておく必要がある。(43)

なお，ふすまについては，輸入ふすまの政府買入れは70年以降行われていないが，政府がふすま増産用として飼料用輸入小麦を買い入れ，これを製粉工場に売り渡し，通常よりも低い小麦粉歩留で製粉を行わせることによって副産物のふすまをより多く生産させる「専増産ふすま制度」が50年代末から行われている（これについては補章で改めて分析を行う）。このため，飼料用輸入小麦は，配合飼料用として売却されるもの（飼料の製造段階では粒のまま用いられる場合と，砕かれて用いられる場合がとある。なお，飼料需給安定法制定後しばらくは単体飼料用としても売却されていた。以下，本書で配合飼料用と言う場合には，この単体飼料用も含む）と専増産ふすま用として売却されるものに分かれる。また，飼料用輸入大麦は配合飼料用および単体飼料用として売却される（飼料の製造段階では粒のままで用いられる場合と，圧ぺん加工されて用いられる場合とがある）。

2 戦後日本の飼料需給における麦の位置

先に，戦後における麦の国内消費仕向量を取り上げた際に「飼料用」の動向についても分析を行ったが，そこにおいては，飼料として用いられる，製粉・精麦過程の副産物であるふすま・大麦ぬか・裸麦ぬかは除外されていた（ただし，先述のように専増産ふすま用小麦はその独自の小麦粉歩留に対応させて「飼料用」と「粗食料」とに振り分けられていたため，ふすまのうち「専増産ふすま」だけは「飼料用」の中で扱ったことになる）。

しかし，麦を飼料全体との関係で捉えるためには，ふすま，大麦ぬか・裸麦ぬかの動向についても見ておく必要がある。ここで，改めて，飼料としての麦

について整理しておくと以下のようになろう。すなわち，穀類飼料としての小麦（①国産麦のうち飼料用として消費されるもの，②飼料用輸入小麦のうちの配合飼料用）および大麦・裸麦（①国産の大麦・裸麦のうち飼料用として消費されるもの，②飼料用輸入大麦），そして，糟糠類飼料であるふすま（①食糧用の国産小麦・輸入小麦の製粉過程で小麦粉の副産物として生産されたもの，②飼料用輸入小麦のうちの専増産ふすま用から生産されたもの，③輸入ふすま）および大麦ぬか・裸麦ぬか（食糧用の国産大麦・国産裸麦・輸入大麦を用いた精麦過程で精麦の副産物として生産されたもの。なお，戦後一貫して大麦ぬか・裸麦ぬかの輸入はなされていない），である。これらはいずれも濃厚飼料として扱われる。(44)

　以上を踏まえて，以下では飼料需給全体の中で麦の地位が戦後どのように変化していったかを，農業基本法下で畜産が「選択的拡大」部門の1つとして位置づけられた1960年代以降を中心に見ていくことにしたい。

　まず，日本の飼料全体の供給（消費）量の動向について簡単に押さえるならば，可消化養分総量ベースで60年度は1042万3000tであり，これはその後大きな伸びを示して88年度には60年度の2.76倍の2873万2000tとなった。そこでは粗飼料から濃厚飼料へのシフトが見られ，可消化養分総量で見た粗飼料と濃厚飼料の比率は60年度に56.4：43.6だったものが88年度には18.5：81.5となり，濃厚飼料が圧倒的となった。その後，80年代後半以降の円高下での畜産品の輸入量増加，91年4月からの牛肉輸入自由化，95年4月からのWTO設立協定の日本での発効に伴う乳製品輸入の関税化および畜産品関税率引下げなどによって国内の畜産が圧迫される中，89年度以降飼料全体の供給（消費）量は減少傾向に転じ，99年度では可消化養分総量ベースで2591万4000tにまで落ち込んだのである（99年度の粗飼料と濃厚飼料の比率は21.5：78.5）。(45)

　ここで濃厚飼料に焦点を当ててその供給（消費）量の内訳を見てみると次のようになる（表5-3）。60年度では濃厚飼料供給（消費）量中，穀類は40.5％，糟糠類は36.3％であった。その後，濃厚飼料全体の供給（消費）量の増加の中で，穀類・糟糠類ともにその絶対量を増加させたが，穀類は濃厚飼料の全体の増加率を上回って増加し，一方糟糠類は全体の増加率を下回る増加にとどまっ

第5章　戦後麦需給政策分析の諸前提

表5-3　濃厚飼料の供給（消費）量の推移

単位：千t

		1960年度		1970年度		1980年度		1990年度		1998年度	
穀類	小麦	351	4.4%	190	1.0%	148	0.6%	219	0.7%	65	0.2%
	大麦・裸麦	365	4.6%	828	4.5%	1,518	5.8%	1,389	4.7%	1,431	5.2%
	トウモロコシ・コウリャン	1,568	19.7%	8,430	45.7%	14,357	54.5%	15,989	53.5%	14,216	51.8%
	その他	931	11.7%	896	4.9%	345	1.3%	456	1.5%	553	2.0%
	計	3,215	40.5%	10,344	56.1%	16,369	62.1%	18,054	60.5%	16,265	59.2%
糠類	ふすま	1,159	14.6%	1,806	9.8%	1,839	7.0%	1,929	6.5%	1,671	6.1%
	大麦ぬか・裸麦ぬか	517	6.5%	97	0.5%	62	0.2%	86	0.3%	114	0.4%
	米ぬか・脱脂ぬか	796	10.0%	468	2.5%	780	3.0%	410	1.4%	916	3.3%
	ビートパルプ	-	0.0%	-	0.0%	765	2.9%	939	3.1%	823	3.0%
	その他	414	5.2%	1,371	7.4%	929	3.5%	1,609	5.4%	1,459	5.3%
	計	2,886	36.3%	3,742	20.3%	4,375	16.6%	4,974	16.7%	4,983	18.1%
植物油かす類		591	7.4%	2,288	12.4%	3,115	11.8%	4,263	14.3%	4,222	15.4%
いも・豆類		820	10.3%	395	2.1%	91	0.3%	439	1.5%	356	1.3%
動物質飼料類		377	4.7%	747	4.1%	1,190	4.5%	1,267	4.2%	843	3.1%
その他		51	0.6%	916	5.0%	1,208	4.6%	919	3.1%	886	3.2%
合計		7,940	100.0%	18,432	100.0%	26,365	100.0%	29,859	100.0%	27,457	100.0%

注）飼料の量は実数量。
出所）農林（水産）省流通飼料課監修『（流通）飼料便覧』各年版より作成。

たため，80年度における比率は，穀類が62.1%，糟糠類が16.6%となった。89年度以降飼料全体の供給（消費）量が減少する中，90年度と98年度では穀類は若干比率を下げ，糟糠類は若干比率を上げるが，大きな変化にはなっていない。このような濃厚飼料中での穀類の比率の上昇は，「選択的拡大」下で畜産農家が規模拡大を迫られ，経済効率性の向上が至上命題とされる中，栄養価の高い穀物を飼料として用いる必要があったためである。[46]

ここで，穀類飼料である小麦と大麦・裸麦についてその絶対量を見ると，前者は60年度以降ほぼ減少傾向で推移しており（90年度には一時的な回復が見られるが），後者は80年度までは増加傾向を見せたものの，その後は微減・停滞傾向に転じていることがわかる。一方，糟糠類飼料であるふすまと大麦ぬか・裸麦ぬかについて見ると，前者は60年度には濃厚飼料の中でトウモロコシ・コウリャンに次ぐ地位にあって，また，60年度から70年度にかけては絶対量を大きく増加させたが，その後は微増傾向となって，90年度から98年度にかけては減少に転じており，また，後者は60年度から70年度にかけて激減し（これは先に見た精麦消費の激減に伴うものと見られる），その後は80年度まで微減，それ以降は微増となっている。

つまり，「加工型畜産」の拡大によって増大した濃厚飼料の需要に対しては，当初，主としてふすまと大麦・裸麦が対応したが，糟糠類から穀類へのシフトが進む中，70年代には早くもふすまの需要が頭打ちとなり，また，80年代後半以降国内畜産が圧迫される状況が生じると，大麦・裸麦の需要の伸びも止まったのである。

そして，全体として見ると，トウモロコシ・コウリャンが濃厚飼料の中心となる中で，小麦，大麦・裸麦，ふすま，大麦ぬか・裸麦ぬかの合計量は90年度までは絶対的には増加したものの（60年度239万2000 t →90年度362万0800 t），濃厚飼料中で占める比率は60年度の30.1%から90年度の12.2%へと低下し，90年度から98年度にかけてはその比率がさらに低下するとともに（98年度11.9%），絶対量も減少したのである（98年度328万1000 t）。

VI 国産ビール大麦をめぐる動向

　ビール大麦（二条大麦のうち，醸造原料のための麦芽生産用に向けられるもの）は，戦後を通して二条大麦の生産量の中でかなり大きな比重を占めてきたが，その生産・流通は他の麦とは異なる特徴を有している。

　戦前期，ビール大麦は実需者たるメーカーと生産者との間での契約栽培の下でその生産・流通が行われてきた。[47]これは，戦時期に入ってもしばらくは同様であり，第2章で触れたように，戦時下の食糧需給逼迫に対応して1940年5月に出された「麦類買入要綱」でもビール大麦は政府買上げの対象からは外されていた。しかし，40年6月に「麦類配給統制規則」が，41年6月に新「麦類配給統制規則」が公布・施行されるなど，食糧需給逼迫の進行に対応して麦の政府統制が強化される中，ビール大麦も41年産からは準統制（政府がビール大麦の生産割当を行い，その割当数量に基づいて生産者と実需者との間で売買契約を行う）となった。さらに，45年産からは契約栽培が中止され，完全な直接統制（政府がビール大麦の生産割当を行い，生産されたビール大麦は政府が全量買い上げ，政府はそれを日本麦酒原料会社に払い下げ，同社がビール各社に配分する）がなされるようになり，これは敗戦後に引き継がれた。[48]

　しかし，52年6月に麦の政府管理が間接統制へ移行すると，ビール大麦の生産・流通も契約栽培へ復帰した。

　先述のように，間接統制下，政府は生産者からの麦の売渡申込みに対して無制限に買い入れることとされ，これは二重価格制の下で国産麦の大宗を政府に集中させ，国産麦はそのほとんどが政府経由（政府買入れ・政府売渡し）で流通することになったが，契約栽培のビール大麦はこれとは異なり，政府を経由せず，生産者（および生産者団体）から実需者へ直接売り渡されてきたのである。[49]

　ビール大麦で契約栽培が行われてきた理由として，一般的には「①醸造用に適する麦は食用とは異なり，ビールまたはウイスキーの品質，歩留りに影響する各種の特性についてきびしい規格が要求されること，②麦芽の原料であるこ

とから発芽勢が大切なため，栽培管理，収穫乾燥及び調整に特別の注意を払う必要のあること，③工業原料であることから供給が安定している必要があること等」が挙げられているが，それとともに，長谷美貴弘氏が指摘するように，契約栽培はビール会社相互の原料獲得競争回避および原料価格抑制に寄与するものであったこと，また，契約栽培はビール会社による農民の分割支配体制である原料地盤制度（ビール会社と各生産地との結びつき）と密接に結びついてきたこと，も見逃すことはできない。ただし，ビール大麦で契約栽培が行われてきた理由を究明することが本節の課題ではないので，ここでは間接統制移行後ビール大麦は政府を経由しない流通が行われてきたことを確認するにとどめたい。

政府を経由しなかったということは，ビール大麦の生産者手取価格が国産麦政府買入価格によって直接決められるものではなかったことを意味する。

しかし，ビール大麦の生産者手取価格としてほぼ見なせる契約価格について見るならば，それは，52年産から73年産までは国産大麦（52～61年産）ないし国産小麦（62～73年産）の政府買入価格に割増率を乗じる（52年産）ないし加算金を加える（53～73年産）という方法で決定され，また，74年産以降は従来の契約価格に農業パリティ指数を乗じた上で若干の調整を行って定められる「政府告示価格」（74年10月の麦芽輸入自由化に伴う行政指導）によって決定されてきたのであるから（88年産以降の「政府告示価格」は，国産麦政府買入価格の算定方式が生産費補償方式へ移行したことに伴って，前年の「政府告示価格」に国産麦政府買入価格の対前年変動率を乗じて決定されるようになった），国産麦政府買入価格と密接に連動してきたと言ってよい。事実，表5-4を見ると，契約価格（ビール大麦2等）は国産大麦政府買入価格の1.2倍前後にほぼ固定されてきたことがわかる。このことは，他の麦と同様，ビール大麦の生産動向も国産麦政府買入価格の強い影響を受けてきたことを示すものである（二重価格制の下での国産麦政府買入価格の国内麦生産への影響については次章で詳述）。

ビール大麦については，輸入麦芽との競合という問題も存在する。麦芽は74年9月までは輸入制限品目であったが，同年10月から輸入が自由化された。そ

第5章 戦後麦需給政策分析の諸前提   223

表5-4 ビール大麦・麦芽の価格推移

	国産大麦価格（円／50kg）			麦芽価格（千円／t）		
	ビール大麦契約価格 ③	政府買入価格 ④	価格差比率 ③／④	国産 ①	輸入 ②	内外価格差比率 ①／②
1966年	2,751	2,120	1.30	—	—	—
1968年	2,983	2,335	1.29	—	—	—
1970年	3,192	2,507	1.27	103.7	48.0	2.2
1972年	3,520	2,783	1.26	115.4	52.5	2.2
1974年	5,133	4,064	1.26	153.0	88.7	1.7
1976年	6,064	4,802	1.26	195.0	102.0	1.9
1978年	8,717	7,337	1.19	251.0	75.0	3.3
1980年	9,621	8,083	1.19	294.0	96.5	3.0
1982年	9,923	8,328	1.19	328.0	109.5	3.0
1984年	9,923	8,336	1.19	314.0	98.9	3.2
1986年	9,820	8,229	1.19	284.2	59.3	4.8
1988年	8,907	7,395	1.20	269.9	52.6	5.1
1990年	8,260	6,589	1.25	254.7	74.8	3.4
1992年	8,158	6,540	1.25	261.9	60.5	4.3
1994年	8,158	6,540	1.25	265.3	44.7	5.9
1996年	8,158	6,540	1.25	259.9	64.3	4.0
1998年	8,022	6,431	1.25	295.6	59.5	5.0

注 1) ビール大麦契約価格は2等の価格，政府買入価格は1982年までは3類2等，86年までは2類1等，88年以降は銘柄区分Ⅱ・1等の価格。
2) ビール大麦契約価格，政府買入価格とも，50kg当たり，1974年産は1666.7円，1976年産は1916.7円の麦生産振興奨励補助金が別に支払われた。
3) 国産麦芽価格は原麦代金に取引費用，包装代等を加え麦芽換算し，製麦コストを加算したもので年産ベース（1974年のみ暦年ベース）。
4) 輸入麦芽価格は1986年まではCIF価格＋関税5％〔1次税率〕＋輸入諸掛（5％），88年以降はCIF価格（＋関税0％〔1次税率〕）＋輸入諸掛（8000円）で算出。
5) 1968年，70年の麦芽価格に関しては正確な資料なし。
出所) 全国農業協同組合連合会資料，農林水産省資料，より作成。

こでは，国産ビール大麦の優先的使用という観点から，麦芽の国内総需要量から国産ビール大麦の契約数量を差し引いた量について1次税率（ウィスキー用麦芽については当初から無税，ビール用麦芽については従価で，74年度15％→75年度10％→78年度5％→87年度以降無税），それを超える分については2次税率（1kg当たり，74年度20円→78年度30円→87～94年度25円。95年度以降はWTO譲許表に基づき，95年度24.38円→96年度23.77円→97年度23.15円→98年度22.53円→99年度21.92円→2000年度以降21.30円）をかけるという関税割当制度がとられた。
(54)

しかし，内外価格差が非常に大きい中で（表5-4），国内の麦芽需要量は伸びていったにも関わらず，60年代末から70年代前半にかけて減少した国産ビー

表5－5　ビール大麦・麦芽の国内生産・輸入の推移

単位：千t

	生産量①	二条大麦 ビール大麦契約数量②	二条大麦 ビール大麦買入数量③	契約達成率 ③／②	醸造用比率 ③／①	輸入量（会計年度） ビール大麦	輸入量（会計年度） 麦芽	輸入量（会計年度） 大麦換算	輸入計（大麦換算）④	麦芽自給率 ③／（③＋④）
1955年産	―	61.9	63.2	102.1%	―	―	―	―	0	100.0%
1960年産	230.8	114.2	130.2	114.0%	56.4%	―	―	―	28	82.3%
1966年産	327.2	248.0	245.0	98.8%	74.9%	53	51	64	117	67.7%
1968年産	360.1	284.0	276.0	97.2%	76.6%	20	99	124	144	65.7%
1970年産	269.3	230.0	147.0	63.9%	54.6%	0	167	209	209	41.3%
1972年産	180.4	153.0	109.0	71.2%	60.4%	13	297	371	384	22.1%
1974年産	144.8	104.0	89.2	85.8%	61.6%	70	184	230	300	22.9%
1976年産	135.2	118.0	76.3	64.7%	56.4%	87	414	518	605	11.2%
1978年産	238.5	151.0	141.6	93.8%	59.4%	34	473	591	625	18.5%
1980年産	269.2	170.0	128.0	75.3%	47.5%	22	543	679	701	15.4%
1982年産	259.4	172.0	134.4	78.1%	51.8%	17	538	673	690	16.3%
1984年産	294.8	176.5	154.4	87.5%	52.4%	14	541	676	690	18.3%
1986年産	249.2	180.0	128.5	71.4%	51.6%	18	500	625	643	16.7%
1988年産	264.5	180.0	126.5	70.3%	47.8%	7	661	826	833	13.2%
1990年産	253.9	180.0	151.9	84.4%	59.8%	0	750	937	937	13.9%
1992年産	224.9	180.0	121.8	67.7%	54.2%	7	800	1000	1007	10.8%
1994年産	199.5	180.0	118.5	65.8%	59.4%	16	743	929	945	11.1%
1996年産	190.0	130.0	97.4	74.9%	51.3%	30	758	948	978	9.1%
1998年産	107.2	98.6	26.8	27.2%	25.0%	25	743	929	954	2.7%

注 1) 輸入麦芽の大麦換算は製麦歩留合を0.8として計算。
　　 2) 大麦の生産量が二条大麦と六条大麦に分けて示されるようになったのは1958年産からであるため、55年産の二条大麦の生産量は示されていない。
　　 3) 1955年度・60年度の麦芽輸入計（大麦換算）の数値のみ。

出所）全国農業協同組合連合会資料、農林省経済局統計調査部『農林省統計表』第45次および同第47次、食糧庁『食糧（管理）統計年報』各年版、農林水産省資料、全国販売農業協同組合連合会『全販連20年史』1970年、512頁資料3-25、より作成。

ル大麦契約数量はその後一時回復を見せるものの80年代後半以降据え置きとなり，さらに，90年代後半からは削減されることとなり，その一方で麦芽輸入量は80年代後半以降大きく伸びていったのである（表5-5）。

　また，国産ビール大麦の買入数量が契約数量を下回った場合，政府は麦芽製造用としてビール大麦を輸入して実需者に売り渡すことになっているが（実需者の要請に基づいて国税庁が食糧庁に輸入を依頼する）[55]，気象条件による収量減に加えて等外上麦の買入制限，さらに80年代後半以降は契約価格の引下げ等による生産量の減少も加わって，買入数量は恒常的に契約数量を下回り，さらに買入数量中の上位等級が少ないこともあって，毎年数千ｔから数万ｔの輸入が行われてきた（表5-5）。

　そして，以上のような状況の下，戦後を通して麦芽の自給率は低下傾向を見せ，98年度にはわずか2.7%にまで落ち込んだのである（表5-5）。

（1）　日米安保条約に関する文献は枚挙にいとまがないが，サ条約・日米安保条約の成立背景や両条約の関係，安保条約の内容，さらに安保条約が日本経済・日本農業に及ぼした影響を簡潔にまとめたものとして，畑田重夫・北田寛二『日本の未来と安保』学習の友社，1975年，畑田重夫『安保のすべて』学習の友社，1981年，がある。

（2）　新・安保条約第2条の条文は「締約国は，その自由な諸制度を強化することにより，これらの制度の基礎をなす原則の理解を促進することにより，並びに安定及び福祉の条件を助長することによって，平和的かつ友好的な国際関係の一層の発展に貢献する。締約国は，その国際経済政策におけるくい違いを除くことに努め，また，両国の間の経済的協力を促進する。」となっている。なお，この日・米間の「経済的協力」については新条約の前文にも謳われている。

（3）　戦後日本資本主義の展開過程を「対米従属」という視点を踏まえて分析した代表的著作としては，川上正道『戦後日本経済論』青木書店，1974年，が挙げられる。戦後日本資本主義の構造とその性格については，鶴田満彦・二瓶敏編『日本資本主義の展開過程』（講座「今日の日本資本主義」第2巻）大月書店，1981年，の第2章「戦後日本資本主義の諸画期」（二瓶敏稿）および第3章「戦後重化学工業の創出と『国家独占資本主義』機構」（島崎美代子稿）も参照のこと。

（4）　IMF・GATT体制形成の経緯およびその性格については，木下悦二『現代資本主義の世界体制』岩波書店，1981年，第1章，を参照。

（5） 重化学工業化と高度経済成長との関連についても，川上，前掲書，および二瓶・島崎の各前掲稿，を参照のこと。
（6） 畑田・北田，前掲書，131-134頁，畑田，前掲書，86-91頁。
（7） 鶴田満彦「高度経済成長の矛盾と帰結」前掲『日本資本主義の展開過程』217-218頁。
（8） 農林（水産）省統計情報部『ポケット農林水産統計』各年版より計算。
（9） 同上。
（10） 工藤昭彦「農業基本法下の食糧政策」（河相一成編『解体する食糧自給政策』日本経済評論社，1996年，132-156頁）は，農業基本法制定に向けて設置された農林漁業基本問題調査会で行われた議論を紹介・分析しつつ，農業基本法は，国内の農業総生産増大を唱え，価格政策や国境政策も設定してはいるものの，結局のところは食糧の海外依存度の増大を基調としたものであったことを明らかにしている。
（11） これについては，低迷した米政府買入価格やインフレ昂進などで経営と生活を圧迫された農民の米価値上げ要求や60年安保闘争を背景に行われた，60年代の米政府買入価格の大幅引上げを，「農民の大衆的昂揚にたいする政治的譲歩であり，一定の値上げによって小農民を保守党へつなぎ止めておく役割」と評価する河相一成氏の議論が参考になる；河相一成『危機における日本農政の展開』大月書店，1979年，126-128頁。
（12） 余剰農産物を用いたアメリカの食糧戦略について詳しくは，井野隆一『開放体制と日本農業』汐文社，1969年の第1章・第2章，同『日本農業の国際環境』民衆社，1970年の第2部，を参照のこと。
（13） アメリカ余剰農産物の受入れの経緯および受入量については，食糧庁『食糧管理史 各論Ⅱ』（昭和20年代制度編）1970年，1175-1179頁，1265-1269頁，食糧庁『食糧管理史 各論Ⅳ』（昭和30年代需給編）1971年，1010頁，1037-1040頁，農林大臣官房総務課編『農林行政史 第12巻』農林協会，1974年，858-860頁，食糧庁『食糧管理統計年報』1954年版，529-530頁，を参照。
（14） 日本においてMSA・PL480が担った軍事的役割については，河相一成『食卓から見た日本の食糧』新日本出版社，1986年，第3章，中内清人「輸入小麦——従属体制下の米『過剰』要因——」近藤康男（編集代表）『農産物過剰——国独資体制を支えるもの——』（日本農業年報第19輯）御茶の水書房，1970年，129-131頁，が簡潔にまとめている。
（15） これは，主として，厚生省の外郭団体である「日本食生活協会」が「食生活改善事業」として全国津々浦々に栄養指導車（キッチンカー）を走らせ，小麦粉料理を実地指導することによって行われた。PL480と「食生活改善事業」との関係については，高嶋光雪『日本侵攻 アメリカ小麦戦略』

家の光協会，1979年，が詳しい。
(16) 前掲『食糧管理史 各論IV』1010-1011頁。
(17) MSA・PL480と学校給食法との関係については，河相，前掲書，97頁，および山本博史『現代たべもの事情』岩波書店，1995年，55-63頁，を参照。
(18) 農林水産大臣官房調査課『食料需給表』各年版より。「純食料」たる小麦粉には菓子用のものも含まれるので，これと整合性を持たせるために，ここでは米の純食料供給量は菓子用・穀粉を含めた数値を示した。
(19) 戦後の食糧消費の「洋風化」「高度化」については，吉田忠「食生活の『洋風化』——米食型食生活の転換——」秋谷重男・吉田忠『食生活変貌のベクトル』農山漁村文化協会，1988年，を参照。
(20) 中島常雄『小麦生産と製粉工業——日本における小農的農業と資本との関係——』時潮社，1973年，235頁第6-27表，坂路誠「製粉産業の現状と課題」食糧庁『食糧月報』1998年2月号，22頁表3，より。
(21) 食糧庁『食糧（管理）統計年報』各年版。なお，200t以上と100t以上で当初年度が異なっているのは規模区分の変更年度の違いによるものである。
(22) 注（20）に同じ。
(23) 製粉業は4大製粉企業以外はほとんどが中小企業であるため，中小企業近代化促進法の対象業種とされた。これをめぐる動向については坂路，前掲稿，および諫山忠幸監修『日本の小麦産業』地球社，1982年，92-97頁，を参照のこと。なお「指定業種」は個別企業の「近代化」（操業度向上，労働生産性向上，企業集約化など），「特定業種」は業界全体の「構造改善」（知識集約化，企業集約化，取引改善など）を対象とするものである。
(24) 以下で叙述する小麦の売却方式については，日本製粉株式会社『日本製粉株式会社70年史』1968年，550-553頁，日清製粉株式会社『日清製粉株式会社70年史』1970年，39-44頁，日東製粉株式会社『日東製粉株式会社65年史』1980年，204-207頁，農林大臣官房総務課編『農林行政史 第12巻』1974年，845-846頁，山本博信『製粉業の経済分析』食品需給研究センター，1983年，第4章，を参照。
(25) 飯澤理一郎『農産加工業の展開構造』筑波書房，2001年，181頁。
(26) 中島，前掲書，235頁。
(27) 1975年7月以降の売却方式の変遷については，食糧制度研究会編『詳解 食糧法』大成出版社，1998年，282-286頁，同『改訂 詳解 食糧法』大成出版社，2001年，266-267頁，を参照。
(28) これについては，加瀬良明「製粉業の戦後展開と小麦生産」農業問題研究会編『農業問題研究』第21・22合併号，1985年，および同「小麦粉製造業と海工場」吉田忠・今村奈良臣・松浦利明編集『食糧・農業の関連産業』農山漁村文化協会，1990年，が4大企業への生産の集中と併せて詳し

(29) この点，加瀬，上掲「小麦粉製造業と海工場」を参照。なお，同稿では輸送費・諸掛の工場側負担（「現地売却制」）と「バラ売却（値引き）制」の導入が併行して行われたことを指摘し，「バラ売却（値引き）制」も「海工場」への小麦粉生産の集中を進めた重要な要因として捉えている。

(30) 大蔵省『日本貿易年表』より。小麦粉の輸出入制度については，諫山，前掲書，第11章，を参照のこと。

(31) 輸出向小麦粉用原料小麦の割当方式の変遷については，中島，前掲書，232-233頁，および日清製粉，前掲書，49-51頁，が詳しい。

(32) 中島，前掲書，233頁。

(33) この点に関して，加瀬良明氏は，1985年以降の円高による小麦2次加工品の輸入増大は国内の中小製粉資本の小麦粉市場に打撃を与えたが，その中で4大製粉企業は小麦粉輸出を増大させ，利潤率を著しく向上させたことを指摘している；加瀬良明「政府管理下の小麦粉製造業—内麦経済の解体・復興の基礎条件」磯辺俊彦編『危機における家族農業経営』日本経済評論社，1993年。

(34) 数字は『食糧管理統計年報』1960年版，253頁より。

(35) 数字は『食糧（管理）統計年報』各年版より。

(36) 同上。

(37) 大麦・裸麦の売却方式については，前掲『食糧管理史 各論Ⅳ』の第2部「麦の需給」における各年度の売却方式に関する項，および前掲『詳解食糧法』282-286頁を参照。ただし，これらだけでは戦後の推移はトレースできなかったため，食糧庁から売却方式に関する業務資料を提供していただいた。

(38) 折原直『日本の麦政策——その経緯と展開方向——』農林統計協会，2000年，56頁。

(39) 数字は『食糧（管理）統計年報』各年版より。なお，『食糧統計年報』は1997年版以降，能力別の製粉工場数・精麦工場数を掲載しなくなった。

(40) 戦時下の飼料配給統制法の制定から敗戦後における飼料の直接統制撤廃，飼料需給安定法制定に至る経緯とその背景については，農林省畜産局流通飼料課監修『流通飼料の需給と品質』地球出版，1970年，3-6頁，日本飼料工業会『30年の歩み』1987年，31-34頁，を参照のこと。

(41) 1952年12月第15国会における与党自由党の「飼料需給安定法案」の提案理由；前掲『流通飼料の需給と品質』14頁。

(42) 前掲『流通飼料の需給と品質』41-50頁，農林水産省流通飼料課監修『(流通)飼料便覧』農林統計協会，各年版。

(43) これについては，前掲『流通飼料の需給と品質』65-66頁，を参照のこと。

(44) 『食糧(管理)統計年報』では1994年版から「食糧管理特別会計種目別損益計算書」の中に輸入食糧として「はだか麦」が登場し,大麦と分けて示されている。ただし,同94年版における「米麦輸出入実績」では小麦と大麦のみが示されており,大麦と裸麦は分けられていない。
(45) 以下の数字は農林水産大臣官房調査課監修『農業白書附属統計表』(1999年度は『食料・農業・農村白書附属統計表』,2000年度からは『食料・農業・農村白書参考統計表』)各年版より。また,粗飼料と濃厚飼料の比率は同『統計表』より計算。
(46) このような状況は,穀類を原料とする配合飼料を生産する飼料資本の活動の余地を広げ,この下で飼料の商品形態は単体飼料から混合・配合飼料へシフトしていった。これについては,早川治「日本畜産と飼料市場の展開過程」吉田寛一・川島利雄・佐藤正・宮崎宏・吉田忠共編『畜産物の消費と流通機構』農山漁村文化協会,1986年,を参照のこと。
(47) 戦前期を含めてビール大麦契約栽培の歴史的な経過を扱った文献としては,栃木県ビール麦契約栽培史刊行委員会『栃木県ビール麦契約栽培史』1977年,京都府農業協同組合中央会『京都のビール麦100年の歩み』1991年,がある。
(48) 戦時期および敗戦後当初におけるビール大麦の準統制・直接統制をめぐる動向については,京都府農協中央会,同上書,63-75頁,を参照のこと。
(49) 契約栽培への復帰当初は,契約はビール会社の業界団体である麦酒酒造組合と,各県の生産者団体=ビール麦耕作組合連合会との間で行われ,各県ごとの取引が行われていたが,1962年からは農協系統による全国的な共販体制が成立するとともに,契約は麦酒酒造組合と各県のビール麦協議会(ビール麦耕作組合連合会・農協中央会・経済農協連で構成)との間で行われることとなった。この経緯については,全国販売農業協同組合連合会『全販連20年史』1970年,482-513頁,長谷美貴弘「ビール麦系統共販成立の研究——荷見・山本協定成立の経済的要因——」日本農業経済学会編集『農業経済研究』第72巻第1号,2000年,を参照。長谷美氏は同稿において,従来の各ビール会社による原料地盤制度が契約栽培をめぐる状況変化により矛盾を激化させ,生産者・ビール会社双方ともに農協系統共販がその解決策として認識されたとしている。
　なお,ビール会社による引取りが困難な品質の麦は,補完的に政府が買い入れることになっている;農林水産省農蚕園芸局農産課・食糧庁管理部企画課監修『新・日本の麦』地球社,1982年,37-38頁。
(50) 上掲『新・日本の麦』16-17頁。
(51) 長谷美,前掲稿,11-12頁。
(52) 京都府農協中央会,前掲書,196-204頁には,1990年産までの契約価格

をめぐる細かい動向が紹介されている。なお，88年産以降の「政府告示価格」の決定方式については食糧庁からの聞き取りによる。
(53)　ただし，政府買入れの麦については生産者に対して政府買入価格とは別に「契約生産奨励金」(次章で叙述)が支払われており，ビール大麦についても「契約価格」以外に若干の生産対策関係費が生産者に支払われている。
(54)　.数値は，日本関税協会『実行関税率表』各年版による。
(55)　ビール大麦の輸入制度については，前掲『新・日本の麦』54頁，食糧庁『米麦データブック』各年版の「麦の流通のフローチャート」，を参照。

231

第6章　戦後間接統制期における麦需給政策(1)
——1970年代初頭まで——

　第4章で述べたように，1952年6月からスタートした間接統制という政府管理の枠組みは，88年産麦からの政府買入価格算定方式の生産費補償方式への移行や，95年4月からの麦の輸入関税化および輸入割当・輸（出）入許可制の廃止などがありつつも，基本的には2000年産麦からの民間流通移行の開始まで維持されていった。そして，麦需給政策もこの間接統制の枠組みの下で展開していった。

　それゆえ，麦需給政策の性格を明らかにするに当たって，第1章から第3章までは各需給部面ごとにそこでとられた諸政策を分析し，それらを総合して考察するというアプローチをとってきたが，間接統制という枠組みが基本的に維持された時期を対象とする本章から第8章までは，間接統制の枠組みを構成している諸政策が具体的にどのように運用されてきたかという点を中心に置いて分析・考察を行うこととする。その際，間接統制の枠組みと関連を持つ諸政策についても，麦需給政策を構成する政策として取り上げて分析を行いたい。

I　国内生産と輸入をめぐる動向

1　国内生産・輸入をめぐる概況

（1）**国内生産・輸入動向の概要**　図6－1は戦後における麦の国内生産量と輸入量の推移を，小麦，大麦・裸麦別に示したものである。まず，小麦について見ると，間接統制移行後，その国内生産量は1961年度の178万1000万tをピークとして，その後，年による変動はあるものの60年代を通じて減少傾向を示し，73年度には20万2000tにまで落ち込んでいる。一方，輸入量は食糧用（主食用＋固有用途用）を中心として増加傾向を示し，73年度には531万9000t

図 6-1　麦の国内生産量・輸入量の推移

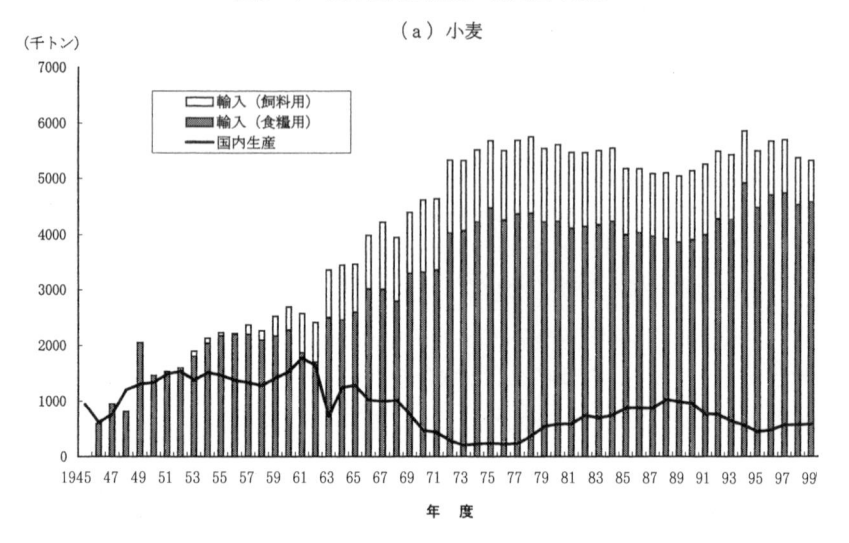

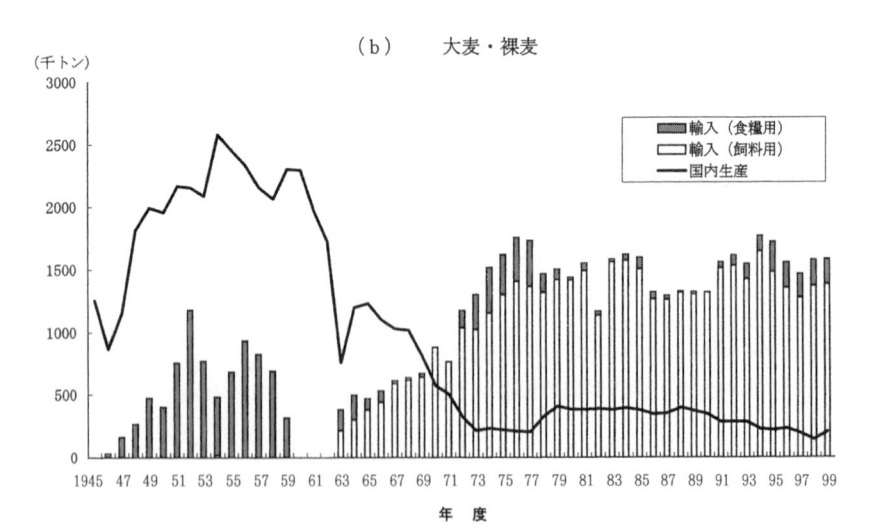

(a) 小麦

凡例：
- 輸入（飼料用）
- 輸入（食糧用）
- 国内生産

(b) 大麦・裸麦

凡例：
- 輸入（食糧用）
- 輸入（飼料用）
- 国内生産

注 1）小麦粉輸入量には輸出向小麦粉用原料小麦は含まれない。
　 2）小麦の飼料用は専増産ふすま用と配合飼料用。
出所）食糧庁『食糧（管理）統計年報』各年版より作成。

第6章　戦後間接統制期における麦需給政策(1)　233

図6-2　麦の国内生産量に対する政府買入比率の推移

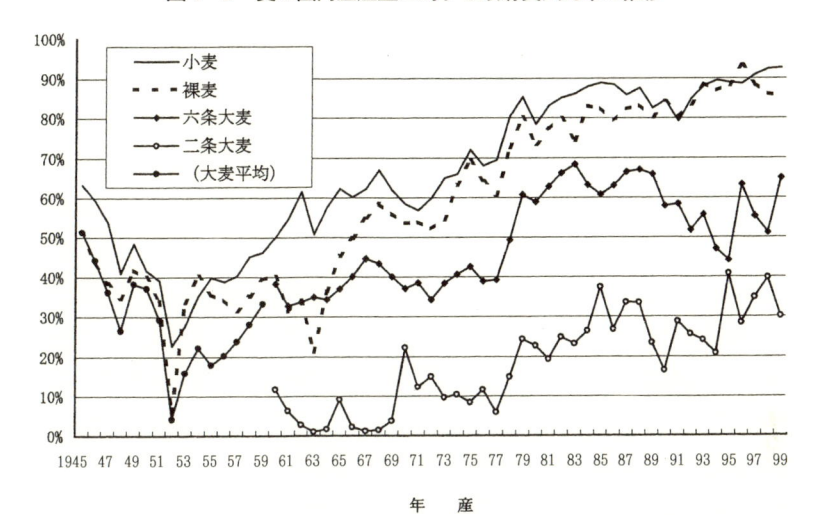

注）政府買入推量において，大麦が二条大麦と六条大麦に分類されたのは1960年産からであるため，59年産までは両者の平均を示した。
出所）食糧庁『食糧（管理）統計年報』各年版，同『麦価に関する資料』各年版，より作成。

にまで増大している（この輸入量には輸出向小麦粉用原料小麦は含まれない）。大麦・裸麦についても，54年度に258万2000 t あった国内生産量は50年代後半から60年代を通じて激減して73年度には21万6000 t にまで落ち込んでおり，一方で50年代まで不安定な動きを見せていた輸入量は60年代に入ると飼料用を中心に著増し，73年度には130万3000 t にまで達している。なお，小麦，大麦・裸麦とも間接統制移行後，輸出はほとんどなされていない。

次に，麦の国内生産量に対する政府買入量の比率を示した図6-2を見てみよう。第4章で触れたように，間接統制下，国産麦について政府は生産者の売渡申込みに対して無制限に買入れることとされたが，この下で国産麦の多くは一旦政府に集中することになった。これは，政府買入価格と政府売渡価格が57年度以降逆ざや，つまり二重価格制になったため（後述），生産者にとっては自由流通による販売よりも政府売渡しの方が有利になったことによる。同図を見ると，間接統制へ移行した52年度は4麦ともその比率は低かったが，小麦についてはその後ほぼ一貫して上昇していて，60年代には60％を超え，80年代以

降になると80～90%になっていることがわかる。裸麦もだいたいにおいて小麦と同様の傾向を示している。六条大麦は農家段階で主食や飼料として自家消費されるものがあるために，小麦・裸麦よりは比率が低くなっているが，70年代末以降になると年による変動はあるものの，60%前後の比率となっている。二条大麦は，その多くがビール大麦として政府を経由しない流通となるために，政府買入比率は4麦の中で最も低くなっているが，70年代末以降の転作麦の増大（次章で触れる）と，前章で見たような80年代後半以降のビール大麦契約数量の据え置き・削減の下で，70年代末以降その比率は上昇傾向を見せている。

　ともあれ，このような政府買入比率の全般的な高さは，麦の生産者手取価格が政府買入価格の水準でほぼ決定され（第4章で触れたように，集荷手数料，検査手数料などは政府が負担），それゆえ国内の麦生産は政府買入価格の水準に大きく規定されることになったことを意味する。したがって，上で見たような70年代初頭までの麦の国内生産量の激減は，政府買入価格が国産麦の再生産を確保する内実を持っていなかったことを示したものと言える。また，間接統制下，麦の輸入は，輸入割当・輸（出）入許可制による国家貿易として政府が独占的に行うこととされたが，これは第4章で指摘したように麦の輸入量が政策的に決められることを意味するものであった。

　したがって，60年代以降の，小麦および大麦・裸麦における国内生産量激減・輸入量著増という状況は，政策によってもたらされたものとして捉えることができるのである。そして，このことは，60年代初頭からの日本経済の開放経済体制への移行と，それに対応した農業基本法の下で，他の多くの食糧（農産物）品目の需給政策と同様，麦需給政策も輸入依存を強めていったことを示すものである。

　もし，麦の輸入が無税ないしは低関税で自由化され，この下で国産麦の価格が完全に市場原理で決定されていたならば，国内生産量激減・輸入量著増という状況はよりドラスチックな形で作り出されたに違いない。その場合と比較すると，上で見た動向は若干なりとも微温的であったと言うこともできよう。しかし，間接統制の枠組みの下では，政策的に輸入量を抑制し，また，適正水準の政府買入価格を設定することによって（政府買入価格の水準に関しては後

述),国内生産の維持・拡大を図ることができるのであるから,そのような方向がとられなかったところに,輸入依存への傾斜というこの時期の麦需給政策の基本線が現れていると言えるのである。

ちなみに,麦輸入量に占めるアメリカ産のシェアは,間接統制移行後70年代初頭まで,年による変動はあるものの小麦では3～7割,大麦では5割以上を安定的に占めている。(1) そして,政府による麦の独占的輸入においては輸入先の決定についても政策的裁量が働くことを考えると,ここに,前章で触れたMSA, PL480, そして新・日米安保条約第2条「経済的協力の促進」の果たした役割を見ることができるのである。

(2) 国内の麦作付動向　ここで国内の麦作付けをめぐる動向についてもう少し詳しく見てみよう。

国産麦の単位面積当たり収量は1950年代後半から60年代を通じて3～4割増加したが,(2) それにも関わらず生産量が激減したのは,言うまでもなく作付面積が大幅に減少したためである。図6-3(a)を見ると,小麦,大麦・裸麦ともその作付面積は73年産まで大きく減少していることがわかる。4麦全体では,戦後のピークである50年産には178万4000haあったものが73年産には15万4800haになっており,23年間で91.3%の減少が生じたのである。なお,同図(b)で二条大麦・六条大麦・裸麦の作付面積についてさらに詳しく見ると,六条大麦と裸麦では減少が著しいが,二条大麦では60年代末から70年代初頭にかけて落ち込んでいるものの,前2者ほどではない。これは二条大麦の中にビール大麦が含まれていることが大きい。すなわち,74年10月の輸入自由化まで麦芽は輸入制限品目であり,高度経済成長期の国内のビール需要増大に対してはまず国産ビール大麦を原料とする麦芽を充当することになっていた。そのために,生産費が必ずしも他の大麦よりも高いわけではなかった中でビール大麦の価格は有利(3)に設定され(前掲表5-4〔223頁〕),また,60年代末までは契約数量が増やされたのであって(4)(前掲表5-5〔224頁〕),これが二条大麦の生産減少を抑制したのである。

ここで表6-1を見てみると,小麦を作付けした農家は53年産で465万2000戸あったものが73年産では26万2000戸にまで激減している。同期間に裸麦につい

図6-3　麦作付面積の推移

(a) 小麦と大麦・裸麦

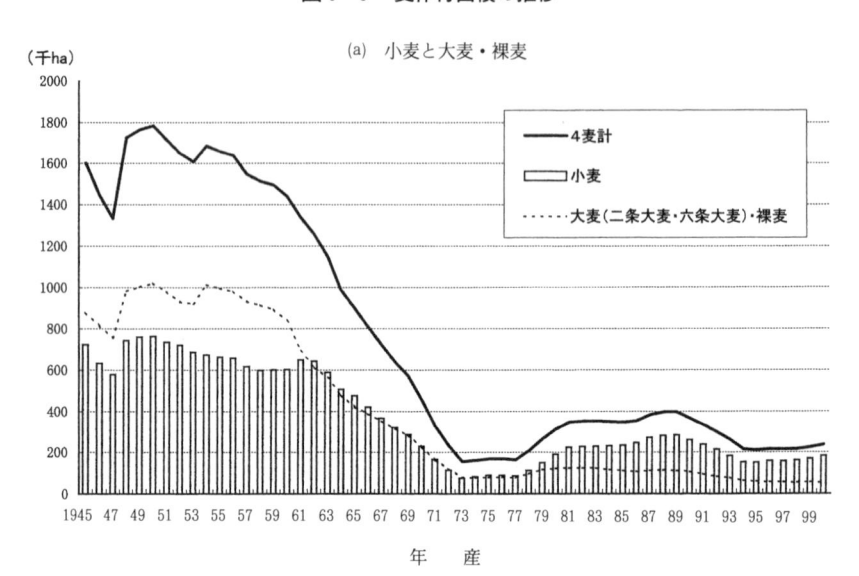

凡例：4麦計／小麦／大麦（二条大麦・六条大麦）・裸麦

(b) 二条大麦・六条大麦・裸麦別

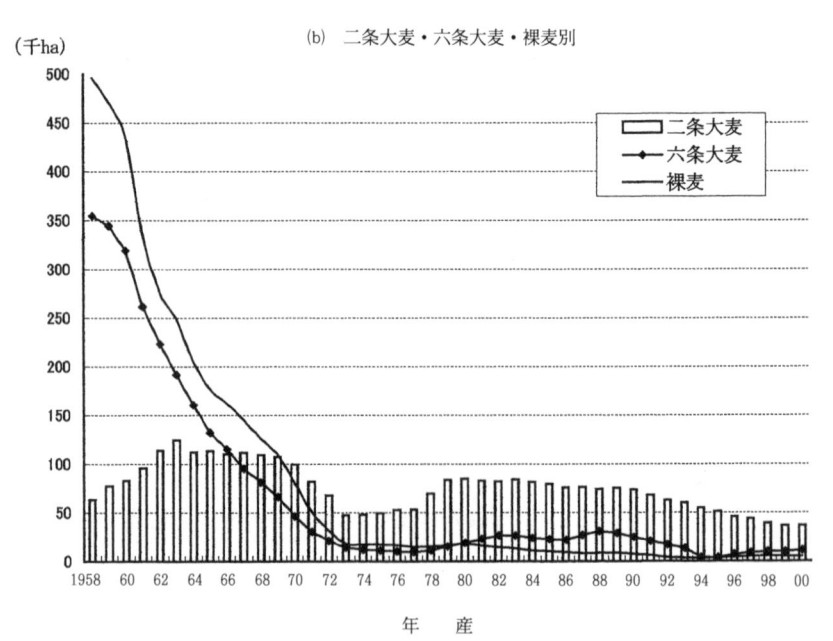

凡例：二条大麦／六条大麦／裸麦

出所）農林水産省統計情報部『作物統計』各年版，その他より作成。

第6章 戦後間接統制期における麦需給政策(1)　237

表6-1　麦作農家戸数の推移

単位：千戸

年産	麦類計	小麦	六条大麦	二条大麦	裸麦
1953	5,325	4,652	*2,327	-	2,747
1955	4,958	4,136	*2,162	-	2,612
1960	-	-	-	-	-
1965	-	2,471	**1,806	370	-
1968	1,703	1,267	317	323	539
1969	1,487	1,077	235	302	453
1970	1,185	843	173	265	322
1971	865	602	110	221	203
1972	615	412	75	172	130
1973	405	262	50	117	74
1974	388	259	43	104	70
1975	369	246	37	96	66
1976	341	223	31	91	58
1977	298	189	28	83	47
1978	393	250	32	110	50
1979	476	299	46	127	57
1980	493	323	52	114	57
1981	501	341	61	102	48
1982	497	335	65	100	42
1983	487	331	63	97	37
1984	462	324	56	91	30
1985	437	310	48	90	28
1986	435	311	47	89	24
1987	438	314	47	94	20
1988	435	312	51	89	19
1989	413	297	45	83	18
1990	362	262	37	76	15
1991	307	224	28	65	12
1992	255	187	22	57	8
1993	211	153	17	52	5
1994	151	110	4	46	5
1995	140	103	3	41	5
1996	137	102	7	35	5
1997	130	97	7	32	6

注 1)　*は二条大麦を含み，**は裸麦を含む。
    2)　-は不明を示す。
    3)　「麦類計」は4麦のうち1つ以上を作付けした農家数であるため，4麦それぞれの作付農家数の合計とは一致しない。
出所)　食糧庁『麦価に関する資料』各年版より作成。

ては274万7000戸から7万4000戸へ，六条大麦と二条大麦の作付農家の延べ戸数も232万7000戸から16万7000戸へ，それぞれ大きく減少しており，4麦のうちの1つ以上を作付けした農家数（＝「麦類計」）を見ても532万5000戸から40万5000戸になっていて，作付面積の激減が作付農家数の激減によるものであったことがわかる。

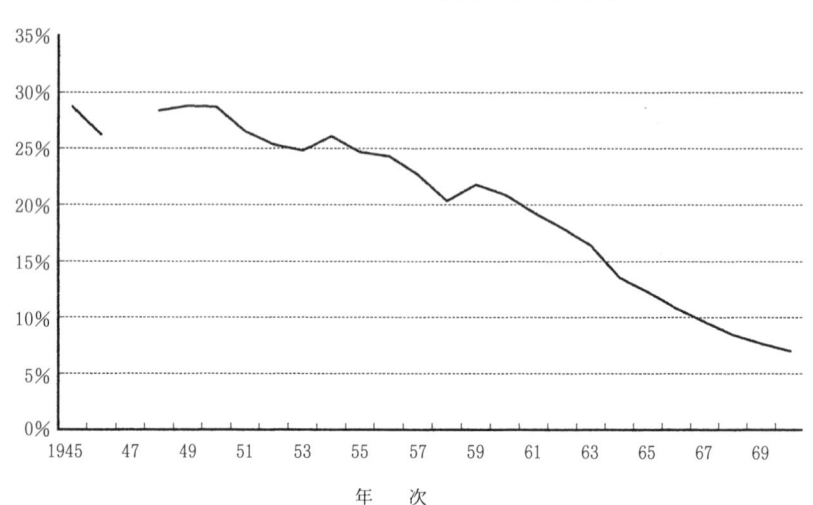

図6-4 戦後における水田裏作麦作付率の推移

注1）作付率＝田麦（4麦）作付面積÷水稲作付面積×100，として計算。
出所）加用信文監修『改訂 日本農業基礎統計』農林統計協会，1977年より作成。

　麦作付面積の激減は全国的に見られたものであるが，50年産から73年産にかけて，北海道（7万3993ha→1万0070ha，▲86.4％）や，麦の主産地である北関東の茨城（9万0833ha→1万8290ha，▲79.9％），栃木（6万3025ha→1万4980ha，▲76.2％），群馬（7万0721ha→1万2014ha，▲83.0％），同じく主産地である九州北部の福岡（7万3894ha→1万1278ha，▲84.7％），佐賀（3万8370ha→7617ha，▲80.1％）などでは減少率が相対的に低かったのに対して，東北，北陸，東山，東海，近畿，中国などの非主産地の多くでは95％を超える減少率を示した。また，同時期の全国の麦作付面積の推移を田畑別に見ると，田では82万6700haから6万7700haへ91.8％の減少，畑では95万7300haから8万7100haへ90.9％の減少を示しており，減少率は両者ともほぼ同様であったことがわかる。

　上のような動向は，水田二毛作地帯においては戦前期・戦時期を通して展開してきた，（表作）稲―（裏作）麦，という水田作付体系を崩壊させていく過程でもあった。図6-4を見ると，敗戦後初期に30％近くあった水田裏作麦作

第6章　戦後間接統制期における麦需給政策(1)　239

付比率は50年代に入ると急速に低下し、68年以降は10％を割っているのであって、このため多くの水田において冬期休閑が発生したのである。

　これについて持田恵三氏は、作付中止が冬作放棄に繋がるケースが多く見られた大麦・裸麦を取り上げ、「田にことにこの休閑傾向があらわれているのは、……畑のように永年作物といった有力な商品作物がないためである」、「経済的事情が大・裸麦の減反の基本要因だとしても、その転換が他作物への交代とならずに休閑へと向かうのは労力不足のためなのである」（傍点は持田氏）、「空前の高度成長と設備投資の盛行が生み出した建設労働的需要の増大（公共事業も含まれる）は、農民的な労働市場を拡大して来たことは確かである。その地域的な拡大と共に農村の賃労働機会は急増しその賃金も上昇を続けた。農業経営にとって、十分な需要量と高価格を持つ、しかも栽培の容易な『賃労働』と(ママ)いう作物が生まれたのである。この『作物』は冬作においては水田を主として『休閑』面積としてあらわれる」として、田において有利な冬作作物がない中、高度経済成長下で労働市場が拡大して農民の賃労働機会が発生したことが冬期休閑の主たる要因であると指摘している。

　持田氏のこの指摘は63年の時点でのものであるが、その後の作付面積の動向を見るならば、指摘された麦作後退のメカニズムは、大麦・裸麦に加えて小麦にも、また、水田裏作麦のみならず、一部には休閑ではなく他作物への転換が行われたケースがあったにしても作付面積を大きく減少させた畑作麦にも当てはまるものと言える。そして、このメカニズムは、見方を変えるならば、高度経済成長期における工業の労働力需要に応えるための農業からの労働力排出策の一環として働いたと捉えることができるものである。

　なお、これに関しては、麦の政府買入価格が生産費を補償しない水準であったことにより（後述）、当時、60年産から適用された「生産費所得補償方式」によって主要農産物の中でほとんど唯一行政価格（政府買入価格）が高水準に設定されていた米の単収増大を図るために、また、麦の収穫作業と早期化してきた稲の田植作業との競合を避けるために、水田裏作麦の作付が中止されるという状況があったことも見ておく必要があるだろう。

　＊1　米政府買入価格の生産費補償率（政府買入れの基準となる銘柄・等級の

買入価格に対する,「全国・田畑計・全作付規模平均」の生産費の比率)は対第2次生産費(全算入生産費)で50年代後半以降67年産までは160%前後であった。しかし,その後対第2次生産費の補償率は次第に低下し,80年産以降は100%を下回るようになり,90年代に入ると対第1次生産費(副産物差引価額生産費)でも100%を下回る年が現れている。[10]

2 国産麦政府買入価格の生産費補償率

先に,間接統制下において国内の麦生産は政府買入価格の水準に大きく規定されること,それゆえ1970年代初頭までの麦の国内生産量の激減は,政府買入価格が国産麦の再生産を確保する内実を持っていなかったことを示したものであることを指摘した。それでは,具体的に,麦の生産費に対して政府買入価格はどのような水準にあったのだろうか。以下,政府買入価格の生産費補償率を検討していこう。

図6-5を見てみよう。ここでは,まず政府買入価格の生産費補償率を大局的に捉えるために,政府買入価格(大麦は二条大麦・六条大麦とも同額)については政府買入れに際して基準となる銘柄・等級のものを用い(政府売渡価格における政府売渡しの基準となる銘柄・等級もこれと同じものである)[11],また,生産費については「全国・田畑計・全作付規模平均」を用いて,対第1次生産費および対第2次生産費の補償率を算出した。また,田作と畑作で生産費に違いが出ることを考慮して,それぞれについての対第2次生産費(全国・全作付規模平均)の補償率も示した。[*2]

 *2 ここで麦の生産費統計について簡単に触れておきたい。間接統制移行後の麦の生産費統計は,1954年産までは『麦類生産費調査』(農林省農林経済局統計調査部),55年産から62年産までは『麦類生産費調査成績』(同前),63年産から68年産までは『麦類生産費』(同前),69年産から72年産までは『麦類・工芸作物等の生産費』(農林省農林経済局統計情報部),73年産以降は『米及び麦類の生産費』(74年産までは同前,75年産・76年産は農林省統計情報部,77年産以降は農林水産省統計情報部)で示されている。
 そこでは,統計項目の内容も変化してきているが,本書との関連で触れておくべきは以下のことである。①小麦・大麦・裸麦とも,当初から田畑計・田作・畑作別の生産費が示されていたが(さらに,各々について,全国および各地域別の生産費も示されていた。田畑計については都道府県別

第6章　戦後間接統制期における麦需給政策(1)

の生産費も示されていた），大麦・裸麦は91年産からは田畑計（全国および各地域別）のみとなった。②小麦については79年産から全国の田畑計について作付規模別生産費が示されるようになり，88年産からは「全国田畑計」「全国田作」「全国畑作」「北海道」「都府県」「関東・東山」「九州」の作付規模別生産費が示されるようになった。③大麦の生産費は六条大麦のものであり，これとは別にビール大麦の生産費も示されているが（田畑計のみ〔全国および各地域別〕），二条大麦全体の生産費は示されていない。

なお，91年産から，第1次生産費は「副産物価額差引生産費」に，第2次生産費は「全算入生産費」に，それぞれ改称された。

最初に小麦であるが，田畑計において73年産まで対第1次生産費で補償率が100％を超えているのは54年産，55年産，60年産，68年産，73年産だけであり，対第2次生産費では補償率は一貫して100％を下回っている。大麦・裸麦については，73年産まで田畑計の補償率は対第2次生産費のみならず対第1次生産費でもほぼ100％を下回って推移しており，とくに裸麦の低さは際だっている。このような動向を田作・畑作別に見ると，小麦・大麦・裸麦とも田作の方が畑作よりも補償率が概して低いものの，田作・畑作ともほぼ同じような動きになっている。

麦は気象条件の影響を受けやすいために年による単収変動が大きく，それゆえ生産費および補償率は年次変動が大きくなるが，補償率が一貫して低水準で推移している状況は，この時期，そもそも政府買入価格が生産費を補償する水準には設定されていなかったことを示している。

これは，「麦ノ再生産ヲ確保スルコトヲ旨トシテ」定められる政府買入価格がその内実を伴っていなかったことを改めて確認させるものである。政府買入価格が生産費を補償しない水準になった要因として，1つにはパリティ方式という算定方式が，農・工間の生産性格差（工業に対する農業の劣位）が広がっていった高度経済成長期において，国産麦政府買入価格に不利に作用したことが考えられるが，食糧管理法第4条ノ2第2項で「昭和25年産及昭和26年産ノ麦ノ政府ノ買入ノ価格ヲ平均シテ得タル額ニ農業パリティ指数（物及役務ニ付農業者ノ支払フ価格等ノ総合指数ヲ謂フ）ヲ乗ジテ得タル額ヲ下ラザルモノトシ」とされているように，パリティ価格はあくまでも決定されるべき国産麦政

図6-5　政府買入価格の生産費補償率の推移

(a) 「田畑計」における対第1次生産費・対第2次生産費の補償率
①小麦

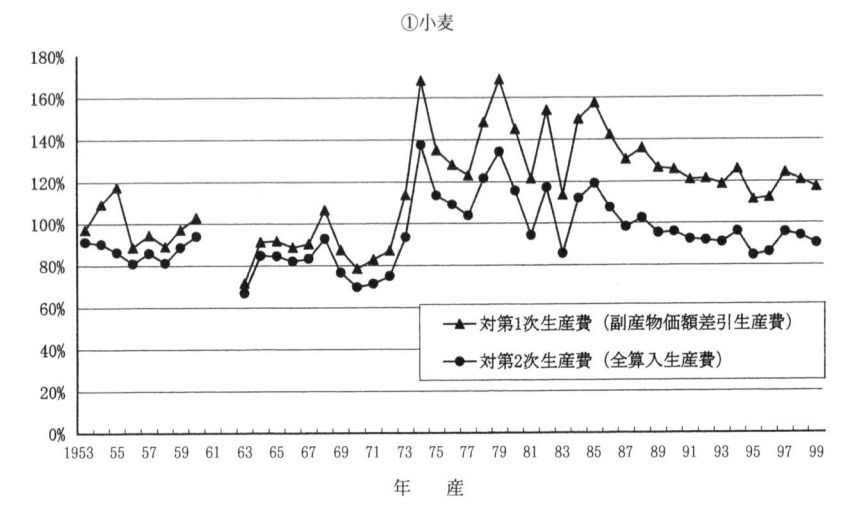

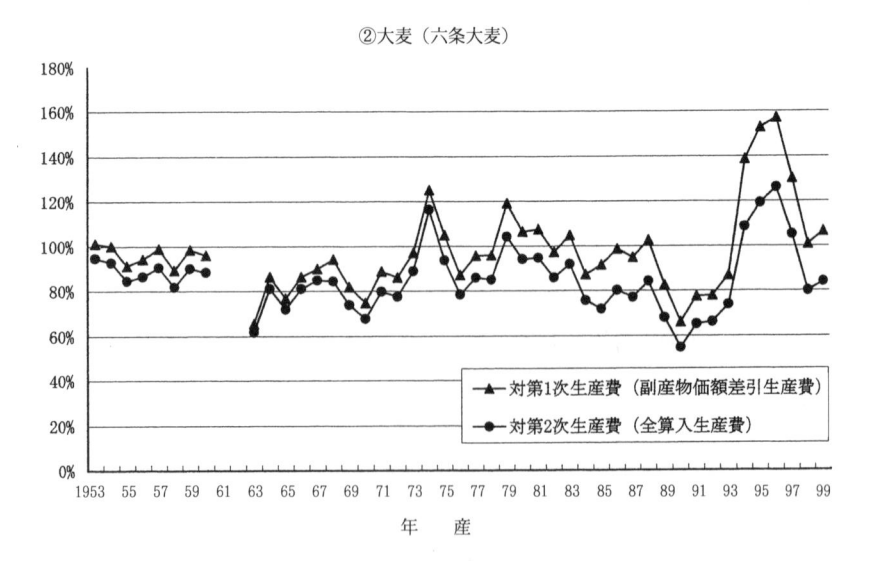

②大麦（六条大麦）

③裸麦

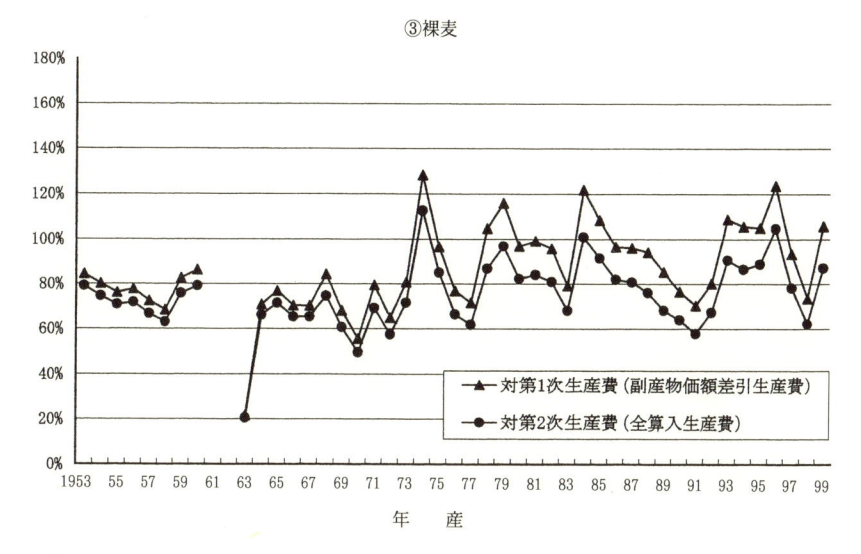

注 1) 全国・全作付規模平均。
  2) 1974～76年産は政府買入価格に麦生産振興奨励補助金を加えた類の生産費補償率。
  3) 1961年産・60年産は「田畑計」の生産費データなし。
  4) 1988年産以降の政府買入価格には消費税が含まれる。
出所) 農林水産省統計情報部『米及び麦類の生産費』(前身の統計を含む)各年版、食糧庁『麦価に関する資料』各年版、より作成。

府買入価格の最低ラインなのであるから、それを上回る価格を設定することは可能だったはずである。

しかし、それがなされなかったことは、食管法第4条ノ2第2項の後半部分「其ノ額〔パリティ価格〕ヲ基準トシテ麦ノ生産事情其ノ他ノ経済事情ヲ参酌シ麦ノ再生産ヲ確保スルコトヲ旨トシテ之ヲ定ム」(〔 〕内は引用者)のうちの「其ノ他ノ経済事情」の部分が国産麦政府買入価格の決定に際して強く働いたと考えられるのである。それでは、「其ノ他ノ経済事情」とは何だったのか。

これについては様々なものを考えることができるが、麦の国際価格が1つの有力な「経済事情」であったことは想像に難くない。

今まで触れてきたように、50年代前半には食糧(農産物)の内外価格の高低逆転を示す状況が現れていたが、これに対して、61年制定の農業基本法で「選

(b) 田作・畑作別に見た対第2次生産費補償率の推移

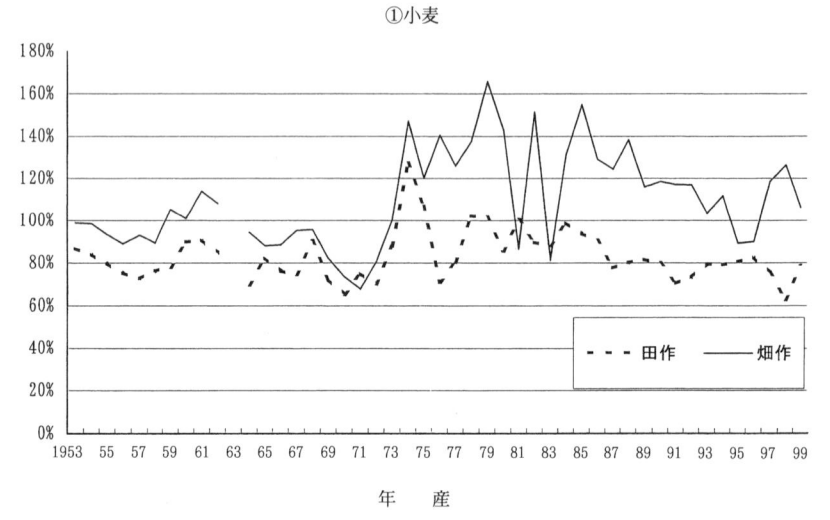

①小麦

②大麦（六条大麦）

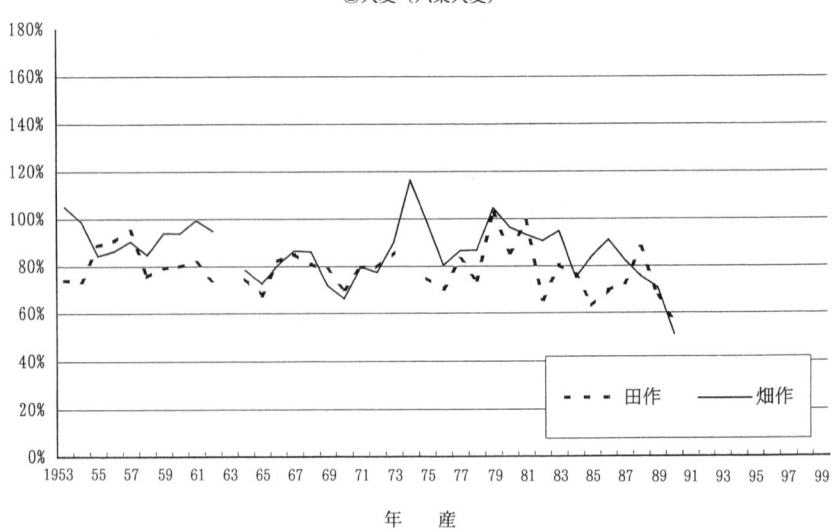

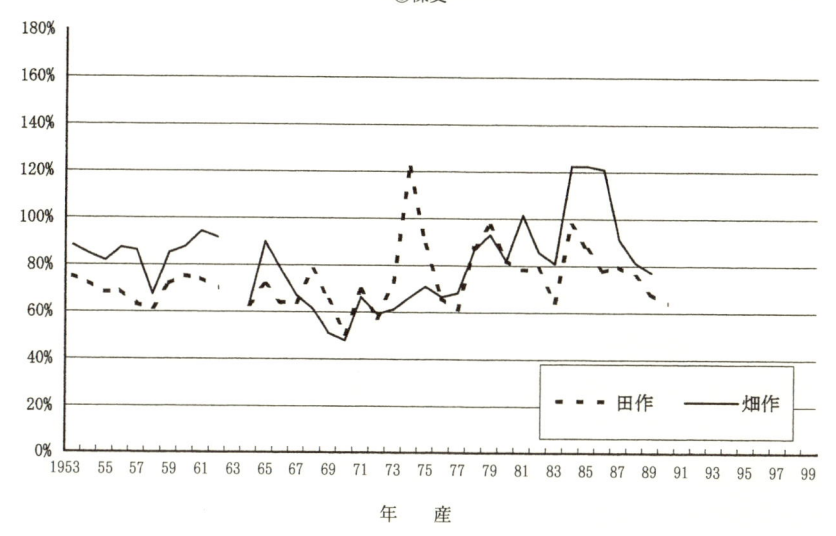

第6章　戦後間接統制期における麦需給政策(1)　　245

③裸麦

注1）全作付規模平均。
2）1974～76年産は政府買入価格に麦生産振興奨励補助金を加えた額の生産費補償率。
3）1963年産は小麦・大麦・裸麦とも田作・畑作別の生産費データなし。
4）大麦の田作は1974年産の生産費データなし。
5）裸麦の畑作は1990年産の生産費データなし。
出所）農林水産省統計情報部『米及び麦類の生産費』（前身の統計を含む）各年版，食糧庁『麦価に関する資料』各年版，より作成。

択的拡大」に関して「外国農産物と競争関係にある農産物の生産の合理化」（第2条第1項）が謳われたことに象徴的に見られるように，国際価格を見据えて生産性向上・コスト低下をめざすという政策方針が打ち出された。これに関連しては，農業基本法制定に向けて設置された農林漁業基本問題調査会の答申「農業の基本問題と基本対策」（60年5月）で，「国内需要のうち輸入に依存する割合が高いか，または農業総産出高に占める割合が低く，しかも国際的に割高な農産物については，増産よりもコストの低下を図る。（たとえば小麦，大豆となたね）[12]」として，国際価格との関連で小麦の国内生産政策が考えられていたことも見ておく必要がある。

そして，生産費を補償しない水準での国産麦政府買入価格の設定は，まさにそのような方針を反映したものと言うことができるのである。また，次項で述

べるように，上の農林漁業基本問題調査会の答申では大麦と裸麦については作付転換が提起されたが，政府買入価格決定に際して国際価格が意識されていたことは小麦と同様であったと考えられる。

なお，60年代末からは後述の「麦管理改善対策」における「契約生産奨励金」も麦の生産者手取価格の一部を構成することになったが，その額は政府買入価格の5％程度であり，生産者手取価格に大きな影響を与えるものとはならなかった。

3 大麦・裸麦の作付転換をめぐる動向

図6-3を見ると，間接統制移行後1973年産までの六条大麦・裸麦の作付面積は小麦のそれを上回る勢いで減少したことがわかる。とくに60年代初頭における減少は著しい。これには，大麦・裸麦を小麦やその他の作物に作付転換させようとしたこの時期の政策が大きく関係していた。

前章で触れたように，大麦・裸麦の精麦としての消費は50年代後半から激減したが，「これに伴って政府手持ちの大・はだか麦の売却数量も年をおって減少し，〔昭和〕33年と34年の政府の精麦用売却実績を比較しても約23％の減少を示し」，「〔昭和〕35会計年度における国内産大・はだか麦の需給は，……供給が大・はだか麦で持ち越しと35年産買入れとをあわせて1,461千トンに達するのに対して，需要は687千トンにすぎず，36年4月1日には，約1年分の需要に相当する774千トンの内大・はだか麦が持ち越されるものと見込まれた」[13]（〔 〕内は引用者）。

このような状況に対して，先の農林漁業基本問題調査会の答申で「需要に対して相対的に過剰生産の恐れが見通されるものについては，用途の拡大または生産の転換を図る。（たとえば甘藷，陸稲，大・はだか麦，繭）。」「大裸麦については飼料化して飼料作物への転換を図る」とされたことも受けて，60年7月に農林省内に「麦対策協議会」が設置され，麦の生産や政府買入れに関する検討が行われ，同年12月に麦の生産性向上や大麦・裸麦の作付転換を図ることなどを内容とする答申「麦対策の骨子」が発表された。[14]

これを受けて61年3月に「大麦及びはだか麦の生産及び政府買入れに関する

特別措置法案」が閣議決定され,同月第38国会へ提出された。同法案は,「大麦及びはだか麦につき,その生産及び流通の合理化に資するため,当分の間,政府が必要な助成措置を講じてその生産及び用途の転換を促進するとともに,その政府買入れについて食糧管理法(昭和17年法律第40号)に所要の特例を設けることを目的とする」(第1条)ものであり,具体的には政府が助成措置を講じることによって,大麦・裸麦から小麦・飼料作物・菜種・甜菜・果樹など需要の伸びが見込める作物へ生産転換をさせたり,大麦・裸麦の自給飼料用への用途転換を行わせたりする一方,大麦・裸麦の政府無制限買入れを制限買入れへ変更するとともに政府買入価格算定方式を時限的に変更する(パリティ価格を下回らないとした規定を外す)など,大麦・裸麦を食管法第4条ノ2の適用から除外して,その生産を抑制することを狙いとしていた。[15]

しかし,同法案は,有利な転換先作物がない,生産・用途転換のための具体的施策が十分ではない,飼料用などの用途を考えれば大麦・裸麦も増産の必要があるので生産を制限することは適当ではない,価格が現在よりも下がるのは困る,転換奨励金反当2500円は少なすぎる,などの理由で農業団体が反対する中,提案理由の説明が行われただけで審議が1回も行われず廃案となった。その後,法案の若干の修正が行われて61年10月の第39国会にも提出されたが,これも提案理由の説明のみで廃案となった。[16]

なお,これに関連して,60年度から62年度まで行われた「麦作改善対策事業」では,特別措置法案提出に合わせて61年度に「大・はだか麦転換奨励金」30億円が計上されていたが,特別措置法案が廃案となったために執行されず,「麦作改善対策事業」は「小麦生産改善推進対策」など小麦・菜種・甜菜・飼料作物といった大麦・裸麦の転換先とされた作物の生産改善や肉牛導入を促進する事業のみとなった。[17]

しかし,それにも関わらず,先述のように60年代初頭に大麦・裸麦の作付面積は大きく減少し,一方,同時期に小麦の作付面積は一時的に若干増加したのであって(図6-3(a)),特別措置法案が狙った大麦・裸麦から小麦への転換はある程度進んだ。ただし,そこでは作付放棄も見られた。「〔昭和〕36年産麦は,播種直前に大・はだか麦の転換について行政指導が行なわれたが,それにして

も，その作付面積は前年に比べて約16万haも減少するという大きな変化を示した。これにたいして，小麦は約4万7000haも増反したが，3麦〔小麦・大麦・裸麦〕全体では約10万ha減反した。このことは，大・はだか麦が，一部は小麦，ビール麦，その他の作物に転換されたものの，その多くが作付放棄されたことをも示していた」(〔 〕内は引用者)。[18]

以上のような動向については，「大・はだか麦についての特別措置法案に対しては農業団体は反対の態度をとってきたものの，大・はだか麦の生産および用途の転換の必要性に対する認識は末端まで浸透していた」[19]ためであるとする行政サイドの見方があるが，そういう側面はあったにせよ，作付転換のみならず作付放棄も生じたことを考えると，その主たる要因は大麦・裸麦の政府買入価格が生産費に対してかなり低い水準で設定されたことにあったと見るべきだろう。先述のように70年代初頭までの大麦・裸麦の生産費（全国・田畑計・全作付規模平均）に対する政府買入価格の補償率は対第1次生産費においてさえもほぼ100％を下回っていたが（とりわけ裸麦は低かった），60年代初頭以降70年代初頭までの補償率は総じてそれ以前よりも低くなったのである（図6-5。なお，63年度の極度の低さは大凶作の影響によるものである）。これは，特別措置法案こそ廃案になったものの（と言うよりも，廃案になったがゆえに），大麦・裸麦の作付転換という政策方針が，いっそう低水準となった政府買入価格という形で現れたものと言えよう。

一方，小麦は大麦・裸麦の作付転換先の1つに位置づけられたものの，政府買入価格の生産費補償率が低水準で推移する中では，その作付面積の増加は一時的なものでとどまらざるを得ず，62年産以降は再び減少傾向に戻ったのである（図6-3(a)）。

II 政府価格体系の動向

上では，国産麦の政府買入価格についてその生産費補償率の動向を見てきたが，麦需給政策の性格を把握するためには，これに加えて，政府買入価格に対して政府売渡価格がどのような水準で決定されてきたかを押さえる必要がある。

第6章　戦後間接統制期における麦需給政策(1)　249

というのも，第4章で見たように，間接統制下，両者はそれぞれ異なる原理に基づいて政策的に決定されることになっており，それゆえ，両者の関係には政策の性格が如実に反映されると考えられるからである。また，国産麦の政府売渡価格は，市場経済における一物一価の原則の下，当然のことながら食糧用輸入麦の政府売渡価格と無関係に決めるわけにはいかないため，国産麦の政府価格体系（政府買入価格と政府売渡価格を中心とした，政府売買に関する価格体系）と食糧用輸入麦の政府価格体系とは密接な関連を有することになる。

　以下では，このような食糧用麦（国産麦，食糧用輸入麦）の政府価格体系について分析を行っていく。また，飼料需給安定法の適用を受けるために食糧用麦とは異なる政府価格体系を持つ飼料用輸入麦についても分析を行う。

　(1) **食糧用麦**　表6-2は国産麦・輸入麦別に食糧用の小麦・大麦・裸麦の政府価格体系を見たものである。国産麦の政府買入価格・政府売渡価格は政府売買の際の基準とされた銘柄・等級のもの，輸入麦のそれは輸入麦全体の平均である。なお，大麦と裸麦は貿易品目分類において同一品目として扱われるが，実際の輸入はほぼ全量が大麦であり，食糧用輸入大麦の政府価格体系を導出することができる食糧庁『食糧（管理）統計年報』でも1993年版までは輸入食糧の中に「裸麦」という項はないため（第5章注(44)参照），裸麦については国産麦のみを示した。また，輸入麦については統計資料上の制約から小麦については56年度から，大麦については64年度からのデータとなっている。

　まず，国産麦について見ると，小麦・大麦・裸麦とも間接統制移行後政府買入価格と政府売渡価格との間の順ざや幅は縮小していき，58年度以降は逆ざやになっていることがわかる（表には示していないが，政府売買価格差が順ざやから逆ざやに転じたのは57年度である）。そして，逆ざや幅は72年度まで絶対額においても比率においても拡大している。すなわち，小麦では，60kg当たり58年度が▲81円，▲4.0%だったものが，60年度▲145円・▲7.2%，64年度▲635円・▲32.5%，68年度▲1244円・▲64.6%，72年度▲1940円・▲103.7%となっており，大麦も50kg当たり58年度の▲62円・▲4.0%が72年度には▲1482円・▲113.9%へ，裸麦も60kg当たり58年度の▲187円・▲9.2%が72年度には▲2193円・▲123.7%となっているのである。

表6-2 食糧用麦の政府価格体系

(a) 国産小麦 単位：円／60kg

年度	政府買入価格 ①	政府売渡価格 ②	政府管理経費 ③	売買価格差 ②-①=④	売買価格差比率 ④／②	コスト価格差 ②-(①+③)=⑤	コスト価格差比率 ⑤／②
1952	1,930	2,080	213	150	7.2%	▲ 63	▲3.0%
1954	2,068	2,150	236	82	3.8%	▲ 154	▲7.2%
1956	2,034	2,055	282	21	1.0%	▲ 261	▲12.7%
1958	2,116	2,035	276	▲ 81	▲4.0%	▲ 357	▲17.5%
1960	2,149	2,004	264	▲ 145	▲7.2%	▲ 409	▲20.4%
1962	2,404	1,956	240	▲ 448	▲22.9%	▲ 688	▲35.2%
1964	2,591	1,956	340	▲ 635	▲32.5%	▲ 975	▲49.8%
1966	2,902	1,939	293	▲ 963	▲49.7%	▲ 1,256	▲64.8%
1968	3,170	1,926	312	▲ 1,244	▲64.6%	▲ 1,556	▲80.8%
1970	3,431	1,915	338	▲ 1,516	▲79.2%	▲ 1,854	▲96.8%
1972	3,810	1,870	364	▲ 1,940	▲103.7%	▲ 2,304	▲123.2%

(b) 国産大麦 単位：円／50kg

年度	政府買入価格 ①	政府売渡価格 ②	政府管理経費 ③	売買価格差 ②-①=④	売買価格差比率 ④／②	コスト価格差 ②-(①+③)=⑤	コスト価格差比率 ⑤／②
1952	1,411	1,553	192	142	9.1%	▲ 50	▲3.2%
1954	1,535	1,619	180	84	5.2%	▲ 96	▲5.9%
1956	1,547	1,567	273	20	1.3%	▲ 253	▲16.1%
1958	1,610	1,548	278	▲ 62	▲4.0%	▲ 340	▲22.0%
1960	1,587	1,443	269	▲ 144	▲10.0%	▲ 413	▲28.6%
1962	1,756	1,397	168	▲ 359	▲25.7%	▲ 527	▲37.7%
1964	1,892	1,397	246	▲ 495	▲35.4%	▲ 741	▲53.0%
1966	2,120	1,397	268	▲ 723	▲51.8%	▲ 991	▲70.9%
1968	2,315	1,390	316	▲ 925	▲66.5%	▲ 1,241	▲89.3%
1970	2,507	1,326	428	▲ 1,181	▲89.1%	▲ 1,609	▲121.3%
1972	2,783	1,301	264	▲ 1,482	▲113.9%	▲ 1,746	▲134.2%

(c) 国産裸麦 単位：円／60kg

年度	政府買入価格 ①	政府売渡価格 ②	政府管理経費 ③	売買価格差 ②-①=④	売買価格差比率 ④／②	コスト価格差 ②-(①+③)=⑤	コスト価格差比率 ⑤／②
1952	2,010	2,162	204	152	7.0%	▲ 52	▲2.4%
1954	2,173	2,255	234	82	3.6%	▲ 152	▲6.7%
1956	2,127	2,130	272	3	0.1%	▲ 269	▲12.6%
1958	2,212	2,025	247	▲ 187	▲9.2%	▲ 434	▲21.4%
1960	2,237	1,940	381	▲ 297	▲15.3%	▲ 678	▲34.9%
1962	2,503	1,880	274	▲ 623	▲33.1%	▲ 897	▲47.7%
1964	2,697	1,880	417	▲ 817	▲43.5%	▲ 1,234	▲65.6%
1966	3,021	1,880	426	▲ 1,141	▲60.7%	▲ 1,567	▲83.4%
1968	3,299	1,872	553	▲ 1,427	▲76.2%	▲ 1,980	▲105.8%
1970	3,572	1,794	410	▲ 1,778	▲99.1%	▲ 2,188	▲122.0%
1972	3,966	1,773	283	▲ 2,193	▲123.7%	▲ 2,476	▲139.7%

第6章　戦後間接統制期における麦需給政策(1)　251

(d) 食糧用輸入小麦　　　　　　　　　　　　　　　　　単位：円／60kg

年度	政府買入価格 ①	政府売渡価格 ②	政府管理経費 ③	売買価格差 ②-①=④	売買価格差比率 ④/②	コスト価格差 ②-(①+③)=⑤	コスト価格差比率 ⑤/②
1956	1,726	2,200	―	474	21.6%	―	―
1958	1,578	2,214	―	636	28.7%	―	―
1960	1,567	2,198	110	630	28.7%	521	23.7%
1962	1,684	2,180	111	496	22.7%	384	17.6%
1964	1,739	2,108	111	369	17.5%	259	12.3%
1966	1,727	2,141	115	414	19.4%	299	14.0%
1968	1,664	2,127	111	463	21.8%	353	16.6%
1970	1,643	2,126	125	482	22.7%	358	16.8%
1972	1,522	2,071	143	548	26.5%	405	19.6%

(e) 食糧用輸入大麦　　　　　　　　　　　　　　　　　単位：円／50kg

年度	政府買入価格 ①	政府売渡価格 ②	政府管理経費 ③	売買価格差 ②-①=④	売買価格差比率 ④/②	コスト価格差 ②-(①+③)=⑤	コスト価格差比率 ⑤/②
1964	1,330	1,679	84	348	20.7%	265	15.8%
1966	1,495	2,616	83	1,121	42.9%	1,038	39.7%
1968	1,572	2,401	133	829	34.5%	696	29.0%
1970	1,369	1,345	171	▲24	▲1.8%	▲195	▲14.5%
1972	1,400	1,229	120	▲171	▲14.0%	▲292	▲23.8%

注 1) 国産小麦，国産大麦，国産裸麦，食糧用輸入小麦については食糧庁発表の数値。食糧用輸入大麦は『食糧（管理）統計年報』の「食糧管理特別会計種目別損益計算書」と「政府所有主要食糧需給実績」から計算して求めた数値。
　2) 食糧用輸入小麦の1956年度・58年度の政府管理経費については資料なし。
出所）食糧庁『(米)麦価に関する資料』，同『食糧（管理）統計年報』各年版，より作成。

　次に，輸入麦に目を移してみると，小麦では一貫して政府買入価格に対して政府売渡価格が高く設定され，政府売買価格差は順ざやであり，順ざや比率は60年度28.7％，64年度17.5％，68年21.8％，72年26.5％となっている。大麦の政府売買価格差も60年代は順ざやであり，順ざや比率は64年度20.7％，66年度42.9％，68年度34.5％となっている。70年度は▲1.8％，72年度には▲14.0％と逆ざやになっているが，国産大麦の逆ざや比率ほど大きくはない。

　そして，このような政府価格体系によって，小麦・大麦とも，国産麦の政府買入価格は輸入麦のそれを大きく上回っているものの，それらの政府売渡価格は一物一価の原則に沿うようにほぼ同水準とされているのである（ただし，64年度と66年度の大麦では輸入麦がかなり高めに設定されている）。なお，「同水準」ではあるものの，国産麦の政府売渡価格は輸入麦のそれよりも若干低めに設定されている。これには，1つには国産麦と輸入麦の品質格差が関係しているが，それとともに，建前にせよ「麦の輸入については国内産で不足する分及

び品質的に国内産で適さないものを計画的に行う」という国産麦優先の考え方をとっている以上，政府としては実需者に対して国産麦の使用を一定程度は促さなければならず，そのために前章で触れたような麦売却方式の変更による輸送費の企業負担増加に対しては国産麦の引取運賃の原資を提供し，また，麦産地に位置する「山工場」に対しては国産麦使用のメリットをそれなりに与えることが必要だったのである。

この政府売渡価格は「家計費及米価其ノ他ノ経済事情ヲ参酌シ消費者ノ家計ヲ安定セシムルコトヲ旨トシテ」定められるが，これは具体的には，72年まで「精米の消費者価格と麦製品（小麦粉・精麦）の消費者価格との関係から算出される価格を基本に，家計麦価及び買入価格に保管料等の管理経費を加えた価格（原価計算麦価）等を参酌して決定」するという「対米価比方式」によって算定されていた。これを小麦についてみると，そこでは小麦粉価格の対精米価格比率を動かさないように政府売渡価格を決定することが算定の眼目とされていたが，「ここで『小麦粉の対米価比を動かさぬ』というのは，前年の麦価決定時にくらべての話ではない。その年の麦価決定時の直前にくらべての話である。前年に決定した麦価に見合う価格で，外麦が豊富に輸入できたとすれば，その年の麦価決定時直前の小麦粉の対米価比は，前年のそれよりも多かれ少なかれさがるだろう。そのさがった対米価比を維持するということが政策目標となり，加工流通費が多くかかるようになれば，その分だけ政府麦の売渡価格をひきさげようというのである」。そして，この下で小麦粉の対米精価格比率は，53年65.6→58年57.0→63年53.8→68年37.8，というように大きく下がっていったのである。表6-2を見ると50年代後半から60年代を通じて国産小麦・輸入小麦ともに政府売渡価格の絶対額が低下していることがわかるが，これは以上のような価格決定方法によってもたらされたものである。なお，大麦と裸麦の政府売渡価格は，小麦政府売渡価格の対前年価格比を参考に決定されるため，その価格推移も小麦とほぼ同様となっている。

政府売渡価格がこのように決定される一方，国産小麦の政府買入価格はパリティ価格を最低ラインとする歯止めがかかっていた。先述のように，パリティ方式は農・工間の生産性格差が拡大した高度経済成長期には国内麦作に対して

不利に作用したと考えられるが、農業パリティ指数（総合）そのものは、55年119.13→60年126.62→65年159.51→70年201.83→72年222.54、というように上昇した。このため、生産費を補償しない水準ではあったものの、国産小麦の政府買入価格の絶対額はともかくも引き上げられていった（表6-2）。大麦・裸麦を含め、57年度以降国産麦の政府売買価格差が逆ざやとなったのはこのような事情によるものである。

そして、以上のような食糧用麦の政府価格体系は、「国内生産の減少は輸入を増加させるが、それは安い小麦の増加を意味し、平均供給価格〔国産麦・輸入麦を合わせた、政府の麦買入価格の平均額〕を引下げる。それゆえに食管会計の負担（国内麦管理の赤字）は緩和され、小麦の売渡し価格は据え置かれる。小麦売渡し価格は米売渡し価格に比し、相対的に割り安となり、それは小麦製品価格の精米価格に対する割り安化をもたらし、小麦製品の消費を増大させる。小麦消費の増大は小麦輸入の増加をもたらし、小麦需給のメカニズムがまた繰り返される」（〔　〕内は引用者）という循環をもたらしたのである。

つまり、食糧用麦の政府価格体系は、国民の食糧消費を、割高な米から、安価な輸入麦を主たる供給源とした割安な小麦へシフトさせる性格を持ったものだったのであり、そこには、わが国総資本の本来的要求を反映した「安価な食糧の追求」の論理が働いていたことを見てとることができるのである。これは、安価な原料を提供し、小麦粉および同製品の国内市場の拡大にも寄与するものであることから、製粉資本および小麦粉製品の加工資本全体の利益とも一致するものである。

しかし、その政府価格体系は「安価な食糧の追求」の論理をストレートに反映したものではなかった。

これを小麦について考えてみよう。もし、関税が無税で小麦の輸入が自由化されたとするならば、間接統制下において政府売渡価格（先述のように、これは国産小麦・輸入小麦ともほぼ同水準で設定される）の水準となっている小麦の国内供給価格は、表6-2で示された輸入小麦の政府買入価格（これには輸入業者のマージンが含まれているが）とほぼ同じ水準まで下がるはずであり、これこそが「安価な食糧の追求」の論理をストレートに反映した輸入制度であ

ると言える。また，これに近い状況は，間接統制を前提にした中でも小麦の政府売渡価格を輸入小麦政府買入価格に近い水準まで引き下げ，加えて輸入量のいっそうの拡大を図るならば作り出すことができる。

したがって，輸入小麦政府買入価格よりもかなり高い水準で政府売渡価格を設定した小麦の政府価格体系は，輸入割当・輸（出）入許可制による国家貿易に基づく政府の独占的輸入（民間の自由な輸入の禁止，政府による輸入量の決定）とともに，「安価な食糧の追求」の論理を一定程度抑制したものであった，とすることができよう。このことは大麦についてもほぼ当てはまるものである（先に触れたように，輸入大麦の政府売買価格差は60年代は順ざやであり，また，70年度と72年度は逆ざやになっているもののその幅は国産大麦よりもはるかに小さい）。

それでは，「安価な食糧の追求」の論理が一定程度抑制された理由は何であろうか。

ここで食糧管理特別会計の「食糧管理勘定」（「国内米管理勘定」「国内麦管理勘定」「輸入食糧管理勘定」の総称）の損益推移を示した表6－3を見てみよう。国産麦の政府損益を示す「国内麦管理勘定」は70年代初頭まで100億～200億円台の赤字で推移しており，一方「輸入食糧管理勘定」における輸入麦分は100億～200億円台の黒字で推移していた。すなわち，後者で前者を補塡する仕組みとなっていたのであり，これによって「食糧管理勘定」の赤字はほぼ「国内米管理勘定」の赤字分程度に抑えられていたのである（「輸入食糧管理勘定」の輸入米黒字は65年度と66年度を除いてそれほど大きな額ではない）。このような中で輸入麦・国産麦の政府売渡価格を輸入麦の政府買入価格の水準まで引き下げるならば，それは輸入麦の政府売買価格差の順ざや幅を縮小させて「輸入食糧管理勘定」の輸入麦黒字の減少をもたらす一方で，国産麦の政府買入価格が引き下げられない限り，国産麦の政府売買価格差の逆ざや幅を広げて「国内麦管理勘定」の赤字を増大させることになる（この場合，問題となる政府価格体系の指標は「売買価格差」よりも「コスト価格差」であるが，後者は前者に政府管理経費の赤字を上乗せしたものであるから，まず注目すべきは前者の動向である）。

表6-3 食糧管理特別会計「食糧管理勘定」の損益の推移

単位:億円

年度	国内米管理勘定	国内麦管理勘定	輸入食糧管理勘定			合計
			輸入麦	輸入米		
1960	▲ 281	▲ 175	180	13	193	▲ 263
1961	▲ 504	▲ 191	132	12	144	▲ 551
1962	▲ 529	▲ 215	118	17	135	▲ 609
1963	▲ 886	▲ 65	155	38	193	▲ 758
1964	▲ 1,229	▲ 173	151	70	221	▲ 1,181
1965	▲ 1,335	▲ 242	177	218	395	▲ 1,182
1966	▲ 2,234	▲ 225	163	196	359	▲ 2,100
1967	▲ 2,423	▲ 251	145	69	214	▲ 2,460
1968	▲ 2,683	▲ 292	176	21	197	▲ 2,778
1969	▲ 3,479	▲ 225	227	15	242	▲ 3,462
1970	▲ 3,608	▲ 160	215	8	223	▲ 3,545
1971	▲ 2,718	▲ 114	243	4	247	▲ 2,585
1972	▲ 2,618	▲ 105	247	3	250	▲ 2,473
1973	▲ 4,537	▲ 74	298	3	▲ 295	▲ 4,906
1974	▲ 6,024	▲ 132	▲ 1,400	▲ 51	▲ 1,451	▲ 7,607
1975	▲ 7,020	▲ 162	▲ 840	0	▲ 840	▲ 8,022
1976	▲ 7,365	▲ 142	77	13	90	▲ 7,417
1977	▲ 7,454	▲ 250	810	50	860	▲ 6,844
1978	▲ 6,829	▲ 493	1,006	53	1,059	▲ 6,263
1979	▲ 7,091	▲ 802	684	3	687	▲ 7,206
1980	▲ 5,474	▲ 839	588	8	596	▲ 5,717
1981	▲ 4,818	▲ 901	768	68	836	▲ 4,883
1982	▲ 4,409	▲ 1,130	835	85	920	▲ 4,619
1983	▲ 4,142	▲ 1,112	1,136	17	1,153	▲ 4,101
1984	▲ 4,278	▲ 1,178	1,243	11	1,254	▲ 4,202
1985	▲ 4,022	▲ 1,382	1,289	14	1,303	▲ 4,101
1986	▲ 3,871	▲ 1,289	1,859	19	1,878	▲ 3,282
1987	▲ 3,595	▲ 1,214	1,955	17	1,972	▲ 2,837
1988	▲ 2,445	▲ 1,369	1,653	13	1,666	▲ 2,148
1989	▲ 2,330	▲ 1,208	1,195	11	1,206	▲ 2,332
1990	▲ 2,498	▲ 1,127	1,122	10	1,132	▲ 2,493
1991	▲ 2,298	▲ 887	1,148	9	1,157	▲ 2,028
1992	▲ 2,162	▲ 922	1,070	11	1,081	▲ 2,002
1993	▲ 973	▲ 875	1,065	12	1,077	▲ 771
1994	▲ 2,661	▲ 776	1,096	20	1,116	▲ 2,321
1995	▲ 2,683	▲ 651	842	▲ 261	581	▲ 2,753
1996	▲ 2,079	▲ 689	578	▲ 2	576	▲ 2,192
1997	▲ 2,156	▲ 822	588	▲ 4	584	▲ 2,394
1998	▲ 2,655	▲ 784	646	▲ 2	644	▲ 2,795

出所) 食糧庁『米麦データブック』各年版より作成。

しかし，先述のようにパリティ方式の下で国産麦政府買入価格は引き上げざるを得ず，さらに，米政府買入価格の算定方式が60年産から生産費所得補償方式に移行して米政府買入価格が連年引き上げられたことによって（そのため，61年度から国産米の政府売買価格差も逆ざやに転化）「国内米管理勘定」は大幅な赤字を抱えつつあったのであり，その下では食管特別会計の赤字をさらに拡大させるような，輸入価格に引きつけた麦政府売渡価格の設定はできなかったと考えられるのである。実際には，先述のように麦の政府売渡価格は引き下げられていったが，それでもそれは輸入麦政府買入価格よりはある程度高い水準にとどまったのである

ここで改めて見ておくべきは，生産費を補償する水準にはなかったものの，国産麦政府買入価格がその政府売渡価格に対してははるかに高い水準で設定されていたことである。先に指摘したように，政府買入比率の高さはこれによってもたらされたが，このような状況は政府が国産麦を買い支えるという外観を作りだすことになる。したがって，国産麦の政府価格体系は，一方では国内生産を激減させつつも，他方では国内麦生産の激減に対する生産者の批判を緩和させる効力を持ったと考えられるのである。

以上のように見てくると，食糧用麦の政府価格体系は，基本的には「安価な食糧の追求」の論理に沿って麦輸入依存体制の構築に寄与しつつも，その論理のストレートな貫徹を一定程度抑制し，麦の国内生産激減に対する生産者の批判を緩和させるものであった，とすることができるだろう。[*3]

  *3 これに関連して，加瀬良明氏の次の指摘について触れておきたい。[(29)]加瀬氏は食糧用輸入小麦の政府価格体系について「政府は，買付価格の2割から4割増程度のところで，外麦を製粉企業（資本）に売却していたといってよいのだ。このことは，小麦の関税率が20％であること，また，外麦の管理経費（貯蔵費，運賃その他）がトン当り平均2000円ほどであったこと，さらに，政府管理の場合には，商業利潤部分が算入されていないこと，などを考慮していえば，ほとんど"民間貿易"ベースで想定されうる価格水準によって，外麦の国内供給がなされていたことを含意しているのである。そのかぎりで，これは，アメリカを中心とする国際的な過剰小麦経済のわが国小麦経済への直接的な浸透にほかならない（IMF固定レート下）。」（傍点は引用者）とされている。

しかし，輸入小麦については政府売買価格差のみならずコスト価格差について見てもかなりの順ざやになっていることを見るならば（表6−2），政府買入価格に対して政府売渡価格が「高い」と言える水準で設定されていたことは否定できないであろう。そして，このような輸入（小）麦政府価格体系がもたらした食管特別会計「輸入食糧管理勘定」の輸入（小）麦黒字が同会計「国内麦管理勘定」の赤字を埋め，これが政府売渡価格に対して高水準（生産費を補償する水準ではなかったものの）での国産（小）麦政府買入価格の設定を支えていたことを考えると，政府価格体系は輸入小麦を日本の国内市場に「直接的に」浸透させたのではなく，政府の独占的輸入の下での輸入量の政策的決定と併せ，その影響を若干なりとも緩和させていた，と捉えるべきであろう。

（2）**飼料用輸入麦**　前章で触れたように，飼料用輸入麦の政府売渡価格は「輸入飼料の売渡をする場合の予定価格は，当該飼料の原価にかかわらず，国内の飼料の市価その他の経済事情を参しゃくし，畜産業の経営を発展せしめることを旨として定める」という飼料需給安定法の規定に基づいて定められる。そのため，飼料用輸入麦の政府価格体系は食糧用麦のそれとは異なる様相を呈するものとなった。

以下では，この飼料用輸入麦の政府価格体系を分析するが，その前に間接統制移行後における次の状況について確認しておきたい。

まず，国産麦のうち，小麦はかなりの部分が食糧用として消費され，飼料用に向けられるものはほとんどなく（60年代半ばまでは20万t前後が自給飼料として消費されていたが），また，大麦・裸麦は飼料用としてある程度消費されるものの（とくに大麦），その大宗は農家の自給飼料であって，政府買入対象外の規格外麦など一部を除いて流通飼料として使用されるものはほとんどない。[30] このため，国産麦については食糧用麦と別個に措定された飼料用麦の政府価格体系はない。飼料用麦の政府価格体系の分析が輸入麦に限られるのはこのためである。ただし，1972年産からは政府売買は伴わないものの，流通飼料としての国産飼料用麦（大麦・裸麦）の生産政策が開始された。これについては次章以降で分析を行う。

また，前章で触れたように，飼料用輸入小麦は配合飼料用と専増産ふすま用

とに分かれるが，その比率は専増産ふすま制度が発足した50年代末以降，前者が10～20％台，後者が80～90％台となっている（後掲表補-5〔360頁〕参照）。そして，前者と後者では政府売渡価格も異なるが，飼料用輸入小麦の政府価格体系を導出することができる『食糧（管理）統計年報』では前者・後者の区別ができないために（同年報では，「輸入飼料の政府買入及び売渡実績」の項では飼料用輸入小麦の政府売渡実績が前者と後者に区分して示されているが，「食糧管理特別会計種目別損益計算書」では「輸入飼料」の中の「小麦」として一括されていて，両者が区分されていない），政府価格体系としては「飼料用輸入小麦」として一括せざるを得ない。ただし，飼料用輸入小麦の圧倒的部分は専増産ふすま用であるから，以下で示す政府価格体系はだいたいにおいて専増産ふすま用の動向を表すものとなろう。

　それでは，表6-4で飼料用輸入麦の政府価格体系の動向を見てみよう。なお，先に表6-2で扱った食糧用輸入大麦と同様，統計資料上の制約からここでも64年度からのデータとなる。

　まず，大麦であるが，72年度までその政府売買価格差は68年度の2.1％の順ざやを除けばすべて逆ざやになっており（表には示していないが69年度も10.0％の順ざや），だいたいにおいて政府買入価格（≒輸入価格）を下回る価格で国内に売り渡されているのであって，上で見た食糧用輸入大麦のそれ（70年度と72年度を除いて順ざや）と対照的な動向を見せている。これは次の理由によるものであろう。

　前章で見たように，農業基本法下の食糧需給政策は，日本経済の開放経済への移行に対応して農産物輸入拡大・自由化を図るとともに，それによる国内農業生産への打撃に対する農民の反発を緩和させる役割を担っていた。それゆえ，国内生産拡大を図る対象とされた「選択的拡大」部門についてはその振興を図ることが求められたのであり，畜産はその重要な一対象部門であった（それまでも，54年12月制定の酪農振興法などによって，政策的に畜産の振興はある程度位置づけられていた）。そのため，一方で61年11月制定の「畜産物の価格安定等に関する法律」，65年6月制定の「加工原料乳生産者補給金等暫定措置法」などによって生産者手取価格の一定程度の保障を図るための政策が行われると

第6章　戦後間接統制期における麦需給政策(1)　　259

表6-4　飼料用輸入麦の政府価格体系

(a) 飼料用輸入小麦　　　　　　　　　　　　　　単位：円／60kg

年度	政府買入価格 ①	政府売渡価格 ②	政府管理経費 ③	売買価格差 ②-①=④	売買価格差比率 ④／②	コスト価格差 ②-(①+③)=⑤	コスト価格差比率 ⑤／②
1964	1,694	1,676	60	▲18	▲1.1%	▲78	▲4.6%
1966	1,678	1,718	74	40	2.3%	▲34	▲2.0%
1968	1,651	1,740	74	89	5.1%	15	0.8%
1970	1,596	1,648	71	53	3.2%	▲19	▲1.1%
1972	1,481	1,582	90	101	6.4%	11	0.7%

(b) 飼料用輸入大麦　　　　　　　　　　　　　　単位：円／50kg

年度	政府買入価格 ①	政府売渡価格 ②	政府管理経費 ③	売買価格差 ②-①=④	売買価格差比率 ④／②	コスト価格差 ②-(①+③)=⑤	コスト価格差比率 ⑤／②
1964	1,245	1,172	55	▲73	▲6.2%	▲128	▲10.9%
1966	1,377	1,233	56	▲144	▲11.7%	▲200	▲16.2%
1968	1,250	1,277	52	27	2.1%	▲25	▲2.0%
1970	1,271	1,145	52	▲126	▲11.0%	▲178	▲15.5%
1972	1,188	1,090	66	▲98	▲9.0%	▲165	▲15.1%

注)　「食糧管理特別会計種目別損益計算書」と「輸入飼料の政府買入及び売渡実績」から計算して求めた数値。
出所)　食糧庁『食糧（管理）統計年報』各年版より作成。

　ともに（ただし，そこで設定された，生産者手取価格に関わる行政価格は，生産費を十分に補償するものではなく，そのため，生産物が政策対象となった乳用牛・肉用牛・豚についても，ブロイラーや採卵鶏と同様，コストの大幅な低減を図るために60年代を通じてそれらの飼養農家における規模拡大が急速に進み，一方で飼養戸数は大きく減少していったが），他方では国内の畜産物消費の拡大が図られた。そこでは，高度経済成長による国民所得の増加という消費拡大の条件はあったものの，消費拡大を確実にするためには畜産物を安価に供給することが必要とされ，そのため，安価な飼料の確保が求められた。そして，食糧需給政策はその安価な飼料を輸入に求めたのであり（このため，これ以降日本の畜産は輸入飼料に大きく依存した「加工型畜産」として軌道づけられる），飼料用輸入大麦の政府価格体系はこれに対応したものだったのである。
　したがって，その価格体系は，「安価な食糧の追求」の論理を一定程度抑制した食糧用麦のそれとは対照的に，政府売買価格差（およびコスト価格差）の逆ざやによって「安価な食糧（飼料）の追求」の論理を積極的に貫徹させる形になっているが，それは第一義的には，「選択的拡大」部門の1つである畜産

の振興を図り，農産物輸入拡大・自由化に対する農民の反発を緩和させて社会体制の維持・安定に資するという役割を担ったものだった，と見るべきであろう。

このことは飼料用輸入小麦の政府価格体系についても同様である。再び表6-4を見てみよう。飼料用輸入小麦の政府売買価格差は64年度の▲1.1％という逆ざやを除けば72年度まで順ざやであり，この点では飼料用輸入大麦と異なっている。ただし，その順ざや幅は食糧用輸入小麦に比べると極めて小さく，食糧用をかなり下回る価格で国内に小麦を供給する価格体系になっていることがわかる。

飼料用輸入小麦の政府売買価格差が逆ざやとなっていないのは次の理由によると考えられる。すなわち，飼料用輸入小麦の大部分を占める専増産ふすま用からは主産物のふすまとともに副産物として小麦粉も生産されるが，その小麦粉は食糧用輸入小麦から生産される小麦粉と競合するために（このため，補章で触れるように製粉業界内で軋轢が生じた），飼料用輸入小麦の政府売渡価格を設定するに際しては食糧用輸入小麦の政府売買価格差が大幅な順ざやとなっていることを考慮する必要があり，したがって，すべてが飼料として消費される飼料用輸入大麦のように政府売買価格差を単純に逆ざやにするわけにはいかなかったのである（それとともに食管特別会計の赤字を抑えるという政策的要請もあっただろうが）。

以上のように安価な飼料を国内に供給するための政府価格体系が設定される中で，飼料用輸入大麦・飼料用輸入小麦ともに60年代を通じてその輸入量は大きく増加していった（図6-1）。しかし，飼料用麦が輸入への依存を強めていったことは，飼料用麦の国内自給追求が放棄されたことをも意味するものであった。先に大麦・裸麦の作付転換方針の下，低水準の政府買入価格の下で60年代を通じて六条大麦・裸麦の国内生産が激減したことを見たが，これは畜産に対する飼料供給の一環に国産の大麦・裸麦を組み込む方向が政策的に位置づけられなかったことをも示したものだったのである。[33]

Ⅲ 麦管理改善対策の開始

 政府の大麦・裸麦の作付転換方針の下で1961年産において行われた大麦・裸麦から小麦への作付転換では，小麦の作付面積こそ若干増加したものの麦全体としての作付面積は減少したこと，また，小麦についても62年産からは減少傾向に戻ったことは先に触れたとおりである。また，「〔昭和〕38年度においては，異常凶作のため，政府買入数量は極度に減少し，財政負担も大幅に減少した。それとともに大・はだか麦についても政府需給は一転し，飼料用特別売却も38年8月をもって中止されたが，さらに主食用，飼料用，ビール用の外大麦の輸入も必要とされるに至った」(34)(〔 〕内は引用者)。

 このような麦をめぐる状況に対して，62年および63年の米価審議会は麦政策の確立に関する建議を行い，これを受けて63年8月に農林省内に，麦の需給，麦作の合理化，麦の管理等の検討を行う「麦対策研究会」が置かれた。同研究会は64年4月に中間報告をまとめた後に中断したが，65年の米価審議会で改めて麦政策の確立が建議されたため，65年8月に農林省内に「麦対策協議会」(前出の60年7月設置の「麦対策協議会」とは異なる)が設置された。そこでは先の「麦対策研究会」の中間報告の具体化についての検討が行われ，66年6月に報告「麦対策の方向について」がとりまとめられた。(35)

 そこでは，麦作の生産性向上とともに，「麦管理の面でも，できるだけ生産と需要の結びつきを深める方向で順次改善措置を講ずることとし，まず内麦については，生産者と需要者の間でその生産または買入を行なう麦の品種，数量等について契約栽培が積極的に行なわれるよう道を開き，生産，流通および企業の合理化を進め」(36)ることが提起された。

 このような報告が出された背景には，精麦用の大麦・裸麦は供給量の大宗が国産麦であったために精麦企業が国産麦を使用しなければならなかったという事情は当然のこと，小麦についても，輸入依存体制が構築されつつあったとは言え，製粉企業は自由に輸入を行うことはできず，国産麦をある程度使用せざるをえない状況があったと考えられる。

これを受けて、66年8月に食糧庁に「麦管理改善対策推進委員会」が設置され、基本方針である「麦管理改善対策について」がとりまとめられた。そこでは、「現行の麦管理制度は間接統制移行当初のねらいから全くはずれ、国際価格との開差を増す一方、政府売買価格には大幅な逆ざやが恒常化しているため流通麦のほとんどが政府に集中し、結果的には政府が全面的に管理することとなり、生産と需要の結びつきがほとんどみられず、生産改善の努力や企業合理化の努力を誘発しにくい状態にあるので、その改善の方向としては、間接統制の本来の姿に近づけること、具体的には、生産者側と需要者側が流通麦について契約を締結するよう推進、指導し、政府はこの結果を尊重して内麦の買入れおよび売渡しを行ない、これによって内麦の流通合理化を図るとともに、長期的には内麦の改善、すなわち、需要の多い麦の生産の維持、拡大を図る一方、需要の少ない麦の飼料作物等への転換に資しうるようにすること、このため、現行食糧管理法の範囲内で麦管理のあり方に改善を加える」(37)という方向性が示されるとともに、「対策として、政府は内麦のうち政府に売渡されるものについて、生産者と実需者側との間に予め流通契約を締結するよう指導する。農協等の売渡受託者は契約に基づき、生産された麦を政府に売り渡すことを約し、需要者はその麦を政府から買い受けるとともに売渡受託者を通じて生産者に生産奨励金を提供することを約する」「政府の買入れについては、従来どおり無制限買入れを行なう……買入価格は契約、非契約を通じて同一にする〔つまり、契約が成立しない麦も契約麦と同じ価格で政府が買い入れる〕」(38)(〔　〕内は引用者) ことなどを主内容とする具体策が示された。つまり、政府無制限買入れという間接統制の枠組みを前提としつつ、生産と需要の結びつきを図ることが提起されたのである。

　これに基づいて67年11月に「麦管理改善対策要綱」(農林事務次官依命通達)が出され、小麦では68年産から、大麦・裸麦では69年産から麦管理改善対策が開始されることになった。大麦・裸麦の開始が小麦よりも1年遅れた理由としては、主食用が国産麦にほぼ100％依存している下で、生産と需要の関係が、関東・東海・九州で不足、四国で大量の余剰という著しい偏在があり、麦管理改善対策の実施で「本庁枠」(麦生産地から精麦工場までの運賃は工場側が負

担)が100%になると運賃がすべて工場側の負担となるため(「本庁枠」は従来30%であり,他の70%の「事務所枠」は政府が運賃を負担していた),精麦企業に著しい影響を与えるということがあった。(39)これは,供給の80%を輸入に頼り,かつ輸入港・製粉工場が全国各地に散在していて,大麦・裸麦よりも需給の偏在が小さかった小麦と異なるところであった(前章で触れたように小麦についても「事務所枠」は71年7月から完全に廃止)。そのため,大麦・裸麦については「事務所枠」の撤廃に伴って削減される政府の運賃負担分を基準にした額を政府売渡価格から控除し,その控除分を積み立てて運賃助成に充てることとされた。

なお,実需者が生産者に支払う「契約生産奨励金」(68年産は「生産奨励金」)については,政府が実需者に麦(国産麦・輸入麦どちらも)を売り渡たす際に政府売渡価格を一部控除したものを原資としたために,麦管理改善対策の開始によって政府負担は増加したが,実需者負担は増えなかった。(40)

また,ビール大麦については,前章で見たように従来から契約栽培の下で政府を経由せずに生産者から実需者へ直接に売り渡されてきたことから,麦管理改善対策の対象には含められなかった。(41)

さて,表6-5を見ると,契約生産奨励金の単価(次章で触れるように81年産から契約生産奨励金は複数の種類に分かれるが,80年産までは一本であった。また,契約生産奨励金は,品種別,産地別,等級別などの区分によってその金額に格差が付けられたが,表では80年産までは平均単価のみが示されている)(42)は,小麦が68年産で60kg当たり43円だったものがその後次第に引き上げられ,72年産・73年産では200円となり,大麦・裸麦も69年産・70年産はそれぞれ小麦と同額の50円・75円,71年産から73年産は小麦と格差がついたものの60kg当たり100円となっていることがわかる。71年産から73年産について小麦と大麦・裸麦との間で金額に格差がつけられたことは,大麦・裸麦の作付転換を図ってきた60年代初頭以降の政策方針が麦管理改善対策にも反映されたものと捉えていいだろう。

契約生産奨励金の引上げは,政府買入価格の引上げと連動したものであるが(ただし,政府買入価格は,引き上げられたとは言え生産費を補償する水準に

表6-5 契約生産奨励金単価の推移

年産			
1968	60kg当 小麦43円		
1969	60kg当 小麦,大麦・裸麦 50円		
1970	60kg当 小麦,大麦・裸麦 75円		
1971	60kg当 小麦160円,大麦・裸麦100円		
1972-73	60kg当 小麦200円,大麦・裸麦100円		
1974	60kg当 小麦,大麦・裸麦 300円		
1975	60kg当 小麦,大麦・裸麦 500円		
1976-79	60kg当 小麦,大麦・裸麦 600円		
1980	60kg当 小麦650円,大麦・裸麦450円		
1981-82	生産品質改善奨励額 (60kg当)	小麦	200~360円
		大麦・裸麦	120~280円
		平均	300(290)円
	流通改善奨励額 (100kg当)	集約化奨励額	160円
		バラ化奨励額	160円
1983-86	生産品質改善奨励額 (60kg当)	小麦	260~380円
		大麦・裸麦	140~312円
		平均	290円
	流通改善奨励額 (100kg当)	集約化奨励額	160円
		バラ化奨励額	180(160)円
1987-88	品質改善奨励額 (60kg当)	小麦	100~400円
		大麦・裸麦	60~400円
	流通改善奨励額 (100kg当)	集約化奨励額	160円
		バラ化奨励額	200円
	管理改善指導奨励額(100kg当)		100円
1989-90	品質改善奨励額 (60kg当,1等のみ)	小麦	0~400円
		大麦・裸麦	0~400円
	流通改善奨励額 (100kg当)	集約化奨励額	160円
		バラ化奨励額	200円
		契約促進奨励額	200円
	管理改善指導奨励額(100kg当)		100円
1991-93	品質改善奨励額 (60kg当,1等のみ)	小麦	0~400(500)円
		大麦・裸麦	0~400(500)円
	流通改善奨励額 (100kg当)	集約化部分	160円
		バラ化部分	200円
	流通促進奨励額(100kg当)		100~350円
1994-99	品質改善奨励額 (60kg当,1等のみ)	小麦	0~500円
		大麦・裸麦	0~500円
	集約化奨励額(100kg当)		160円
	バラ化奨励額(100kg当)		180円
	生産・流通促進奨励額(トン当)		300円

注 1) 1968~80年産の単価は都道府県別・品種別の平均。
  2) 1981・82年産の生産品質改善奨励額平均の( )は82年産,83~86年産の流通改善奨励額の( )は83年産,91~93年産の品質改善奨励額の( )は92・93年産。
  3) タクネコムギ及びハルユタカ(北海道)について,92年産以降は契約麦のうち2等麦にも品質改善奨励額が交付される。
  4) イチバンボシ(香川,愛媛,大分)について,95年産以降は契約麦のうち2等麦にも品質改善奨励額が交付される。
  5) ヒノデカダカ(愛媛)について,97年産以降は,契約麦のうち2等麦にも品質改善奨励額が交付される。
出所) 全国農業協同組合連合会米穀販売部『平成10年度国内産麦の生産流通の現状と取り組みの経緯』1999年7月,10頁,農林水産省農産園芸局農産課『麦の生産に関する資料』2000年11月,76頁,より作成。

第6章　戦後間接統制期における麦需給政策(1)　265

表6-6　麦管理改善対策の実施状況

(a) 小麦　　　　　　　　　　　単位：玄麦千t

年産	販売予定数量 (契約基準数量)	契約締結 数量	未契約麦 数量	政府買入数量		計
				契約麦	非契約麦	
1968	646	635	11	615	63	678
1969	695	608	87	438	31	469
1970	589	517	72	275	2	277
1971	442	442	0	249	1	250
1972	299	299	0	169	0	169
1973	208	208	0	131	0	131
1974	225	225	0	153	0	153
1976	237	237	0	151	0	151
1978	252	252	0	295	0	295
1980	626	456	170	457	0	457
1981	615	452	163	488	0	488
1983	658	457	201	599	0	599
1984	693	462	231	652	0	652
1986	767.0	471.0	296	774	0.3	774
1988	817.0	817.0	0	895	0.2	895
1990	853.0	853.0	0	804	0.3	804
1992	853.0	853.0	0	644	0.2	644
1994	715.8	715.8	0	505	0.3	505
1996	636.3	636.3	0	424	0.2	424
1998	607.5	607.5	0	526	0.2	526

(b) 大麦・裸麦　　　　　　　　単位：玄麦千t

年産	販売予定数量 (契約基準数量)	契約締結 数量	未契約麦 数量	政府買入数量		計
				契約麦	非契約麦	
1968						
1969	340	330	10	242	11	253
1970	290	278	12	142	56	198
1971	203	201	2	121	26	147
1972	137	137	0	69	21	90
1973	87	87	0	47	8	55
1974	81	81	0	57	6	63
1976	81	81	0	55	0	55
1978	75	75	0	73	17	90
1980	183	167	16	135	2	137
1981	177	142	35	132	2	134
1983	170	150	20	149	0	149
1984	151	130	21	150	0	150
1986	151.0	140.0	11	131	0.2	131
1988	170.0	163.0	7	184	0.1	184
1990	143.0	143.0	0	101	0.1	101
1992	154.5	154.5	0	93	0.1	93
1994	95.2	95.2	0	58	0.2	58
1996	89.8	89.8	0	87	0.3	87
1998	112.5	112.5	0	65	0.1	65

出所）食糧庁『食糧（管理）統計年報』各年版より作成。

なかったことは先述のとおりである)，この下で，表6-6でわかるように，小麦，大麦・裸麦とも麦管理改善対策開始当初は「未契約麦」と「非契約麦」がある程度発生していたものの（「契約締結数量」と「未契約麦数量」は播種前に締結される流通契約時点でのもの，政府買入数量中の「契約麦」「非契約麦」は収穫後に政府が流通契約の再調整を行った後のもの），「未契約麦」は小麦で71年産以降，大麦・裸麦で72年産以降0となり，「非契約麦」も72年産以降小麦で0になり，大麦・裸麦でもその量は減少していったのである。

これは，一面で，契約生産奨励金の引上げが，生産と需要の結びつきを図る効力をある程度持ったことを示すものと言える。しかし，国産麦政府買入価格の生産費補償率が100％に満たない下で国内生産量が激減する中，そもそもの販売予定数量自体が73年産まで激減していったのであり，これが成約率を高めたことも否定できないだろう。

つまり，麦管理改善対策は，国産麦政府買入価格が生産費を補償しない状況下では国産麦の生産増加には繋がるものとはならず，また，生産と需要を結びつける効力についても限定的と見ざるを得ないものにとどまったのである。

IV 小　括

以上見てきたような，間接統制移行後1970年代初頭までの麦需給政策の構造を示すと図6-6のようになるだろう。

この時期の麦需給政策は，国内への麦供給を安価な輸入麦に依存するというところにその基本線を置くものであった。それは，小麦については食糧用を中心に，大麦については飼料用を中心に，その輸入量が拡大された一方で，国産麦の政府買入価格は生産費を補償しない水準で設定され，国内の麦生産量の激減がもたらされたことに端的に現れた。

そこにおいて，まず，食糧用麦とくに小麦に関して，その政府売渡価格は，国民の食糧消費を米から小麦へシフトさせるような，小麦粉の対精米価格比率を毎年低下させる方法で決定されたが，これは麦需給政策に，わが国総資本の本来的要求が反映された「安価な食糧の追求」の論理が働いたことを示すもの

第6章 戦後間接統制期における麦需給政策(1)　267

図6-6　1970年代初頭までの麦需給政策の構造

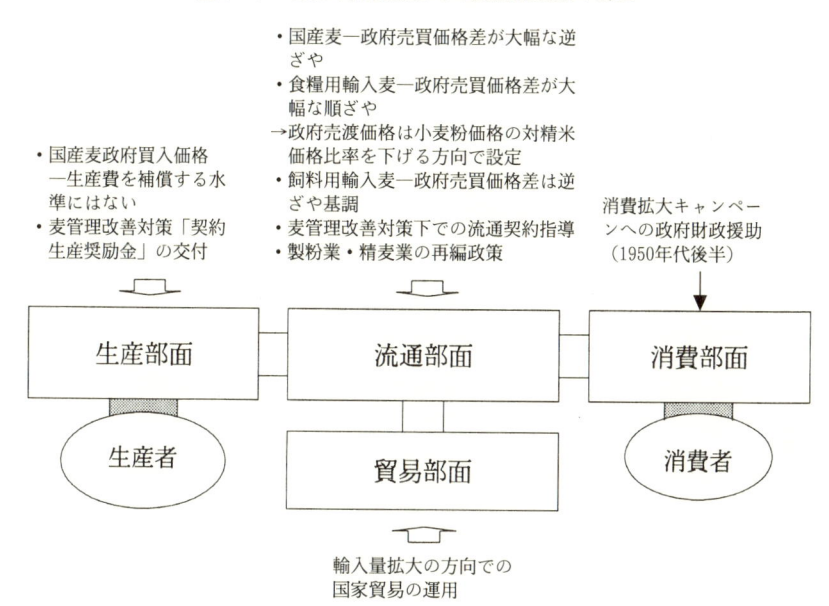

- 国産麦政府買入価格
  —生産費を補償する水準にはない
- 麦管理改善対策「契約生産奨励金」の交付

- 国産麦—政府売買価格差が大幅な逆ざや
- 食糧用輸入麦—政府売買価格差が大幅な順ざや
  →政府売渡価格は小麦粉価格の対精米価格比率を下げる方向で設定
- 飼料用輸入麦—政府売買価格差は逆ざや基調
- 麦管理改善対策下での流通契約指導
- 製粉業・精麦業の再編政策

消費拡大キャンペーンへの政府財政援助
（1950年代後半）

生産部面　　流通部面　　消費部面

生産者　　　　　　　　　　消費者

貿易部面

輸入量拡大の方向での
国家貿易の運用

であった。なお、これに関連しては、前章で触れた、PL480の現地通貨払い積立金を使用して50年代後半に行われた小麦粉製品消費拡大キャンペーンが、小麦（粉）の国内市場を拡大させる役割を果たしたことも見ておく必要がある。

　ただし、そこでは「安価な食糧の追求」の論理は一定程度抑制された。それは、①輸入量が大幅に増加したとは言え、間接統制の仕組みはそもそも民間の自由な輸入を禁止しており、輸入量は政策的に決定されていたこと、②政府売渡価格は輸入麦政府買入価格よりもかなり高い水準で設定されていたこと、とりわけ②において示された。②は、高度経済成長下の農業パリティ指数の上昇によってパリティ価格を最低ラインとする国産麦政府買入価格が引き上げられ、国産麦の政府売買価格差が57年度から逆ざやに転じるなど食糧管理特別会計「国内麦管理勘定」の赤字が膨らむ中、「国内米管理勘定」の赤字が大きく膨らみつつあった同特別会計のいっそうの赤字増大を防ぐために、「輸入食糧管理勘定」の輸入麦分を黒字とし、その黒字で「国内麦管理勘定」の赤字を補填す

るという役割を担うものであった。

　一方，国産麦の政府買入価格は生産費を補償する水準にはなかったものの，政府売渡価格よりははるかに高い水準で設定されたために，政府無制限買入制の下で国産麦の政府売渡比率は上昇していった。そして，これは，政府が国産麦を買い支えるという外観を形成し，国産麦の激減に対する生産者の批判を緩和させる効力を持つと考えられるものになったのである。

　このように見てくると，この時期の麦需給政策は，食糧用麦に関しては，食管特別会計の負担軽減を追求しつつ，また，生産者の反発を緩和させつつ，麦輸入依存体制の構築を図るものであったとすることができよう。なお，民間の自由な輸入が禁止されたことは，国内の実需者に国産麦の一定量の使用を求めるものとなり，これを背景として60年代末から麦管理改善対策が実施された。しかし，それは国内生産を増加させるものではなく，生産と実需との結びつきを図るという点についてもその効力は限定的と見ざるを得ないものでとどまった。加えて，前章で触れたように，この時期，流通規制・加工規制などはとくには行われず，製粉業・精麦業では「安価な食糧の追求」の論理に沿った再編政策が行われたが，これは，国内の食糧需給・麦需給が安定していたことを背景とするものであったと言える。

　一方，食糧用輸入麦の政府売買価格差が大幅な順ざやとされたのとは対照的に，飼料用輸入麦のそれは逆ざや（大麦），ないし食糧用麦と比較してかなり小幅の順ざや（小麦）とされた。これは，この時期の麦需給政策が，農業基本法下での農産物輸入拡大・自由化に対する農民の反発を緩和させるために，「選択的拡大」部門たる畜産の振興を図るべく安価な飼料用麦を供給する役割を担ったことを示すものであった。しかし，このことは他面では飼料用麦の国内自給追求が放棄されたことをも意味するものであった。60年代初頭以降大麦・裸麦の政府買入価格の生産費補償率がいっそう低下したことはその反映であり，これによって六条大麦・裸麦の国内生産は小麦を上回る勢いで減少したのである。

　　（1）　食糧庁『食糧管理統計年報』各年版より計算。
　　（2）　10a当たり平年収量（田・畑平均）は，小麦では1955年産の199kgから

73年産の287kgへ、裸麦では同期間に204kgから273kgに増加している。また、二条大麦では61年産265kgから73年産301kgへ、六条大麦では同期間に288kgから335kgに増加している；農林水産省統計情報部『作物統計』各年版より（農業統計で大麦の収穫量・作付面積・単位面積当たり収量が二条大麦と六条大麦に分けて示されるようになったのは59年産からであるが、平年収量が両者に分けて示されるようになったのは61年産からである）。

(3) 農林省の麦類生産費に関する統計を見ると、六条大麦の生産費に比べてビール大麦のそれの方が若干高い年が多いが、後者が前者を下回っている年も見られる。

(4) ただし、契約数量の動向は地域によって異なっていた。全国のビール大麦の中心的主産地である栃木県では1952年産で18万6855個体（1個体＝52.5kg）だった契約数量はその後大きく伸び、62年では120万5100個体となり、70年産までほぼ100万個体水準で推移しており、ビール大麦の作付面積も、52年産4215.5町→62年産1万9002.6町→70年産1万4878.5町、となっていた；栃木県ビール麦契約栽培史刊行委員会『栃木県ビール麦契約栽培史』1977年、653-654頁。一方、京都府では、52年産で契約数量1518.39 t・作付面積739町2反だったものが、62年産では6877.5 t・2280町（作付面積のピークは63年の2608町）にまで増加するが、その後減少し、70年産では696.25 t・364町まで落ち込んだのであり、非主産地では60年代から契約数量の減少傾向が見られた；京都府農業協同組合中央会『京都のビール麦100年の歩み』1991年、253頁。

(5) 『作物統計』各年版より計算。このような動向に関して持田恵三氏は、戦前・戦後を通じて日本の麦の作付面積は「プラスにせよ、マイナスにせよその変動率が全国平均より高い地区は、北海道、北陸、東山であり、低い地区は関東、四国、九州である。つまり主産地の麦作は安定し、非主産地の麦作は不安定なのであり、またこのことが主産地と非主産地の性格に他ならない。」「麦作は後退期に主産地集中が進行し、拡大期に地域的分散が進行する形態をほぼ一貫してとって来たのである。大ざっぱないい方をすれば、日本の麦作は安定した主産地を中核として、限界的な非主産地の増減によってその規模を変えて来たといえよう」と指摘されているが（持田恵三「麦作後退の基本的性格（上）」農業総合研究所『農業総合研究』第17巻第2号、1963年、126-127頁）、これはだいたいにおいて70年代初頭までの傾向にも当てはまる。ただし、この指摘は63年になされたものであり、その後の傾向を見ると、本文中で触れた北海道、および、50年産12万3907ha→73年産1万0260ha、▲91.8％で減少率が全国平均の▲90.7％を若干上回った四国については、必ずしも指摘されたようには推移しなかった。

なお、持田氏はこのような主産地・非主産地の動向のメカニズムについ

て，各地の小麦・大麦・裸麦別の作付動向を検討し，「このことは主産地では麦作可能地に対する麦作比率が高く，新しい耕地への麦作拡大が困難である状態にあり，拡大期は新しい土地への麦作拡大よりも，3麦〔小麦・大麦・裸麦〕間で相対的に有利な麦への転換として行なわれざるを得ないことを意味しているように見える……。一方非主産地では麦作比率は低く，麦作の外部条件がよい拡大期には新しい耕地へと麦作が拡大し，限界地を伸ばして行く形態をとっているように見える。一方後退期は麦作の条件が悪化する時期であり，非主産地は放棄されその作付は全麦とも縮小する。しかし主産地では優良地が多いためにその縮小は少なく，むしろ3麦間でより有利な麦への撰択が行なわれることになる。」（〔　〕内は引用者）という説明をされている；持田，同上稿，129-130頁。
(6) 『作物統計』各年版より計算。
(7) 持田恵三「麦作後退の基本的性格（下）」農業総合研究所『農業総合研究』第17巻第3号，1963年，137頁，141頁，142-143頁。
(8) この点，加瀬良明氏の，「いわゆる格差構造……下の，戦後自作農の行動論理は，自家労賃の自己矛盾的な『VとVとへの分裂＝二重化』を核としている……。このもとで，追加生産物（限界地あるいは追加"投資"）を介しての，麦価水準と"切り売り労賃（v）"との関係如何が，増産・減産の方向を規定する。」という指摘は注目に値する；加瀬良明「政府管理下の小麦粉製造業──内麦経済の解体・復興の条件」磯辺俊彦編『危機における家族農業経営』日本経済評論社，1993年，340頁，注（14）。
(9) この点，的場徳造『日本農業問題の諸相』現代書館，1973年，327-329頁，を参照のこと。ここにおいて的場氏は「……水田では麦は裏作として，第2義的作物として登場した。この性格は戦後の農地改革後も変わったとはいえない。従って技術的に稲作に必要となれば麦作は犠牲にされる。例えば戦後の稲の改良の1つは早植えにあるが，これは限界地域における麦作を排除するものである。」とし，また「個人的見解が強い」としながら「有機質肥料を用いて栽培する裏作麦は，水稲に対してある種の輪作上の合理性が考えられた。ところが近年家畜は減少し，また労働力減少から有機質肥料は少なくなり，麦作が化学肥料だけに頼る傾向が高まったことは，水田の地力問題にかえって困難と不合理をもたらす原因ではないかと思われる」と指摘している。
(10) 『食糧管理統計年報』および農林水産省統計情報部『米及び麦類の生産費』（前身の統計を含む）より計算。
(11) 小麦は1972年産までは2類3等，73年産から82年産は2類2等，83年産から86年産は1等，87年産以降は銘柄区分Ⅱ・1等の裸価格，大麦と裸麦は72年産までは3類3等，73年産から82年産までは3類2等，83年産から

86年産までは2類1等,87年産からは銘柄区分Ⅱ・1等の裸価格。
(12) 「農業の基本問題と基本対策」の中で麦に関する部分は,食糧庁『食糧管理史 各論Ⅴ』(昭和30年代制度編) 1971年, 476-478頁, に抄録されている。
(13) 同上書, 472頁。
(14) 1960年代初頭における大麦・裸麦をめぐる一連の動向については,同上書, 475-491頁, 572-580頁, 農林大臣官房総務課編『農林行政史 第12巻』農林協会, 1974年, 810-818頁, 農林水産省農蚕園芸局農産課・食糧庁管理部企画課監修『新・日本の麦』地球社, 1982年, 136-137頁, を参照のこと。
(15) 同特別措置法案については,前掲『食糧管理史 各論Ⅴ』487-490頁, を参照のこと。
(16) 同上書, 572-573頁。なお,農業団体の中でも,農業会議所系統は政府買入数量は前年を下回らないようにすること,買入価格はパリティによる値上がりの年額程度の引上げを行うことを条件として,法案に歩み寄る姿勢を見せた。
(17) これについては,前掲『新・日本の麦』136頁, 140頁, 河相一成『食糧政策と食管制度』農山漁村文化協会, 1987年, 32-36頁, を参照のこと。
(18) 全国販売農業協同組合連合会『全販連20年史』1970年, 713頁。
(19) 前掲『食糧管理史 各論Ⅴ』573頁。
(20) 食糧制度研究会『詳解 食糧法』大成出版社, 1998年, 267頁。
(21) このように,輸入麦に比較して国産麦の政府売渡価格が低く設定されている理由を,国産麦の引取運賃原資,「山工場」へのメリットに求める見解については加瀬良明「製粉業の戦後展開と小麦生産」農業問題研究会編集『農業問題研究』第21・22合併号, 1985年, を参照のこと。加瀬氏の指摘は転作麦が増大していった70年代末以降の時期を対象としたものであるが,その指摘はそれ以前の時期にも当てはまる。
(22) 前掲『詳解 食糧法』302頁。
(23) 阪本楠彦「食糧政策の初段階」古島敏雄編『産業構造変革下における稲作の構造・理論編』東京大学出版会, 1975年, 47-48頁。
(24) 同上稿, 49頁, 第6表より。
(25) 『食糧管理統計年報』各年版より。
(26) 持田恵三「米過剰の意味するもの」編集代表・近藤康男『農産物過剰——国独資体制を支えるもの——』(日本農業年報第19輯) 御茶の水書房, 1970年, 26頁。
(27) 食糧管理特別会計は表6-3で示した「食糧管理勘定」以外に,「農産物等安定勘定」「輸入飼料勘定」「業務勘定」「調整勘定」で構成されている

(1964年度と65年度にはこれに「砂糖類勘定」が加わる）が，食管特別会計全体の損益を大きく左右するのは会計規模の大きい「食糧管理勘定」である。飼料用輸入麦は「輸入飼料勘定」で扱われる。なお，77年 5 月以降「農産物等安定勘定」において農産物買入れ等の支出は行われていない。食管特別会計の仕組みについては，60年代半ばまでを対象したものであるが，野坂象一郎「食管損益と財政負担の推移」『昭和後期農業問題論集⑩食糧管理制度論』農山漁村文化協会，1982年（原論文は食糧庁『食糧管理月報』1966年10月号～67年 7 月号に連載），が詳しい。

(28) 「食管会計の外麦勘定の黒字は，外麦の値上り，売渡価格の引下げのために，〔昭和〕34年度以降減少気味であったが，この外麦の黒字は内麦の赤字を相殺する意味をもち，そのため麦管理は米と違って財政面から重大な問題とならなかった」（〔 〕内は引用者）；前掲『農林行政史 第12巻』818頁。

(29) 加瀬，前掲「政府管理下の小麦粉製造業」327-329頁。

(30) 国産の小麦，大麦・裸麦の飼料としての消費量については，農林（水産）省流通飼料課監修『（流通）飼料便覧』各年版の「主要濃厚飼料供給（消費）量」の欄を参照のこと。

(31) 政府操作飼料の需給動向を知ることができる農林（水産）省流通飼料課『飼料月報』では，1975年産以降の専増産ふすま用と配合飼料用の政府売渡価格が示されているが，それによると75年産は専増産ふすま用よりも配合飼料用の方が高かったが，それ以降は年による変動はあるものの，前者が後者のおおよそ1.2～2.4倍となっている。

(32) 1960年から73年にかけての全国の 1 戸当たり平均飼養頭羽数は，乳用牛が2.0頭から8.4頭，肉用牛が1.2頭から3.1頭，豚が2.4頭から23.3頭，採卵鶏が14羽から144羽，と増加し，家畜飼養戸数は，乳用牛で41万0400戸から21万2300戸，肉用牛で203万1500戸から59万5400戸，豚で79万9100戸から32万1100戸，採卵鶏で383万9000戸から84万6400戸，と減少している。また，ブロイラーは64年から73年にかけて，1 戸当たり平均飼養羽数は，624羽から5525羽へ増加，飼養農家数は 2 万1100戸から 1 万4500戸に減少している；『食料・農業・農村白書付属統計表』1999年度版，113-114頁。

(33) この点について，阪本楠彦氏は，食管特別会計において飼料用輸入麦が恒常的に赤字を発生させていることを指摘した上で「輸入飼料がこんなに安く払い下げられるという事情のもとで，飼料生産の経験に乏しい日本農業が，自給率を維持できるはずはなかった。最大の成長部門とされた畜産は，飼料輸入路線の上にこそ築かれることとなった」と述べている；阪本，前掲稿，45-46頁。

(34) 前掲『食糧管理史 各論Ⅴ』772頁。

(35) 「麦対策研究会」「麦対策協議会」をめぐる経緯については，同上書，771-780頁，前掲『農林行政史 第12巻』819-821頁，を参照。
(36) 同上『農林行政史 第12巻』820頁。
(37) 同上書，821頁。
(38) 同上書，821-822頁。
(39) この経緯については藤井幸男「大・はだか麦管理改善対策について」『食糧管理月報』1969年4月号，が詳しい。
(40) これについては斉藤政三「昭和47年産および48年産の麦管理改善対策の実施状況等について」『食糧管理月報』1974年3月号，38-40頁，中内清人「輸入小麦──従属体制下の米『過剰』要因──」前掲『農産物過剰──国独資体制を支えるもの──』137─138頁，を参照のこと。
(41) ただし，麦管理改善対策に対応した形で，政府の行政指導の下，1977年産から79年産までは「契約生産奨励金」（50kg当たり200円），80年産から85年産までは「品質改善額」（50kg当たり1・2等で80年産・81年産200円，82年産180円，83年産165円，84年産97円，85年産30円，86年産以降は廃止）が実需者からビール大麦生産者に対して支払われた。
(42) 貝田和孝「麦管理改善対策」『食糧管理月報』1980年4月号，35-36頁の表3では，1968年産から79年産までの地域別，品種銘柄別，等級別の区分に基づく契約生産奨励金の細かいデータが示されている。

第7章　戦後間接統制期における麦需給政策(2)
——1980年代半ばごろまで——

I　麦需給政策の転換とそれをめぐる諸動向

1　国内生産・輸入をめぐる動向変化

　間接統制移行後，とくに1960年代を通じて，麦の輸入量が著増する一方で，その国内生産量が激減していったことは前章で見たところであるが，この動向は70年代半ばに変化することになった。

　前掲図6-1〔232頁〕を見てみよう。小麦，大麦・裸麦ともに国内生産量の減少は73年度でストップし，両者とも77年度まではそれぞれ20万t台前半で停滞的に推移している。その後，小麦については78年度から増加傾向に転じ，80年代もこの傾向が続く中で，73年度に20万2000tだった国内生産量は88年度には102万1000tにまで回復した。大麦・裸麦については78年度・79年度と生産量が増加したことによって73年度に21万6000tだったものが79年度には40万6000tまで回復し，その後は停滞傾向で推移して88年度には39万9000tとなっている。このように，小麦と大麦・裸麦ではその動向に違いはあるものの，両者とも73年度においてそれまでの国内生産量の減少傾向に歯止めがかかり，78年度以降一定の回復を見せたことは共通している。

　このような国内生産量の動向は，作付面積の動向変化からもたらされたものである。前掲図6-3(a)〔236頁〕を見ると，小麦，大麦・裸麦ともその作付面積の推移は国内生産量とほぼ並行しており，73年産において4麦全体で15万5000haまで落ち込んでいた作付面積は89年産には39万7000haまで回復している。ただし，同図(b)で大麦・裸麦の動向をさらに詳しく二条大麦・六条大麦・裸麦別に見ると，前2者は70年代末から80年代初頭にかけて作付面積を一定程度回

復させているが，裸麦は70年代半ばから後半にかけて下げ止まりの傾向を見せたものの80年代に入ると微減傾向に転じていることがわかる。このような裸麦の動向は，第5章で見たように戦後一貫して国内消費仕向量が減少し続けていった影響を受けたものと考えられる。

このような中，それまで減少傾向にあった麦作農家戸数にも70年代末から80年代初頭にかけて一時的な増加が見られた（前掲表6-1〔237頁〕）。すなわち，小麦作付農家戸数は77年産で18万9000戸まで落ち込んでいたが，78年産以降増加傾向に転じて81年産では34万1000戸になった。同様に，六条大麦は77年産の2万8000戸が82年産の6万5000戸に，二条大麦は77年産の8万3000戸が79年産の12万7000戸に，裸麦は77年産の4万7000戸が79年産・80年産の5万7000戸に，「麦類計」でも77年産の29万8000戸が81年産では50万1000戸に増加したのである。

次に，図6-1に戻って輸入量の推移を見ると，小麦，大麦・裸麦とも70年代半ば頃から停滞ないし減少傾向に転じていることがわかる。すなわち，小麦は75年度の568万t以降輸入量の伸びがほぼ止まり，80年代半ばから後半にかけては減少傾向も見せており，また，大麦・裸麦は年による変動が大きいものの76年度の176万tで輸入量の伸びは止まり，78度以降は輸入量の水準が下がっているのである。

前に述べたように，間接統制下では麦の輸入量は政策的に決定され，また，麦の国内生産量も政策に大きく規定されるのであるから，上で見た70年代半ば以降の国内生産と輸入をめぐる動向変化は，麦需給政策が，70年代初頭までとは異なり，輸入を抑制し，国内生産回復を図るものへ転じたことを示すものと捉えていいだろう。ただし，国内供給量の大宗が輸入麦で占められているという状況に根本的な変化がなかったことは押さえておく必要がある。

2 麦需給政策転換の要因

それでは，麦需給政策を転換させた要因は何だろうか。これについては，他の多くの食糧品目の需給政策と共通した要因，つまり食糧需給政策に全般的に関わる要因と，麦需給政策に特殊的な要因とに分けて捉えることが必要である。

まず，前者については，小田切徳美氏が的確に指摘しているように，1972年から73年にかけて発生したいわゆる「世界食糧危機」と，高度経済成長の矛盾の累積および高度経済成長の破綻がもたらしたこの時期の「社会的緊張」の2つを挙げることができよう。[1]

70年代初頭の異常気象による世界的な穀物の減収と，同時期に行われた飼料確保を目的としたソ連による穀物の大量輸入は，世界の食糧需給を一挙に逼迫へ転じさせ，これによって穀物の国際価格は暴騰し，「世界食糧危機」が発生することになった。この下で73年にはアメリカによる「対日大豆禁輸措置」が発表されたが，このような状況は不安定な国際農産物市場に日本の食糧の大宗を委ねることへの国民の不安を高めた。これに対して，75年の農政審議会建議「食糧問題の展望と食糧政策の方向」では食糧の対外依存の見直しと国内生産増大を図るための諸政策（「土地・水資源の高度利用」「価格政策の充実」「担い手の確保育成」など）が提起されたが，これは，「世界食糧危機」という状況の中で国民の食糧消費に混乱を生じさせないよう，日本食糧需給政策に対して国内生産を一定程度位置づけるように迫ったものであった。

また，高度経済成長がもたらした公害問題・過密問題などに対する住民運動や公務員労働運動を背景として，60年代末から70年代初めに都市部を中心に全国的に革新自治体が誕生し，さらに「ドル・ショック」（1971年8月15日の金・ドル交換停止を受けて1ドル＝360円の固定相場制は崩壊。同年12月のスミソニアン体制で1ドル＝308円の固定相場制が試みられるが成功せず，73年2月14日から円は変動相場制へ移行）や「第1次オイル・ショック」（73年10月勃発の第4次中東戦争が契機）による高度経済成長の破綻に対応して行われた諸企業の減量経営が大量の雇用削減を発生させるなど，70年代初頭から半ばにかけては社会的緊張が高まっていた。これに対して政権党としては革新勢力の農村部への浸透を阻止するために，農業・農村に対する配慮を強める必要があり，この点からも国内の農業生産を一定程度位置づける必要があったのである。

後者については，この時期，米の生産調整（＝減反）政策が本格的に開始され，そこにおいて麦が転作作物として位置づけられたことが挙げられる。[2]

第5章，第6章で触れたように，米については農業基本法下の農産物輸入拡

第7章　戦後間接統制期における麦需給政策(2)　277

大・自由化に対する農民の反発を緩和させる狙いもあって、その政府買入価格は60年産以降「生産費所得補償方式」の下で生産費に対してかなり高い水準で設定されていたが、これによって単位面積当たり収量は大きく伸び（水稲10a当たり55年産375kg→68年産441kg)、その結果、米の作付面積はほぼ320ha台（うち、水田での作付面積は310万ha台）で安定的に推移していたものの（これは、米政府買入価格が高水準だったことを受けて全国各地で行われた新規開田等による水田面積の増加と、高度経済成長の下で都市・工業地域が拡大したことによって潰廃した水田面積とがほぼ均衡していたことによる)、国内生産量は55年産の1238万5000 t から68年産の1444万9000 t へと大きく増大した(3)。しかし、一方で国内の米消費量は減退していったために、68米穀年度末の米の持越在庫量は298万 t となり、これが69米穀年度末では553万 t、70米穀年度末では720万 t と大きく増加し(4)、また、この下で食糧管理特別会計「国内米管理勘定」の赤字は69年度には3000億円を突破することになった（前掲表6-3〔255頁〕)。

　このような「米過剰」に対処する方策としては、まず、米の政府買入価格の引下げによる生産抑制があるが、従来の「高生産者米価」は農産物輸入拡大・自由化に対する農民の反発を緩和させる役割を担っていたのであり、上で見たように、この時期、労働運動や住民運動が高まり、革新自治体が登場しつつあった状況を考えると、政府としては政府に対する農民の反発を高めることになる米政府買入価格の引下げはとても行えなかった。また、米政府買入価格の引下げを行わないで「米過剰」を解消する方法の1つとしては、過剰米の恒常的な輸出（輸出補助金付輸出ないし食糧援助）や飼料的利用による処理が考えられるが、前者における国際的な輸出秩序の問題もさることながら、国際価格や飼料用価格に比して政府買入価格が相当高く設定されている状況下ではそれらの方策は恒常的に多額の財政負担を必要とすることが確定的であったため、やはり選択肢にはなり得なかったと言える。

　このため、米政府買入価格の維持ないし引上げを前提とする下での「米過剰」の解消は、農民に対して、一定の補償措置＝米生産調整助成金（後述）の交付と引き替えに米の作付制限を行ってもらうという生産調整政策によって行われることになり、これは69年度・70年度の試行を経て、71年度から本格的に

開始された。米生産調整助成金について言えば,「高生産者米価」を維持するにしても米の作付制限を行えば農民の農業所得は減少するのであるから,農産物輸入拡大・自由化に対する農民の反発を緩和させ続けるためには,その交付は当然必要なものであった。[*1]

　　*1　これに関連して,「米過剰」の発生によって,政策問題として大きく浮上した食糧管理特別会計赤字に関してもう少し触れておこう。この赤字は当然ながら削減することが求められたが,このための方策として,米の生産調整に加えて,69年には政府売買を経ない自主流通米制度が発足した。しかし,一方では,75年度まで米の政府売買価格差の逆ざや幅が拡大し,また,政府米から自主流通米へのシフトを図るために食管特別会計から自主流通奨励金が支出されたこともあって,食管特別会計「食糧管理勘定」の赤字は75年度には8022億円まで膨らんだ。これはその後減少するものの,85年度においても60年代末を上回る4101億円という水準にあった。また,一般会計からの食管特別会計の赤字（そのほとんどは「食糧管理勘定」の赤字によるもの）繰入分に米生産調整助成金を加えた「食糧管理費」は70年代末から80年代初頭にかけては9000億円から1兆円水準,その後減少するものの85年度で6952億円となっており,米生産調整政策開始後財政負担はむしろ増大した。
　　　　しかし,その後「食糧管理費」は,次章で触れるように,80年代後半以降食糧需給政策・米需給政策が転換する中で急速に減少し,99年度には2687億円となった。[(5)]

　米生産調整政策開始当初は生産調整の一形態として単純休耕が行われていたが,これに対する助成金支出への国民的批判が高まる中で74年度から単純休耕は廃止となり,その後生産調整は転作を中心に行われることになった。そして,そこにおいて,従来から水田裏作作物として水田への作付けが行われていた麦はまさに絶好の転作対象として位置づけられたのである（麦が転作対象となり,転作麦に米生産調整助成金が支払われるようになったのは,小麦とビール大麦が71年産から,ビール大麦以外の大麦と裸麦が72年産からである。なお,麦が転作として認められるのは収穫後に水稲を作付けしなかった場合のみ）。[(6)]その後,78年度開始の「水田利用再編対策」（米生産調整政策では,数年を1まとまりとした実施計画に対して名称が付けられている。「水田利用再編対策」もその1つ）において,麦は転作作物の中軸たる「特定作物」の1つに指定され

(小麦・二条大麦・六条大麦・裸麦とも)，これによって転作作物としての麦の地位はさらに高まった。

　以上，麦需給政策を転換させた要因を大きく2つに分けて見てきたが，このうち前者に関しては，「世界食糧危機」は70年代後半には一応収束したこと，また，70年代後半には日本経済が高度経済成長破綻後の恐慌状態から脱出し，70年代末には革新自治体も次々に消滅するなど「社会的緊張」も70年代末には大きく減じたこと，を考えると，それらは70年代半ばにおいて麦の国内生産の減少を食い止め，停滞傾向に転じさせた要因の1つであったとは言えるものの，78年度からの麦の国内生産回復との関わりは薄いと見なければならない。そして，麦の国内生産が「水田利用再編対策」の開始と同時に回復していることを見るならば，78年度以降の国内生産回復をもたらした主要因は後者，とりわけ麦が「特定作物」の1つに指定されたことにある，とすることができよう。

　ここで，4麦の転作麦・水田裏作麦・畑作麦別の全国的な作付動向を示した図7-1(a)を見てみよう。畑作麦は78年産以降89年産まで一定程度伸びており，また，水田裏作麦は73年産から85年産まで畑作麦を上回るテンポで増加していて，78年度以降の麦の国内生産回復には畑作麦・水田裏作麦も寄与していたことがわかる。しかし，やはり目を引くのは転作麦である。転作麦は77年産までは3000ha弱であったが，78年産以降大きく面積を増やし，80年代半ばに一時落ち込むものの80年代末には14万haに近づいて水田裏作麦および畑作麦と肩を並べるまでになっている。これは78年産以降の麦の作付面積の増大が主として転作麦によるものであることを確認させるものである。そして，表7-1を見ると，米生産調整目標面積は70年代半ば以降80年代末までだいたいにおいて増加傾向を示しているのであって（80年代半ばに一時減少するが），80年代末までの転作麦の作付面積の動きはこの影響を受けたものであることがわかるのである。

3　国産麦政府買入価格の生産費補償率

　以上，麦需給政策を転換させた要因について見てきたが，国産麦生産量の減少が73年産でストップし，78年産以降回復していったのは，国産麦政府買入価

図7-1　4麦の転作・水田裏作・畑作別の作付動向

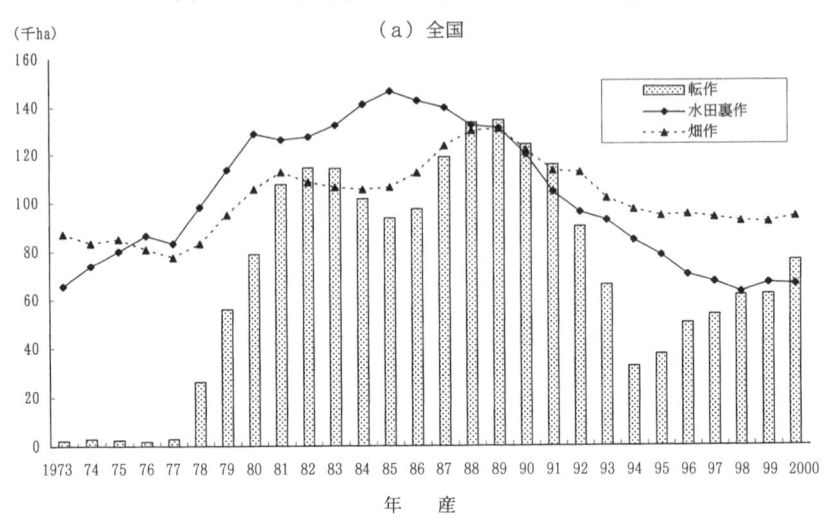

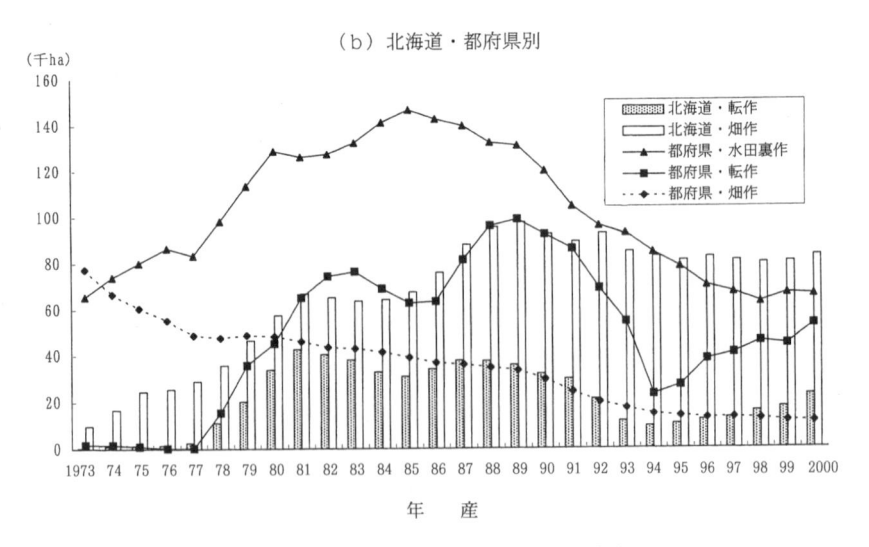

(a) 全国

(b) 北海道・都府県別

出所）農林水産省農産園芸局農産課『麦の生産に関する資料』より作成。

第7章 戦後間接統制期における麦需給政策(2)

表7-1 米生産調整面積の推移

対策	区分		目標	実績	転作	うち麦	その他	目標達成率
稲作転換対策		1971年度	万トン 230	万トン 226	千ha -	千ha 6	-	% 98
		1972	215	233	-	4	-	108
		1973	205	230	-	2	-	112
		1974	135	130	116	2	14	98
		1975	100	108	100	1	8	111
水田総合利用対策		1976	千ha 215	千ha 194	千ha 176	2	千ha 18	% 91
		1977	215	212	192	3	20	99
水田利用再編対策	第1期	1978	391	438	386	41	52	112
		1979	391	472	415	54	57	121
		1980	535	585	515	84	70	109
	第2期	1981	631	668	588	111	80	106
		1982	631	672	595	113	77	107
		1983	600	639	564	112	75	106
	第3期	1984	600	620	518	99	102	103
		1985	574	594	480	92	114	103
		1986	600	618	501	98	117	103
水田農業確立対策	前期	1987	770	791	606	123	185	102
		1988	770	794	617	134	177	103
		1989	770	795	603	133	192	103
	後期	1990	830	849	593	122	256	103
		1991	830	852	583	106	269	103
		1992	700	751	503	87	248	108
水田営農活性化対策		1993	676	713	441	66	272	106
		1994	600	588	349	32	239	102
		1995	680	663	384	38	279	101
新生産調整推進対策		1996	787	787	457	50	330	100
		1997	787	798	455	54	343	102
緊急生産調整推進対策		1998	963	954	555	58	399	99
		1999	963	957	548	64	409	99
水田農業経営確立対策		2000	963	964	563	76	401	100

注 1) 目標達成率は消費純増策等による補正を行った後の目標面積に対するもの。
　 2) 1995年度の目標面積には指標面積8万haを含む。
　 3) 1988年度・89年度の実績は米需給均衡化緊急対策の転作対応分を除く面積。
出所)『食料・農業・農村白書附属統計表』1999年度版,『食料・農業・農村白書参考統計表』2000年度版,その他より作成。

格の生産費補償率の好転と米生産調整助成金の交付によるところが大きい。

最初に，前掲図6-5〔242頁〕で国産麦政府買入価格の生産費補償率を見てみよう。なお，74年産から76年産までは，政府買入れにあたって生産者に対して政府買入価格とは別に「麦生産振興奨励補助金」が支払われたため（60kg当たり74年産2000円〔一部地区は1800円〕，75年産2000円，76年産2300円。同補助金は77年産以降政府買入価格に織り込まれる），政府買入価格に同補助金を加えたもので補償率を算出した（74年産の同補助金は60kg当たり2000円とした）。

73年産から85年産までの期間を見ると，小麦の「田畑計」における補償率は対第1次生産費ではすべて100％を超えていて，160％前後に達している年もあり，対第2次生産費で見ても73年産・81年産・83年産を除いて100％を超えていることがわかる。同期間には大麦と裸麦の「田畑計」でも補償率は70年代初頭までの水準よりも概ね上昇している。このような補償率の好転は，後に見るように国産麦政府買入価格の大幅な引上げによってもたらされたものである（なお，国産麦政府買入価格は86年産以降引き下げられ，そのため補償率も低下するが，これについては次章で触れる）。ただし，小麦と比べると大麦・裸麦における補償率は低く，対第2次生産費ではほとんどの年で100％を下回っており，対第1次生産費で見ても高い年でも120％前後でとどまっている。

次に，補償率の動向を田作・畑作別に見ると（対第2次生産費），大麦と裸麦では年による違いはあるものの，田作・畑作とも似たような動きとなっている。小麦では，畑作における補償率の著しい好転が注目され，上で見た「田畑計」における補償率の好転が主として畑作における好転によってもたらされたものであることがわかる。小麦のこのような動向は，政府買入価格が引き上げられる中，北海道農協中央会が小麦を北海道畑作の重要作物として位置づけ，その作付面積を増加させる方策をとったことによって，生産費の低い北海道産畑作小麦が大幅に増加したことによるものである（73年産8050ha・2万1800t→80年産5万5000ha・19万8200t→85年産6万6900ha・29万9500t[8]）。そのため，この時期以降，小麦では田作と畑作の補償率の乖離が大きいものになった。

前章で触れたように，小麦よりも大麦・裸麦における補償率が低いという状

況は70年代初頭までも見られたものであり，それには政府の大麦・裸麦の作付転換方針が影響していたと考えられたのであるが，70年代半ば以降麦全体として補償率が好転した下でも大麦・裸麦の補償率が小麦のそれよりも低くなっていることは，転作作物として麦の生産は増加させるにしても，大麦・裸麦については，従来同様，生産の増加を望まないという政策の意向が反映されたものとして捉えられよう。先に見た80年代における両者の生産動向の相違——小麦は増加していったが，大麦・裸麦は停滞傾向で推移した——は，このような補償率の違いによって生じたところが大きいと考えられる。

ともあれ，70年代半ば以降，国産麦政府買入価格の生産費補償率の水準は全般的に上昇したのであるが，ここには次のような政策論理が働いていたと言える。すなわち，74年度以降米生産調整は転作を中心として行われることになったが，その下では農民に対して米から他作物への作付転換を行ってもらうことが必要であり，それには転作作物の生産によって得られる所得が稲作所得に近い水準となることが必要である。米生産調整助成金はこれに対応する有力な方策であるが，同時に麦の生産者手取価格についても考慮を払うことが求められたのである。74年産から76年産において麦生産振興奨励補助金が支払われ，それが77年産以降政府買入価格へ織り込まれたことは，まさにその具体化だったのである（70年代半ばにおいては「世界食糧危機」対策として麦の緊急増産のための意味合いも持っていたと考えられるが）。そして，このような国産麦政府買入価格の生産費補償率の好転はその効果が国内の麦生産全般に及ぶものであるがゆえに，先に見たように転作麦に加えて畑作麦・水田裏作麦についても80年半ばないし後半まで作付面積が増加したのである。

また，このような中，政府買入価格に連動して国産ビール大麦の契約価格も引き上げられ（前掲表5-4〔223頁〕），また，先述のように71年産からビール大麦が転作作物とされて米生産調整助成金が支払われるようになり，これに対応して国産ビール大麦の契約数量が拡大されたが（前掲表5-5〔224頁〕），これも麦の作付面積増加に寄与したものであった。[9]

ただし，麦の作付面積が増加したと言っても，それは50年代から70年代初頭にかけて激減した分と比較するとわずかなものであった。それゆえ，水田裏作

麦に関しても，それは戦後50年代・60年代を通じて崩壊していった水田二毛作体系を修復するものにはほど遠かったのである。

なお，ここで図7-1(b)を見ると，まず，78年産以降，北海道産転作麦が80年代初頭にかけて伸びていることもさることながら，都府県産転作麦が80年代末まで大きく伸びていることが注目され，転作麦の伸びが都府県産の伸びによるところが大きかったことがわかる。また，80年代半ばまで都府県産水田裏作麦と北海道産畑作麦も伸びている（後者は80年代末まで）。都府県産畑作麦だけは一貫して減少しているが，これは4麦すべてで生じたものである（小麦は1973年産3万3750ha→80年産2万2400ha→85年産2万1700ha，同期間に六条大麦は1万2700ha→7450ha→5770ha，二条大麦は2万2540ha→1万4000ha→9780ha，裸麦は8470ha→4230ha→2080ha）。そして，都府県産畑作麦と都府県産田作麦の生産費にそれほど大きな違いがないことを考えると，都府県産畑作麦の減少は，都府県の畑地において野菜など比較的収益性の高い作物の単作化・専作化が進み，麦作をその一環とする輪作体系が崩れていく中で，政府買入価格が引き上げられても（後述するように大幅な引上げではあったが，引上げ幅がその程度では）その流れが止まらなかったためであると見られるのである。

4 米生産調整助成金の動向

米生産調整助成金は「転作」「保全管理」「土地改良通年施行」などの生産調整の各形態に対して面積単位で交付されるものであり，1971年度の米生産調整政策の本格的開始とともに設定された。その動向は転作麦の作付けに大きな影響を与えるものである。

71年度から本格的に米生産調整がなされたことによって，「米過剰」問題は70年代前半に一時的になりをひそめたが，その後良好な作況が続いたこともあって70年代半ばから米持越在庫量が増加し，また，食管特別会計「国内米管理勘定」赤字が大きく膨らんだこともあって（前掲表6-3。なお，この赤字は在庫量の増大によるものだけではなく，先述した米の政府売買価格差の拡大，自主流通奨励金の支出などの影響も大きい），70年代半ば過ぎに「米過剰」が再び政策上の問題として浮かび上がることになった。このような中，78米穀年

度末の持越在庫量が500万tを上回る見込みになったことを受けて，78年度から米生産調整のいっそうの強化を図る「水田利用再編対策」が開始され，そこでは従来20万ha台だった米生産調整目標面積について，78年度・79年度は40万ha近く，80年度は50万haを超える数字が示された（表7-1）。そして，この目標面積は，その後の「水田利用再編対策」第2期・第3期では60万ha台にまで引き上げられていった。

　従来を大きく上回る目標面積を転作を中心として消化するためには，農民に転作を行わせるための経済的インセンティブをいっそう強める必要がある。そのため，「水田利用再編対策」は麦を転作作物の中軸たる「特定作物」の1つに指定し（「特定作物」は，他に大豆・飼料作物など），それに支払われる米生産調整助成金の「基本額」（転作作物を作付けすること自体に対して交付される助成金）を従来から大幅に引き上げた。すなわち，麦の「基本額」は，「稲作転換対策」（71～75年度）では10a当たり3万円，「水田総合利用対策」（76年度・77年度）では4万円であったが，これが「水田利用再編対策」では5万5000円とされたのである（「水田利用再編対策」では，果樹等の「永年性作物」の「基本額」は「特定作物」と同額，その他の「一般作物」のそれは4万円とされた）。

　先に触れた転作麦の作付面積増加には，先述した国産麦政府買入価格の生産費補償率の好転も影響しているが，転作麦の作付面積が急激に伸びているのが78年産からであることを考えると，それをもたらした最大要因は，「水田利用再編対策」の開始による米生産調整目標面積の拡大とそれに対応した「基本額」の引上げであったと言っていいだろう。

　「基本額」はその後，81年度からの「水田再編利用対策」第2期では10a当たり5万円へ切り下げられ，84年度からの同第3期ではさらに4万2000円へとさらに下げられた。そして，87年度からの「水田農業確立対策」前期になると「特定作物」という範疇がなくなって，麦は「一般作物」の1つとなり，その「基本額」も10a当たり2万円と大幅に下がった。これは，米生産調整助成金体系において，「基本額」の比重を低め，米生産調整目標面積の完全消化や転作作物のコスト削減のための団地化などに対して支払われる「加算額」（「地域

営農加算」「生産性向上等加算」など）の比重を高める，という政策方針がとられたことによるものである。このような「基本額」部分の縮小は，転作対応として麦を作付けする経済的インセンティブを弱めるものであるが（「加算額」を含めて単位面積当たりの米生産調整助成金が従来水準を維持する限りはインセンティブを弱めることにはならないだろうが，「加算額」を受け取ることのできる地域は限定される），それにも関わらず，80年代末までともかくも転作麦の面積が伸びているのは，米生産調整面積自体が拡大したためである（表7－1）。

しかし，このような「基本額」の縮小は，次章で見るように，90年代に入ってから国産麦政府買入価格の生産費補償率の下落と相俟って転作麦の生産を減少させていくのである。

5 麦管理改善対策の動向

以上見てきたような，転作麦を中心とした麦の国内生産の回復は，麦管理改善対策にも影響を及ぼすことになった。

前掲表6－5〔264頁〕を見てみよう。1972年産・73年産で60kg当たり小麦200円，大麦・裸麦100円であった契約生産奨励金の平均単価は，74年産には両者同額の300円となり，75年産には両者とも500円へ，76年産から79年産では両者とも600円へと，70年代半ば以降大きく引き上げられている。これは後述する国産麦政府買入価格の大幅引上げに対応したものであって，70年代初頭までとは異なって，契約生産奨励金は麦の国内生産減少を食い止め，生産を回復させることに一定の役割を果たしたものと見られる。

しかし，国内生産の回復とともに麦管理改善対策は新たな問題を抱えることになった。すなわち，80年産から小麦，大麦・裸麦ともに「未契約麦」が大量に発生する事態が生じたのである。前掲表6－6〔265頁〕を見ると，「未契約麦」は小麦では80年産で17万t発生し，それはその後増加傾向を示して86年産では29万6000tとなった。大麦・裸麦でも80年産で1万6000tだったものが81年産では3万5000tへ増大し，83年産・84年産でも2万t台の発生が見られたのである。

これは,「水田利用再編対策」開始後すぐに,実需者側が増大する国産麦の引取りに難色を示したことからも予想されたものであった。これについて,食糧庁『食糧管理月報』1980年4月号では以下の指摘がなされている。

「農林省は昭和49年産以降,麦生産振興奨励策を打ち出し,年々拡充強化を図るとともに,昭和53年度から,米需給均衡化対策に伴う水田利用再編対策の実施により,麦を特定作物として取り扱った事から生産は急激に増加した。このため外麦依存が高まった関連企業の契約結び付きが困難になり,生産地での契約締結推進指導から次第に中央での全国調整の方向に軌道が回り始めた。つまり需要者側は,転作による田作麦の増加は,生産者側が『麦でも』『麦しか』農業の考え方で作られる可能性があり,品質面での問題を第一にあげ,しかも全国的に亘っていることから,需要立地の配慮はなく,現行麦管理制度が現地売却方式をとっている以上,生産と需要の乖離は,引取運賃の増嵩をまねき(集荷単位の零細化が更に進むおそれもあるとして,バラ流通の促進を含め,集荷単位の大型化も要求している。)企業経営の正常な運営を阻害する等の理由から強く反発,麦管理改善対策の見直しを要求する声も出はじめた。[12]」

これに対して,まず80年産において,小麦の契約生産奨励金については平均単価が60kg当たり50円引き上げられて650円とされたものの,需要が停滞・微減傾向にある大麦・裸麦のそれについては150円の引下げが行われて450円とされた(前掲表6-5)。

さらに,81年産からは,契約生産奨励金を「生産品質改善奨励額」(87年産から「品質改善奨励額」に改称)と「流通改善奨励額」に分ける措置が行われた(前掲表6-5)。このうち,生産品質改善奨励額は従来と同様,生産者に実需者ニーズに沿った麦の生産を行わせることを目的としたものであるが,その額は従来の契約生産奨励金平均単価から大きく引き下げられた。一方,流通改善奨励額は「集約化奨励額」「バラ化奨励額」から構成されていることからわかるように,実需者側の引取経費を節約するような措置を生産者側に行わせることを目的として設定されたものである。生産品質改善奨励額と流通改善奨励額を合わせると従来の契約生産奨励金に近い水準になるが,すべての麦産地が流通改善に対応できるわけではなく,また,対応できる産地も流通改善奨励額

を受け取る条件を満たすためには新たな負担を強いられる場合があるのであるから，契約生産奨励金の生産品質改善奨励額と流通改善奨励額への分化は，契約生産奨励金単価を実質的に引き下げるものである。これは麦管理改善対策が麦の増産に抑制をかける性格を帯びたことを示すものとして捉えていいだろう。

しかし，以上のような措置がとられたにも関わらず，米生産調整面積の拡大に伴う転作麦の増加を中心として麦の国内生産量が増加する中で，先に見たように80年代半ばまで「未契約麦」の発生は解消しなかった。ただし，「未契約麦」は播種前の段階におけるものであって，それが発生した場合には政府がその解消に向けて生産者と実需者との調整を行い，さらに，良好な作況によって発生する「契約締結超過分」についても，追加契約を行うよう政府が生産者と実需者を指導することになっていたため，最終的な政府買入段階における「非契約麦」はほとんど発生しなかった（前掲表6-6）。しかし，「未契約麦」の発生を放置するならば需要を伴わない生産が増加し，政府が対応しきれない状況となる可能性が生じる。そのため，次章で見るように，86年11月に「麦管理改善対策要綱」の改正が行われ，麦管理改善対策の内容が大きく変わるのである。

II 政府価格体系の動向変化

1970年代半ば以降，麦需給政策が輸入抑制・国内生産回復を図る方向に転じた中で，麦の政府価格体系にも変化が現れた。以下ではその動向を，前章と同様，食糧用麦と飼料用麦に分けて見ていきたい。

（1） **食糧用麦** 表7-2を見てみよう。まず，国産麦についてその政府売買価格差に着目すると，小麦，大麦，裸麦とも1970年代半ば以降その逆ざや幅が大きく拡大していることがわかる（74年度から76年度までの政府買入価格には麦生産振興奨励補助金は含めていない）。すなわち，小麦の政府売買価格差は60kg当たり73年度に▲1750円（売買価格差比率▲67.4%）だったものが，80年度には▲7082円（▲195.5%）に，同期間に大麦では50kg当たり▲1475円（▲86.9%）が▲5543円（▲218.2%）に，裸麦では60kg当たり▲2169円（▲

92.1％）が▲7710円（▲231.8％）になっている。このような動向は，政府買入価格が大幅に引き上げられた一方で，政府売渡価格については引上げはなされたもののその引上げ幅が政府買入価格のそれより小さかったことによるものである。80年代前半になると逆ざや幅の拡大こそ見られないものの，80年度まで拡大した逆ざや幅はほぼ維持されている。

　一方，輸入麦を見ると，小麦では，国際価格の影響を受ける政府買入価格が「世界食糧危機」の下で急騰したため（国際小麦協定は，1971年の協定以降，価格帯の権利・義務に関する条項を設けなくなった），73年度から75年度までの3ヶ年においては政府売買価格差が逆ざやになったが，76年度以降には順ざやに戻っている（76年度の政府買入価格は73年度を上回っているが，それにも関わらず政府売買価格差が76年度に順ざやに戻ったのは，後述する政府売渡価格算定方式の変更によるところが大きい。また，78年度は国際価格下落による政府買入価格低下のため一時的に順ざや幅が拡大した）。そして，その後，順ざや幅は80年代前半を通じて拡大傾向を示し，84年度には60kg当たり2194円（売買価格差比率43.4％）にまでなった。このような動向は国際価格下落による政府買入価格の低下もさることながら，国産麦と並行して政府売渡価格が引き上げられたことによるところが大きい（86年度における順ざや幅のいっそうの拡大は政府買入価格の大幅な低下によるものであり，これについては次章で触れる）。

　このような動向は輸入大麦でもほぼ同様である。そこでは政府売買価格差の逆ざやが76年度まで続くが，77年度（表には示していない）以降は順ざやに戻る。そして，その順ざや幅は50kg当たり78年度の332円（売買価格差比率15.9％）から84年度の847円（30.0％）へと拡大している。82年度から84年度にかけての順ざや幅拡大については政府買入価格の低下も関係しているが，70年代半ばから80年代前半にかけての推移——逆ざやの縮小と順ざやへの転換そして順ざや幅の拡大——を全体的に見ると，それにはやはり政府売渡価格の引上げが大きな影響を与えているのである（86年度における順ざや幅のいっそうの拡大は，輸入小麦と同様，政府買入価格の大幅な低下によるものである）。

　それでは，このような政府価格体系の変化にはどのような政策論理が働いて

表7-2 食糧用麦の政府価格体系

(a) 国産小麦　　　　　　　　　　　　　　　　　　　　　　単位：円／60kg

年度	政府買入価格 ①	政府売渡価格 ②	政府管理経費 ③	売買価格差 ②-①=④	売買価格差比率 ④／②	コスト価格差 ②-(①+③)=⑤	コスト価格差比率 ⑤／②
1972	3,810	1,870	364	▲ 1,940	▲103.7%	▲ 2,304	▲123.2%
1973	4,345	2,595	430	▲ 1,750	▲67.4%	▲ 2,180	▲84.0%
1974	5,564	2,564	598	▲ 3,000	▲117.0%	▲ 3,598	▲140.3%
1975	6,129	2,954	734	▲ 3,175	▲107.5%	▲ 3,909	▲132.3%
1976	6,574	3,272	786	▲ 3,302	▲100.9%	▲ 4,088	▲124.9%
1978	9,692	3,248	1,167	▲ 6,444	▲198.4%	▲ 7,611	▲234.3%
1980	10,704	3,622	1,293	▲ 7,082	▲195.5%	▲ 8,375	▲231.2%
1982	11,047	4,124	1,545	▲ 6,923	▲167.9%	▲ 8,468	▲205.3%
1984	11,092	4,135	1,365	▲ 6,957	▲168.2%	▲ 8,322	▲201.3%
1986	10,963	3,886	1,167	▲ 7,077	▲182.1%	▲ 8,244	▲212.1%

(b) 国産大麦　　　　　　　　　　　　　　　　　　　　　　単位：円／50kg

年度	政府買入価格 ①	政府売渡価格 ②	政府管理経費 ③	売買価格差 ②-①=④	売買価格差比率 ④／②	コスト価格差 ②-(①+③)=⑤	コスト価格差比率 ⑤／②
1972	2,783	1,301	264	▲ 1,482	▲113.9%	▲ 1,746	▲134.2%
1973	3,173	1,698	334	▲ 1,475	▲86.9%	▲ 1,809	▲106.5%
1974	4,064	1,672	480	▲ 2,392	▲143.1%	▲ 2,872	▲171.8%
1975	4,477	1,986	560	▲ 2,491	▲125.4%	▲ 3,051	▲153.6%
1976	4,802	2,298	662	▲ 2,504	▲109.0%	▲ 3,166	▲137.8%
1978	7,337	2,278	1,606	▲ 5,059	▲222.1%	▲ 6,665	▲292.6%
1980	8,083	2,540	1,048	▲ 5,543	▲218.2%	▲ 6,591	▲259.5%
1982	8,328	2,900	1,378	▲ 5,428	▲187.2%	▲ 6,806	▲234.7%
1984	8,336	2,912	961	▲ 5,424	▲186.3%	▲ 6,385	▲219.3%
1986	8,229	2,766	1,047	▲ 5,463	▲197.5%	▲ 6,510	▲235.4%

(c) 国産裸麦　　　　　　　　　　　　　　　　　　　　　　単位：円／60kg

年度	政府買入価格 ①	政府売渡価格 ②	政府管理経費 ③	売買価格差 ②-①=④	売買価格差比率 ④／②	コスト価格差 ②-(①+③)=⑤	コスト価格差比率 ⑤／②
1972	3,966	1,773	283	▲ 2,193	▲123.7%	▲ 2,476	▲139.7%
1973	4,523	2,354	439	▲ 2,169	▲92.1%	▲ 2,608	▲110.8%
1974	5,792	2,323	703	▲ 3,469	▲149.3%	▲ 4,172	▲179.6%
1975	6,380	2,700	779	▲ 3,680	▲136.3%	▲ 4,459	▲165.1%
1976	6,843	3,074	813	▲ 3,769	▲122.7%	▲ 4,582	▲149.1%
1978	9,986	3,050	1,407	▲ 6,936	▲227.4%	▲ 8,343	▲273.5%
1980	11,036	3,326	1,589	▲ 7,710	▲231.8%	▲ 9,299	▲279.6%
1982	11,396	3,792	1,756	▲ 7,604	▲200.5%	▲ 9,360	▲246.8%
1984	11,441	3,819	1,557	▲ 7,622	▲199.6%	▲ 9,179	▲240.4%
1986	11,323	3,628	1,125	▲ 7,695	▲212.1%	▲ 8,820	▲243.1%

(d) 食糧用輸入小麦　　　　　　　　　　　　　　　　　　　単位：円／60kg

年度	政府買入価格 ①	政府売渡価格 ②	政府管理経費 ③	売買価格差 ②-①=④	売買価格差比率 ④／②	コスト価格差 ②-(①+③)=⑤	コスト価格差比率 ⑤／②
1972	1,522	2,071	143	548	26.5%	405	19.6%
1973	2,589	2,281	187	▲ 308	▲13.5%	▲ 495	▲21.7%
1974	4,348	2,736	270	▲ 1,612	▲58.9%	▲ 1,882	▲68.8%
1975	3,690	2,827	273	▲ 864	▲30.6%	▲ 1,137	▲40.2%
1976	3,237	3,659	296	422	11.5%	126	3.4%
1978	2,119	3,844	283	1,725	44.9%	1,442	37.5%
1980	3,242	4,393	389	1,151	26.2%	761	17.3%
1982	3,097	4,708	395	1,611	34.2%	1,216	25.8%
1984	2,861	5,055	378	2,194	43.4%	1,816	35.9%
1986	1,726	5,028	323	3,302	65.7%	2,979	59.3%

(e) 食糧用輸入大麦

単位：円／50kg

年度	政府買入価格 ①	政府売渡価格 ②	政府管理経費 ③	売買価格差 ②−①=④	売買価格差比率 ④／②	コスト価格差 ②−（①+③）=⑤	コスト価格差比率 ⑤／②
1972	1,400	1,229	120	▲171	▲14.0%	▲292	▲23.8%
1973	2,236	1,691	152	▲545	▲32.2%	▲697	▲41.2%
1974	3,243	1,997	219	▲1,247	▲62.4%	▲1,466	▲73.4%
1975	2,626	2,027	232	▲599	▲29.5%	▲831	▲41.0%
1976	2,484	2,404	256	▲81	▲3.4%	▲337	▲14.0%
1978	1,760	2,092	296	332	15.9%	36	1.7%
1980	2,080	2,613	351	534	20.4%	183	7.0%
1982	2,344	2,936	329	592	20.2%	262	8.9%
1984	1,973	2,820	225	847	30.0%	623	22.1%
1986	1,159	2,277	188	1,118	49.1%	930	40.8%

出所）表6−2に同じ。

いたのだろうか。

　まず，80年度までの国産麦政府買入価格の大幅な引上げについて触れると，引上げ分の一部は第1次石油ショック後の物価高騰による農業パリティ指数（総合）の上昇（72年222.54→74年328.72→76年387.12→78年418.73→80年475.22）を受けたものであるが，前に見たように70年代半ば以降国産麦政府買入価格の生産費補償率が好転したことを併せて考えるならば，この引上げは農業パリティ指数上昇分を上回るものとして捉えることができる。そして，それには「世界食糧危機」と「社会的緊張」そして71年度から本格的に開始された米生産調整政策に対応するための，国産麦の生産増加を図る狙いがあったと言えるだろう。

　次に，80年度までの国産麦および輸入麦の政府売渡価格については，その算定方式として，従来の「対米価比方式」に代わって73年12月から80年1月まで「輸入麦コスト方式」が採用されたことを見ておく必要がある。すなわち，「昭和47年秋以降，麦の国際需給の逼迫により輸入麦のコスト価格が暴騰し政府売渡価格に対し大幅な逆ざやとなったことを背景に，昭和48年12月改定から麦の供給の大宗を占める輸入麦のコスト価格を算定の基準とする方式に変更された（食糧管理法施行令を改正し，外麦のコスト価格を価格決定の参酌事項とすることを明記した）」のであり，先に見た政府売渡価格の引上げはこれを受けたものである。

　「輸入麦コスト方式」の導入による政府売渡価格の引上げの理由については以下のことを指摘することができる。すなわち，「世界食糧危機」によって輸

入麦政府買入価格が高騰する中，食管特別会計「輸入食糧管理勘定」の輸入麦分は73年度に赤字となったが（前掲表6-3〔255頁〕），政府売渡価格を従来の水準で据え置くならばこの輸入麦赤字を継続させることになり，また，政府売渡価格の据置きは，麦の国内生産拡大に向けて国産麦政府買入価格が大幅に引き上げられている下では「国内麦管理勘定」の赤字も大きく拡大させることにもなり，これらはいずれも食管特別会計全体の赤字を拡大させることになることから，これを避ける必要があったのである。なお，「世界食糧危機」が一応収束した70年代後半についても，70年代半ばに比べると下落したとは言え輸入麦政府買入価格は「世界食糧危機」以前の70年代初頭よりも一段高い水準にとどまっており，輸入麦黒字のためには好ましくない状況になっていた一方，78年度からの転作麦を中心とする国産麦生産量の増加は，政府買売数量を拡大させて「国内麦管理勘定」赤字を膨らませることに繋がるものであったことから，食管特別会計の赤字を抑制するためには政府売渡価格の引上げが必要だったと言える。

　ただし，「輸入麦コスト方式」導入以降も，74年度・75年度（大麦は76年度も）については輸入麦の政府売買価格差は逆ざやとなっているのであって，「世界食糧危機」下，政府売渡価格は輸入麦のコスト価格を直接反映させるのではなく，国際価格高騰の国内市場への影響を減殺するように決められていたことがわかる。これは，「輸入麦コスト方式」をそのまま適用したならば，麦製品の消費者購入価格が跳ね上がり，国民の食糧消費に悪影響を与えることになり，それは73年の「第1次石油ショック」によって消費者物価全般が高騰していた下では先述の「社会的緊張」をさらに高めることになると考えられたためであろう。つまり，「社会的緊張」を背景として，国民の食糧消費に悪影響が生じないよう一定の政策的配慮がなされたのである。

　さて，以上のような政策論理は80年代に入ると変化することになる。それは80年2月に麦政府売渡価格の算定方式が「内外麦コストプール方式」へとさらに変更されたことに現れた。

　前掲表6-3を見てみよう。前にも触れたように国産麦の政府売買価格差は57年度に逆ざやに転化し，その後逆ざや幅は70年代初頭まで拡大していったが，

第7章　戦後間接統制期における麦需給政策(2)　　293

一方で麦の国内生産量の激減によって政府売買数量も激減したために,「国内麦管理勘定」の赤字はそれほどは増えず, 69年度から73年度にかけてはむしろ減少した。しかし, 74年度以降は国産麦の政府買入価格の大幅な引上げによってその政府売買価格差の逆ざや幅がいっそう拡大し(上述のようにこの時期政府売渡価格も引き上げられたが, その引上げ幅は国産麦政府買入価格のそれよりは小さいものであった), さらに78年度からの「水田利用再編対策」下で国内生産量が急増したことに伴ってその政府売買数量も増加したために,「国内麦管理勘定」の赤字は78年度から急増し, その額は80年度には839億円となり,「輸入食糧管理勘定」の輸入麦黒字で補填できない水準にまで膨らんだ。このような状況は, 高度経済成長破綻後の不況脱出のために70年代に行われた大量の国債発行が財政危機を招き, これに対して財政支出削減が70年代末から財政政策の中心的課題となり(81年「臨時行政調査会」発足),「食管赤字削減」がその主要目標の1つとなった下では早急に解消されなければならないものであった。

これを受けて, 麦政府売渡価格の算定方式として「昭和55年2月改定から国内産麦に係る財政負担と輸入麦の売買差益との収支に赤字が生じないよう価格設定を行う内外麦コストプール方式を採用」(16)することが決定された。つまり,「内外麦コストプール方式」は,「輸入食糧管理勘定」の輸入麦黒字を「国内麦管理勘定」赤字の補填に用いるという食管特別会計の従来の方針をさらに徹底させるものだったのである。なお, この方式は基本的に小麦に対して適用され, 大麦・裸麦の政府売渡価格には小麦の毎年の改定率が準用されることになった。

さて,「内外麦コストプール方式」の下では「国内麦管理勘定」の赤字は「輸入食糧管理勘定」の輸入麦黒字の範囲内に収めなければならないのであり, 前者の赤字額が後者の黒字額を上回っていた中では, 後者の黒字額を拡大するとともに, 国産麦の生産回復に伴う政府売買数量の増加による前者の赤字拡大額を後者の黒字拡大額よりも小さいものにする必要がある。

「輸入食糧管理勘定」の輸入麦黒字の拡大について, 国産麦の生産量増加を保障するために輸入量が抑制・減少させられていた中でそれを行うには, 輸入麦の政府売渡価格を引き上げて輸入麦の政府売買価格差の順ざや幅を拡大する

以外にはない。そして、輸入麦の政府売渡価格の引上げは、一物一価という市場経済の原則の下で、国産麦の政府売渡価格の引上げをも求めることになる。80年度以降の国産麦・輸入麦の政府売渡価格の引上げはこのような論理によって行われたものである。

一方、国産麦政府買入価格の引上げ幅を政府売渡価格の引上幅の範囲内にとどめるならば（国産麦政府買入価格がパリティ価格を下回らないことは必要であるが）、国産麦の政府売買価格差の逆ざや幅は拡大せず、「国内麦管理勘定」赤字拡大額は国産麦政府売買数量の拡大分にとどまることになる。80年度以降、国産麦政府買入価格の引上げが鈍化し、国産麦の政府売買価格差の逆ざや幅がほぼ一定で推移するようになっているのはこのためである（表7-2）。

そして、結果としては、国産麦の政府売買数量よりも輸入麦のそれの方が圧倒的であった中で、「国内麦管理勘定」の赤字額は若干増加したものの、「輸入食糧管理勘定」の輸入麦黒字額はそれを上回って増加したため、83年度から85年度にかけて両者はほぼ均衡することになったのである（前掲表6-3）。

前章で見たように、従来から「輸入食糧管理勘定」の輸入麦黒字を捻出するために輸入麦の政府売買価格差は順ざやにされており、それは麦需給政策において、わが国総資本の本来的要求を反映した「安価な食糧の追求」の論理が一定程度抑制されたことを意味するものであった。「内外麦コストプール方式」の下では輸入麦の政府売買価格差の順ざや幅がさらに拡大されたのであるから、このことは、財政危機対応として要請された食管特別会計赤字削減方針の下、米生産調整対応として国産麦の生産増加を図るための財政支出を賄うために「安価な食糧の追求」の論理が従来以上に抑制されたことを示すものとして捉えることができるだろう。

（2）**飼料用輸入麦**　表7-3を見てみよう。従来小幅の順ざやで推移してきた小麦の政府売買価格差は1973年度から76年度にかけて逆ざやに転化し、とくに74年度では60kg当たり▲2300円（売買価格差▲112.0%）となっている。大麦の政府売買価格差は従来からの逆ざや基調が引き継がれているが、70年代半ばの逆ざや幅は膨らんでおり、小麦と同様74年度には50kg当たり▲1345円（▲90.0%）とひときわ大きくなっている。これは「世界食糧危機」下で政府

第7章 戦後間接統制期における麦需給政策(2)

表7-3 飼料用輸入麦の政府価格体系

(a) 飼料用輸入小麦　　　　　　　　　　　　　　　　　　　単位：円／60kg

年度	政府買入価格 ①	政府売渡価格 ②	政府管理経費 ③	売買価格差 ②-①=④	売買価格差比率 ④/②	コスト価格差 ②-(①+③)=⑤	コスト価格差比率 ⑤/②
1972	1,481	1,582	90	101	6.4%	11	0.7%
1973	2,587	1,692	98	▲896	▲53.0%	▲994	▲58.7%
1974	4,353	2,053	132	▲2,300	▲112.0%	▲2,432	▲118.5%
1975	3,462	2,174	159	▲1,288	▲59.3%	▲1,448	▲66.6%
1976	2,864	2,798	168	▲66	▲2.4%	▲234	▲8.4%
1978	2,060	2,821	173	761	27.0%	588	20.8%
1980	2,997	3,306	194	310	9.4%	115	3.5%
1982	2,927	3,494	203	566	16.2%	363	10.4%
1984	2,677	3,664	352	986	26.9%	634	17.3%
1985	2,634	3,690	592	1,055	28.6%	464	12.6%
1986	1,749	3,585	857	1,835	51.2%	979	27.3%

(b) 飼料用輸入大麦　　　　　　　　　　　　　　　　　　　単位：円／50kg

年度	政府買入価格 ①	政府売渡価格 ②	政府管理経費 ③	売買価格差 ②-①=④	売買価格差比率 ④/②	コスト価格差 ②-(①+③)=⑤	コスト価格差比率 ⑤/②
1972	1,188	1,090	66	▲98	▲9.0%	▲165	▲15.1%
1973	1,745	1,226	69	▲518	▲42.3%	▲587	▲47.9%
1974	2,825	1,480	81	▲1,345	▲90.9%	▲1,426	▲96.3%
1975	2,533	1,701	130	▲833	▲49.0%	▲962	▲56.6%
1976	2,243	1,884	191	▲358	▲19.0%	▲549	▲29.1%
1978	1,572	1,477	216	▲95	▲6.4%	▲311	▲21.0%
1980	2,117	1,811	227	▲306	▲16.9%	▲533	▲29.4%
1982	1,930	1,909	211	▲21	▲1.1%	▲232	▲12.6%
1984	1,881	1,944	298	62	3.2%	▲236	▲12.1%
1985	1,791	1,798	446	8	0.4%	▲438	▲24.4%
1986	1,250	1,381	545	131	9.5%	▲414	▲30.0%

出所）表6-4に同じ。

　買入価格が高騰する中，政府売渡価格も引き上げられたものの，前者の高騰幅に比べて後者の引上げ幅が低く抑えられたためであり，国際価格高騰の国内市場への影響を減殺した点において，先に見た食糧用輸入麦の政府価格体系と同様の役割を担ったと言うことができる。ただし，その逆ざや幅は食糧用輸入麦のそれよりも大きかった。

　前章で見たように，70年代初頭まで，食糧用輸入小麦の政府買売価格差が順ざや，食糧用輸入大麦の政府買売価格差が順ざや基調であったのに対して，飼料用輸入小麦のそれは相対的に小幅の順ざや，飼料用輸入大麦のそれは逆ざや基調であり，飼料用輸入麦の政府売渡価格は食糧用麦のそれよりも低く設定されていた。「世界食糧危機」下で，先に見たように食糧用の輸入小麦・輸入大

麦の政府売買価格差も逆ざやに転化したが，そこにおいても飼料用の輸入小麦・輸入大麦の逆ざや幅の方が大きかったことは，食糧用麦の政府売渡価格に対する飼料用輸入麦のそれの相対的低位という従来の動向がこの時期にも引き継がれたことを示すものである。

　70年代後半に「世界食糧危機」が一応収束する中で，飼料用の輸入小麦・輸入大麦の政府売買価格差の大幅な逆ざやは解消されたが，その後の動向は「世界食糧危機」以前とは異なるものとなった。すなわち，飼料用輸入小麦の政府売買価格差は80年代に入るとその順ざや幅を急速に拡大し，85年度には60kg当たり1055円（売買価格差28.6%）にまでなり，また，飼料用輸入大麦のそれは年による変動がありつつも80年代初頭まで逆ざや幅を縮小させ，（表には示していないが83年度には順ざやに転化して）84年度には50kg当たり62円（3.2%）の順ざやとなったのである。このような動向は，食糧用麦と同様，政府売渡価格の引上げによってもたらされたものである（なお，飼料用の輸入小麦・輸入大麦とも86年度のいっそうの順ざや幅の拡大は，食糧用と同様，政府買入価格の低下によるところが大きい。これについては次章で触れる）。

　先に見た「内外麦コストプール方式」は食糧用麦，その中でもとくに小麦に関するものであり，飼料用麦には適用されない。しかし，飼料用輸入麦の政府売渡価格が食糧用麦のそれとは切り離されて飼料需給安定法の下で決定されるとは言っても，飼料用輸入麦の政府売買も食管特別会計に関わるものであるから（同特別会計「輸入飼料勘定」で扱われる），財政危機対応としての「食管赤字削減」方針と無縁というわけにはいかなかったのである。

　この下でも，上述のように飼料用輸入麦の政府売渡価格は食糧用麦のそれよりも低く設定されていたのであるが，80年代における前者の引上げは飼料用輸入麦の国内供給価格が従来よりも高くなったことを意味する。財政危機対応としての財政支出削減方針は80年代初頭以降，農産物の行政価格に対してもその伸びの抑制を求め，これによって加工原料乳保証価格，豚肉・牛肉の安定基準価格など一連の畜産物行政価格が抑制されていったが，この下での飼料用輸入麦の国内供給価格の上昇（補章で見るように，専増産ふすま用の飼料用輸入小麦から生産されたふすまの政府指示譲渡価格もこの時期引き上げられ，また，

食糧用小麦の政府売渡価格の引上げによって食糧用小麦から生産されるふすまの卸売価格も上昇した)は,畜産経営にマイナスの影響を与えるものである。この点において,安価な飼料を供給して「選択的拡大」部門たる畜産の振興を図り,それによって農産物輸入拡大・自由化に対する農民の反発を緩和させるという,飼料用輸入麦の政府価格体系が担ってきた従来の役割は後退したと言える。

ただし,第5章で見たように麦を原料とする飼料が濃厚飼料全体の中で占める比率は60年代以降次第に低下し,また,70年代半ば以降80年代半ばにかけても,畜産部門において家畜飼養農家の規模拡大が進む一方で飼養戸数が減少し続けていったことを考えると,(17)飼料用輸入麦政府価格体系の役割の後退が社会体制維持・安定に及ぼすマイナスの影響は従来よりもかなり小さくなっていたと見ることができるのである。

Ⅲ 国産飼料用麦生産施策の登場と展開

(1) **施策の登場背景と仕組み**　前章で指摘したように,1960年代初頭に大麦・裸麦の他作物への作付転換が図られ,それらの政府買入価格が生産費を大きく下回る水準で設定される中で六条大麦・裸麦の作付面積が小麦以上に減少していったことは,同時期,飼料用大麦の輸入量が増加していったことと対照的であり,これは「選択的拡大」部門の1つとされた畜産において国産麦がその飼料としてほとんど位置づけられなかったことを示すものであった。

しかし,70年代初頭にその様相は若干変化することになった。すなわち,間接統制の枠組みとは別に,流通飼料として大麦・裸麦の増産を図ることを目的とした国産飼料用麦生産施策が登場したのである。72年産から開始された「飼料用麦団地育成パイロット事業」(78年産から「飼料用麦流通促進対策」と改称)がそれである。

行政サイドの説明によると,同パイロット事業は,飼料用麦のほとんどが輸入麦である一方で「国内産麦で飼料用に仕向けられるものの多くは,個人的取引きにまかされており,組織的な流通機構によるものではなかった」ために,

農林省が「飼料自給力の向上の観点に立って」始めたものとのことであるが，[18] 開始されたのが72年産ということを考えるならば，それは71年度から本格化した米生産調整の受け皿としての意味合いも持っていたと見るべきであろう。

この施策は，政府（農林〔水産〕省畜産局長）の指導によって，麦集荷団体（生産者団体）と実需者団体（政府から飼料用輸入大麦を買い受ける団体）との間で飼料用麦の売買契約を締結させ，この契約に基づいて生産された麦を飼料として流通させようというものである。[19] この国産飼料用麦は政府売買の対象ではなく（したがって，国産麦政府買入価格は適用されない），民間流通で取引が行われるが，契約の締結にあたっては政府（農林〔水産〕省畜産局長）の承認が必要とされ，契約数量は政府の飼料需給計画の一環に組み込まれる。

同施策において，生産者からの「買入価格」は，集荷団体・実需者団体の代表者および学識経験者で構成される「飼料用麦買入価格決定委員会」で決定され，決定にあたっては「食糧用麦の生産者価格」，すなわち国産の大麦・裸麦の政府買入価格を勘案することとされている。しかし，それに基づいて決定される「買入価格」は飼料用麦の国内相場を形成している飼料用輸入大麦の政府売渡価格よりもはるかに高い水準となってしまう。このため，実需者団体は飼料用輸入大麦の政府売渡価格水準で設定される「売渡価格」（原料麦代金）に加えて「生産奨励金」を拠出することとされたが，それでも「売渡価格」と「生産奨励金」の合計だけでは「買入価格」に達しないために，その差額補填分として，政府が拠出する「飼料用麦流通促進奨励補助金」（以下，「流通促進補助金」と略。なお，この名称は78年産からのものであり，76年産・77年産は「飼料用麦生産振興奨励補助金」，74年産・75年産は食糧用麦と共通の「麦生産振興奨励補助金」であった），および飼料用輸入小麦を買い受ける専増産ふすま工場（企業）が拠出する「流通対策費」（77年産から）が設定されたのである。ただし，「流通対策費」については，政府から専増産ふすま工場（企業）に対して専増産ふすま用の飼料用輸入小麦が売り渡される際にその売渡価格から「流通対策費」相当額が控除されることになっているため，実質的には政府負担となっている。[20]

（2）施策の展開動向　表7－4は国産飼料用麦生産施策をめぐる価格動向

第7章　戦後間接統制期における麦需給政策(2)　299

表7-4　国産飼料用麦をめぐる価格動向

単位：円/50kg

年産	買入価格	売渡価格	売買価格差	生産奨励金	流通促進補助金	流通対策費	売買価格差比率
1972	2,687.5	1,086.3	▲1,601.3	▲1,601.3	―	―	▲147.4%
1973	3,207.0	1,257.0	▲1,950.0	▲1,950.0	―	―	▲155.1%
1974	5,814.3	1,497.7	▲4,316.7	▲2,650.0	1,666.7	―	▲288.2%
1975	6,466.1	1,699.5	▲4,766.7	▲3,100.0	1,666.7	―	▲280.5%
1976	7,189.0	1,897.4	▲5,291.7	▲3,375.0	1,916.7	―	▲278.9%
1977	7,300.0	2,108.3	▲5,191.7	▲2,375.0	1,916.7	900.0	▲246.2%
1978	7,404.7	2,461.5	▲5,943.2	▲2,824.5	2,050.9	1,067.9	▲406.7%
1979	7,187.7	1,287.1	▲5,900.6	▲2,505.0	2,094.2	1,301.5	▲458.4%
1980	7,412.6	1,580.6	▲5,832.0	▲2,510.4	2,144.4	1,177.2	▲369.0%
1981	7,412.6	2,005.2	▲5,407.4	▲2,152.6	2,307.4	947.4	▲269.7%
1982	7,278.5	1,897.5	▲5,381.1	▲2,371.6	2,077.6	931.9	▲283.6%
1983	7,144.5	1,930.3	▲5,214.2	▲2,307.1	1,943.0	964.2	▲270.1%
1984	7,144.5	1,922.2	▲5,222.4	▲2,321.5	1,865.4	1,035.5	▲271.1%
1985	7,105.4	1,848.9	▲5,256.5	▲2,394.8	1,504.7	1,357.0	▲284.3%
1986	6,988.8	1,387.9	▲5,600.9	▲2,824.8	1,465.6	1,311.0	▲403.6%
1987	6,478.6	1,139.0	▲5,339.6	▲2,605.6	1,423.1	1,311.0	▲468.8%
1988	6,018.6	1,037.2	▲4,981.4	▲2,348.9	1,367.6	1,265.0	▲480.3%
1989	5,282.4	1,143.9	▲4,138.5	▲1,551.5	1,322.0	1,265.0	▲361.8%
1990	4,928.4	1,279.0	▲3,649.5	▲1,148.2	1,236.3	1,265.0	▲285.3%
1991	4,886.0	1,166.9	▲3,719.5	▲1,260.9	1,193.6	1,265.0	▲318.6%
1992	4,886.0	1,165.9	▲3,720.2	▲1,292.6	1,162.6	1,265.0	▲319.1%
1993	4,886.0	1,004.2	▲3,881.9	▲1,416.6	1,142.8	1,322.5	▲386.6%
1994	4,886.0	939.8	▲3,946.3	▲1,466.6	1,142.8	1,322.5	▲419.9%
1995	4,886.0	904.6	▲3,981.5	▲1,446.6	1,142.8	1,392.1	▲440.2%
1996	4,886.0	1,149.4	▲3,736.7	▲1,201.8	1,142.8	1,392.1	▲325.1%
1997	4,743.6	1,209.7	▲3,533.9	999.0	1,142.8	1,392.1	▲292.1%
1998	4,706.1	1,254.9	▲3,451.3	▲916.4	1,142.8	1,392.1	▲275.0%
1999	4,668.5	1,118.0	▲3,550.5	▲1,306.1	1,142.8	1,101.6	▲317.6%

注) 各価格には消費税は含まれていない。
出所) 農林(水産)省流通飼料課監修『流通飼料便覧』各年版より作成。

を示したものである。「買入価格」は，1974年産において「生産奨励金」の増額と「流通促進補助金」の交付開始によって，50kg当たり5814.3円と一挙に前年産3207円の1.8倍の水準に引き上げられている。これは「世界食糧危機」下で飼料の国際需給が逼迫し，その国際価格が高騰したことを受けて，国産飼料用麦の生産を拡大させようとしたものであると言える。

「買入価格」はその後も75年産6466.1円，76年産7189.0円と引き上げられるが，「世界食糧危機」が一応収束する中，77年産からは引上げ幅が小さくなり（79年産では一時的に引下げ），80年産と81年産の7412.6円をピークにそれ以降は引下げに転じる。この引下げは，政府拠出金である「流通促進補助金」が82年産以降減額されたことによるところが大きい。これは，80年2月から食糧用麦において「内外麦コストプール方式」が取り入れられたことと同様，政府の財政支出削減方針の影響を受けたものであろう。しかし，「流通促進補助金」切下げ分の大部分は「流通対策費」と「生産奨励金」の増額で賄われたため，「買入価格」は86年産までは微減でとどまった。このうち85年産までについて見ると，実質政府負担の「流通対策費」の増額によって「流通促進補助金」の減額分が補塡されているのであるから，国産飼料用麦の単位重量当たりの政府負担は実質的にはそれほどは軽減しなかったと言える。86年産については「売渡価格」の大幅な引下げによって生じた売買価格差拡大分の大部分が「生産奨励金」の増額によって賄われており，飼料用大麦実需者の負担が一時的に増大したことが見てとれる。

ここで図7-2を見ると，国産飼料用麦の作付面積は72年産・73年産では300haに満たなかったが，「買入価格」が大幅に引き上げられた74年産から増加傾向となり，その後大幅な伸びを見せて77年産には約6500haになっていることがわかる。また，売渡数量（契約数量をベースとして実際に取引された数量）も72年産・73年産では500t前後であったが，74年産以降急増し，77年産では1万2500tにまでなった。

この国産飼料用麦の作付面積は大麦・裸麦の作付面積全体の内数である。73年産から77年産まで大麦・裸麦の作付面積はほぼ8万haの水準で停滞的に推移したのであるから（前掲図6-3(a)），飼料用麦の作付面積の大幅な増加は，大

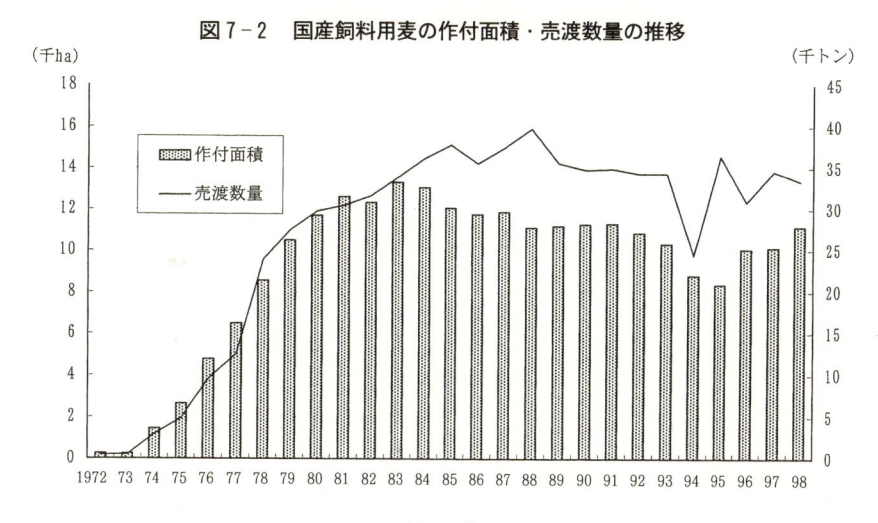

図7-2 国産飼料用麦の作付面積・売渡数量の推移

注）作付面積は左目盛，売渡数量は右目盛。
出所）農林（水産）省流通飼料課監修『（流通）飼料便覧』各年版より作成。

麦・裸麦全体に占める割合は小さいとは言え，注目に値する。ここで国産飼料用麦作付面積の圧倒的部分が大麦であることを踏まえて（裸麦の作付面積のピークは77年産の126haであり，82年産から裸麦の作付けはなくなった。また，二条大麦と六条大麦とでは，一貫して二条大麦の作付面積の方が多い），72年産から77年産の「買入価格」を表7-2の国産大麦政府買入価格と比較してみると（74年度から76年度は政府買入価格に「麦生産振興奨励補助金」を加えた額で比較する。なお，表7-2では示していないが，77年度の政府買入価格は50kg当たり7190円である），両者はほぼ同水準であったことがわかる。それにも関わらず，国産飼料用麦だけが大きく伸びているのは，農林水産省の飼料用麦生産拡大方針とともに，飼料用麦の検査規格が政府買入れの際に用いられる食糧用麦の検査規格よりも緩く設定されていたため，生産者にとっては飼料用麦の方が（とりわけ，作付自体に対して米生産調整助成金「基本額」が交付される転作麦としては）取り組みやすかったことによるところが大きいと考えられる。

なお、これに関しては、本来ならば作付規模別の生産者数および生産費についても食糧用麦と飼料用麦との比較分析を行う必要があるが、作付規模別に見た国産飼料用麦の生産者数に関する統計はなく（売渡しのまとまりである生産者団体〔ほとんどが農協単位〕数を作付規模別にまとめた統計はあるが、これは各地域〔農協管内〕の作付面積を示すものであって、個々の生産者の作付規模を示すものではない）、また、小麦と異なって大麦（および裸麦）については作付規模別の生産費統計もないため、ここでは「買入価格」と政府買入価格の比較のみでとどめておかざるを得ない（さらに、食糧用との区別なく生産を行い、生産物の一部を飼料用麦として売り渡すケースや、食糧用としての規格から外れたものを飼料用とするケースも非常に多いため、国産飼料用麦の生産費を計算することはなおさら難しい）。

さて、図7-2に再び目を向けると、「買入価格」の引上げ幅が小さくなった77年産以降も国産飼料用麦の作付面積は83年産まで増加し、84年産もほぼ同じ水準を保っている。これは大麦・裸麦の作付面積全体の増加と同様、「水田利用再編対策」下での米生産調整面積の拡大と米生産調整助成金「基本額」の引上げによるものと考えられる。85年産の作付面積が減少しているのは、80年産からの4年連続の冷害を受けて85年度に米生産調整目標面積が引き下げられたことが影響したものであろう。また、これには以下で触れるような「生産目標数量」の引下げも関係していると見られる。なお、売渡数量の推移は、単収変動が影響するために作付面積のそれとは若干異なるものの、両者はほぼ並行した動きとなっている。

以上見てきたように、国産飼料用麦の生産は80年代前半まで拡大していった。しかし、その作付面積はピーク時でも83年産の1万3300ha、売渡数量も85年度で3万8000t弱にとどまったのであり、国内の飼料需給動向の大勢に影響を与えるものとはならなかったのである。

（3）**国産飼料用麦の生産抑制の萌芽**　ともかくも、1980年代前半までは国産飼料用麦の生産拡大が進んだが、一方で80年代前半にはその生産を抑制しようとする動きが現れつつあったことも見ておかなければならない。これは、まず、契約数量の基準として79年産から設定された「生産目標数量」に現れた。

これは79年産では2万9460 t とされ,その毎年引き上げられ,82年産では4万5200 t となった。しかし,その後,83年産では4万3500 t,84年産は4万1000 t と引き下げられ,85年産では4万 t とされたのである(24)(その後95年産まで4万 t が継続される)。これは,80年代初頭まで急増してきた国産飼料用麦のいっそうの生産拡大に歯止めをかけようとするものである。

先に見たように政府負担である「流通促進補助金」と「流通対策費」の単価合計額は80年代前半にはほとんど減少しなかったが,一方で国産飼料用麦の売渡量は増加したのであるから,政府負担総額は増加していたと言える。また,80年代前半における「生産奨励金」の水準は,年による変動はあるものの70年代後半よりもその水準が一段低くなっているが(表7-4),国産飼料用麦の売渡量の増加によって,飼料用大麦の実需者が拠出する「生産奨励金」総額も膨らんでいたと見られる。

したがって,83年産以降の「生産目標数量」の引下げは,政府の財政支出削減方針と,負担の増加を嫌う実需者の意向を反映したものとして捉えていいだろう。

なお,82年産から85年産まで国産飼料用麦の「買入価格」は微減でとどまったものの,それは国産大麦の政府買入価格を大きく下回るようになった。先述のように「買入価格」は「食糧用麦の生産者価格」を勘案することとされていたが,この時点ではその内実が失われつつあったのである。

IV 小 括

1970年代初頭から半ばにおける,「世界食糧危機」の発生,「社会的緊張」の高まり,「米過剰」対応としての米生産調整政策の本格的開始,という状況の下,70年代半ば以降,それまで輸入依存に傾斜していた麦需給政策は国内生産を一定程度位置づけるものへと転換した。その後,「世界食糧危機」と「社会的緊張」は70年代末には沈静化を見せたが,70年代半ば過ぎにおける「米過剰」の再発を受けて78年度から「水田利用再編対策」の下で米生産調整目標面積がさらに引き上げられたことにより,麦需給政策は麦の国内生産をさらに位

図7-3 1970年代半ば以降80年代半ばごろまでにおける麦需給政策の構造

- 国産麦政府買入価格の大幅な引上げ
  →生産費補償率の好転
- 転作麦に対する米生産調整助成金の交付
- 麦管理改善対策「契約生産奨励金」
  →70年代末までは引上げ
  　80年代以降は実質的切下げ
- 国産飼料用麦生産施策の開始

- 国産麦一致府売買価格差の逆ざや幅拡大
- 食糧用輸入麦一政府売買価格差の順ざや幅拡大（80年代）
- 飼料用輸入麦一政府売買価格差は小幅な順ざやへ（80年代）
- 麦管理改善対策下での流通契約指導
- 製粉業の再編政策

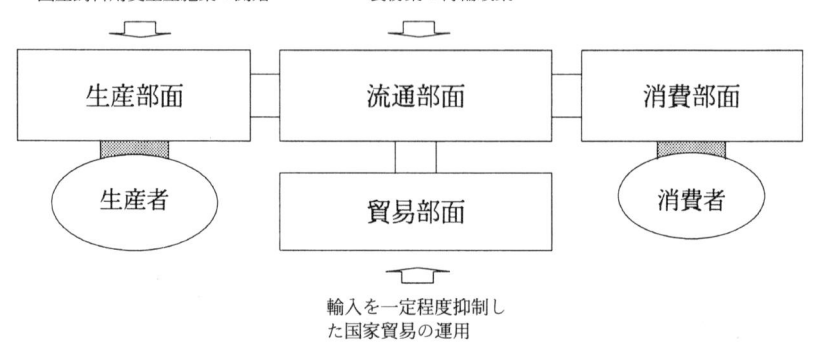

```
┌──────┐      ┌──────┐      ┌──────┐
│生産部面│      │流通部面│      │消費部面│
└──────┘      └──────┘      └──────┘
   │              │              │
 (生産者)      ┌──────┐        (消費者)
              │貿易部面│
              └──────┘
                  │
          輸入を一定程度抑制し
          た国家貿易の運用
```

置づけるものとなった。このような70年代半ばから80年代半ばまでの麦需給政策の構造は図7-3のように示すことができる。

そこでは、国産麦政府買入価格が大幅に引き上げられ、生産費補償率の好転がもたらされるとともに、70年代末までは麦管理改善対策の契約生産奨励金も引き上げられた。また、「水田利用再編対策」下で麦は転作作物の中軸たる「特定作物」に位置づけられて、麦に対する米生産調整助成金の「基準額」も従来よりも大幅に引き上げられた。さらに、72年産からは国産飼料麦生産施策も始された。そして、国内生産を保障するために、麦輸入量は抑制されたのである。

このような政策によって、麦の国内生産は、従来の減少傾向に73年度でストップがかかり、77年度まで停滞傾向で推移した後、78年度から一定の回復を見せた。そこでは、米生産調整助成金が支払われた転作麦の増加が顕著であったが、国産麦政府買入価格の生産費補償率の好転によって、畑作麦と水田裏作麦の生産も増加した。また、国産飼料用麦は、国産の大麦・裸麦全体の中での比

重は微々たるものではあったが、食糧用麦に対する検査規格上の有利性によってその生産を大きく伸ばしていった。

　しかし、麦の国内生産が一定程度回復したといっても、それは70年代初頭までの生産の減少に比較するとわずかなものに過ぎず、全体として見るならば、食糧用・飼料用とも、国内供給量の大宗が輸入麦で占められている状況に大きな変化はなかった。したがって、この時期の麦需給政策にも、基本的には「安価な食糧の追求」の論理が貫かれていたと言える。

　ただし、80年度以降食糧用輸入麦の政府売買価格差の順ざや幅が拡大されたことによって「安価な食糧の追求」の論理は従来以上に抑制された。これは以下の理由によるものであった。すなわち、高度経済成長破綻後の不況脱出のために行われた国債の大量発行が招いた財政危機への対応の一環として食管特別会計の赤字削減が求められる中、これに対応して80年2月から「内外麦コストプール方式」が導入されたが、この下で国産麦の政府買入価格引上げと政府売買数量増加によって増大する「国内麦管理勘定」の赤字を埋めるには食糧用輸入麦の政府売買価格差の順ざや幅を拡大して「輸入食糧管理勘定」の輸入麦黒字を増加させるしかなかったのである。

　なお、「世界食糧危機」時、食糧用麦政府売渡価格が「輸入コスト方式」で決定されることになっていたにも関わらず、輸入麦の政府売買価格差は逆ざやとされたが、これは当時の「社会的緊張」を背景として、国民の食糧消費に悪影響が生じないよう国際価格高騰の国内市場への影響を減殺すべく、一定の政策的配慮がなされたものである。

　上述の食管特別会計赤字削減の方針は飼料用輸入麦の政府価格体系にも影響を与え、80年代に入ると政府売渡価格の引上げによって、従来逆ざや基調であった大麦の政府売買価格差は順ざやに、小幅の順ざやであった小麦のそれは食糧用輸入小麦よりは小さいものの一定幅の順ざやとなった。このような政府価格体系の変化は飼料価格の上昇に繋がるものであり、80年代初頭からの畜産物行政価格の抑制と相俟って、農産物輸入拡大・自由化に対する農民の反発を緩和させるという、飼料用輸入麦の政府価格体系が担ってきた従来の役割を後退させるものであったが、飼料供給における麦の地位の低下や畜産農家数の減少

によって，この時期，その役割後退が社会体制の維持・安定に及ぼすマイナスの影響は従来よりもかなり小さくなっていたと見ることができたのである。

　なお，「世界食糧危機」があったものの，この時期においても麦の流通規制・加工規制がとくに行われることはなく，第5章で見たように「安価な食糧の追求」の論理に沿った製粉業の再編政策は進められていった。これについては，「世界食糧危機」下で食糧の国際価格は高騰したものの，それらの輸入が困難になって国内の食糧需給が混乱するような状況が生じるまでには至らなかったことがその理由であると考えられる。

　麦の国内生産回復に伴っては，80年代に入ると麦管理改善対策における「未契約麦」の発生，国産飼料用麦生産施策における政府負担額・実需者負担額の増大という問題が現れた。これに対して，前者では契約生産奨励金の生産品質改善奨励額と流通改善奨励額への分化が行われたが，これは，実質的に契約生産奨励金を引き下げるものであった。また，後者では83年以降「生産目標数量」が引き下げられていった。国内生産が一定程度回復する一方で，80年代前半には国内生産の抑制に繋がる政策的動きが出ていたのである。

（1）　小田切徳美「戦後農政の展開とその論理——『農業解体』の政策過程——」保志恂・堀口建治・應和邦明・黒瀧秀久編著『現代資本主義と農業再編の課題』御茶の水書房，1999年，170-171頁。なお，同論文の中で小田切氏は「社会的緊張」の認識は，田代洋一「1980年代における農業保護政策の撤退とその背景」『科学と思想』第74号，新日本出版社，1989年，から学んだとされている。
（2）　米生産調整政策の展開過程とその背景については，工藤昭彦「米過剰の発生と生産調整政策の展開」河相一成編『解体する食糧自給政策』日本経済評論社，1996年，を参照のこと。
（3）　数字は農林水産省統計情報部『作物統計』各年版より。
（4）　食糧庁『米麦データブック』1991年版，39頁。
（5）　財政支出額の数値については，同上書，33-35頁，同2000年版，37-39頁。
（6）　農林水産省農蚕園芸局農産課・食糧庁管理部企画課監修『新・日本の麦』地球社，1982年，139-141頁。
（7）　西村正一「後期畑作農業の過剰基調と生産調整」土井時久・伊藤繁・澤田学編著『農産物価格政策と北海道畑作』北海道大学図書刊行会，1995年，41-45頁。

第7章　戦後間接統制期における麦需給政策(2)　307

(8)　食糧庁『食糧管理統計年報』各年版より。
(9)　ビール大麦が米生産調整政策において転作作物として位置づけられた背景には，主産地の麦酒耕作組合連合会が，政府に対してビール大麦を転作対象とするように要望し，運動を展開したことがあった。これについては，栃木県ビール麦契約栽培史刊行委員会『栃木県ビール麦契約栽培史』1977年，582-592頁，を参照のこと。
(10)　『食糧管理統計年報』各年版より計算。
(11)　都府県の畑は一般に田以上に零細・分散状態にあり，これは麦作にも影響を与えている。これを，農林水産省統計情報部『米及び麦の生産費』によって1982年産の小麦について見るならば（作況指数：都府県103），調査対象農家の麦作使用地面積の平均は，都府県田作67.2aに対して，都府県畑作は27.1aとなっており，10a当たり投下労働時間は，それぞれ22.8時間，42.1時間である。しかし，労働費以外の経費や単収などの影響によって，60kg当たり第1次生産費・第2次生産費は，都府県田作の9849円・1万2355円に対し，都府県畑作は1万1014円・1万2505円となっていて，それほど大きな違いとはなっていない。

　なお，裸麦はすべて都府県産であり，また，六条大麦もほとんどが都府県産であることを考えると，前掲図6-5における田作・畑作別に見た大麦・裸麦の生産費補償率の動向は，都府県における田作・畑作の動向を示していると見てよい。
(12)　貝田和孝「麦管理改善対策」食糧庁『食糧管理月報』1980年4月号，30頁。
(13)　斎藤高宏『農産物貿易と国際協定』御茶の水書房，1979年，221-222頁，『食糧管理統計年報』1988年版，396頁。
(14)　『食糧管理統計年報』各年版より。
(15)　食糧制度研究会『詳解　食糧法』大成出版社，1998年，302-303頁。
(16)　同上書，303頁。
(17)　1973年から85年にかけての全国の1戸当たり平均飼養頭羽数は，乳用牛が8.4頭から25.6頭，肉用牛が3.1頭から8.7頭，豚が23.3頭から129.0頭，採卵鶏が144羽から1037羽，ブロイラーが5525羽から2万1383羽と増加し，家畜飼養戸数は，乳用牛で21万2300戸から8万2400戸，肉用牛で59万5400戸から29万8000戸，豚で32万1100戸から8万3100戸，採卵鶏で84万6400戸から12万4100戸，ブロイラーが1万4500戸から7000戸，と減少している；『食料・農業・農村白書付属統計表』1999年度版，113-114頁。
(18)　前掲『新・日本の麦』20頁。
(19)　国産麦飼料用麦生産施策に関しては，同上書，20-21頁，37-38頁，および農林水産省流通飼料課監修『(流通) 飼料便覧』各年版の「飼料用麦流

通促進対策の仕組み図」，を参照。
(20) 1977年産から「流通対策費」が登場した背景には，当初，国産飼料用麦の生産に関して飼料用輸入大麦の実需者団体のみに負担がかかったことに対して同団体から不満が出たため，政府が飼料用輸入麦に係る団体に広く負担を求めることとし，飼料用輸入小麦の大宗を扱う専増産ふすま工場（企業）にも拠出を求めたことがあったものと思われる。表7-4において77年産の「生産奨励金」が前年度に比較して「流通対策費」に概ね相当する額だけ減額されていることはそれを裏付けるものである。ただし，飼料用大麦を扱っていない専増産ふすま工場（企業）からは当然ながら拠出に反対の声が出たであろう。そのため，拠出という形をとるものの，実質的には政府負担となる方式がとられたものと考えられるのである。
(21) 前掲『(流通) 飼料便覧』各年版より。
(22) 農林水産省の「農産物規格規定」によると，飼料用麦の等級は「合格」だけであり（食糧用は等級区分がなされている），そこには食糧用麦に設定されている「容積重」「整粒」の最低限度はなく，また，「水分」「被害粒」「異種穀粒及び異物」などの最高限度は食糧用麦よりも高く設定されている。
(23) 作付規模別の生産者団体数については，前掲『(流通) 飼料便覧』各年版で示されている。
(24) 数字は，上掲『(流通) 飼料便覧』各年版より。

第8章　戦後間接統制期における麦需給政策(3)
――1980年代後半以降――

I　国内生産と輸入，国産麦政府買入価格の生産費補償率をめぐる動向

　前章において，1978年度開始の「水田利用再編対策」以降麦の国内生産は一定程度回復していったこと，しかし，一方で80年代前半には国内生産の抑制に繋がる政策的動きが生じていたことを指摘したが，80年代半ば以降，政策をめぐって新たな状況が加わる中で麦の国内生産は減少に転じていった。

　前掲図6-1〔232頁〕を見てみよう。78年度以降増加しつつあった小麦の国内生産量は88年度に102万1000ｔとなるが，その後は減少に転じ，95年度の44万4000ｔまで落ち込んだ後，停滞・微増傾向となっている。一方，国内生産を保障するために70年代後半以降抑制されていた小麦輸入量は，90年度以降再び増加している（95年度以降は一進一退）。このような動向は大麦・裸麦についてもほぼ同様に見られる。すなわち，その国内生産量は78年度から80年度にかけて増加し，その後はほぼその水準を保っていたが，88年度の39万9000ｔ以降減少傾向に転じ，95年度からは一進一退となっており，一方，輸入量は86年度から90年度まで一時的にその水準を低下させたが，91年度からは再び水準を上げているのである。

　このような麦の国内生産量の動向は，小麦，大麦・裸麦ともに，80年代末からの作付面積の減少（小麦は96年産以降は微増）によってもたらされたものである（前掲図6-3(a)〔236頁〕）。これは麦作農家戸数の動向とも関連していた。前掲表6-1〔237頁〕を見てみよう。麦作農家戸数は，4麦それぞれ，そして「麦類計」についても，70年代末から80年代初頭にかけての一時的な増加の後は減少傾向となっているが，裸麦を除いて88年産まではそれほど大きな減少に

はなっていない。しかし，89年産以降になると，裸麦以外についても急速な減少が見られる。そして，この麦作農家戸数の減少は大規模作付層の展開をあまり伴わないものだったのであり（これについては第9章で詳述），それゆえ，麦の作付面積も減少したのである。

　なお，ここで国産ビール大麦をめぐる動向について若干触れるならば，80年代後半以降，後述するような国産麦政府買入価格の引下げに連動して契約価格が引き下げられ（前掲表5－4〔223頁〕），また，95年産以降は契約数量も引き下げられる中で，その買入数量は急速に減少していった（前掲表5－5〔224頁〕）。表5－5および前掲図6－3(b)〔236頁〕を見ると，90年代に入ってから二条大麦の作付面積・生産量が明確に減少に転じていることがわかるが，これには国産ビール大麦の動向も大きく関係していたのである。

　次に前掲図7－1(a)〔280頁〕で作付面積の動向を転作麦・水田裏作麦・畑作麦別に見てみよう。水田裏作麦はすでに86年産から減少傾向を示しているが，転作麦と畑作麦は89年産まで増加しており，これによって麦全体の作付面積は89年産まではともかくも微増傾向で推移した。

　水田裏作麦の作付面積減少は，80年代後半からの国産麦政府買入価格の引下げ（後述）による，生産費補償率低下の影響を受けたものである。

　前掲図6－5〔242頁〕を見てみよう。まず，「田畑計」における補償率は，小麦については対第2次生産費で89年産以降恒常的に100％を下回るようになり，またその水準も低下傾向にある。大麦と裸麦については対第2次生産費ですでに70年代後半からほぼ恒常的に100％を下回っていたが，80年代後半から90年代初頭にかけてはその水準がさらに低下しており，その後90年代半ばにかけては作況が良好だったこともあって100％を上回る年も出ているものの，97年産以降は再び水準が低下している。このような動向は田作・畑作どちらにおいても見られたが，とくに麦作付面積の多くを占める小麦において都府県産が中心である田作の補償率（対第2次生産費）が80％水準にまで低下したために，作付面積の減少は水田裏作麦においてとくに強く現れたのである。

　補償率低下の影響はもちろん畑作麦にも及ぶが，畑作麦の作付面積が89年産まで増加した理由としては，畑作麦の中心地である北海道では作付規模が大き

く，生産費が都府県産に比べてかなり低いため，補償率低下が直ちに採算割れに繋がることにはならなかったこと，また，前章でも触れたように70年代末以降北海道農協中央会が畑作小麦の作付面積を増加させる方策をとったことによって，北海道産畑作麦の作付面積が89年産まで増加したことを挙げることができる（前掲図7-1(b)〔280頁〕。なお，微減傾向にあった都府県産畑作麦の作付面積は，補償率悪化の下で90年代に入っていっそう減少している）。しかし，畑作麦も補償率低下の影響を受けないわけにはいかない。90年産以降，畑作麦の作付面積が減少傾向となった要因の1つに補償率低下があることは疑いがないであろう。ただし，90年代を通じて畑作麦は水田裏作麦ほどには減少していない。これは先述の北海道産畑作麦の生産費の低さとともに，北海道では80年代を通じて麦作付面積が増加する中で麦が畑の輪作体系の一環に組み込まれたため，補償率が低下したからといって直ちに麦の作付を減少させることにはならなかったことが影響していると考えられる。

転作麦については，前章で触れたように81年度以降米生産調整助成金の「基本額」が切り下げられていったが，「水田農業確立対策」の下で米生産調整目標面積が87年度から91年度まで拡大されたことによって（前掲表7-1〔281頁〕），その作付面積は89年産まで増加した。しかし，転作麦についても，補償率低下の影響を全く受けないというわけにはいかない。90年度以降の転作麦作付面積の減少には，「基本額」の切下げとともに，田作における補償率の低下も影響していたと考えられるのである。[*1]

> *1 　87〜89年度の「水田農業確立対策」前期で10a当たり2万円となった麦の「基本額」は，90〜92年度の「水田農業確立対策」後期ではさらに1万4000円へ切り下げられた。これは，93〜95年度の「水田営農活性化対策」および96年度・97年度の「新生産調整推進対策」では7000円となった（この両「対策」では「基本額」が「基本額的助成」に改称された。この「基本額的助成」は「特定転作推進助成」3000円と「計画推進助成」4000円からなる）。
>
> 　なお，98年度・99年度の「緊急生産調整推進対策」では，「基本額」に相当する「米需給安定対策〔一般作物転作〕」は2万5000円となった（「米需給安定対策」の資金には政府助成に加え生産者の拠出金を充てることとされ，その拠出金は所有水田面積10a当たり3000円とされた）。

ただし，92年産から94年産にかけての転作麦作付面積の急減については，これらの要因もさることながら，米生産調整の一時的な緩和の影響が大きい。周知のように，政府は食糧管理特別会計削減の一環として「単年度需給均衡方式」に基づいて米の在庫量（備蓄量）を低く抑える方針をとっていたが，92米穀年度末の在庫量が極端に低水準になる見通しが出てきたため，92年度から米生産調整目標面積を引き下げた。しかし，93年産米が冷害で大凶作となったために米の国内在庫がほぼ底をつき，そのため翌春には「米パニック」が発生し，255万 t の米輸入を行うという事態となった。このような中，米の国内在庫量の積増しを図るべく，94年度まで米生産調整目標面積は引き下げられ，95年度も前年度に比べて若干の拡大にとどまったのである（前掲表7-1。なお，95年度の目標面積は，当初，追加的転作の指標面積8万haを含めた68万haであったが，これに補正がなされて最終的には66万haとされた）。しかし，96年度以降，目標面積は再び大きく引き上げられ，98年産・99年産では80年代末の水準を大きく超える96万3000haまで膨らむが，そこにおける転作麦の作付面積は80年代末の水準を大きく下回ったのである（前掲図7-1(a)）。

以上，80年代後半以降の麦の国内生産・輸入，そして，国産麦政府買入価格の生産費補償率の動向を見てきたが，これらの動きは，70年代半ば以降輸入抑制と国内生産回復の方向をとっていた麦需給政策が，80年代後半以降輸入依存傾斜の方向へ再転換したことを示すものである。

それでは，麦需給政策を再転換させた要因は何だったのだろうか。また，再転換した麦需給政策はどのような性格のものとなったのだろうか。以下，これらについて分析していきたい。

なお，分析に先立って，95年4月のWTO設立協定の日本での発効および同年4月（輸出入関連条文）・11月（輸出入関連以外の条文）の食糧法施行による，麦間接統制の枠組みの変化について確認しておこう。

まず，WTO設立協定の発効および食糧法中の輸出入関連条文の施行に関しては，従来の輸入割当・輸（出）入許可制が廃止され，麦の輸入が関税化（自由化）されたことを見ておく必要がある。従来のGATTに代わって世界貿易

第8章　戦後間接統制期における麦需給政策(3)

秩序の核として95年1月に発足したWTOは「自由貿易」推進のために農産物についても輸入の関税化を迫る内容となっており（WTO設立協定附属書1A「物品の貿易に関する多角的協定」中の「農業に関する協定」），これを受けて日本では95年4月から米を除く農産物の輸入が関税化された（「農業に関する日本の譲許表」に基づく。なお，米も99年4月から関税化に移行）。麦輸入の関税化はその一環であるが，そこではカレント・アクセス（国際的に約束した現行輸入機会）が設定され，それについては国家貿易による輸入が行えるとされたため（カレント・アクセスを上回る分についても国家貿易は可能），これによって日本の麦輸入には国家貿易と民間貿易が併存することになった。しかし，国家貿易におけるマーク・アップ（＝政府売買差益）額に対して，民間輸入に課される関税相当量の額がかなり高く設定されたため，95年以降も民間輸入はほとんど行われず，麦の輸入はほぼ全量が国家貿易によるものとなっている。[*2]

　　*2　カレント・アクセスは，基準期間（86〜88年）の平均輸入量（食糧用麦と飼料用麦との合計。小麦については輸出向小麦粉用原料小麦の輸入量も含む）を基準として設定された。それは，95年度から2000年度の6年間に毎年一定数量を拡大することとされ，小麦では基準期間の553万tを2000年度に574万tに，大麦では131万8000tを136万9000tに引き上げることとされた。
　　　マーク・アップは基準期間における輸入麦の政府売買価格差の平均を基準として設定され，その上限は小麦では基準期間平均の1kg当たり53円を95年度から毎年一定額ずつ引き下げて2000年度には基準期間平均から15％減の45.2円に，同様に大麦も34円から28.6円に引き下げることとされた。
　　　関税相当量は基準期間の内外価格差（国内卸売価格とCIF価格との差額）を基準に設定されたが，マーク・アップと同様の考え方で，その上限は小麦では基準期間の65円を2000年度には55円に，大麦では46円を39円に，それぞれ引き下げることとされた。
　　　なお，2001年度以降のカレント・アクセス，マーク・アップ，関税相当量については，2000年3月から実質的に開始されたWTO新農業交渉が妥結するまで，2000年度におけるそれらの数量・額が継続されることになっている。

また，95年4月には麦輸入の関税化とともに小麦粉の輸入割当制も廃止され

た。そこでは，従来輸入割当制の下で輸入が認められていたホテル用小麦粉（国際観光ホテル整備法の登録ホテルで使用されるもの）の輸入については農林水産大臣証明をとることによって従来どおり25％の関税がかかるだけであるのに対して（従来輸入が認められていた外航船舶用小麦粉については「輸入」の定義が変更されたことによって輸入とは見なされなくなった），それ以外の民間輸入には高額の関税相当量が課せられることになったため（1kg当たり95年度が103.30円とされ，その後毎年引下げが行われて2000年度以降は90.00円となっている），95年度以降も民間輸入はあまり多くはなされていない。[4]

次に食糧法の施行（これに伴い，95年10月末日をもって食管法は廃止）に関してである。同法では，米の生産・流通の枠組みに関する従来の食管法の規定が大きく変えられ，米流通に対する政府管理の限定（基本的に「計画流通米」のみ），政府米の役割の限定（備蓄用のみ），流通ルートの多様化などが図られたが，[5]麦に関しては，従来の食管法で規定されていた輸出入許可に関する規定はWTOに対応してなくなったものの，「政府は，……麦をその生産者又はその生産者から委託を受けた者の売渡しの申込みに応じて，無制限に買い入れなければならない。」（第66条第1項），「前項の規定による政府の買入れの価格……は，……農林水産大臣が，麦の生産費その他の生産条件，麦の需要及び供給の動向並びに物価その他の経済事情を参酌し，麦の再生産を確保することを旨として定める。この場合においては，国内における麦作の生産性の向上及び国内産麦の品質の改善に資するよう配慮するものとする。」（第66条第2項），「……標準売渡価格は，……農林水産大臣が，家計費及び米価その他の経済事情を参酌し，消費者の家計を安定させることを旨として定める。」（第68条第2項）という箇所に見られるように，政府は生産者の麦の売渡申込みに対して無制限に買入れを行う，その際の政府買入価格は再生産を確保することを旨として定める，政府売渡価格は消費者の家計の安定を図ることを旨として定める，という生産部面・流通部面に対する政策の根幹に関わる規定は食管法からほぼそのまま引き継がれた。なお，国産麦の政府買入価格については，生産費や需要・供給動向がその決定に当たっての参酌事項とされ，また，生産性向上や品質改善への配慮が謳われているが，これは，87年10月の改正食管法の規定で登

場したものであり（後述），それが食糧法に受け継がれたものである。また，政府から実需者への麦の売渡しに当たって随意契約が基本とされたことも食管法と同様である。

したがって，政府による輸出入（とくに輸入）の全面的管理と，再生産を確保することを旨として定められる価格での政府による国産麦の無制限買入れを中軸としていた間接統制の枠組みは，WTO設立協定発効・食糧法施行以降も実質的にはあまり変わらなかったと言える。ただし，麦輸入の関税化およびカレント・アクセスの設定によって政府は輸入量を従来のようにはコントロールできなくなったこと，また，マーク・アップによる輸入麦政府売渡価格の上限設定は国産麦の価格動向に大きな影響を与えるものとなったこと，は確認しておく必要がある。このことが将来的に国内の麦生産に与える影響については第9章で検討する。

II 麦需給政策を取りまく諸状況

1 「プラザ合意」後の円高下における麦加工品・調整品の輸入増大

1980年2月から「内外麦コストプール」方式が採用された下で，「国内麦管理勘定」の赤字を「輸入食糧管理勘定」の輸入麦黒字で埋め合わせるために食糧用輸入麦の政府売買価格差の順ざや幅を拡大することが必要となり，その結果，80年代前半を通じて食糧用麦の政府売渡価格が引き上げられたことは，前章で見たとおりである。この政府売渡価格の引上げは，製粉企業およびその製品たる小麦粉を原料とする麦加工品製造企業にとってはコストを増加させるものとして作用するが，小麦粉は輸入制限が行われており，割当分以外の輸入は認められていなかったため，政府売渡価格の引上げによる国産小麦粉価格の上昇（普通粉の製粉工場販売価格〔25kg紙袋入り・年度平均〕は，78年度に2589円だったものが，80年度には2933円，84年度には3505円となった[6]）は輸入小麦粉の国内市場への進出を許すものとはならず，また，麦加工品・調整品についても，その輸入は事実上自由化されていたものの，80年代前半においては国産小麦粉価格の上昇が国内の麦加工品製造企業の国際競争力を大きく削ぐ状況ま

でにはなっていなかった。

　しかし、この状況は85年9月のG5（先進5ヶ国中央銀行総裁・財務相会議）「プラザ合意」以降大きく変わることになった。70年代以降の「パクス・アメリカーナ」の破綻進行下、国際基軸通貨国たるアメリカが80年代中葉に純債務国に転落した中で、先進資本主義間の新たな国際的調整を行う必要があったことを受けて、「プラザ合意」では各国間の通貨調整と規制緩和による各国の経済構造の再編成が合意されたが、(7)この下で、当時日本がアメリカにとって最大の貿易赤字相手国であり、また、世界最大の債権国になりつつあったことにより、円・ドルの為替レートは「プラザ合意」後わずか2年ほどで約2倍の円高（1ドル＝240円台から120円台へ）に動いたのである。

　この円高は麦加工品・調整品の輸入にも大きな影響を及ぼした。表8-1を見てみよう。表示された6品目のうち、「小麦粉調整品」（88年から統計区分として独立。それまでは「全穀粉調整品」「穀粉調整品」の中に含められていた）について小麦粉等の穀粉が85％を超えるものは輸入制限の対象になっていたが（ただし、95年に関税化）、穀粉85％未満の「小麦粉調整品」やその他5品目は関税が課されるもののすでに輸入は自由化されていた。

　同表を見ると「うどん及びそうめん」は年による変動が大きいために傾向が捉えにくいが、その他の品目については「プラザ合意」後の輸入量水準がそれ以前よりも明確に高くなっていることがわかる。すなわち、「小麦粉調整品」は85年の4240ｔから87年2万1533ｔ、88年7万8497ｔ、89年10万0009ｔと急速な増加を示し、その後もほぼ8万〜9万ｔ台で推移している。また、「マカロニ・スパゲッティ」は順調な伸びを見せている。「ケーキミックス」「パン・乾パン類」は80年代後半に順調に増加するものの90年代前半には伸び悩むが、それでもその輸入量は85年以前の水準を大きく上回っており、両者とも90年代後半から輸入量水準を再び上げている。「ビスケット」は90年代初頭に一時的に大きく落ち込んでいるが、総じて80年代後半以降輸入量水準の上昇を見てとることができる。

　そして、このような麦加工品・調整品の総輸入量は、玄麦換算で86年の6万6200ｔが87年10万4900ｔ、88年16万5600ｔ、89年には18万5600ｔとなり、3年

第8章　戦後間接統制期における麦需給政策(3)

表8-1　麦加工品・調整品の輸入動向

単位：製品t、%

年	小麦粉調整品 数量	小麦粉調整品 対前年比	マカロニ・スパゲッティ 数量	マカロニ・スパゲッティ 対前年比	ビスケット 数量	ビスケット 対前年比	ケーキミックス 数量	ケーキミックス 対前年比	パン、乾パン類 数量	パン、乾パン類 対前年比	うどん及びそうめん 数量	うどん及びそうめん 対前年比
1975	—	—	757	46.8	3,779	88.6	191	207.6	52	71.2	3,098	84.7
1980	—	—	8,067	102.9	4,130	82.9	282	36.8	824	90.5	1,363	78.8
1985	(4,240)	—	25,725	114.2	6,604	117.8	79	90.8	1,580	131.4	442	75.4
1986	(5,600)	—	33,476	130.1	10,169	154.0	102	129.1	1,602	101.4	572	129.4
1987	(21,533)	—	38,794	115.9	11,139	109.5	1,780	1745.1	1,764	110.1	1,152	201.4
1988	78,497	—	40,801	105.2	10,588	95.1	3,098	174.0	2,300	130.4	1,711	148.5
1989	100,009	127.4	43,013	105.4	8,259	78.0	5,453	176.0	3,450	150.0	1,456	85.1
1990	92,841	92.8	41,644	96.8	5,322	64.4	2,350	43.1	2,988	86.6	943	64.8
1991	92,204	99.3	44,927	107.9	4,464	83.9	2,019	85.9	2,551	85.4	924	98.0
1992	91,382	99.7	44,839	99.8	4,945	110.8	2,253	111.6	2,117	83.0	1,338	144.8
1993	94,847	103.8	48,120	107.3	6,462	130.7	2,229	98.9	1,902	89.8	1,457	108.9
1994	97,752	103.1	55,567	115.5	9,848	152.4	4,152	186.3	2,633	138.4	1,000	68.6
1995	65,367	66.9	63,172	113.7	15,823	160.7	1,668	40.2	3,474	131.9	674	67.4
1996	94,402	144.4	71,081	112.5	11,010	69.6	8,878	97.5	5,371	154.6	296	43.9
1997	89,891	94.9	74,767	105.2	10,421	94.7	12,537	141.2	4,871	90.7	367	124.0
1998	80,737	94.9	80,498	107.7	9,402	90.2	9,748	141.2	7,484	153.6	1,459	251.5
1999	83,464	103.4	85,859	106.7	9,620	102.3	9,826	100.8	6,764	90.4	1,914	131.2

注：1985年から87年の「小麦粉調整品」の数値は、飯澤理一郎「ガット・ウルグアイ・ラウンド以後の北海道畑作の市場問題」農業問題研究会編集『農業問題研究』第45号、1997年12月、6頁の表4-①によるもので、穀粉調整品から米粉調整品を差し引いた数値である。
出所：食糧庁『米麦データブック』各年版より作成（原資料は大蔵省『日本貿易月表』）。

間で3倍近くの増加を示した。これは国内の小麦粉生産用に振り向けられる小麦販売量約500万tのほぼ3％に相当するものであり，国内の製粉企業および麦加工品製造企業に対して影響を与えないわけにはいかない。そのため，これら企業からは，輸入の麦加工品・調整品に対する価格競争力を保てるよう，食糧用麦政府売渡価格の引下げを求める声が強く出され，88年夏から89年初頭にかけては，「早期かつ大幅な麦価引き下げ」を求めて，製粉企業団体や小麦粉関連業界による3度にわたる食糧庁への要請行動が行われたのである。このような製粉企業・麦加工品製造企業という個別資本の要求は，食糧価格の引下げというわが国総資本の本来的要求とも合致したものであった。

2 「前川リポート」と食糧需給政策

「プラザ合意」を受け，日本の対応の基本方向を示すものとして1986年4月に「前川リポート」（国際協調のための経済構造調整研究会報告書）が発表された。そこでは，日本の「経常収支の大幅黒字は，基本的には，我が国経済の輸出指向等経済構造に根ざすものであり，今後，我が国の構造調整という画期的な施策を実施し，国際協調型経済構造への変革を図ることが急務である」として，「自由貿易体制の維持・強化，世界経済の持続的かつ安定的成長を図るため，我が国経済の拡大均衡及びそれに伴う輸入の増大によることを基本とする」考え方に沿って，「『国際的に開かれた日本』に向けて『原則自由，例外制限』という視点に立ち，市場原理を基本とする施策を行う。そのため，市場アクセスの一層の改善と規制緩和の徹底的推進を図る」という新自由主義的な施策が打ち出された。

「前川リポート」は7つの提言を行っているが，そのうちの「国際的に調和のとれた産業構造の転換」では，産業構造の転換を図るべき対象として石炭鉱業とともに農業を挙げている。とりわけ農業については，「国際化時代にふさわしい農業政策の推進」という一項を特別に設け，「……価格政策についても，市場メカニズムを一層活用し，構造政策の推進を積極的に促進・助長する方向でその見直し・合理化を図るべきである。」「基幹的な農産物を除いて，内外価格差の著しい品目（農産加工品を含む）については，着実に輸入の拡大を図り，

第8章　戦後間接統制期における麦需給政策(3)

内外価格差の縮小と農業の合理化・効率化に努めるべきである。」「輸入制限品目については，ガット新ラウンド等の交渉関係等を考慮しつつ，国内市場の一層の開放に向けての将来展開の下に，市場アクセスの改善に努めるべきである。」としている。このような，市場原理導入・価格政策見直し（＝生産者手取価格水準の切下げ）・輸入拡大による内外価格差の縮小という提起は，食糧需給政策に対して「安価な食糧の追求」の論理を強く働かせるよう求めたものと言える。

そして，86年11月に発表された農政審議会報告「21世紀に向けての農政の基本方向」(11)は，「21世紀へ向けての農政の課題」として「構造政策の推進や価格政策の見直し等により農産物の内外価格差を縮小させること」「農産物市場アクセスの一層の改善を図ること」などを挙げ，「……内外価格差の縮小に努めるため，可能な限り農業生産構造及び農産物流通システムの合理化並びに適切な輸入政策を通じて生産流通コストの低減を図るとともに，価格政策の運用に当たっても，今後育成すべき担い手の農業経営の発展が可能となるよう生産性の向上に資するという観点から，改善措置が講じられる必要がある。また，価格政策の結果形成される具体的な価格が下方硬直的とならないよう需給実勢を十分反映した価格政策の運用にも配慮しなければならない。」「……ガットにおける新しいルールづくりをも踏まえ，我が国農業の健全な発展との調和を図りつつ，市場アクセスの一層の改善の観点から農産物貿易政策について所要の見直しを行っていくことが必要となっている。」などとして，「前川リポート」の提起をさらに具体化したのである。

そして，これ以降，食糧需給政策は全体としてまさにこの「前川リポート」路線に沿った展開を見せていった。

すなわち，86年10月の日米タバコ交渉妥結（87年4月から日本はタバコ輸入関税を撤廃），86年12月の日米サクランボ交渉妥結（92年から日本は輸入を全面的に解禁。それまでは解禁日を増やしていく），88年6月の日米牛肉・オレンジ交渉合意（日本は牛肉と生鮮オレンジを91年4月から，オレンジ果汁を92年4月から輸入自由化，それまでは輸入枠を拡大），88年7月のGATT12品目問題妥結（日本は牛・豚肉調整品，プロセスチーズ，フルーツペースト，パイ

ナップル缶詰，非柑橘果汁・トマトジュース，トマトケチャップ，糖化製品等，その他調整品，の8品目について遅くとも90年4月までに完全自由化し，それまでの期間は輸入枠を拡大。脱脂粉乳，でんぷん，落花生，雑豆の4品目については一部自由化・輸入枠拡大を行う）など，輸入拡大・自由化の動きが急速に進展するとともに，米の政府買入価格，加工原料乳保証価格，豚肉・牛肉の安定基準価格，大豆・なたねの基準価格などの行政価格は86～87年度以降軒並み引き下げられていった。

　米に関してさらに言うならば，政府売買価格差の順ざやへの転化（87年度），流通規制の緩和（85年11月の「米穀の流通改善措置大綱」および88年3月の「米流通改善大綱」に基づいて，流通ルートの複線化，卸・小売業者の営業範囲拡大・新規参入要件緩和，などが行われる），自主流通米の入札取引開始（90年10月）など，食糧管理制度下において政府管理の後退と規制緩和が大幅に進んだ。

　そして，このような動きは，95年4月からのWTO設立協定発効による農産物総輸入自由化（米のみは99年4月から関税化〔自由化〕），同年4月・11月の食糧法施行へと繋がっていったのである。

　このような食糧需給政策の流れの中で，麦加工品・調整品がそうであったように，農産物全体の輸入数量も80年代後半以降急速に増加していった。すなわち，95年度を100とした農産物総合の輸入指数は，60年度に8.7だったものが85年度には54.1にまで増大していたが，その後90年度に76.3，95年度に100.0となり，85年度からの10年間でそれ以前の25年間にほぼ匹敵する伸びを示したのである。[12]

　一方で，国内の農業生産は農産物価格の低迷を背景に80年代後半から減少していった。95年度を100とした農業総合生産指数は，60年度の75.5が86年度には109.5となっていたが，その後は減少傾向に転じて98年度には92.5となったのである。[13]ただし，86年度までの農業総合生産指数を押し上げているのは主として畜産物であり，これは輸入飼料を用いていても国内で生産された畜産物はすべて国産とされているところが大きい。したがって，これを考慮するならば小池恒男氏が指摘するように「昭和50年代に入って日本農業が明確に絶対的縮小

過程に移行した」ということになろう。これは，供給熱量自給率（畜産物の国産供給熱量は，飼料の自給率で換算し直される）や穀物自給率に反映され，前者は，60年度79％→75年度54％→85年度53％，後者は60年度82％→75年度40％→85年度31％，と一貫して減少傾向で推移した。そして，85年以降のさらなる国内生産の縮小の中で，98年度には供給熱量自給率は39％へ，穀物自給率は26％へとさらに落ち込んだのである。

第5章で述べたように，農業基本法下の食糧需給政策は，農産物の輸入拡大・自由化を図りつつ，それに対する農民の反発を緩和させるという性格のものであり，それゆえ，生産者手取価格を一定程度保障する政策や輸入を管理するための国境措置も設定されてきた。しかし，80年代後半以降，輸入拡大・自由化が急速に進行する一方で行政価格引下げが急速に行われたことは，食糧需給政策の展開において，農民の反発があまり考慮されなくなったことを示すものである。

これについては，高度経済成長期以来の傾向であった，兼業農家増大・兼業深化による農家所得中の農業所得の比重の低下とそれによる農産物の生産者手取価格に対する農民の関心の低下が，この段階で農民の反発を考慮しなくてもいい状況にまで達していたことを1つの理由として挙げることができるが，それに加えて，田代洋一氏が「農業保護政策の成立契機としての国内的な『社会的緊張』・体制的危機を，体制側の判断としては基本的に吸収し尽くせたからに他ならない。86年衆参両院同日選挙における政権党の大勝と『都市政党化』，『連合』結成の見通し，それらは，その何よりの証左と映った」と指摘するように，日本社会の政治的意識が全体的に保守化する中，社会体制の維持・安定を図るために農民を政治的基盤に位置づける必要性が大きく減じたことがあると言えよう。また，80年代末からのソ連・東欧の「社会主義」体制の崩壊はこのような状況をさらに強めたと見ることができる。

そして，このような中，食糧需給政策の一環として，麦需給政策も80年代後半以降「前川リポート」路線に沿って展開していったのである。

III 麦需給政策の展開

1 政府価格体系の動向変化

(1) **食糧用麦** 表8-2は1980年代半ば以降の食糧用麦の政府価格体系を示したものである（90年度以降の政府買入価格・政府売渡価格には消費税が含まれているが、これは政府価格体系の分析には大きな支障にはならないため、税込価格をそのまま用いることとする）。

まず、輸入小麦については、「プラザ合意」後の円高によって86年度以降政府買入価格が大きく低下しているが、その下げ幅以上に政府売渡価格が引き下げられていることが注目される。すなわち、60kg当たり政府売渡価格は85年度の5068円をピークとして86年度以降は引下げ傾向に転じ、96年度には85年度から40％近くも低下した3118円となっている。これによって輸入小麦の政府売買価格差の順ざや幅は、60kg当たり87年度に3326円だったものがその後急速に縮小し、96年度には1202円となった（98年度は増加したものの1436円でとどまっている）。順ざや幅の縮小はコスト価格差においても同様に見られる。そして、輸入小麦の動向に並行して、国産小麦の政府売渡価格も60kg当たり84年度・85年度の4135円を最高に、86年度から引き下げられ、98年度には2430円となった。

このような動向は、先述の「早期かつ大幅な麦価引き下げ」という製粉企業・麦加工品製造企業の要求に沿ったものであり、また、食糧需給政策に対して「安価な食糧の追求」の論理の貫徹を強く迫った「前川リポート」路線の具体化として捉えることができるものである。なお、輸入麦・国産麦の政府売渡価格の引下げによって、国産小麦粉価格（普通粉の製粉工場販売価格〔25kg紙袋入り・年度平均〕）は、84年度の3505円が、86年度3488円→90年度3117円→94年度2893円→98年度2798円、というように低下した。[18]

しかし、輸入小麦の政府売買価格差の順ざや幅縮小は食管特別会計の「輸入食糧管理勘定」の輸入麦黒字を減少させるものであり、一方で国産小麦の政府売渡価格の引下げは国産麦の政府買入価格が引き下げられない限り「国内麦管理勘定」赤字の増大を招くのであって、このような状況は財政支出削減方針を

第8章　戦後間接統制期における麦需給政策(3)　　323

受けて開始された「内外麦コストプール方式」を破綻に導くものである。

　これに対して、麦需給政策は同方式を維持するため、国産小麦の政府買入価格を引き下げることによって問題の解決を図ったのである（後述するように国産麦の政府買入価格を引き下げるために87年10月に算定方式の改定が行われた）。表8-2を見ると、国産小麦の60kg当たり政府買入価格は、85年度まで過去最高の1万1092円であったが、86年度以降引き下げられ、98年度には8958円となっている。そして、輸入麦黒字の減少に対応して「国内麦管理勘定」赤字を減少すべく、国産小麦政府買入価格の引下げが政府売渡価格の引下げ以上の幅で行われたために、国産小麦の政府売買価格差の逆ざや幅は60kg当たり86年度の7077円をピークとしてその後縮小に向かい、92年度には6143円となったのである。このような国産小麦政府買入価格の大幅引下げは、先述した、農民の反発を考慮する必要性が大きく低下したこの時期の状況を背景として行われたものであると言える。なお、逆ざや幅は92年度から96年度にかけて拡大しているが、それでも84年度・85年度の逆ざや幅よりは小さい。

　小麦で見られたこのような動向は、大麦・裸麦についても基本的には同様であった。84年度から低下傾向を見せていた輸入大麦の政府買入価格は「プラザ合意」後の円高を受けて86年度以降さらに一段低下し、また、それに合わせて政府売渡価格も87年度以降大きく引き下げられるが、前者よりも後者の下げ幅が大きかったために、年による変動はあるものの80年代後半以降の政府売買価格差の順ざや幅は総じて縮小傾向を示している。そして、輸入大麦の政府売渡価格の低下に並行して、国産大麦・国産裸麦の政府売渡価格も86年度から引き下げられた。国産大麦・国産裸麦の政府買入価格も86年度から引き下げられるが、その引下げ幅は政府売渡価格のそれよりも大きく、その結果、国産大麦・国産裸麦の政府売買価格差の逆ざや幅は87年度以降縮小に向かったのである。その逆ざや幅は90年度ないし92年度から96年度にかけては国産小麦と同様に若干の拡大傾向を見せたが、それでもピーク時の86年度をかなり下回るものであった（なお、前章で触れたように大麦・裸麦は「内外麦コストプール方式」の直接の対象にはなっていなかったが、87年度・88年度の2ヶ年は小麦・大麦・裸麦全体で「内外麦コストプール方式」が行われた）。

表8-2 食糧用麦の政府価格体系

(a) 国産小麦　　　　　　　　　　　　　　　　　　単位：円／60kg

年度	政府買入価格 ①	政府売渡価格 ②	政府管理経費 ③	売買価格差 ②-①=④	売買価格差比率 ④/②	コスト価格差 ②-(①+③)=⑤	コスト価格差比率 ⑤/②
1984	11,092	4,135	1,365	▲6957	▲168.2%	▲8,322	▲201.3%
1985	11,092	4,135	1,403	▲6957	▲168.2%	▲8,360	▲202.2%
1986	10,963	3,886	1,167	▲7077	▲182.1%	▲8,244	▲212.1%
1987	10,425	3,626	1,126	▲6799	▲187.5%	▲7,925	▲218.6%
1988	9,945	3,626	1,410	▲6319	▲174.3%	▲7,729	▲213.2%
1990	9,223	3,078	1,394	▲6145	▲199.6%	▲7,539	▲244.9%
1992	9,110	2,967	1,376	▲6143	▲207.0%	▲7,519	▲253.4%
1994	9,110	2,516	1,430	▲6594	▲262.1%	▲8,024	▲318.9%
1996	9,110	2,463	1,418	▲6647	▲269.9%	▲8,065	▲327.4%
1998	8,958	2,430	1,322	▲6528	▲268.6%	▲7,850	▲323.0%

(b) 国産大麦　　　　　　　　　　　　　　　　　　単位：円／50kg

年度	政府買入価格 ①	政府売渡価格 ②	政府管理経費 ③	売買価格差 ②-①=④	売買価格差比率 ④/②	コスト価格差 ②-(①+③)=⑤	コスト価格差比率 ⑤/②
1984	8,336	2,912	961	▲5424	▲186.3%	▲6,385	▲219.3%
1985	8,336	2,912	1,170	▲5424	▲186.3%	▲6,594	▲226.4%
1986	8,229	2,766	1,047	▲5463	▲197.5%	▲6,510	▲235.4%
1987	7,792	2,595	1,195	▲5197	▲200.3%	▲6,392	▲264.3%
1988	7,395	2,595	1,255	▲4800	▲185.0%	▲6,055	▲233.3%
1990	6,589	2,227	752	▲4362	▲195.9%	▲5,114	▲229.6%
1992	6,540	2,149	1,024	▲4391	▲204.3%	▲5,415	▲252.0%
1994	6,540	1,819	1,017	▲4721	▲259.5%	▲5,738	▲315.4%
1996	6,540	1,792	1,082	▲4748	▲265.0%	▲5,830	▲325.3%
1998	6,431	1,768	855	▲4663	▲263.7%	▲5,518	▲312.1%

(c) 国産裸麦　　　　　　　　　　　　　　　　　　単位：円／60kg

年度	政府買入価格 ①	政府売渡価格 ②	政府管理経費 ③	売買価格差 ②-①=④	売買価格差比率 ④/②	コスト価格差 ②-(①+③)=⑤	コスト価格差比率 ⑤/②
1984	11,441	3,819	1,557	▲7,622	▲199.6%	▲9,179	▲240.4%
1985	11,441	3,819	1,347	▲7,622	▲199.6%	▲8,969	▲234.9%
1986	11,323	3,628	1,125	▲7,695	▲212.2%	▲8,820	▲243.1%
1987	10,781	3,403	1,168	▲7,378	▲216.8%	▲8,546	▲251.1%
1988	10,285	3,403	1,408	▲6,882	▲202.2%	▲8,290	▲243.6%
1990	9,538	2,922	1,427	▲6,616	▲226.4%	▲8,043	▲275.3%
1992	9,421	2,820	1,395	▲6,601	▲234.1%	▲7,996	▲283.5%
1994	9,421	2,388	1,454	▲7,033	▲294.5%	▲8,487	▲355.4%
1996	9,421	2,351	1,832	▲7,070	▲300.7%	▲8,902	▲378.6%
1998	9,264	2,321	1,015	▲6,943	▲299.1%	▲7,958	▲342.9%

第8章 戦後間接統制期における麦需給政策(3)

(d) 食糧用輸入小麦　　　　　　　　　　　　　　　　　　　　単位：円／60kg

年度	政府買入価格 ①	政府売渡価格 ②	政府管理経費 ③	売買価格差 ②-①=④	売買価格差比率 ④／②	コスト価格差 ②-(①+③)=⑤	コスト価格差比率 ⑤／②
1984	2,861	5,055	378	2,194	43.4%	1,816	35.9%
1985	2,744	5,068	346	2,323	45.8%	1,978	39.0%
1986	1,726	5,028	323	3,302	65.7%	2,979	59.3%
1987	1,459	4,785	349	3,326	69.5%	2,977	62.2%
1988	1,699	4,548	396	2,848	62.6%	2,452	53.9%
1990	1,763	4,073	502	2,310	56.7%	1,808	44.4%
1992	1,758	3,762	489	2,005	53.3%	1,516	40.3%
1994	1,566	3,325	390	1,760	52.9%	1,370	41.2%
1996	1,916	3,118	523	1,202	38.6%	679	21.8%
1998	1,718	3,154	537	1,436	45.5%	899	28.5%

(e) 食糧用輸入大麦　　　　　　　　　　　　　　　　　　　　単位：円／50kg

年度	政府買入価格 ①	政府売渡価格 ②	政府管理経費 ③	売買価格差 ②-①=④	売買価格差比率 ④／②	コスト価格差 ②-(①+③)=⑤	コスト価格差比率 ⑤／②
1984	1,973	2,820	225	847	30.0%	623	22.1%
1985	1,720	2,530	205	811	32.0%	605	23.9%
1986	1,159	2,277	188	1,118	49.1%	930	40.8%
1987	1,050	1,618	146	568	35.1%	422	26.1%
1988	1,382	1,454	133	72	4.9%	▲61	▲4.2%
1990	-	-	-	-	-	-	-
1992	1,139	1,901	308	762	40.1%	454	23.9%
1994	1,020	1,736	206	716	41.2%	509	29.3%
1996	1,500	1,722	389	222	12.9%	▲167	▲9.7%
1998	1,345	1,738	316	393	22.6%	78	4.5%

注1) 1994年度からは食糧用輸入麦に裸麦が加わったが，食糧庁『食糧（管理）統計年報』においては「食糧管理会計種目別損益計算書」は輸入大麦と輸入裸麦別に示されているものの，固有用途別の政府売渡量は両者が一括して示されているため，94年度・96年度・98年度の食糧用輸入大麦の政府価格体系は裸麦も含んだもので算出した。ただし，各年度とも政府買取数量の95％前後は大麦なので，そこでの政府価格体系はほぼ大麦のそれを表していると考えられる。
2) 食糧用輸入大麦は1990年度は政府売買はなし。
3) 1990年度以降の政府買入価格・政府売渡価格には消費税が含まれる。
出所）表6-2に同じ。

　そして，このような食糧用の小麦・大麦・裸麦の政府価格体系をめぐる変化は，食管特別会計においては，80年代後半以降「国内麦管理勘定」の赤字と「輸入食糧管理勘定」の輸入麦黒字との縮小均衡という形で現れたのである（前掲表6-3〔255頁〕）。

　しかし，国産麦政府買入価格の引下げは，先述したようにその生産費補償率を悪化させることとなり，90年産以降の麦作付面積減少の大きな要因となったのである。

　（2）　飼料用輸入麦　　小麦の政府買入価格は1980年代初頭から低下傾向を

見せていたが，表8-3でわかるように，85年度に60kg当たり2634円だったものが「プラザ合意」後の円高の影響によって86年度には1749円へ大きく低下し，その後はだいたい1600〜1700円台前後で推移している。一方，その政府売渡価格は86年度以降，政府買入価格の低下を上回る幅で引き下げられ，その結果，60kg当たり政府売買価格差の順ざや幅は87年度の1974円をピークとしてその後大きく縮小し，96年度には819円となった。

　大麦についても，80年代初頭から低下傾向にあった政府買入価格は86年度以降さらなる低下を見せているが，政府売渡価格が政府買入価格の下げ幅以上に引き下げられたため，87年度に169円のピークを示した50kg当たり政府売買価格差の順ざや幅は，その後は100円を下回るようになったのである（表8-3。なお，98年度は一時的に220円まで膨らんでいる）。

　このような，政府売渡価格の引下げ，政府売買価格差の順ざや幅縮小という動向は食糧用輸入麦と同様であり，飼料用輸入麦の政府価格体系も「前川リポート」路線に沿った変化を見せていることがわかる。なお，政府売買価格差の順ざや幅が，小麦・大麦とも，食糧用輸入麦よりは飼料用輸入麦の方が小さいことは従来と同様である。

　このような80年代後半以降の飼料用輸入麦の政府売渡価格引下げは，国内へ供給する飼料をさらに安価にする作用を持つものである。しかし，一方で「前川リポート」路線に沿って畜産物の輸入拡大・自由化，行政価格の引下げが行われていったこと，また，濃厚飼料供給における麦を原料とする飼料の地位が引き続き低下していったことを考えると，飼料用輸入麦政府売渡価格の引下げと畜産振興との関連はかなり薄くなったと見なければならない。加えて，80年代後半以降も家畜飼養農家戸数が大きく減少していったことを考えると，(19)「選択的拡大」部門たる畜産の振興を図ることによって農産物輸入拡大・自由化に対する農民の反発を緩和させるという，飼料用輸入麦の政府価格体系が担っていた役割は，80年代前半までの時期からいっそう後退したと言えるだろう。

　なお，飼料用輸入麦の政府売買価格差の順ざや幅の減少は食管特別会計の赤字解消にはマイナスに働くものであるが，これは，内外価格差縮小を求める「前川リポート」路線と財政支出削減方針との，飼料用輸入麦政府価格体系に

第8章　戦後間接統制期における麦需給政策(3)

表8-3　飼料用輸入麦の政府価格体系

(a) 飼料用輸入小麦　　　　　　　　　　　　　　　　　　　単位：円／60kg

年度	政府買入価格 ①	政府売渡価格 ②	政府管理経費 ③	売買価格差 ②−①=④	売買価格差比率 ④／②	コスト価格差 ②−(①+③)=⑤	コスト価格差比率 ⑤／②
1984	2,677	3,664	352	986	26.9%	634	17.3%
1985	2,634	3,690	592	1,055	28.6%	464	12.6%
1986	1,749	3,585	857	1,835	51.2%	979	27.3%
1987	1,362	3,335	972	1,974	59.2%	1,001	30.0%
1988	1,509	3,103	625	1,594	51.4%	970	31.2%
1990	1,753	2,914	388	1,161	39.8%	773	26.5%
1992	1,675	2,733	380	1,057	38.7%	677	24.8%
1994	1,484	2,523	342	1,040	41.2%	697	27.6%
1996	1,811	2,630	376	819	31.1%	443	16.8%
1998	1,675	2,720	463	1,045	38.4%	582	21.4%

(b) 飼料用輸入大麦　　　　　　　　　　　　　　　　　　　単位：円／50kg

年度	政府買入価格 ①	政府売渡価格 ②	政府管理経費 ③	売買価格差 ②−①=④	売買価格差比率 ④／②	コスト価格差 ②−(①+③)=⑤	コスト価格差比率 ⑤／②
1984	1,881	1,944	298	62	3.2%	▲236	▲12.1%
1985	1,791	1,798	446	8	0.4%	▲438	▲24.4%
1986	1,250	1,381	545	131	9.5%	▲414	▲30.0%
1987	948	1,117	612	169	15.1%	▲444	▲39.7%
1988	1,009	1,037	417	27	2.6%	▲389	▲37.5%
1990	1,210	1,253	346	43	3.4%	▲303	▲24.2%
1992	1,074	1,173	325	99	8.4%	▲256	▲19.3%
1994	902	957	305	55	5.7%	▲251	▲26.2%
1996	1,149	1,223	345	74	6.1%	▲271	▲22.1%
1998	1,094	1,315	330	220	16.8%	▲110	▲8.4%

注) 1990年度以降の政府買入価格・政府売渡価格には消費税が含まれる。
出所) 表6-4に同じ。

おける部分的な矛盾である。先述のように食糧用麦においては輸入麦・国産麦の政府売渡価格の引下げと，国産麦政府買入価格の大幅な引下げが行われ，「前川リポート」路線と財政支出削減方針との両立が図られたが，飼料用麦ではそもそも飼料用として政府が恒常的に国産麦の売買を行う制度がなかったために食糧用麦のような対応は行いようがなかったのである。

2　改正食管法下での国産麦政府買入価格をめぐる動向

(1) 「パリティ方式」から「生産費補償方式」への算定方式の移行　　先述のように，国産麦の政府買入価格は1986年産から引き下げられたが，これをさらに進めるために88年産からその算定方式が変更された。

間接統制移行後，国産麦政府買入価格の算定には「パリティ方式」が用いられ，政府買入価格は50年産・51年産価格の平均に農業パリティ指数を乗じた額を下回らないものとされたこと，しかし，高度経済成長期を通じて農・工間の生産性格差が拡大する下ではこの方式は国内麦作にとって不利に働くものであったこと，については前に述べたとおりである。しかし，この方式は，農業パリティ指数が低下しない限り政府買入価格を引き下げることが難しいものであることもまた事実であった。そして，農業パリティ指数（総合）は，80年475.22→85年515.23→86年510.50→87年506.56，というように，円高による消費者物価の低下を受けて86年以降若干低下したものの，その大幅な低下を見込むことはできなかった[20]（その後，農業パリティ指数は，88年508.59→90年532.12→95年550.27→99年552.53，と推移した）。したがって，「前川リポート」路線に沿って政府買入価格を大幅に引き下げるためには，「パリティ方式」を他の算定方式へ変更することが不可欠だったのである。

　このような算定方式の変更については，先述の86年11月の農政審議会報告でも「麦の政府買入価格については昭和25年及び26年の価格にパリティ指数を乗じて算出するいわゆるパリティ価格を下限として，これに生産振興のための調整額を加算する算定方式が取られている。56年産以降，この調整額に生産性の向上を反映させてきているが，このような方式にも限界があるため，より的確に生産性の向上を反映させる観点から，固定的な現行算定方式の見直しを検討する必要がある。」とされ，同年7月と12月の米価審議会答申でも附帯意見として国産麦政府買入価格の算定方式を改定することが挙げられた。[21]

　これを受けて87年10月に食糧管理法の改正が行われ，「……政府ノ買入ノ価格ハ政令ノ定ムル所ニ依リ麦ノ生産費其ノ他ノ生産条件，麦ノ需給及供給ノ動向並ニ物価其ノ他ノ経済事情ヲ参酌シ麦ノ再生産ヲ確保スルコトヲ旨トシテ之ヲ定ム此ノ場合ニ於テハ麦作ノ生産性ノ向上及ビ麦ノ品質ノ改善ニ資スベク配慮スルモノトス」（第4条ノ2）として「生産費補償方式」が導入され，これが88年産麦から適用されたのである。そこでは，新たに「麦ノ需給及供給ノ動向」「麦作ノ生産性ノ向上」「麦ノ品質ノ改善」という文言が登場したが，これら[22]は国産麦政府買入価格の決定に大きな影響を与えるものとなった。そして，

第8章　戦後間接統制期における麦需給政策(3)　329

これら3つの文言は，先述したように95年11月施行の食糧法へと受け継がれていったのである。

このうち，国内生産に対して最も重要な意味を持つと思われる「麦作ノ生産性ノ向上」について見ると，食管法改正を受けて，88年5月に国産麦政府買入価格に関して「……内外価格差を極力縮小するよう生産性向上を価格に的確に反映させる……」，「価格の算定は，我が国の麦作の将来を担う者（生産組織又は一定規模以上の個別経営）に焦点を当てるものとすることを基本とすべきであるが，当面は主産地（生産量シェアによって選ばれた主要道県）の生産費（麦作の比重の低い規模層を除く比較的生産性の高い規模層の第2次生産費）を基礎として行う」とした「生産者麦価算定方式に関する米価審議会小委員会報告」が出されたが，そこでは「生産費補償方式」とはいうものの，その主眼はあくまで「内外価格差を極力縮小する」ために「生産性向上を価格に的確に反映させる」こと，つまり政府買入価格の引下げに置かれていることが明確に示されているのである。これはまさに「前川リポート」路線に沿ったものであると言えるが，これは一方で「麦ノ再生産ヲ確保スルコトヲ旨トシテ之ヲ定ム」としている規定を空文化させるものである。事実，引き下げられた政府買入価格の下で，先述のように90年産以降4麦の作付面積は減少傾向に転じたのである。

（2）銘柄間格差の再導入・拡大，等級間格差の拡大　改正食管法で登場した先の3つの文言のうち「麦ノ需給及供給ノ動向」「麦ノ品質ノ改善」の2つについて，先の「生産者麦価算定方式に関する米価審議会委員会報告」は「……品質別需給に配慮した運用を行う……」「品質別需給の不均衡の回避と良品質麦への作付誘導を確保するため，品質格差等の見直しを行う」とした。このような考え方は，70年代末から国産麦の生産量が増加する中で「……品種別作付動向をみると，農林61号のように比較的品質の良いといわれている品種の作付シェアが近年低下傾向をたどっている一方，比較的品質の劣るといわれている品種の作付けが依然として4割程度のシェアを占めています。また，等級別の政府買入比率をみても，1等麦に比べ品質的に劣る2等麦の割合が5割程度を占めているという実態にあります。したがって，今後，品質の向上を伴った商品

性の高い麦生産を推進していくためには，良品質麦への生産誘導と1等麦の供給割合を高め品質の改善を図るという観点から諸般の施策を講じることが緊要な課題となっています。」という食糧庁の認識として示されていたものであった。そして，これに沿って，83年産以降銘柄間格差（産地品種別格差）が廃止ないし限定されていた国産麦政府買入価格に対して，87年産から銘柄間格差の再導入・拡大が行われ，また，等級間格差についてもその拡大が行われたのである。

このような方向は，前出の86年11月の農政審議会報告でも「……価格政策としても，農産物の生産活動を消費者及び実需者のニーズに応じた品質の農産物の生産に誘導する見地から，品質によって需給事情に相当の差異があるものは，品質に応じた適正な品質格差を設けた価格形成を推進する必要がある。／現に，品質格差を設定して価格算定を行っている農産物もあるが，その価格の幅が小さいため，十分に効果を発揮しているとは言い難いものもあるのでこれらについても見直しを行い可能な限り消費者及び実需者のニーズに合った仕組みに改善すべきである。」として打ち出されていたものでもあった。

このような国産麦政府買入価格への品質格差の導入は，「前川リポート」が強調する「市場原理の導入」そのものではないが，実需者の評価を政府買入価格に反映させるという点で，市場原理の部分的導入として捉えることができるだろう。

それでは，その内容について銘柄間格差から見ていこう。83年3月の麦類検査規格改定以前は「すべての麦について産地銘柄（47都道府県を幾つかに区分したもの）が存在し，これを基準として価格を設定することによりすべての麦に銘柄別価格を設定することができた。しかしながら，改正検査規格では，ごく一部の麦について産地品種銘柄を設定するにとどめ」た。そこでは「小麦については，ホロシリコムギ（北海道），タクネコムギ（北海道）の2産地品種があるが，これらは他の小麦とはやや性状が異なることから利用区分する必要があるとの観点から銘柄として区分したものであり，価格差を設けるような品質差が見当たらないとの結論を得，価格はすべて同一として取り扱うこととし」て，国産小麦の政府買入価格における銘柄間格差を廃止，また，「大・は

第8章　戦後間接統制期における麦需給政策(3)　331

だか麦については，各々3つの産地品種銘柄が設けられているが，これらはいずれもその他の麦に比べて品質上の優位性が歴然としているものの，相互間にはそれほどの差が見出せないことから，3産地品種銘柄を包括して1類，その他の麦を包括して2類とする区分を行うこととし」(26)て，83年産では六条大麦の1類・2類間格差を50kg当たり40円（二条大麦は類を設けず一本化），裸麦のそれを60kg当たり48円とし，これが86年産まで継続された。

　しかし，87年産では，小麦・大麦・裸麦とも銘柄区分がⅠ，Ⅱ，Ⅲの3つに増やされ，小麦と裸麦ではⅡを基準に，60kg当たりⅠが＋400円，Ⅲが▲150円，大麦はⅡを基準に，50kg当たりⅠは＋333円，Ⅲは▲125円とされた。88年産では小麦・大麦・裸麦とも従来のⅢが2つ（ⅢとⅣ）に分けられたために，区分が4つに増え，小麦と裸麦ではⅡを基準として，60kg当たりⅠは＋600円，Ⅲは▲150円，Ⅳは▲600円，大麦ではⅡを基準として，50kg当たりⅠは＋500円，Ⅲは▲125円，Ⅳは▲500円とされた。さらに89年産では，小麦と裸麦はⅡを基準に，Ⅰは前年産と同じ60kg当たり＋600円だったが，Ⅲは▲300円，Ⅳは▲900円と，Ⅲ・Ⅳの価格が引き下げられ，大麦もⅡを基準に，Ⅰは前年産と同じ＋500円だったが，Ⅲは▲250円，Ⅳは▲750円とⅢ・Ⅳの価格が引き下げられ，この格差は90年産以降も継続された。

　この国産麦政府買入価格の銘柄区分は，麦管理改善対策の品質改善奨励額の品位ランクに対応させて設定したものである。従来，作付誘導の機能は主として品質改善奨励額が担ってきたのであるが，87年産以降の政府買入価格において銘柄間格差の再導入・拡大がなされたことは，政府買入価格にも作付誘導機能を持たせ，さらにその機能強化を図ろうとしたものであると言える。

　次に等級間格差である。83年3月の麦類検査規格改定では等級についても，旧1等・旧2等を1等，旧3等を2等として規格の簡素化が図られ(27)，これに基づいて83年産の国産麦政府買入価格では1等と2等の格差（1等が基準）が小麦と裸麦で60kg当たり135円，大麦で50kg当たり133円と設定され，これが86年産まで続いた。しかし，87年産では小麦と裸麦における等級間格差は60kg当たり435円に拡大され，これが88年産では645円，89年産で900円，90年産では1100円となり，91年産以降は1100円で推移した。大麦における等級間格差も87

年産では50kg当たり363円，88年産では538円，89年産で750円，90年産では917円というように拡大され，91年産以降は917円で推移した。つまり，等級間格差では，2等麦への減額幅を拡大して1等麦の増大を促すという措置がとられたのである。

　上の動向に関しては，97年産・98年産で行われた「良品質麦安定供給対策」，98年産・99年産で行われた「良品質麦安定供給強化対策」についても触れておきたい。これらは，91年産から据え置きが続いてきた国産麦政府買入価格が97年産以降引き下げられたことを受け，引下げ分の補塡措置として行われたものであり，両対策とも1年目は全ての販売麦に一律の助成がなされたが，2年目には産地品種別に需要の強さ等によって格差が付けられた（後掲表9-1〔377頁〕）。市場原理の部分的導入は政府買入価格の補塡措置についても行われたのである。

　なお，国産麦政府買入価格の動向に対応して，銘柄間格差の再導入・拡大，等級間格差の拡大は，国産麦政府売渡価格においても行われた。

3　麦管理改善対策の動向

　前章でも触れたように，1978年度以降の国産麦生産量の増加の中で，小麦，大麦・裸麦とも，播種前に行われる生産者と実需者の契約で交渉がまとまらなかった「未契約麦」が80年産から大量に発生したが，政府が播種後において生産者と実需者との契約締結の推進を追求したことにより，80年代半ばまで政府買入時点で契約締結がなされていない「非契約麦」の発生は抑えられてきた。

　ただし，そこでは「毎年，麦がは種される前に，実需者の品種銘柄等に関する意向も踏まえて締結することになっている流通契約は，必ずしもそのような運用になっておらず，しかも当初の契約段階で締結される数量は最近の傾向として6割程度となっている。また，実需者の拠出金を原資にして生産者に交付されている契約生産奨励金についても，必ずしも実需者の選好が高い麦え(ママ)の生産誘導が図れるようなものとなっていない状況もあって，良品質麦の生産は伸び悩みの傾向となり，また，産地での流通面での立ち遅れが実需者の引取り運賃負担の増嵩要因ともなっている」(28)という状況が見られた。これを放置するな

らば，需要を伴わない生産が増加して政府が対応できない可能性が生じるのであって，麦管理改善対策はこれへの対応を求められていた。

　これを受けて86年11月に「麦管理改善対策要綱」が全面改正され，87年産から麦管理改善対策は新たな展開を見せていった。

　そこにおける特徴の第1は品質改善奨励額における品位ランク間の格差が拡大されたことである。81年産から契約生産奨励金が大きく組み換えられたことは前章でも触れたが，そこでは（生産）品質改善奨励額のランクはA，B，Cの3つとされ，その額の60kg当たり最大格差は82年産まで小麦，大麦・裸麦とも160円，86年産までは小麦は120円，大麦・裸麦は172円であった（前掲表6－5〔264頁〕）。しかし，87年産以降，その区分は従来のCが2つ（CとD）に分けられたために4つとなり，60kg当たり最大格差は87年産・88年産で小麦は300円，大麦・裸麦は340円，89年産から91年産までは小麦，大麦・裸麦とも400円，92年産以降は小麦，大麦・裸麦とも500円，と拡大されていったのである。さらに，注目すべきは，89年産以降，最低ランクであるDに対しては品質改善奨励額が支払われなくなり，また，品質改善奨励額の交付対象が若干の例外を除いて1等に限定されたことである。このようなランク間格差拡大と下位ランク・下位等級の減額は，先に見た国産麦政府買入価格の動向と軌を一にしたものであり，品質改善奨励額でも作付誘導機能・上位等級麦生産促進機能の強化が図られたことがわかる。

　特徴の第2は，「契約基準数量を上回って流通する麦や品質，流通面からみた商品性の平均的水準を相当程度乖離している麦等について生産者が一定の負担を行うことによって契約の対象とする麦（条件付契約麦）」[29]という制度が新たに設けられたことである。この「条件付契約麦」は，①「豊作麦（超過麦）」（生産者・実需者間で契約の基本条件について協議する場である事前協議会で決定された都道府県別の契約基準数量の一定割合を超える麦），②「未集約麦」（実需者の取引場所となる1倉所当りの集約規模が30ｔ未満となっている麦），③「好まれない荷姿の麦」（実需者のばら物の希望に反して袋物で引き取らざるを得ない麦），④「遠隔地産麦」の4種類に分かれる。

　4種類の条件付契約麦をめぐる動向は以下のように推移した。[30]

まず小麦に関してである。87年産において「豊作麦」は契約基準数量の105％を超えるものとされ、生産者負担基準額は平均的な契約生産奨励金（品質改善奨励額と流通改善奨励額）に見合う額とされた。つまり、超過分には基本的に契約生産奨励金は支払われないことになったのである。また、「未集約麦」の「30t未満」という基準は、従来集約化奨励額が支払われる条件であった1倉所15t以上という基準を引き上げたものであるが、この基準を満たさない麦に対しては60kg当たり96円支払われる集約化奨励額の支払いが行われないことになった。さらに、「好まれない荷姿の麦」については60kg当たり15円の生産者負担、「遠隔地産麦」では60kg当たり北海道産麦で40円、九州産麦（域外の実需者が引き取る麦）で20円の生産者負担が設定された。

この条件は88年産にそのまま引き継がれたが、89年産では、「豊作麦」は流通契約基準量の102.5％を超えるものへとその範囲が拡大され、また、「好まれない荷姿の麦」の生産者負担基準額は30円へ引き上げられた。さらに、「遠隔地産麦」については、北海道産麦と九州産麦がそれぞれ80円、40円へと引き上げられるとともに、新たに東北産麦（域外以外の実需者が引き取る麦）がその対象に加えられて生産者負担基準額が60kg当たり40円に設定された。このように80年代末において条件付契約麦の範囲は拡大させられ、また、生産者負担も増加させられたのである。

90年代に入ると、「遠隔地産麦」の範囲がさらに拡大されて県間流通するすべての麦に適用されることになり、呼称も「県間流通麦」となった。そこでは、89年産以降80円となっていた北海道産麦の生産者負担額がさらに引き上げられるとともに（92年産246円、93年産206円、94年産146円）、その他の都府県産麦についても消費地までの経費実費相当額の一部について生産者負担が設定された。また、「未集約麦」、「好まれない荷姿の麦」の条件はそのまま引き継がれた。「豊作麦」については92年産から適用が行われなくなったが、これは80年代末から小麦の国内生産量が減少傾向に転じる中、90年産以降契約基準数量に対して政府買入数量が大きく下回るようになったため（前掲表6-6〔265頁〕）、適用を行う必要がなくなったことによるものであろう。上で示したように、北海道産「県間流通麦」の生産者負担額が93年産以降若干引き下げられたのも、

北海道における小麦生産量が減少したことに対応したものと見られる。

次に大麦・裸麦に関してである。それらにおける条件付契約麦は小麦に1年遅れて88年産から開始された。そこでは小麦と異なって「豊作麦」がないために「条件付契約麦」は3種類であるが，それらをめぐる動向は小麦とほぼ同様であった。すなわち，「未集約麦」については88年産以降集約化奨励額の支払いが行われなくなり，「好まれない荷姿の麦」については50kg当たり88年産で15円だったものが，89年産に30円へ引き上げられ，92年産以降は若干下がったものの25円にとどまり，その後25円で推移した。「遠隔地産麦（県間流通麦）」については50kg当たり88年産で北海道産が40円，関東産（九州の実需者が引き取る麦）が40円，東北・北陸産（域外の実需者が引き取る麦）が20円だったものが，89年にはそれぞれ80円・80円・40円へと2倍に引き上げられ，92年産ではそれぞれ100円・80円（九州の実需者に加えて，四国の実需者が引き取る麦が加わる）・55円・93年産83円・66円・46円・94年産59円・47円・32円となり，その後は94年度の額が維持されている。ここでも93年産，94年産と若干の引下げが見られるが，これも小麦と同様，大麦・裸麦の国内生産量の減少を受けたものであろう。

以上のような条件付契約麦は，財政支出削減方針の下，国産麦の一定の回復に伴って増大してきた契約生産奨励金（＝実質的に政府負担）の総額を抑えるとともに，また，増加しつつあった実需者の引取費用を生産者に転嫁する，というものであるが，これは麦の生産者手取価格を引き下げる作用を持つ。80年産以降契約生産奨励金を（生産）品質改善奨励額と流通改善額に分化させて契約生産奨励金を実質的に引き下げた麦管理改善対策は，条件付契約麦の導入・強化によって麦の国内生産にいっそうの抑制をかけたのである。

4　国産飼料用麦生産施策の動向

1980年代半ばまで国産飼料用麦の生産が拡大する一方で，80年代前半には早くもその生産を抑制する動きが出ていたことは前章で指摘したが，生産抑制の動きは80年代後半以降本格化していった。

前掲表7－4〔299頁〕を見てみよう。「買入価格」の引下げは82年産から86

年産までは小さいものにとどまっていたが、87年産以降それは大きなものとなった。すなわち、先述したような飼料用輸入大麦の政府売渡価格の引下げを受けて86年産以降「売渡価格」が大きく引き下げられる中で、「流通対策費」の額はほぼ維持されるものの、82年産から始まった「流通促進補助金」の減額が93年産まで続き（94年産からは据え置きで推移）、また、87年産から90年産にかけては「生産奨励金」も大幅に減額されたことにより、50kg当たりの「買入価格」は86年産の6988.8円から91年産の4886.0円へと30.1％も低下したのである。これは、食糧用である国産麦の政府買入価格の引下げ率を上回るものである。「買入価格」はその後96年産までは据え置かれるものの、97年産以降は「生産奨励金」と「流通対策費」の減額等によって再び低下し、99年産では4668.5円となっている。

　このような「買入価格」の大幅な低下は当然にも作付面積に影響を与えることになった。前掲図7－2〔301頁〕を見ると、国産飼料用麦の作付面積は88年産に若干の落ち込みを見せた後、91年産までは停滞ないし微増傾向となっている。しかし、それは87年度から89年度まで77万haだった米生産調整目標面積が90年度・91年度に83万haへと引き上げられた中での動向であるから（前掲表7－1〔281頁〕）、もし、目標面積の拡大がなかったならば、作付面積が減少していたことも考えられるのである。なお、92年産から95年産までの作付面積の減少は、食糧用麦と同様、米生産調整目標面積が引き下げられた影響を受けたものと見られる。

　注目すべきは96年産以降の動向である。米生産調整目標面積は96年度の78万7000ha以降再び大きく引き上げられて98年度には96万3000haにまでなるが、そこにおいて国産飼料用麦の作付面積は増加はするものの、それは米生産調整目標面積が60万ha台であった86年度以前の水準に達していないのである。このような動向には、米生産調整助成金の「基本額」の減額とともに「買入価格」の低下も関わっていると考えられる。

　次に、85年産以降4万tとされていた国産飼料用麦の生産目標数量は96年産以降3万8000tへ引き下げられた。図7－2でわかるように、80年代後半以降、88年産を除いて実際の売渡数量は4万tどころか3万8000tにも達していなか

ったのであるから，今回の生産目標数量の引下げが直ちに国産飼料用麦の生産を減少させることにはならなかったが，引下げが行われたこと自体は，国産飼料用麦生産施策の政策的位置づけが低下したことを示すものである。

ここで前掲図6-1〔232頁〕で飼料用輸入大麦の動向を見ると，86年度以降90年度まではそれ以前に比べて輸入量の水準が一段低くなっていたが，91年度から95年度まではその水準を上げており，96年度以降は若干低くなっているものの全体として見ると輸入量は90年代以降その水準を上げていることがわかる。これは，国産飼料用麦の生産動向と対照的である。

そして，以上のように見てくると，飼料用麦をめぐる動向も全体として「内外価格差縮小」「輸入拡大」を唱える「前川リポート」路線に沿っていることがわかるのである。

ここでもう1つ触れておかなければならないのは，「国内麦流通円滑化特別対策事業」の交付金単価をめぐる動向である。同事業は，83年産からの等外上麦の政府買入れの廃止に伴い，麦生産農家の所得急減を緩和するために規格外麦を飼料用等として流通させることを目的として開始されたものである。そこでは，規格外麦の販売額だけでは販売農家の所得安定が図れないため，農家の拠出金と政府の奨励金を原資として販売農家に対して交付金の交付が行われることになっている。(31) 農家の拠出金は規格外麦の平均発生率によって県ごとに異なるが，最も高い県でもその額は以下に述べるAランクの交付金の1割程度である。(32)

規格外麦は小麦，大麦，裸麦それぞれについて，A，B，Cの3つのランクがあり，各ランクによって販売価格が異なる。その価格は年によって変動するが，大麦のAランク価格は国産飼料用麦「売渡価格」のほぼ8割であり，小麦と裸麦のAランク価格は大麦のそれよりも若干高めである。また，小麦・大麦・裸麦とも，Bランクの価格はAランクの6〜9割程度，CランクはAランクの4〜6割程度である。(33)

交付金の額は小麦，大麦，裸麦共通であるが，ランク間で格差がつけられている。83年度では1t当たりAが3万5000円，Bが3万円，Cが1万5000円で設定され，この額は87年度まで続いた。しかし，これは88年度にそれぞれ，1

万9300円，1万6500円，8200円と大幅に減額され，89年度にはさらに1万6200円，1万3500円，6700円に引き下げられた。90年度・91年度には一旦88年度の水準まで戻されるが，92年度には1万7500円，1万4600円，7300円となり，その後この額が維持されている。

規格外麦の発生量は年々の気象状況によって異なるため（2000年度までにおける交付金の対象数量の最小は84年度の2万4611 t，最大は91年度の18万2730 t）[34]，国内麦流通円滑化特別対策事業を国産飼料麦に関する恒常的な施策として位置づけることはできない。しかし，その交付金の削減は規格外麦が大量に発生した際の麦作農家の所得安定の効力を減じるものであり，それゆえ，90年代以降の国産麦生産量の減少に全く無関係とするわけにはいかないだろう。

Ⅳ　小　括

1970年代半ばから国内生産を一定程度位置づけるようになっていた麦需給政策は，80年代後半以降輸入依存に傾斜したものへと再転換した。これは，①「プラザ」合意後の円高下で麦加工品・調整品の輸入が増加し，それに対抗するために製粉企業・麦加工品製造企業が麦政府売渡価格の引下げを強く要求したこと，そして，より根本的には②「プラザ合意」を受けて内外価格差縮小のための市場原理導入・生産者手取価格保障水準切下げ・輸入拡大を打ち出した「前川リポート」が登場した中，農民を重要な政治的基盤に位置づける必要性が減じた状況——兼業農家増大・兼業深化による農産物の生産者手取価格への農民の関心の低下，および日本社会の政治的意識の全体的な保守化——が生じたことを受けて食糧需給政策が全体として「前川リポート」路線に沿って展開することになったこと，を背景とするものであった。

80年代後半以降の麦需給政策の構造を示すと図8-1のようになろう。

そこでは，まず，食糧用麦・飼料用麦ともに，輸入麦について円高による政府買入価格の下落を上回る幅で政府売渡価格が引き下げられた。それによる輸入麦政府売買価格差の順ざや幅縮小は，食糧用麦においては「内外麦コストプール方式」の下で国産小麦の政府売買価格差の逆ざや幅の縮小を求めることに

図8-1 1980年代後半以降における麦需給政策の構造

・国産麦政府買入価格の引下げ
　　生産費補償方式の導入
　　　→生産費補償率の悪化
・米生産調整奨励金「基本額」の引下げ
・銘柄間格差再導入・拡大，等級間格差の拡大
・麦管理改善対策における品質改善奨励額のランク間格差の拡大，条件付契約麦の導入
・国産飼料用麦の「買入価格」引下げ
・「円滑化」対策交付金引下げ

・国産麦―政府売買価格差の逆ざや幅の縮小
・食糧用輸入麦―政府売買価格差の順ざや幅縮小
・飼料用輸入麦―政府売買価格差の順ざや幅縮小
・麦管理改善対策下での流通指導
・製粉業の再編政策

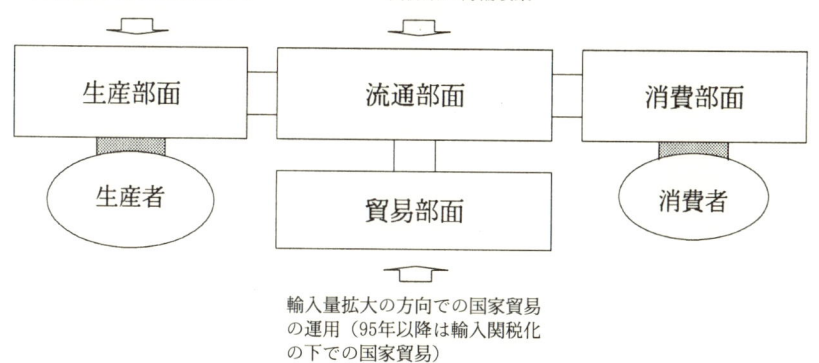

[生産部面] — [流通部面] — [消費部面]
(生産者)　　(貿易部面)　　(消費者)

輸入量拡大の方向での国家貿易の運用（95年以降は輸入関税化の下での国家貿易）

　なり，このため，国産小麦の政府買入価格，さらには国産大麦・国産裸麦のそれも政府売渡価格の引下げ幅を上回る幅で引き下げられた。そして，引下げを容易にするために，88年産から国産麦政府買入価格の算定方式はパリティ方式から生産費補償方式へ変更された。これによって，国産麦政府買入価格の生産費補償率は80年代半ば以降，全般的に低下傾向で推移していったのである。
　また，麦管理改善対策では87年産から条件付契約麦が導入され，国産飼料用麦生産施策では87年産以降「買入価格」が引き下げられ，さらに，国内麦流通円滑化特別対策事業でも88年産以降交付金単価が引き下げられるなど，麦の生産者手取価格の低下に繋がる動きが次々に現れた。
　そして，このような政策動向は，米生産調整助成金の「基本額」の引下げと相俟って，90年産以降麦の作付面積を減少傾向に転じさせた。一方，これによる国産麦の減少分を埋めるべく90年代に入ると麦輸入量は増加させられたので

ある。

　以上のように見てくると，農産物輸入拡大・自由化に対する農民の反発を考慮する必要性が大きく減じた中，80年代後半以降の麦需給政策には「安価な食糧の追求」の論理が強く働いていったことがわかる。そして，この下で，第5章で見たようにこの時期においても製粉業の再編政策は継続されていったのである。

　加えて，87年産以降，部分的ではあるが「前川リポート」が唱える市場原理導入を具体化したものとして，国産麦政府買入価格において銘柄間格差の再導入・拡大および等級間格差の拡大が行われ，また，麦管理改善対策においても品位ランク間格差の拡大が行われた。この結果，国産小麦の銘柄区分Ⅰ（＝品位区分Ａ）の作付面積は85年産で8万5200ha（小麦作付面積全体の36.4%）だったものが99年産では13万5900haへ（同80.4%），大麦（六条大麦）の銘柄区分Ⅰ（＝品位区分Ａ）の作付面積は85年産の625ha（六条大麦作付面積全体の2.7%）から99年産の6369ha（同61.8%）へ，それぞれ拡大した。裸麦では85年産で6814haだった銘柄区分Ⅰ（＝品位区分Ａ）の作付面積は99年産で3738haに減少したが，裸麦作付面積全体に占めるそのシェアは65.3%から73.3%に上昇した。しかし，このような生産誘導効果は認められるものの，上述したようにこの時期の麦需給政策はそれを国産麦の生産拡大に繋げるものではなかったのである。

　　（1）　北海道産畑作麦の第2次生産費に対する国産麦政府買入価格の補償率を見ると，1986年産では139.4%，88年産では144.5%となっている；農林水産省統計情報部『米及び麦の生産費』（1988年産，90年産）より計算。
　　（2）　85年以降，北海道農協中央会は麦類・豆類・根菜類の作付指標面積を全道および地区別に細かく定めたが，そこでは「合理的な輪作体系」が考慮事項の1つとされていた；西村正一「後期畑作農業の過剰基調と生産調整」土井時久・伊藤繁・澤田学編著『農産物価格政策と北海道畑作』北海道大学図書刊行会，1995年，42頁。
　　（3）　WTOの内容とその性格を，WTO設立協定に附属する個々の協定の制定経過も含めて詳しく分析したものとして，鷲見一夫『世界貿易機関を斬る――誰のための「自由貿易」か――』明窓出版，1996年，がある。

第8章　戦後間接統制期における麦需給政策(3)　341

（4）　ホテル用以外の民間輸入の小麦粉は，1995年は35 t，96年も35 t だったが，オーガニック・ブームなどによって97年185 t，98年1227 t と増加し，その後は若干減少して99年は832 t，2000年は898 t となっている。なお，ホテル用小麦粉の輸入量は，95年14 t→96年14 t→97年27 t→98年14 t→99年27 t→2000年14 t，というように推移した；食糧庁資料による。
（5）　食管法と比較した食糧法の特徴については，河相一成『食卓からみる新食糧法』新日本出版社，1996年，が詳しい。
（6）　食糧庁『食糧管理統計年報』1982年版，166頁，同1986年版，135頁。
（7）　「プラザ合意」の成立経緯やその内容については，近藤健彦『プラザ合意の研究』東洋経済新報社，1999年，が詳しい。
（8）　大山雅司「平成6年度麦類需給計画について」食糧庁『食糧管理月報』1994年4月号，8頁，表6より。
（9）　松本裕志「麦の政府売渡価格の改定について」『食糧管理月報』1989年3月号，6-7頁。
（10）　7つの提言は，①内需拡大，②国際的に調和のとれた産業構造への転換，③市場アクセスの一層の改善と製品輸入の促進等，④国際通貨価値の安定化と金融の自由化・国際化，⑤国際協力の推進と国際的地位にふさわしい世界経済への貢献，⑥財政・金融政策の進め方，⑦フォロー・アップ，である。
（11）　同報告は「はじめに」と，「21世紀へ向けての農政の課題」「生産性の高い水田農業の確立」「産業として自立しうる農業の確立」「農産物価格政策の展開」「国際化の進展と農産物貿易政策の方向」「高齢化社会における農政の課題と展開方向」「活力ある農村社会の建設と地域経済社会への寄与」「新技術の開発と展望」「食品産業政策の充実」「健康で豊かな食生活の保障と消費者政策の充実」「国際農業協力の推進」の11章からなっている。
（12）　数値は，農林水産大臣官房調査課監修『農業白書附属統計書』各年版より。
（13）　同上。なお，「プラザ合意」「前川リポート」以降の日本農業をめぐる全般的分析については，井野隆一『戦後日本農業史』新日本出版社，1996年，の第4章第4節「『経済構造調整』以後の日本農業」を参照のこと。
（14）　小池恒男「自治体農政の環境と21世紀の課題」小池恒男編『日本農業の展開と自治体農政の役割』家の光協会，1998年，11頁。
（15）　数値は，農林水産大臣官房調査課『食料需給表』各年版より。
（16）　この点については，「戦後体制の下での農業問題の処理は，農業だけで経済的自立が難しい過小農の就業の場を大幅に農外に分割委譲することにより過剰就業に起因する農業問題のスケールを圧縮するとともに，ひいては兼業農家の大量創出を通して農民層の政治意識を分散させながら体制内

化していくという，まことに現状追随的・なし崩し的な処理だったのである。こうした処理を可能にしたのが高度経済成長であり，また戦後はるかに整備された農業政策・諸制度を通しての国家によるきめ細やかな関与であった」とする工藤昭彦氏の議論が参考になる；工藤昭彦『現代日本農業の根本問題』批評社，1993年，8頁。

(17) 田代洋一「1980年代における農業保護政策の撤退とその背景」『科学と思想』第74号，新日本出版社，1989年，205頁。

(18) 『食糧（管理）統計年報』1986年版，135頁，同1990年版，171頁，同1995年版，209頁，同1999年版，70頁。

(19) 1985年から99年にかけての全国の1戸当たり平均飼養頭羽数は，乳用牛が25.6頭から51.3頭，肉用牛が8.7頭から22.8頭，豚が129.0頭から790.3頭，採卵鶏が1037羽から2万8234羽，ブロイラーが2万1383羽から3万3633羽と増加し，家畜飼養戸数は，乳用牛で8万2400戸から3万5400戸，肉用牛で29万8000戸から12万4600戸，豚で8万3100戸から1万2500戸，採卵鶏で12万4100戸から5500戸，ブロイラーが7000戸から3200戸，と減少している；『食料・農業・農村白書付属統計表』1999年度版，113-114頁。

(20) 農業パリティ指数は『食糧（管理）統計年報』各年版より。

(21) 1986年7月の米価審議会答申の附帯意見は「麦の生産構造の変化等にかんがみ，麦価算定方式について検討すること。」，同年12月の米価審議会答申附帯意見は「麦の生産構造の変化等にかんがみ，麦価算定方式の改正を急ぐこと。」であった。

(22) 食管法改正とほぼ同時期の1987年9月に「大豆なたね交付金暫定措置法」も改正されたが，そこでも大豆の生産者手取価格を保障する「基準価格」の算定方式が「パリティ方式」から「生産費補償方式」へ変更された。そして，麦と同様，「基準価格」決定において考慮すべき事項として「生産性向上」と「品質改善」が挙げられ，また，「基準価格」には銘柄間格差・等級間格差が導入された。

(23) 水津武文「昭和62年産麦の政府買入価格について」『食糧管理月報』1987年9月号，5-6頁。

(24) 神村義則「昭和58年産麦の政府買入価格について」『食糧管理月報』1983年9月号，23頁。

(25) 同上。

(26) 同上稿，24頁。

(27) 等級区分については，同上稿，24-25頁，を参照のこと。

(28) 矢野昭夫「麦管理改善対策の運用改善について」『食糧管理月報』1986年12月号，11頁。

(29) 同上。

(30) 「条件付契約麦」をめぐる動向については，大野紀昭「麦管理改善対策とその実施状況について」『食糧管理月報』1989年2月号，藤川満「平成4年産麦に係る流通契約諸条件の決定等について」『食糧管理月報』1991年10月号，冨田裕「麦管理改善対策と平成6年産麦に係る流通契約諸条件の決定等について」『食糧管理月報』1993年9月号，小俣範雄「麦管理改善対策及び国内産麦の流通等について」『食糧管理月報』1994年10月号，および全国農業協同組合連合会米穀販売部『国内産麦の生産・流通の現状と取り組みの経緯』各年度版，を参照。

(31) 食糧庁『米麦データブック』各年版の「国内麦流通円滑化特別対策」欄の制度説明を参照。

(32) 前掲『国内産麦の生産・流通の現状と取り組みの経緯』各年度版より。

(33) 販売価格，ランク間格差は，同上書より計算。

(34) 『米麦データブック』1992年版，2001年版より。

(35) 作付面積，作付比率は，『米麦データブック』1991年版，同2001年版，農林水産省統計情報部『作物統計』2000年版，より計算。

補　章　専増産ふすま制度の展開過程

I　本章の課題

　飼料用輸入麦に関わる政策については，間接統制移行後の麦需給政策分析の一環として第5章から第8章においても触れてきたが，本章では，飼料用輸入小麦政策の中軸をなす「専増産ふすま制度」に改めて焦点を当てる。
　専増産ふすま制度は「専管ふすま制度」（1958年2月発足）と「増産ふすま制度」（59年12月発足）の総称である。第5章でも若干触れたように，同制度はふすまの増産を目的として製粉工場に通常よりも低い小麦粉歩留で製粉を行わせるという，戦後日本における独特の製粉制度である。
　通常，製粉工場では食糧用小麦を原料として，小麦粉生産を主目的に製粉が行われ，副産物としてふすまが生産される。これに対して，専増産ふすま制度下では，飼料用として輸入される専増産ふすま用小麦を原料として，ふすま生産を主目的に製粉が行われるのであり，そこでは小麦粉の方が副産物となる。
　しかし，このように主産物・副産物の逆転はあるものの，専増産ふすま制度下の製粉についても小麦粉とふすまが生産されることは通常の製粉と変わりはないのであって，このことは専増産ふすま用小麦に，他の飼料用麦（配合飼料用小麦，飼料用大麦・裸麦）とは異なる経済的性格を与えるものとなる。すなわち，配合飼料用小麦と飼料用大麦・裸麦はそのすべてが飼料として消費されるため，それらの需給動向と食糧用小麦および食糧用大麦・裸麦の需給動向が相互に及ぼし合う影響（製粉・精麦過程で生じる，副産物たるふすま，大麦ぬか・裸麦ぬかの需給動向と，配合飼料用小麦，飼料用大麦・裸麦の需給動向とが，濃厚飼料市場で相互に影響を及ぼし合い，これが食糧用小麦および食糧用大麦・裸麦の需給動向にも影響を及ぼすことが可能性としては考えられる）は

補　章　専増産ふすま制度の展開過程　　345

小さいと見られるが，専増産ふすま用小麦は，その主産物たるふすまも副産物たる小麦粉も，食糧用小麦から生産されたふすま・小麦粉との間で相互に強い影響を及ぼし合うことになるのである。専増産ふすま用小麦と食糧用小麦では，その原料小麦の種類や小麦粉歩留の違いによって，生産される小麦粉・ふすまの品質にもある程度の相違は生じるが，それらは「小麦粉」「ふすま」という基本的な使用価値においては同じなのであるから，専増産ふすま用小麦を原料とする小麦粉・ふすまと，食糧用小麦を原料とする小麦粉・ふすまは，それぞれ小麦粉市場・ふすま市場において競合関係にあると言える。

　第6章で触れたように，50年代末以降飼料用輸入小麦の8〜9割が専増産ふすま用小麦であったことを考えると，前章までの飼料用輸入小麦に関する政策分析をもって専増産ふすま制度の分析としてもいいようにも思われる。しかし，前章までの分析は飼料用輸入小麦の政府価格体系の特徴を析出することに主眼を置いていたため，専増産ふすま用小麦と食糧用小麦との間の，ふすま・小麦粉をめぐる問題に関しては考察を行わなかった。したがって，本章ではこの点に焦点を当てて，専増産ふすま制度についてさらに追究することとする。

　専増産ふすま制度については，製粉業や飼料政策を分析対象とした従来の研究論文や文献でそれに触れたものはあるが，そこでの分析は断片的なものにとどまっており，筆者の知る限り同制度を分析の中心に据えた研究は見当たらない。[1]同制度に関して唯一まとまっている文献として『飼料小麦専門工場会20年史』（同工場会，1978年）があるが，同書は専管ふすま企業の立場から同制度の歴史的変遷を取り上げているものの，それは業界団体史という性格上，専増産ふすま制度の経済的分析を行っているものではなく，また，その叙述も77年度までで終わっている。[2]

　このような状況を踏まえ，本章では，食糧用小麦との関連を見据えつつ，専増産ふすま制度についてその発足から現在までの展開過程を分析し，その基本的な動向を明らかにしたい。[3]

II 飼料需給安定法と専増産ふすま制度

1 飼料需給安定法とふすま

　専増産ふすま制度は1952年12月制定の飼料需給安定法をベースとしてその運用がなされている。同法については第5章でその概略を見たが，同法制定をめぐる経緯においてはふすまの需給安定が1つの重要な論点であった。

　ドッジ・ライン開始以降，飼料についても多くの品目が統制撤廃されていったが（ふすまは50年4月28日から），この下で自由価格となった飼料の価格が上昇傾向を示したことにより，畜産経営の安定を図るため，飼料価格を安定させることが政策上重要となった。これを受けて，50年10月に衆議院農林委員会で「飼料対策に関する件」が決議されたが，そこでは政府が講ずべき施策の1つとして「製粉事業の操作に留意し，フスマの供給不円滑を緩和すること。なお，これについては製粉業者に対する厳重なる監督を行うこと。」が挙げられ，また，同決議に沿って行われた政府の飼料対策でも，51年3月には製粉工場で生産される3月分・4月分のふすまの60％を実需者ひも付割当てとして指示価格を設け，また，51年10月には農林省畜産局長通達でふすま末端小売価格を30kg当たり600円以下に抑えるよう自粛価格を指示するなど，ふすまの需給安定を図る方策が重視されたのである。[4]

　さらに，飼料需給安定法が制定された第15国会では，与党自由党提出の「飼料需給安定法案」と，野党の改進党・社会党右派共同提出の「飼料需給調整法案」とが一括審議されたが（最終的には与党案が可決），そこにおいても，政府操作の対象とするふすまを輸入ふすまだけに限るか（与党案），それとも国産ふすまをも含めるか（野党案）という，ふすまの需給安定を図るための具体的方策が争点の1つになったのである。[5]

　このようにふすまの需給安定が重要な問題とされたのは，53年度の濃厚飼料供給（消費）量409万7000ｔのうち，ふすまが各品目別供給量で第1位，全体の15.7％を占めていたように，[6]当時ふすまが濃厚飼料の中で最重要品目だったことによるものである。そして，このふすまの重要性は，成立した飼料需給安

定法において「この法律において『輸入飼料』とは、輸入に係る麦類、ふすま、とうもろこしその他農林大臣が指定するものであつて、飼料の用に供するものと農林大臣が認めたものをいう。」(第2条) として、ふすまと、その原料である小麦を含む「麦類」を、法律記載の政府操作対象品目とさせたのである。

2 専増産ふすま制度の成立

1950年代初頭において「流通フスマの大部分は、政府の麦類の委託加工から発生するものであり、その時期別の生産量は小麦粉の需要に応じて冬期に少なく、夏期に多いのが正常であった。しかるに、飼料としてのフスマの需要は逆に冬期に多く、夏期に少ないということから、業者の思惑による操作も加わり、その価格は著しい季節変動を示し」[7]ており、このようなふすま需給の不安定さは、52年4月に製粉業が委託加工制・許可制から買取加工制・届出制へ移行した後も存在していた。飼料需給安定法の制定後、政府はふすまの輸入を行うことによってこのような状況に対応してきたが、それとともに、53年度から、飼料用輸入小麦の一部を「製ふすま用」として製粉工場に売り渡し、小麦粉歩留を下げた製粉を行わせることによって国内でのふすま増産を図る措置をとったのである。[8]

このような中、55年以降、ふすまの単位重量当たり輸入価格が飼料用小麦のそれを上回るという事態が発生したため、[9]政府は財政的見地から、「製ふすま用」によるふすま増産の実績を踏まえ、飼料用輸入小麦を原料としてふすまを増産する政策を本格的に行うことにした。

これを受けて、まず、58年2月に専管ふすま制度が発足した(「専管」は専門管理の略)。この制度は、ふすま増産を目的とした製粉のみを行い、その他の兼業は禁止される「飼料小麦加工専門工場」(＝専管工場) を指定し、この工場にふすまの増産を行わせるものであり、そこでは当時割安に入手できたハード系のカナダ産低質小麦＝マニトバ6号が原料として使用された。

さらに、国内のふすま需要が拡大する中、59年に日豪小麦協定に基づいて規格外オーストラリア産小麦が大量輸入されたことを契機として、同年12月に、専管工場以外の一般工場の一部に「ふすま増産工場」(＝増産工場) としての

指定を与え，一般製粉（小麦粉生産を主目的とする通常の製粉）以外に，ふすま増産を目的とした製粉を毎月一定日数行わせるという，増産ふすま制度が発足した（同時に「製ふすま用」小麦によるふすま増産制度は廃止）。そして，ここに戦後日本独特の製粉制度である専増産ふすま制度が確立したのである。[10]

なお，専管ふすま用の原料小麦としては，当初マニトバ6号が使用されたが，副産物の小麦粉が低質であってその販売に困難を来したため，専管工場の要望を受けて58年5月からマニトバ5号への変更が行われた。その後，マニトバ5号の供給見通しが不透明となり，他の小麦の確保が模索されたが，兼業が禁止されている専管工場は副産物の小麦粉の販売先確保のため，パン用・麺用として需要の堅調なハード小麦の供給を引き続き求めた。これを受けて59年12月の増産ふすま制度発足に当たっては，専管工場＝ハード小麦，増産工場＝ソフト小麦，という原料区分がなされることになったのである。[11]

以下，本章では専管ふすま制度の下で生産されたふすまと小麦粉を「専管ふすま」「専管小麦粉」，増産ふすま制度によるものを「増産ふすま」「増産小麦粉」，双方をあわせて「専増産ふすま」「専増産小麦粉」と呼ぶこととする。また，一般製粉によるものは「一般ふすま」「一般小麦粉」と呼ぶ。

Ⅲ 専増産ふすま制度をめぐる製粉業界内の軋轢

今まで述べてきたように，専増産ふすま制度の下では一般製粉よりも低い小麦粉歩留で製粉が行われる（100％－小麦粉歩留＝ふすま歩留）。一般製粉の小麦粉歩留は，敗戦直後を除いて戦後一貫して約78％で推移してきたが，専増産ふすま制度のそれは，表補-1でわかるように，1961年3月—4月における「専管ふすま制度」の20％（これは，この時期に「ふすま緊急増産対策」が行われたことによるものである）を除いて，85年12月まで40％から45％の間で推移してきた。86年1月の47.5％への改定以降，小麦粉歩留は引き上げられる傾向を示し，95年2月以降は60％になったが，それでも一般製粉の78％よりははるかに低い水準である。

しかし，小麦粉歩留は低くても，専増産ふすま制度下では副産物として小麦

補　章　専増産ふすま制度の展開過程　349

粉が生産されるのであって，この専増産小麦粉をめぐって，同制度の発足当初から製粉業界内で軋轢が生じたのである。

　これには次のような事情があった。まず，原料小麦の銘柄は異なるものの，専増産ふすま用小麦の政府売渡価格が一般製粉用の原料＝食糧用小麦よりも低く設定されたことである。これは，前章までで触れたように，農産物輸入拡大・自由化に対する農民の反発を緩和させるべく「選択的拡大」部門として位置づけられた畜産の振興を図るため，飼料を安価に供給する必要からなされたものであった。とくに，専管ふすま用小麦の政府売渡価格は，専管工場が兼業を禁止されている事情が考慮されて，専増産ふすま制度発足後しばらくは，小麦銘柄に若干の相違はあるものの，増産ふすま用小麦のそれよりも総じて低く設定されていた（表補-2）。

　また，専増産ふすまについては政府（農林〔水産〕省畜産局長）が指示する譲渡価格で政府指定の実需者団体に対してしか売渡しが行えないという制限が付けられていたが，専増産小麦粉については自由に販売を行うことができることになっていたため，専増産小麦粉は国内市場において一般小麦粉と直接に競合する可能性を持っていた。

　専増産小麦粉は，政府が策定する麦需給計画の中に織り込まれており，一般小麦粉との間で一応の需給調整がなされることにはなっていたが，上のような状況は一般工場（企業）の中に，とくに専管工場（企業）に対する次のような不満を生じさせた。すなわち，専管工場は飼料用として安価に仕入れた専増産ふすま用小麦を使用して小麦粉を生産し，安価に販売しているが，これは国内の小麦粉市場を撹乱するとともに一般小麦粉のシェアを浸食している，というものである。これに対して専管工場（企業）側は，食糧用小麦よりは安価に仕入れているものの，主産物である専管ふすまの政府指示譲渡価格は一般ふすまの市場価格よりも低く抑えられており，また，原料が低質の飼料用小麦であるために専管小麦粉の品質もあまりよいものではなく，その販売には困難が伴っている，という旨の反論を行っているが，いずれにせよ，ここに専増産ふすま制度に起因する，一般工場（企業）と専管工場（企業）との軋轢を見ることができる。

表補-1　専増産ふすま制度における小麦粉歩留の推移

1958. 2 - 1958. 4	45.0%	
1958. 5 - 1961. 2	40.0%	
1961. 3 - 1961. 4	40.0%	(増産)
	20.0%	(専管)
1961. 5 - 1964. 3	40.0%	
1964. 1 - 1970. 3	45.0%	
1970. 4 - 1971. 3	40.0%	
1971. 4 - 1972. 3	44.5%	
1972. 4 - 1976. 4	40.0%	
1976. 5 - 1985.12	45.0%	
1986. 1 - 1986. 9	47.5%	
1986.10 - 1986.12	52.5%	
1987. 1 - 1995. 1	50.0%	
1995. 2 -	60.0%	

出所）貿易日日通信社『飼料年鑑』1975年版, 329頁, 日本製粉株式会社『日本製粉株式会社70年史』1968年, 567頁, 農林水産省流通飼料課監修『流通飼料便覧』2000年版, 125頁, より作成。

表補-2　専増産ふすま用小麦の政府売渡価格

単位：円／t

	年　度	1960	1965	1966	1967	1968
ふすま用	専管	マニトバ4号	マニトバ5号				
			(24,791)	28,687	29,105	29,497	29,743
		ハードウインター(オーディナリー)	—	27,406	27,673	27,912	28,113
		ハードウインター(13%)	—	—	28,891	29,281	29,377
		平均	24,791	28,019	28,438	28,770	28,782
ふすま用	増産	オーストラリア(FAQ)	26,802	28,851	28,851	29,235	29,336
		ハードウインター(13%)	—	28,965	28,938	29,225	29,459
		平均	26,751	28,660	28,875	29,238	29,363

注 1）各銘柄の価格は落札価格のt当たり加重平均価格。
　　2）「平均」は表に示していない他銘柄も含んだ加重平均価格。
出所）農林省畜産局流通飼料課監修『流通飼料の需給と品質』地球出版, 1970年, 63頁, 第16表より。

補　章　専増産ふすま制度の展開過程　351

　このような軋轢は，増産工場と，増産工場の指定を受けない一般工場との間にもあったと考えられるが，専管工場・一般工場間におけるほど明確には現れなかった。これは，次の理由によるものであろう。まず，専管工場と一般工場との軋轢については，専管工場はその約半数が専管工場のみを所有する製粉企業の工場であり，これらの企業は一般工場を抱えていないため，工場レベルで発生した軋轢がそのまま企業レベルの軋轢になりやすく，また，残りの約半数の専管工場は一般工場も抱えている企業の工場であるが，日清製粉，日本製粉，日東製粉を除けば（各社とも専管工場は1つずつ），他は中小零細企業であって，そこでは専管工場が企業経営にとって重要な位置を占めており，これら企業では専管工場としての立場が一般工場としての立場を上回っていたため，問題の構図が明確になったと思われる。一方，増産工場をめぐっては，一般工場の中で増産工場の指定を受けるものが多くなり（後述），一般小麦粉と増産小麦粉の双方を生産する工場（企業）が増えたため，問題がそれほど顕在化しなかったと考えられるのである。

　なお，ふすまについては，専増産ふすま制度発足当初は一般ふすまと専増産ふすまとの競合が問題となることはなかったが，これは専増産ふすまの販売先が限定されており，一般ふすまと直接には競合しなかったためであろう。

　しかし，増産小麦粉にしても専増産ふすまにしても，それらは国内の小麦粉市場・ふすま市場への供給の一部をなすものである。したがって，国内市場が拡大基調にある時期には，増産小麦粉と一般小麦粉，専増産ふすまと一般ふすまの競合をめぐる軋轢は表面化しないとしても（専増産ふすま制度発足後しばらくはこのような状況にあった），国内市場が停滞・縮小局面になった際には競合関係が顕在化し，軋轢が表面化することになる。

　このように見てくると，専増産ふすま制度の枠組みは，本来的に小麦粉・ふすまの販売をめぐって製粉業界内部に軋轢を引き起こす要因を内包していたことがわかるのである。

　一般工場（企業）と専管工場（企業）との軋轢は，その後，専管工場・増産工場の間での専増産ふすま用小麦の政府売渡枠の配分や，専管工場＝ハード小麦，増産工場＝ソフト小麦，と区別されていた原料小麦の政府売渡方法の変更

などの問題をめぐって展開していった。そして，結果的には，製粉業界で多数を占め，また，増産工場の指定を受けたものが増えていった一般工場（企業）の意向を受けた形で，専増産ふすま用小麦の政府売却枠において次第に増産工場の比率が高められ（後述），また，66年からは原料小麦銘柄の専管・増産間の共通化が図られ（これによって一部銘柄が共通に使用されるようになり，専管・増産間の原料小麦銘柄の厳密な区別は解消された。ただし，その後も専管工場はハード小麦中心，増産工場はソフト小麦中心という使用状況は続いていった），72年からは政府売渡価格も専管・増産間で一元化されることになった
(15)
のである。そして，70年代後半以降になると製粉業界内の軋轢は専管小麦粉と一般小麦粉をめぐる問題にとどまらず，増産小麦粉と一般小麦粉，専増産ふすまと一般ふすまとの競合をめぐっても現れるのである(17)（後述）。
(16)

Ⅳ 専増産ふすま制度をめぐる諸動向

1 専管工場・増産工場の動向

　それでは，専増産ふすま制度をめぐる動向はどのように展開したのだろうか。
　まず，専管工場数および増産工場数の推移を取り上げよう。前掲表 5-2〔208頁〕を見ると，専管工場数は専管ふすま制度発足時（58年2月）の1957年度には 6 だったが，翌58年度に11，60年度には22と大きく増加し，63年度には24となっている。73年度には 1 減少して23となったが（表には示していない），その後は94年度まで変化はなかった。95年度以降になると若干減少が進み，98年度には19となっている。
　一方，増産工場は増産ふすま制度発足時（59年12月）の59年度には46であったが，翌60年度に66，61年度には大幅に増えて112，62年度に126，63年度には135まで増加した。その後70年度まで微減・微増の動きを示すが，それ以降は減少傾向に転じて94年度に101となった。95年度からは減少傾向がいっそう強まり98年度には70となっている。70年度以降の増産工場数の減少は，そもそもの一般工場数自体の減少によるところも大きい。ただし，増産工場数は一般工場数ほどには減少しておらず，そのため，78年度以降は一般工場の半数以上が

増産工場の指定を受けたものになったのである(ただし,98年度には半数を割る)。

　このように,一般工場に比較して,専管工場・増産工場,とくに専管工場の数が安定してきたのは,主産物のふすまの販売について,その譲渡価格は政府から指示されるものの,政府指定の実需者団体という安定的・独占的な販路が確保されていたことによるところが大きいと言える。また,これには,原料小麦が食糧用よりも安価に売り渡されるため,先述のように品質上の問題はあったにせよ,副産物の小麦粉を一般小麦粉よりも安価に販売できる状況があったことも関係していたと考えられる。麦政府管理の間接統制移行によって製粉企業間の競争が激化する中,専管ふすま制度発足の際に,兼業禁止という条件が付けられていたにも関わらず中小製粉企業を中心に専管工場指定の申請が相次いだのは,このような安定性を期待したためであろう。また,増産工場については,比較的規模の大きな一般工場がその指定を受けているために(95年度における増産工場の1工場当たり日産設備能力は263tで,一般工場平均の192tを上回っている),製粉企業間の小麦粉販売競争や63年制定の中小企業近代化促進法に基づいて政策的に中小製粉企業の集約化が行われた下で中小の一般工場数が減少する中でもそれほどは数が減らなかった,という事情もあったことを見ておく必要がある。
(18)
(19)

　中小企業近代化促進法に関しては,他の製粉企業と同様,専管企業も製粉業界の一員として製粉企業近代化基金への拠出,近代化実施計画策定への参加などを行ったが,専管工場数にほとんど変化がなかったことからわかるように,専管工場自体は企業集約化の直接の対象からは免れた。しかし,一般工場において企業集約化が進行する中,専管工場が従前の有利な制度的条件を維持することはできなかったのであり,先述の原料小麦銘柄の専管・増産間の共通化,政府売渡価格の一元化などはこのような状況を背景としていたのである。
(20)

　ここで一般工場(増産工場を含む)と専管工場との1工場当たり日産設備能力の推移を見ると,60年度には,前者が39t,後者が66tだったが(専管ふすま制度発足時には専管工場指定条件の資格として日産50t以上が設定されていた),98年度には前者が200tと5倍以上に増加しているのに対して後者は146

t と2.2倍にしか増加していない。このことは、一面では専管ふすま制度の下では企業間競争が弱く、コスト引下げのための設備能力の拡張があまり行われてこなかったことを示すものであるが、他面では以下で見るように専管ふすま・専管小麦粉がその生産規模を制限されてきたことを反映したものでもある。

2 専増産ふすまの生産動向

表補-3を見てみよう。まず、ふすまの国内供給（消費）量は、年による変動があるものの1970年代前半まで概して増加傾向を示し、74年度には192万5000 t となる。しかし、その後は190万 t 台の年もあるものの180万 t 台を上下するという頭打ちの状態で推移し、95年度からは減少傾向に転じ、98年度以降は160万 t 台に落ち込んでいる。これは、第5章で見たような、濃厚飼料の中での糟糠類から穀類へのシフト、89年度以降の飼料需要量の減少という、飼料需給の全体動向の影響を受けたものであると考えられる。

次に、ふすまの国内供給（消費）量の内訳を見ると、一般ふすまは70年代半ばまで着実な増加傾向を見せ、70年代半ば以降も年による変動はあるものの漸増傾向を示している（ただし、95年度以降は微減・停滞傾向）。また、民間輸入ふすま（ふすまは55年から輸入自由化）は、60年代には変動幅は大きいもののほぼ30万 t 台内外であり、70年代には「世界食糧危機」の影響を受けて一時的に輸入量が減少するものの、その後回復して80年代以降は25万 t 内外で推移していった（ただし、94年度以降は減少傾向に転じている）。政府輸入ふすまは、民間輸入が順調に行われるようになったことと、政府輸入に伴う財政負担の問題（後述）によって、70年度以降はなくなっている。

これに対して、「専増産ふすま合計」は58年度に6万 t だったものが、60年代および70年代前半を通じて大きく増加して75年度に71万7000 t のピークに達するが、その後は減少傾向に転じ、85年度以降には60万 t を割り込む水準となり、94年度以降はさらに減少して99年度には28万8000 t まで落ち込んでいる。専増産ふすまは、70年代以降ふすまの国内供給（消費）量が停滞傾向に転じた中で、一般ふすまの漸増傾向と民間輸入ふすまの堅実な推移の影響を受ける形でその供給量を減少させ、90年代半ば以降ふすまの国内供給（消費）量が減少

補　章　専増産ふすま制度の展開過程

表補-3　ふすまの国内供給（消費）量の推移

単位：千t

年度	一般ふすま	専管ふすま	増産ふすま	専増産ふすま合計	民間輸入ふすま	政府輸入ふすま	国内供給（消費）量合計
1958	587　69.1%	44　73.3%	16　26.7%	60　7.1%	170　20.0%	33　3.9%	850
1959	605　59.5%	102　80.3%	25　19.7%	127　12.5%	136　13.4%	148　14.6%	1,016
1960	663　50.0%	155　64.9%	84　35.1%	239　18.0%	215　16.2%	208　15.7%	1,325
1961	635　40.5%	207　56.7%	158　43.3%	365　23.3%	403　25.7%	163　10.4%	1,566
1962	656　43.5%	232　52.1%	213　47.9%	445　29.5%	261　17.3%	145　9.6%	1,507
1964	665　40.9%	254　52.2%	233　47.8%	487　30.0%	299　18.4%	173　10.7%	1,624
1966	767　41.5%	287　52.1%	264　47.9%	551　29.8%	351　19.0%	181　9.8%	1,850
1968	760　45.5%	320　51.7%	299　48.3%	619　37.0%	261　15.6%	32　1.9%	1,672
1970	848　46.6%	363　52.4%	330　47.6%	693　38.1%	279　15.3%	0　0.0%	1,820
1972	875　50.6%	350　51.2%	333　48.8%	683　39.5%	171　9.9%	0　0.0%	1,729
1974	989　51.4%	367　51.8%	341　48.2%	708　36.8%	228　11.8%	0　0.0%	1,925
1975	1,021　55.5%	376　52.4%	341　47.6%	717　39.0%	101　5.5%	0　0.0%	1,839
1976	976　53.2%	341　52.0%	315　48.0%	656　35.8%	201　11.0%	0　0.0%	1,833
1978	985　54.9%	335　51.7%	313　48.3%	648　36.1%	160　8.9%	0　0.0%	1,793
1980	1,007　54.8%	337　51.9%	312　48.1%	649　35.3%	183　10.0%	0　0.0%	1,839
1982	1,043　54.2%	338　51.9%	313　48.1%	651　33.8%	232　12.0%	0　0.0%	1,926
1984	1,017　53.2%	334　51.7%	312　48.3%	646　33.8%	248　13.0%	0　0.0%	1,911
1985	1,019　54.7%	310　52.6%	279　47.4%	589　31.6%	254　13.6%	0　0.0%	1,862
1986	1,024　56.0%	279　52.3%	254　47.7%	533　29.2%	271　14.8%	0　0.0%	1,828
1988	1,000　56.5%	275　51.9%	255　48.1%	530　29.9%	241　13.6%	0　0.0%	1,771
1990	1,105　57.3%	281　51.3%	267　48.7%	548　28.4%	274　14.2%	0　0.0%	1,927
1992	1,110　56.9%	284　51.5%	267　48.5%	551　28.3%	289　14.8%	0　0.0%	1,950
1994	1,249　65.2%	244　54.8%	201　45.2%	445　23.2%	221　11.5%	0　0.0%	1,915
1995	1,151　67.5%	203　54.1%	172　45.9%	375　22.0%	178　10.4%	0　0.0%	1,704
1996	1,134　66.8%	195　53.1%	172　46.9%	367　21.6%	197　11.6%	0　0.0%	1,698
1997	1,166　67.4%	185　52.1%	170　47.9%	355　20.5%	208　12.0%	0　0.0%	1,729
1998	1,142　69.7%	176　52.5%	159　47.5%	335　20.5%	161　9.8%	0　0.0%	1,638
1999	1,193　73.8%	160　55.6%	128　44.4%	288　17.8%	135　8.4%	0　0.0%	1,616

注1）専管ふすま，増産ふすまの括弧内の比率は，専増産ふすま合計に対するものである。
　2）1958年度・59年度の増産ふすまは「製ふすま用」小麦によって生産されたふすまを含む。
出所）農林（水産）省流通飼料課監修『飼料便覧』各年版，全国専増産ふすま協議会資料，飼料小麦専門工場会『飼料小麦専門工場会20年史』1979年，256-257頁，より作成。

するとさらに減少していったのである。

ここで「専増産ふすま合計」の中での専管ふすまと増産ふすまの比率を見ると，58年度，59年度では専管ふすまが圧倒的であったが（58年度の増産ふすまは「製ふすま用」小麦から生産されたものであり，59年度の増産ふすまにも「製ふすま用」からのものが一部含まれている），60年度，61年度と専管ふすまはその比率を急速に減少させ，62年度以降は「専増産ふすま合計」の変動に関わらず，専管ふすまが51～54％台，増産ふすまが45～48％台と，ほぼ一定の比率で推移していることがわかる（99年度は専管ふすまの比率が若干高まっているが）。これは，国内でのふすま増産に関して，増産ふすま制度発足後は専管ふすま制度に若干重きを置きつつも両者を同等に扱う，という政府の姿勢が現れたものと見られるのであり，専管小麦粉をめぐる一般工場（企業）と専管工場（企業）との軋轢に配慮がなされていることが窺える。

3　ふすまをめぐる制度別の価格・生産動向

表補-4で専増産ふすまの政府譲渡指示価格の年次的推移を見ると，1970年代初頭までは30kg当たり600～700円台で安定的な動向を見せていたが，70年代半ばからは大幅な引上げがなされており，80年度から84年度までその価格は1123円にまでなった。これは，第7章で見たように，70年代初頭の「世界食糧危機」下の小麦輸入価格の高騰に対して飼料用輸入小麦の政府売渡価格もある程度引き上げられたこと，また，80年代前半においては食糧管理特別会計の赤字削減方針の下で食糧用に加えて飼料用の輸入小麦についてもその政府売買価格差の順ざや幅を拡大するために政府売渡価格が引き上げられたこと，の影響によるものである。しかし，80年代後半以降，「前川リポート」路線に沿って食糧用に加え飼料用の小麦についても政府売渡価格が大幅に引き下げられると，専増産ふすまの政府譲渡指示価格も大きく下げられていった。

この価格は，85～87年度の例外を除いて卸売価格を下回っており，また，多くの年において一般ふすまの製粉工場販売価格をも下回っている。専増産ふすまは小麦粉歩留が一般製粉よりも低いため，小麦粉に相当する成分を一般ふすまよりも多く含んでおり，そのため濃厚飼料としての評価が高いのであるから，

補　章　専増産ふすま制度の展開過程

表補-4　制度別ふすま価格の推移

単位：円／30kg

年度	ふすま卸売価格	一般ふすま製粉工場販売価格	専増産ふすま政府譲渡指示価格	民間輸入ふすま輸入平均価格	政府輸入ふすま政府売渡価格
1960	692	673	617	656	609
1962	775	745	637	666	622
1964	768	728	658	653	640
1966	813	786	694	764	673
1967	813	796	723		696
1968	809	796	723	685	703
1970	848	816	726	714	
1972	683	665	669	544	
1974	1,051	798	781	1,107	
1976	1,350	1,212	994	1,105	
1978	1,057	1,009	1,023	657	
1980	1,181	1,021	1,123	947	
1982	1,146	1,110	1,123	950	
1984	1,126	1,096	1,123	966	
1985	1,017	1,001	1,092	668	
1986	764	789	849	453	
1987	658	605	677	388	
1988	641	578	606	437	
1990	749	682	606	545	
1992	732	676	606	434	
1994	608	536	529	340	
1996	717	584	497	525	
1998		627	578	532	

注 1) 輸入平均価格はCIF価格である。
　 2) 1998年度のふすま卸売価格はデータなし。
出所) 農林（水産）省流通飼料課監修『（流通）飼料便覧』各年版，同『飼料月報』各月号，食糧庁『食糧（管理）統計年報』各年版，日清製粉株式会社『日清製粉株式会社70年史』1970年，751頁，貿易日日通信社『飼料年鑑』1979年版，289頁，より作成。

　もし専増産ふすまの価格が市場で決定されるならば，表で示された卸売価格を上回ると考えられる。したがって，このことは，飼料の安価な供給のため，専増産ふすまの政府譲渡指示価格が政策的に低く抑えられてきたことを確認させるものである。ただし，先述のように専増産ふすまの販売先は限定されているので，これが市場において直ちに一般ふすまと競合するということにはならな

い。

　問題は輸入ふすまである。表補-4で民間輸入ふすまの輸入平均価格（ふすまの関税は，戦前期の1920年8月以降無税である）に目を向けると，それは70年代半ばを除いてだいたいにおいて一般ふすまの製粉工場販売価格を下回っていることがわかる。70年代半ば以降，ふすま供給（消費）量が頭打ちに転じる中で，輸入ふすまがその量を増加・維持してきたのは，この低価格によるところが大きかったと言えるが，これは国内市場において一般ふすまのシェアを圧迫するものである。これは一般工場にとっては副産物たるふすまからの収益が減少することを意味する。

　このような状況は，一般工場をして，輸入ふすまと競合せず，独占的販売市場を抱えている専増産ふすまの生産縮小を政策に求めさせるものとなる。そして，このような要求は，80年代後半以降麦（小麦粉）加工品・調整品の輸入が急増し，国内の小麦粉市場をめぐる状況がさらに厳しさを増す中でいっそう強まったと考えられる（このような厳しい状況に対して，国産の麦加工品の価格競争力強化のために製粉企業団体などが食糧用小麦の政府売渡価格の引下げを要求し，それが実現されたことは前章で見たとおりである）。先に，専増産ふすまの生産量が70年代半ば以降減少傾向となり，85年度以降には60万tを割り込む水準になったことを指摘したが，この背景には以上のような状況を受けて専増産ふすま生産量の減少を図る政策対応があったのである。

　なお，政府によるふすま輸入は69年度まで行われたが，その政府売渡価格は，同時期の専増産ふすまの政府譲渡指示価格よりもさらに低く抑えられていた。政府輸入ふすまの輸入価格は民間の輸入価格と同水準であるが，表補-4を見ると67年度までは政府輸入ふすまの売渡価格は民間輸入ふすまの輸入平均価格を下回っており，政府の財政負担が行われていたことがわかる。第5章でも触れたが，ふすまをはじめとする飼料品目の政府輸入が廃止された背景には，それら品目の民間輸入の順調さに加え，政府の財政負担という問題があったのであり，表補-4はそれを再確認させるものとなっている。

4 小麦粉をめぐる動向と専増産ふすま制度

専増産ふすま制度の展開過程は，さらに小麦粉生産をめぐる動向を分析することによって，その全体像が明らかになる。

1970年代半ば以降ふすまの国内供給（消費）量が停滞傾向に転じる中，一般ふすまの漸増傾向と民間輸入ふすまの堅実な推移の影響を受ける形で，専増産ふすまの生産量が減少させられていったことは先に指摘したとおりであるが，これはまず専増産ふすま制度における小麦粉歩留の引上げ（＝ふすま歩留の引下げ）によって行われた。

表補-5を見てみよう。専増産ふすま用小麦の政府売渡量は74年度の118万2000 t まで増加した後，76年度の118万 t へと微減するが，その後84年度までこの量に変化はない。しかし，72年4月以降40％であった専増産ふすま制度の小麦粉歩留は76年5月に45％へ引き上げられた（表補-1）。これによって専増産ふすまの生産量は抑えられたが，当然ながら他方では専増産小麦粉の生産量増加が生じた。表補-6を見ると，68年度を例外として70年代前半まで50万 t に満たなかった専増産小麦粉の生産量は，76年度以降は55万 t 前後に上昇したことがわかる。このような，専増産ふすま生産量の縮小を小麦粉歩留の引上げだけで行うという政策対応は，70年代後半以降においても，専増産小麦粉の増加分を吸収することができるだけの国内の小麦粉需要の着実な拡大があったことを背景とするものであった（前掲表5-1〔204頁〕参照）。

しかし，小麦粉需要の拡大にまず対応していたのは一般小麦粉である（表補-6，前掲図5-2〔212頁〕）。先に指摘したとおり，一般製粉の小麦粉歩留は一貫して約78％で推移しており，ほとんど変化はない。このことは一般小麦粉の生産量の増加は原料小麦の増加を伴っていたことを示すものであり，これは必然的に一般ふすまの生産量も増加させる。先に見た，70年代後半以降の一般ふすま生産量の漸増傾向はこれによるものである（80年代以降の一般ふすまの増加は，これに加えて輸出向小麦粉の生産量増加の影響も受けている）。

このような一般ふすま生産量の着実な増加は，ふすまの国内供給（消費）量が停滞する中，専増産ふすま生産量のさらなる縮小を求めるものとなり，そのため専増産ふすま制度における小麦粉歩留はさらに引き上げられた。すなわち，

表補-5　飼料用輸入小麦政府売渡量の推移

単位：千t

年度	専増産ふすま用合計				配合飼料用	政府売渡合計
	専管用		増産用			
1960	262	65.0%	141	35.0%	403	84	487
1962	382	51.8%	355	48.2%	737	38	775
1964	468	52.5%	424	47.5%	892	24	916
1966	521	52.1%	479	47.9%	1,000	10	1,010
1968	586	51.9%	544	48.1%	1,130	9	1,139
1970	587	51.9%	544	48.1%	1,131	136	1,267
1972	596	51.8%	555	48.2%	1,151	127	1,278
1974	613	51.9%	569	48.1%	1,182	31	1,213
1976	612	51.9%	568	48.1%	1,180	60	1,240
1978	612	51.9%	568	48.1%	1,180	163	1,343
1980	612	51.9%	568	48.1%	1,180	138	1,318
1982	612	51.9%	568	48.1%	1,180	121	1,301
1984	612	51.9%	568	48.1%	1,180	135	1,315
1986	552	52.3%	504	47.7%	1,056	103	1,159
1988	550	51.9%	510	48.1%	1,060	113	1,173
1990	566	51.5%	534	48.5%	1,100	103	1,203
1992	564	51.3%	535	48.7%	1,099	122	1,221
1994	505	54.8%	416	45.2%	921	73	994
1995	504	54.1%	428	45.9%	932	57	989
1996	491	53.5%	427	46.5%	918	44	962
1997	458	52.0%	423	48.0%	881	55	936
1998	440	52.6%	397	47.4%	837	49	886
1999	396	55.5%	317	44.4%	714	41	755

注）専管用，増産用の％は専増産ふすま用合計に対する比率。
出所）農林（水産）省流通飼料課編『飼料月報』各月号より作成。

　表補-1でわかるように，76年5月以降の45％が86年1月には47.5％となり，同年10月に一時52.5％となった後，87年1月に50％となった。そして，95年2月には60％に引き上げられたのである。これは，専増産ふすま用小麦の政府売渡量に変化がないとするならば，専増産小麦粉の生産量を増やすものである。

　しかし，80年代後半以降麦加工品・調整品の輸入急増によって国内小麦粉市場が厳しい状況となる中，専増産小麦粉が増加することは，一般小麦粉にとってはさらに厳しさが加わることを意味する（表補-6，前掲図5-2でわかるように，国内仕向量自体は90年代前半までは増加したが）。

補　章　専増産ふすま制度の展開過程

表補-6　制度別小麦粉生産量の推移

単位：千t

年度	一般小麦粉合計 (①+②)			専増産小麦粉合計 (③+④)				国内仕向量合計 (②+③+④)	総計 (①+②+③+④)
	輸出仕向①	国内仕向②		専管③		増産④			
1960	31	2,186	93.4%	101	4.3%	53	2.3%	154	6.6%	2,340	2,371
1962	67	2,174	87.5%	154	6.2%	156	6.3%	310	12.5%	2,484	2,551
1964	50	2,422	85.9%	213	7.6%	184	6.5%	397	14.1%	2,819	2,869
1966	63	2,715	85.6%	239	7.5%	217	6.8%	456	14.4%	3,171	3,234
1968	82	2,755	84.1%	275	8.4%	246	7.5%	521	15.9%	3,276	3,358
1970	26	2,901	86.0%	251	7.4%	223	6.6%	474	14.0%	3,375	3,401
1972	33	3,077	86.7%	248	7.0%	225	6.3%	473	13.3%	3,550	3,583
1974	20	3,201	86.8%	256	6.9%	230	6.2%	486	13.2%	3,687	3,707
1976	27	3,385	86.2%	284	7.2%	258	6.6%	542	13.8%	3,927	3,954
1978	64	3,402	86.2%	287	7.3%	259	6.6%	546	13.8%	3,948	4,012
1980	106	3,528	86.5%	289	7.1%	261	6.4%	550	13.5%	4,078	4,184
1982	181	3,640	86.9%	289	6.9%	262	6.3%	551	13.1%	4,191	4,372
1984	231	3,672	87.1%	285	6.8%	258	6.1%	543	12.9%	4,215	4,446
1986	303	3,683	87.3%	283	6.7%	255	6.0%	538	12.7%	4,221	4,524
1988	297	3,716	87.2%	284	6.7%	260	6.1%	544	12.8%	4,260	4,557
1990	316	3,770	86.9%	291	6.7%	275	6.3%	566	13.1%	4,336	4,652
1992	303	3,797	87.0%	294	6.7%	274	6.3%	568	13.0%	4,365	4,668
1994	316	4,196	89.6%	267	5.7%	220	4.7%	487	10.4%	4,683	4,999
1995	323	4,046	87.5%	314	6.8%	265	5.7%	579	12.5%	4,625	4,948
1996	316	4,087	87.8%	303	6.5%	264	5.7%	567	12.2%	4,654	4,970
1997	263	4,088	88.1%	288	6.2%	263	5.7%	551	11.9%	4,639	4,902
1998	278	4,040	87.9%	309	6.7%	246	5.4%	555	12.1%	4,595	4,873
1999	338	4,158	90.2%	256	5.6%	196	4.3%	452	9.8%	4,610	4,948

注）②③④の%は国内仕向量合計（②+③+④）に対する比率
出所）食糧庁『食糧（管理）統計年報』各年版、食糧庁資料、飼料小麦専門工場会『飼料小麦専門工場会20年史』247頁、250-251頁、より作成。

そして、このような状況に対して、専増産ふすま生産量を減少させることに加えて専増産小麦粉生産量の伸びをも抑制するために、上述の小麦粉歩留の引上げとともに専増産ふすま用小麦の売渡量そのものを減少させるという政策対応が行われたのである。表補-5でわかるように、その売渡量は80年代後半以降専管・増産ともほぼ同じ割合で年々減少し、94年度には100万tを割り込み、99年度は71万4000tとなっている。つまり、麦加工品・調整品の輸入急増による国内小麦粉市場の圧迫という80年代後半以降の状況は、専増産ふすま制度発足時に専管工場と一般工場との軋轢として典型的に現れた、小麦粉をめぐる同制度の問題点をさらに強く浮かび上がらせたのであり、これは専増産ふすま制度に基づく生産をふすま・小麦粉の双方において縮小させるという形で処理されたのである。先に、95年度以降、専管工場数が減少に向かい、増産工場数もその減少が強まったことを見たが、これには、上のような政策動向が大きく関係していたと言えるだろう。

　この段階において注目すべきは増産ふすま制度をめぐる動向である。先に見たように、専増産ふすま制度をめぐる製粉業界内の軋轢は、当初、専増産ふすま用小麦の政府売却枠における増産工場の比率の上昇や、原料小麦銘柄の専管・増産間での共通化、政府売渡価格の一元化に見られたように、主として専管工場と増産工場の取扱いをめぐっての専増産ふすま制度の内部問題にとどまっており、そこでは専管工場＝専管ふすま制度の有利な条件の解消が中心的な問題となっていた。しかし、70年代後半以降は、小麦粉歩留の引上げや原料小麦売渡量の減少に見られるように増産ふすま制度もその軋轢に巻き込まれたのである。専管工場と増産工場が同等の条件で生産を縮小させられたのは政策的配慮によるものと考えられるが、生産縮小がふすま・小麦粉双方で行われたことは、ふすまの国内供給（消費）量が停滞し、また国内の小麦粉市場をめぐる状況が厳しさを増す中で、増産工場の指定を受けている工場を含めて一般工場（企業）にとって専増産ふすま制度が国内の小麦粉市場・ふすま市場に悪影響を及ぼすものとして強く認識されるようになったことを示している。

　なお、これに関連して専増産ふすま用小麦の銘柄をめぐる問題について一言触れておきたい。[23] 当初、専管ふすま用の原料には低質小麦のマニトバ6号・5

補章　専増産ふすま制度の展開過程　363

号が充てられていたが，その後，同小麦の輸入が難しくなってきたため，食糧用としても十分使用できるマニトバ4号などの上位等級の麦が原料として使われることになった。また，増産ふすま用原料についても同制度発足の翌60年にはすでに食糧用と共通のオーストラリア産普通小麦F.A.Qの使用が開始された。その後，専管ふすま用，増産ふすま用とも，原料小麦の銘柄は変遷したが，そこでは次第に低質小麦・規格外小麦から食糧用にも使用される銘柄への移行が見られた（食糧用にも使用される銘柄としては，専管・増産の共通使用銘柄ではアメリカ産HRW13％，オーストラリア産ASW，専管の使用銘柄ではアメリカ産DNS，アメリカ産HRWオーディナリー，オーストラリア産PH，増産の使用銘柄ではアメリカ産WWなどがある）。これは品質の面からも専増産小麦粉と一般小麦粉とをいっそう競合させるものとなり，製粉業界内の軋轢を助長したと考えられるのである。

V　まとめ

　専増産ふすま制度は，1952年12月制定の飼料需給安定法の下，55年以降ふすま輸入価格が飼料用小麦輸入価格を上回る状況が生じたことを契機として発足した。しかし，同制度は，小麦粉販売に関して専管工場と一般工場との対立を生じさせるなど，発足当初から製粉業界内に軋轢をもたらした。これは，専増産ふすま用小麦の政府売渡価格が食糧用小麦のそれよりも低く，他方で専増産小麦粉の販売が自由とされたため，安価な専増産小麦粉によって一般小麦粉の市場でのシェアが浸食されている，という認識が一般工場側に生じたことによるものであった。

　そして，その軋轢はまず，増産工場としての指定を受けるものが多くなっていった一般工場（企業）が増産工場よりも有利な条件を与えられていた専管工場（企業）を抑える形で，専増産ふすま用小麦の政府売却枠における専管工場の比率低下と増産工場の比率上昇，原料小麦銘柄の専管・増産間の共通化，政府売渡価格の一元化が図られたことに現れた。

　また，制度発足当初は表面化はしなかったものの，専増産ふすま制度の枠組

みは潜在的には，増産小麦粉と一般小麦粉，専増産ふすまと一般ふすま，をめぐっても軋轢をもたらすものであった。これはふすまの国内供給（消費）量が70年代半ば以降停滞傾向に転じる中で表面化することになり，専増産ふすま制度の展開に大きな影響を与えた。すなわち，一般小麦粉の生産量増加に伴って一般ふすまの生産量が漸増を続け，また，輸入ふすまもその低価格によって輸入量を維持する中，70年代半ば以降専増産ふすま制度の小麦粉歩留は引き上げられ，これによって専増産ふすま生産量は減少させられたのである。

一方で，小麦粉歩留の引上げは専増産小麦粉の生産量を増加させることになるが，80年代前半までは国内の小麦粉需要の着実な伸びがあったため，このことは大きな問題とはならなかった。しかし，80年代後半以降麦（小麦粉）加工品・調整品の輸入急増によって国内小麦粉市場に厳しい状況が生じると，一般工場（企業）の意向を受ける形で，専増産ふすま生産量を減少させるとともに専増産小麦粉生産量の伸びも抑制すべく専増産ふすま用小麦の売渡量自体が減少させられたのである。

以上，専増産ふすま制度は，その枠組みに起因する製粉業界内の軋轢を軸として，国内のふすま市場・小麦粉市場の動向変化に規定されて展開してきたのである。次章で触れるように98年5月の「新たな麦政策大綱」では2002年度末を目途として専増産ふすま制度を廃止することが提起されたが（これに伴って専管工場は一般工場となる），それは，第5章で見たような戦後を通じての飼料需給におけるふすまの地位の低下とともに，同制度をめぐる製粉業界内の軋轢をも反映したものと言えるだろう。

 （1）　専増産ふすま制度の発足後初期の動向については，農林大臣官房総務課編『農林行政史第13巻』農林協会，1975年，農林省畜産局流通飼料課監修『流通飼料の需給と品質』地球出版，1970年，日清製粉株式会社『日清製粉株式会社70年史』1970年，日本製粉株式会社『日本製粉株式会社70年史』1968年，日東製粉株式会社『日東製粉株式会社65年史』1980年，など，いくつかの文献が触れているが，その後の展開過程を本格的に分析した文献は筆者の知る範囲では見当たらない。また，諫山忠幸監修『日本の小麦産業』地球社，1982年や，農林水産省農蚕園芸局農産課・食糧庁管理部企画課監修『新・日本の麦』地球社，1982年，食糧制度研究会『詳解 食糧

補　章　専増産ふすま制度の展開過程　　365

法』大成出版社，1998年，なども専増産ふすま制度を取り上げているが，これらは制度解説としての色彩が強いものである。さらに，食糧庁『食糧（管理）月報』では専増産ふすま制度を時々取り上げてきたが，これも飼料政策に関する解説記事の中での断片的な扱いにとどまっている。

　飼料市場・飼料政策に関する研究においても，早川治「日本畜産と飼料市場の展開過程」吉田寛一・川島利雄・佐藤正・宮崎宏・吉田忠共編『畜産物の消費と流通機構』農山漁村文化協会，1986年，をはじめとして，専増産ふすま制度について触れたものは少なからずあるが，それらは飼料諸政策の中の1つとして同制度に簡単に触れているだけであって，同制度の展開過程の全体像を示すものとはなっていない。

　なお，輸入食糧協議会事務局『輸入食糧月報』2000年11月号，34-40頁において，全国専増産ふすま協議会専務理事の吉岡正弘氏が「『専増産ふすま』のあれこれ」と題して，専増産ふすま制度の概略とふすま生産をめぐる諸動向について述べている。

（2）　飼料小麦専門工場会は，1988年に『専管のあゆみ30年』を発刊したが，これは沿革，年表，統計図表，役員名簿，会員工場名簿からなる全16頁の簡単なものであり，年表は掲載されているものの『20年史』以降の専増産ふすま制度をめぐる動向に関する記述はない。

（3）　第9章でも触れるが，専増産ふすま制度の廃止を提起した1998年5月の「新たな麦政策大綱」では「専増産ふすま制度については，濃厚飼料に占める専増産ふすまの割合が減少傾向にある中にあって地域ごとの需給のアンバランス，生産に係る諸規制に伴う加工コストの増大，製粉工場の生産事情の制約に伴う生産の限界と供給の不安定性といった問題が指摘されている。」として同制度の問題点が挙げられている。本来ならば，このような問題についても検討を行うべきであるが，ここでは麦需給政策の一環として専増産ふすま制度を取り上げるため，分析視点は同制度の最大の特徴である専増産ふすま用小麦と食糧用小麦との競合関係に絞ることとした。

　なお，専増産ふすまの「地域ごとの需給のアンバランス」の実態については，吉岡，前掲稿が取り上げている。

（4）　前掲『流通飼料の需給と品質』6-10頁。

（5）　この経緯は，同上書，10-18頁，が詳しい。

（6）　同上書，205頁の第61表より。なお，第2位は「大裸麦ヌカ」で11.6%，第3位は「イモ類」で10.6%であった（同表の数値は推算）。

（7）　同上書，8頁。

（8）　飼料小麦専門工場会『飼料小麦専門工場会20年史』1978年，3-6頁，日東製粉，前掲書，212頁。一般製粉の小麦粉歩留（輸入麦）が78%であったのに対して，「製ふすま用」の小麦粉歩留は，カナダ産小麦を使用し

た場合は55〜59％，オーストラリア産小麦を使用した場合は64％であった；貿易日日通信社『飼料年鑑』1969年版，229頁。なお，1956年11月までは政府が飼料用輸入小麦を農業団体等に売り渡し，農業団体等が製粉工場に委託してふすまを生産取得するという方式であった。

(9) 前掲『流通飼料の需給と品質』51頁。

(10) 以上の専増産ふすま制度発足の経緯・背景については，前掲『飼料小麦専門工場会20年史』6-12頁，24-25頁，前掲『流通飼料の需給と品質』47-48頁，日清製粉，前掲書，46-47頁，日本製粉，前掲書，566-567頁，日東製粉，前掲書，212-213頁，前掲『農林行政史 第13巻』236-238頁，などを参照。

(11) 専管・増産間の原料区分をめぐっては，前掲『飼料小麦専門工場会20年史』13-14頁，35頁，吉岡，前掲稿，37-38頁，を参照。

(12) 制度発足当初は全購連，日鶏連，全畜連，全酪連，全開連，保税工場会などであったが，その後指定団体に若干の入れ替わりがあり，最終的には全農，日鶏連，全畜連，全酪連，全飼協，全開連，北飼協，全鶏連，全穀飼の9団体となった。

(13) 専管ふすま制度に対する一般工場（企業）の評価については，日本製粉，前掲書，566-567頁，日東製粉，前掲書，213頁，を参照のこと。専管工場（企業）側の反論は前掲『飼料小麦専門工場会20年史』の各所で見ることができるが，とくに「専門工場生産小麦粉について」の項（246頁）においてこの問題が集中的に取り上げられている。

　　また，この軋轢は，専管ふすま制度の素案作成の時点で，「製粉界はふすま輸入に代る国内生産方式には賛成だが，生産される低質小麦粉の処理の見通しが困難であること，それが安価に出回ることによる粉市場の混乱も予測されることをあげ，実施中の製粉工場による増産方式の条件を緩和し工場数を拡大する方法が良いと強く要望し」て，専管ふすま制度には否定的な態度をとったことにすでにその端緒が現れていた；上掲『飼料小麦専門工場会20年史』8頁。

(14) 専管工場のみを所有する製粉企業の工場は，1963年度以降11であったが，73年度に10となり，これが95年度まで続いた。その後，96年度9，97年度8，98年度7と減少した；食糧庁資料より。

(15) 専管・増産の原料小麦銘柄の変遷については，吉岡，前掲稿，38頁の表8で示されている。

(16) 政府売却枠や原料小麦銘柄をめぐる専管・増産間の問題については，前掲『飼料小麦専門工場会20年史』34-84頁を参照のこと。なお，専管・増産間の価格一元化は当初1971年からの開始が予定されており，これに向けて飼料小麦専門工場会は専管工場の体質改善を図るべく67年から一元化基

補　章　専増産ふすま制度の展開過程　367

金の積立てを行ってきたが，専管工場の体質改善が未完であるとの理由によって基金積立てが1年延長されたため，価格一元化は72年からとなった。
(17)　このような状況を詳細に見るためには，専管，増産，一般というそれぞれの製粉形態ごとに，工場別・原料小麦別の買入量・買入価格，製粉コスト，小麦粉の販売量・販売価格，ふすまの販売量・販売価格などの分析を行うことが必要であろう。しかし，例えば，増産工場を対象とした一般製粉と増産ふすま制度による製粉とを区別したコスト分析は資料上の制約から極めて困難であるし，また，生産される小麦粉の品質・種類を見るならば，それは1工場だけでも多種多様であることから，上で触れたような分析を行うことはかなり難しい。したがって，本章では専増産ふすま制度をめぐる製粉業界内の軋轢の構図を確認するにとどめることとする。
(18)　前掲『飼料小麦専門工場会20年史』9-12頁。
(19)　前掲『詳解 食糧法』325頁。
(20)　前掲『飼料小麦専門工場会20年史』56-59頁。
(21)　数字は，農林水産省統計情報部『ポケット農林水産統計』各年版からの計算。
(22)　この理由は定かではないが，円高による輸入ふすま価格の急激な低下によって国内のふすま卸売価格が低下する一方で，専増産ふすまの政府譲渡指示価格は政策的に決定されるため，両者の間でタイム・ラグができたものと考えられる。1986年度において一般ふすま製粉工場販売価格が卸売価格を上回っているのも，食糧用麦の政府売渡価格の引下げが卸売価格の低下に遅れたためと見られる。
(23)　以下の，専増産ふすま用小麦銘柄の変遷については，前掲『飼料小麦専門工場会20年史』，吉岡，前掲稿，前掲『飼料年鑑』1975年版，329頁，前掲『農林行政史 第13巻』237頁，前掲『食糧（管理）統計年報』各年版，などに基づく。

第9章 「新たな麦政策大綱」と麦需給政策

I 「新たな麦政策大綱」の登場と麦需給政策の大転換

1 「新たな麦政策大綱」登場の経緯・背景

　1980年代後半以降，「前川リポート」路線の下で，日本の食糧需給政策が農産物の内外価格差の縮小を睨んだ，市場原理導入，生産者手取価格保障水準の引下げ，輸入拡大という方向で展開していったこと，そして，その食糧需給政策の一環として麦需給政策も同様の展開を見せたことは第8章で触れたとおりである。しかし，そこにおいて，麦需給政策の枠組みは従来どおりの間接統制であって（第8章で触れたように，1995年の，WTO設立協定の日本での発効および食糧法施行以降も，間接統制の枠組みは実質的にはあまり変わらなかった），国産麦の政府売買価格差が大幅な逆ざやであり，政府が生産者から麦を無制限に買い入れることになっている下で，国産麦の大宗が政府を経由して実需者に売り渡されるという状況は依然として続いていたのである（前掲図6-2〔233頁〕）。

　しかし，92年6月の農林水産省「新しい食料・農業・農村政策の方向」（新政策）によって「前川リポート」路線をさらに徹底させる方向が示され，この新政策を受けて，WTO体制に日本農政の枠組みを適合させるために農業基本法の廃止とそれに代わる新しい農業基本法の制定を行う動きが強まる中，麦需給政策もその枠組みの変更を迫られることになった。そして，従来の間接統制という枠組みを大きく変更すべく，98年5月に「新たな麦政策大綱」（農林水産省省議決定）が発表されたのである。

　新しい農業基本法，すなわち「食料・農業・農村基本法」（以下，「新基本法」と略）は99年7月に制定されたが，その最大の特徴は，同法第30条（農産

物の価格の形成と経営の安定）で「国は，消費者の需要に即した農業生産を推進するため，農産物の価格が需給事情及び品質評価を適切に反映して形成されるよう，必要な施策を講ずるものとする。」（第1項）「国は，農産物の価格の著しい変動が育成すべき農業経営に及ぼす影響を緩和するために必要な施策を講ずるものとする。」（第2項）としているように，農産物の価格形成に対する政府の関与を大幅に縮小ないし廃止して価格形成は基本的に市場原理に委ね，生産者手取価格の保障ないし生産者の所得補償については別途対策を講じる，という方向での政策転換を明確に打ち出したことである。そして，この新基本法の制定に前後して，97年11月には「新たな米政策大綱」が，99年3月には「新たな酪農・乳業対策大綱」が，同年9月には「新たな大豆政策大綱」と「新たな砂糖・甘味資源作物政策大綱」が発表されるなど，各農産物品目においてとられていた従来の価格・所得政策ないし生産者手取価格保障を目的とした政府の市場介入政策が，上述の新基本法の特徴を反映した形で次々に改変されていったのであり，「新たな麦政策大綱」もこの流れの中で登場したのである(3)。

　さて，「新たな麦政策大綱」決定までの経緯を，同「大綱」の解説書である折原直『日本の麦政策——その経緯と展開方向——』（農林統計協会，2000年，著者は当時食糧庁総務部企画課課長補佐）を参考にまとめると概要以下のようになる(4)。

　「大綱」決定へ向けた具体的な動きは，まず，95年12月の米価審議会において，食管法廃止・食糧法施行によって米に関わる制度が大きく変化した中，麦についても生産・流通を含めた管理のあり方に着手すべきである，という意見が出されたことに始まった。この意見は同月の米審答申において，「国際化の進展等麦の生産・流通・加工をめぐる諸情勢にかんがみ，改定される『農産物の需要と生産の長期見通し』の方向づけも踏まえ，麦管理の在り方の検討に着手すること」という附帯意見として盛り込まれた。これを受けて，96年2月に農林水産省の関係部局から構成される「麦に関する検討会」が設置され，麦に関する論点・課題の整理が行われ，同年12月の米審に報告された。この報告を踏まえ，米審答申は「麦の制度については，設置が予定されている検討の場に

おいて幅広い見地から検討を深めること」という附帯意見を盛り込んだ。これに沿って，97年3月に農林水産省内に学識経験者・生産者・製粉企業等を構成員とする「麦問題研究会」が設置され，7回の会合を経て同年12月に「新たな麦政策の在り方について」という報告書が取りまとめられた。そして，同月の米審答申で「麦問題研究会の報告については，早急に具体策の検討を深め，その実現を図ること」という附帯意見が盛り込まれたことを受けて，「新たな麦政策の在り方」報告書をベースとして98年5月29日に「新たな麦政策大綱」が省議決定されたのである。

なお，麦に関する制度の改正については，94年12月に総理府に設置された「行政改革委員会」の最終意見（97年12月）でも，「米穀と異なり，麦の価格制度は，食糧管理法から新食糧法の移行に際しても，その基本構造は変化していない。今後関税相当量の引下げ等に伴い麦を取り巻く内外の諸情勢が大きく変化していくと考えられる中にあって，市場原理を踏まえた麦の生産・加工・流通の変革が図られるよう，今後の検討に期待する」とされたが，これも「大綱」の作成を後押ししたと言える。

それでは，「新たな麦政策大綱」はどのような内容のものだろうか。以下，これについて見ていこう。

2 「新たな麦政策大綱」の内容と麦需給政策

（1） 国産麦＝民間流通移行，輸入麦＝国家貿易，という基本線　　「新たな麦政策大綱」は，「新たな麦政策構築に当たっての基本的考え方」，「現行施策見直しの方向」，「現行施策見直しの方向を踏まえた〔平成〕10年度における対応の考え方」（〔　〕内は引用者），からなっているが，その中心は「現行施策見直しの方向」である。そこでは，①国内産麦，②外国産麦，③麦加工産業，④飼料用麦等，の4つについてそれぞれ見直しの基本的方向が提示されているが，その最大のポイントは，①に関して国産麦の民間流通移行が打ち出されたことである。

これに関して，まず②の外国産麦（＝輸入麦）の扱いについて触れておくと，「外国産麦については，今後とも，国内産麦で不足するもの及び品質的に国内

産麦が使用できないものについて輸入するとの考え方の下，国家貿易により政府が計画的に輸入する。」とされている。そこでは，「国内産麦との調整，その安定的な輸入の確保，消費者の家計や実需者の経営安定という国家貿易の趣旨を踏まえ，更に効率的な運営を図ることとする」として，輸入コストの削減や備蓄運用の改善などの見直しが提起されているが，国家貿易による輸入については引き続き維持するとされたのである。

　一方，①については国産麦の流通に対する抜本的な見直しが提起された。すなわち，そこでは，「国内産麦の扱いは，制度的には自由な民間流通を前提とする間接統制であるにもかかわらず，大幅な売買逆ざやから，米と異なりその大宗が政府を経由して流通しており，今や最も統制的な（生産者，実需者の関係が希薄な）農産物となっている。／その中で現在，麦管理改善対策の下で，生産者と実需者との間で流通数量契約の締結が行われているが，政府による無制限買入れ及び売却を前提としているため，実需者のニーズが生産者に的確に伝達されず，需要と生産の大幅なミスマッチが発生しており，また，良品質麦を生産しても生産者はプレミアムを手に入れることなく，その努力が報われない実態にある。」という現状認識が示され，「このため，需要と生産のミスマッチを解消し，需要に即した良品質麦の生産を推進する観点から，国内産麦については，これを実態的にも自由な民間流通に委ね，生産者と実需者が品質評価を反映した直接取引を行う仕組みを導入する。」として，国産麦の流通を，政府を経由しない民間流通へ移行させるとしたのである。これは実質的には，無制限買入れの廃止にとどまらず，政府買入れそのものを廃止することを提起したものである（ただし，そこでは「民間流通の定着に伴い，政府買入れの必要性は漸次薄れていき，最終的には不要となると考えられるが，民間流通への円滑な移行を図る観点から，民間流通が定着するまでの間は政府買入れの途を残すこととする。」として，経過措置を設けることも述べられている）。

　しかし，政府買入れ廃止・民間流通移行は，麦の価格が市場原理によって決定されるようになることを意味するものであり，この下では，従来政府売渡価格に対してかなり高い水準で設定されていた国産麦政府買入価格によって保障されていた生産者手取価格はそのままでは大きく下落することになる。このた

め「大綱」は，民間流通への移行に際して「生産者の経営安定等を図るための新たな措置として『麦作経営安定資金（仮称）』を創設する。」として，生産者の麦販売価格の下落に対して補塡を行うとした。その補塡額は「……今後の麦作の担い手となるべき生産性の高い経営体の経営安定に資する観点から国内産麦の生産コストに着目する」としたが，これは補塡額を大規模作付層の生産費と関わらせて決定し，麦生産から小規模作付層を離脱させて大規模作付層への農地利用集積を図ろうとする政策意図を窺わせるものとなっている。なお，「麦作経営安定資金」の財源については「大綱」では触れられていないが，先述の「新たな麦政策の在り方について」報告書において「民間流通への移行に当たっては，基本的に外国産麦の売買に係る利益を財源として，生産者の経営安定等を図るための新たな措置を検討することが必要である」として，輸入麦のマーク・アップ＝政府売買価格差の順ざやから生じる，食糧管理特別会計「輸入食糧管理勘定」の輸入麦黒字を財源に充てる旨が述べられている。

　以上，「大綱」は，輸入麦については国家貿易による輸入を維持するとしたが，国産麦については政府買入れを廃止して民間流通へ移行させる方向を打ち出したのであり，この点で「大綱」は，政府無制限買入れを中軸の1つとしてきた従来の間接統制という麦需給政策の枠組みを大きく転換させるものである。これは先に見た新基本法の具体化であると同時に，80年代後半以降麦需給政策において進められてきた市場原理導入をさらにドラスチックに進めようとするものでもある。

　なお，「大綱」は国産麦について民間流通移行の他に，収量変動に対する対応，研究開発の充実・強化，生産対策の充実強化，なども打ち出している。
(5)

　（2）**麦加工業・飼料用麦などについて**　以上のような基本線を持ちつつ，「大綱」は「現行政策見直しの方向」において，③麦加工産業，④飼料用麦等，についてもその見直しを提起している。

　③については，「麦加工産業については，これまでも体質強化に向けての取組を行ってきたが，製粉企業における製造・販売コストの低減は緩やかであり，企業の合理化や産業構造の近代化が思うように進んでいない。また，近年の小麦粉需要の伸び悩み，ガット・ウルグアイ・ラウンド農業合意に基づく関税率

の引下げに伴う麦加工品の輸入拡大等の状況の下で，製粉企業の国際競争力の維持・強化を図っていくことが重要な課題である。」として，麦加工業とりわけ製粉業の合理化・近代化の促進と，製粉用小麦の売却方法の改定を提起している。第5章で触れたように，製粉業においては，1966年4月の中小企業近代化促進法「指定業種」の指定以降近代化事業が行われ，さらに75年9月の「特定業種」指定以降4次にわたる構造改善事業が行われるなど，再編政策がとられてきたが，今回の「大綱」の提起は，WTO体制下での製粉業の国際競争力強化を図るために，これをさらに進めようというものである。また，製粉用小麦の売却については，第5章で見たように，88年以降，過去の買受実績による配分比率を下げ希望数量比率を高めるという，大規模製粉工場（企業）への売渡量を増加させる方式が強められてきたが，「大綱」は「過去の買受実績に基づく運用を廃止し，競争の促進を通じた流通・加工段階の合理化を図る観点から，実需者の希望に基づいて売り渡す方法に改善する」として，製粉業の合理化・近代化を原料小麦売渡しの側面から後押しするために，大規模工場（企業）にさらに有利な方式の導入を打ち出した。そして，これに沿って，99年4月からは過去1年間の買受実績に基づいて各企業への配分を行っていた従来の方式が廃止され，各企業の希望購入数量に基づいて売却する方法がとられることになった。[6]

④に関しては，専増産ふすま制度の廃止と，国産飼料用麦生産施策の廃止が打ち出されたことが注目される。このうち前者については，「専増産ふすま制度については，濃厚飼料に占める専増産ふすまの割合が減少傾向にある中にあって地域ごとの需給のアンバランス，生産に係る諸規制に伴う加工コストの増大，製粉工場の生産事情の制約に伴う生産の限界と供給の不安定性といった問題が指摘されている。／このため，専増産ふすま制度については，代替飼料の開発・普及，各種企業対策等の推進等を踏まえ，平成14年度末を目途として廃止する。また，これに併せ，輸入方法の弾力化や多様化等を図る観点から，特定用途の麦の一部にSBS方式を段階的に導入することにする。」とされている。前章で見たように，専増産ふすま制度はその枠組みの特殊性ゆえに制度発足当初から製粉業界内に軋轢をもたらすことになり，ふすま・小麦粉の需給動向の

変化によって軋轢が強まる中, 80年代後半以降専増産ふすま用小麦の売渡量は減少させられていったが,「大綱」の提起はこのような流れをも踏まえたものと言える。そして, これを受けて, 99年度からは飼料用輸入麦についてSBS（売買同時契約）方式による入札が開始されたのである（99年度は小麦4万8225 t・大麦37万5672 t, 2000年度は小麦5万4439 t・大麦62万6046 t）。[7]

後者については,「国内産飼料用大麦については, 現在の制度の下で生産される飼料用大麦は外国産に比較してロットが小さく, 生産の不安定性が問題視されており, その生産振興という本来の意義が希薄となっている。一方, 国内産飼料用大麦については, その大半が食糧用の検査規格を満たしている実態にあるが, 更に, 食糧用の検査規格を満たすための取組等を推進しつつ, 民間流通への移行を機に同制度を廃止する。」とされた。第8章で見たように, 80年代後半以降の麦需給政策の変化の中で, 国産飼料用麦生産施策の政策的位置づけは低下してきたが, この流れを受け継ぐ形で「大綱」は同施策を最終的に廃止するとしたのである。

なお, ④に関しては,「円滑なビール麦契約栽培の推進」として「既に民間流通が行われているビール麦については, 今後とも, 円滑な契約栽培の推進を図る。」ことも述べられている。

II 民間流通に関する制度的枠組み

1 「初年度における民間流通の仕組み」の概要

上で見たように「新たな麦政策大綱」の最大のポイントは国産麦の民間流通移行にあるが, これを2000年産麦から実施するため, 生産者団体・実需者団体で構成する「民間流通連絡協議会」（行政はオブザーバー）は, 1999年6月22日に民間流通の具体的仕組みを取りまとめた「初年度（平成12年産麦）における民間流通の仕組み」（以下「仕組み」と略）を決定した。[*1]

    *1 「新たな麦政策大綱」を受けて, 民間流通の仕組みを構築するため, 98年6月に生産者・実需者・行政から構成される「民間流通検討会」が設けられ, 同年12月に「民間流通検討会報告書」が取りまとめられた。これを

受け，民間取引の基本事項の策定や，需要と生産のミスマッチを解消することを目的として，99年1月に上述の「民間流通連絡協議会」が設置された。(8)

そこでは，まず全国段階に「民間流通連絡協議会」を置くことが再確認されるとともに，地域の実態に即した協議を行うために麦の主産県に「民間流通地方連絡協議会」を設置すること，全国・地方の連絡協議会とも原則として播種前に行われる取引契約より前に開催すること，連絡協議会においては民間取引に必要な情報の交換（全国・地方），需要と生産のミスマッチの解消に向けた協議（全国・地方），民間取引の基本事項の策定および見直し（全国）を行うこと，などが述べられている。

また，契約数量に関しては通常契約（＝播種前契約）数量に一定の幅を設け（小麦は契約数量の±15％，大麦は±10％，裸麦は±20％），出荷数量が一定幅の範囲内であれば原則として当該数量を通常契約の数量とすること，一定幅を上回った際は上回った分を追加契約（相対）の対象とし，一定幅を下回った際は，天候不順等生産者の責任に帰せられない場合は当該数量を出荷契約の数量とし，生産者の責任に帰する場合は下回る部分を違約金の対象にする，としている。

そして，価格形成に関しては，①入札を基本とし，相対は入札における指標価格（産地別銘柄ごとに落札価格を落札数量により加重平均した価格）を基本として契約当事者間で協議・決定する（入札非上場銘柄の相対については，類似上場銘柄のある銘柄はその指標価格を基本とし，類似銘柄のない銘柄については入札における価格形成の方法を参考とする），②売り手は原則として県経済連・県集連，買い手は国産麦の直接実需者およびその団体とする，③入札は播種前に原則1回実施することとする，④入札における義務上場は，小麦については販売予定数量3000ｔ以上の産地別銘柄，大麦と裸麦については販売予定数量1000ｔ以上の産地別銘柄とし，上場比率は各々販売予定数量の30％とする，ただし，都道府県内の流通量が80％を超える産地銘柄は義務上場から除外する，⑤希望上場も認めるが，その場合も上場比率は販売予定数量の30％とする，⑥地域区分上場も認める，⑦初年度の基準価格は現行の政府売渡価格（98年12月

決定)とする,⑧価格変動幅は基準価格の±5％の範囲内とする,⑨次年度以降の基準価格は前年産の指標価格とする,という基本原則が定められている。また,価格に関連しては,⑩容積重・水分・でん粉粘度に関して「品質取引」を行える,⑪民間流通に係る流通コストのうち,従来政府買入れに伴って政府が負担していた流通コスト(集荷手数料,検査手数料,金利・保管料,包装代)については当面政府が負担するが,出庫料や「県間流通麦」の引取運賃などは契約当事者間で協議・決定する,といったことなどが打ち出されている。[*2]

> *2　以上の「仕組み」は2000年産についてのものだが(⑨のみは2001年産以降に関する規定),このうち,③について2001年産では入札を2回行うこととなり,そのため指標価格も「第1回,第2回,再入札の落札価格を落札数量で総加重平均」したものとなった。また,⑥に関して,2000年産では地域区分を行うに当たっての要件はなかったが,2001年産では「地域区分する場合の一地域当たりの販売予定数量は1000t以上」という要件が付加された。[9]

さらに,「仕組み」では,「民間流通への円滑な移行を図るとともに,需要に即した良品質麦の生産を促進するため」として,従来の麦管理改善対策に代わって「民間流通麦促進対策(仮称)」が打ち出されたことも見ておく必要がある。

従来,麦管理改善対策の品質改善奨励額におけるランク間格差は60kg当たり最大500円であったが,「民間流通麦促進対策」はこれを最大600円(民間流通分)へ拡大し,また,民間流通分に対する交付額を政府買入れ分に対するそれよりも高く設定した(表9-1の注2参照)。これは,麦管理改善対策が持っていた生産誘導的性格をさらに強めるとともに,政府買入れから民間流通への移行を促進させる狙いを持ったものであると言える。また,民間流通移行を促す措置は,同じく「仕組み」の中で「民間流通の円滑な移行を図るため」に2000年産麦で実施するとされた「民間流通支援特別対策」において,政府買入れ分よりも民間流通分に対する交付額が高く設定されたところにも見られる(表9-1の注3参照)。

この「仕組み」を受けて,政府は99年9月に民間流通の制度的枠組みを定めた「民間流通麦促進対策実施要領」を制定した。[10]その内容は「仕組み」で適さ

第9章 「新たな麦政策大綱」と麦需給政策　377

表9-1　小麦生産者手取価格の構成（銘柄区分Ⅱ・1等，60kg当たり）

年産	内訳	手取額
1996年産	① 政府買入価格 ② 麦管理改善対策	9,110円 350円（1等のみ）
1997年産	① 政府買入価格 ② 良品質麦安定供給対策（97年6月決定） ③ 麦管理改善対策	9,023円 100円 350円（1等のみ）
1998年産	① 政府買入価格 ② 良品質麦安定供給強化対策（98年6月決定） ③ 麦管理改善対策 ④ 良品質麦安定供給対策	8,958円 80円 350円（1等のみ） ＜200円，0円＞
1999年産	① 政府買入価格 ② 民間流通支援特別対策（99年6月決定） ③ 麦管理改善対策 ④ 良品質麦安定供給強化対策（98年6月決定）	8,893円 80円 350円（1等のみ） ＜300円，200円，100円，0円＞
2000年産 （政府買入）	① 政府買入価格 ② 民間流通支援特別対策（99年6月決定） ③ 民間流通麦促進対策	8,824円 50円（1等のみ） 250円（1等のみ）
2000年産 （民間流通）	① 入札価格 ② 麦作経営安定資金 ③ 民間流通支援特別対策（99年6月決定） ④ 民間流通麦促進対策 ⑤ 品質取引における加算・減算	2,199円〜2,429円 6,463円 100円（一律） 50円（1等のみ） 450円（1等のみ） ＜▲30円〜＋90円＞
2001年産 （政府買入）	① 政府買入価格 ② 民間流通麦促進対策	未定（2001年9月20日現在）
2001年産 （民間流通）	① 入札価格 ② 麦作経営安定資金 ③ 民間流通定着・品質向上支援基本助成 　　良質麦加算 ④ 品質取引普及定着緊急支援 ⑤ 民間流通麦促進対策 ⑥ 品質取引における加算・減算	2,090円〜2,550円 6,440円 100円（1等のみ） 50円（1等で，より良品質の麦） 30円（1等のみ） 450円（1等のみ） ＜▲30円〜＋90円＞

注1）1999年産まで政府買入価格における銘柄間格差は，Ⅱを基準に60kg当たりⅠは＋600円，Ⅲは▲300円，Ⅳは▲900円，また等級間格差は1等に対して2等は▲1,100円となっている。これに関連して，2000年産の麦作経営安定資金における銘柄間格差は，Ⅱを基準にⅠは＋495円，Ⅲは▲247円，Ⅳは▲737円，等級間格差は1等に対して2等は▲722円である。
2）麦管理改善対策は「品質改善奨励額」の交付額を掲げた。その額は，1999年産まで60kg当たりAランク1等が500円，Bランク1等が350円，Cランク1等が100円，Dランクは0円であった。2000年産の麦管理改善対策に代わる民間流通麦促進対策では，民間流通麦についてAランク1等が600円，Bランク1等が450円，Cランク1等が150円，Dランクは0円，政府買入麦についてはAランク1等が400円，Bランク1等が250円，Cランク1等が50円，Dランクが0円となった。
3）2000年産の「民間流通支援特別対策」では，民間流通麦については一律100円の交付に加えてA〜Cランクの1等に対して50円の加算がなされたが，政府買入麦についてはA・Bランクの1等に対して50円が交付されるにとどまった。
4）2001年産民間流通の「民間流通定着・品質向上支援基本助成」の「良質麦加算」は，1等麦のうち取引価格が上位の産地別銘柄，それ以外の1等麦比率が上位の農協等の麦が対象。
出所）全国農業協同組合連合会米穀販売部『国内産麦の生産・流通の現状と取り組みの経緯』1997年度版・1998年度版，「日本農業新聞」，食糧庁『米麦データブック』各年版，食糧庁『食糧月報』各月号，などより作成。

れたものと同じである。また，民間流通移行に向けて，従来の「麦管理改善対策要綱」は99年産麦限りで廃止されることになった。

2 麦作経営安定資金の概要

「新たな麦政策大綱」で提起された「麦作経営安定資金（仮称）」については，民間流通協議会における「仕組み」の検討と並行して政府・与党内でその具体化が進められ，1999年5月28日に農林水産省でその仕組みが取りまとめられた。これは同年6月18日の農林水産省ミニレター177号において「麦作経営安定資金について」として公表された。

そこでは，まず，「『新たな麦政策大綱』にいう『今後の麦作の担い手となるべき生産性の高い経営体』については，民間流通への移行後，生産構造の変化を踏まえて見直しを行っていくべきであるが，当面は，民間流通への円滑な移行を図る観点から，現行政府買入価格算定上の『対象農家』と同様とする」として，当面，麦作経営安定資金の額を主産地の平均作付規模以上層の生産費と関わらせて決定することが述べられている。

その上で，「初年度〔2000年度〕における『麦作経営安定資金』の具体的水準は『〔平成〕11年産政府買入価格』と『入札の基準となる価格』（昨年〔98年〕12月に決定された現行の政府売渡価格）の格差相当額とする」（〔 〕内は引用者）とされ，「現行の入札による価格が『入札の基準となる価格に±5％の範囲（値幅内）』で変動しても，『麦作経営安定資金』は，一定額（＝『11年産〔99年産〕政府買入価格』—『昨年〔98年〕12月に決定された政府売渡価格』）を支払」（〔 〕内は引用者）うとされて，図9-1のような模式図が示された。麦作経営安定資金＝政府補塡額が一定というこの方式の下では，入札価格の高低が生産者手取価格に直結することになるのであるから，これは「需要と生産のミスマッチを解消し，需要に即した良品質麦の生産を推進する」とした「大綱」に即したものと言える。ちなみに，民間取引における価格形成の基本を入札とすることや，入札基準価格を98年12月決定の政府売渡価格にすること，値幅制限を±5％にすること，などは，99年6月22日の「仕組み」で正式決定されたのであるから，5月28日に取りまとめられた麦作経営安定資金がこ

れらを前提としていたことは、この時点ですでに「仕組み」が既定のものとされていたことを意味しよう。

ともあれ、このような方式に基づいて、2000年度の麦作経営安定資金は小麦、小粒大麦（＝六条大麦）、大粒大麦（＝二条大麦）、裸麦で銘柄区分Ⅱ・1等につき、それぞれ6463円（60kg）、4616円（50kg）、4773円（50kg）、6876円（60kg）とされたのである。なお、小粒大麦と大粒大麦で額が異なるのは、両者の政府買入価格は同じであったものの政府売渡価格は小粒大麦の方が若干高く設定されていたためである（したがって、入札基準価格も小粒大麦の方が若干高く設定されることになった）。

図9-1　2000年度の麦作経営安定資金

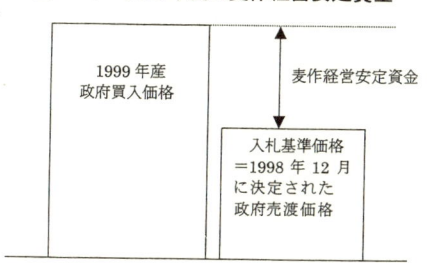

出所）農林水産省ミニレター177号（1999年6月18日）より一部修正して作成。

また、「麦作経営安定資金について」は2001年度以降の麦作経営安定資金について、「『新たな麦政策大綱』にいう『生産性向上』の状況を適切に反映させつつ、その安定的運営を確保する観点から、生産費、収量等の動向を基本に透明性が確保された一定のルール（生産費、収量等の一定期間の変化率を用いる方法）に基づいて算定することとする」として、前年度の額に生産コスト変動率（全算入生産費・物価・単収の変化率から算出）を乗じた額としたが（正確に言えば、［「前年度の麦作経営安定資金」－「政府負担の流通コスト」］×「生産コスト変動率」＋「政府負担の流通コスト」、である）、その際用いる全算入生産費（第2次生産費）は主産地の平均作付規模以上層のそれとしたのである。[11]

さらに、「現行の『政府買入価格』及び『政府売渡価格』には、良品質麦への生産誘導を図るため、銘柄間格差、等級間格差が設定されていることから、初年度の『麦作経営安定資金』の設定に当たっては、これをそのまま反映させる（今後の民間流通の下での市場評価に基づき、これを見直していくことが必要）こととする。」として、2000年度の麦作経営安定資金にも99年産政府買入価格および98年12月決定の政府売渡価格における銘柄間・等級間格差を反映させたのである。[12]

III 新たな麦需給政策下における国産麦をめぐる諸動向

以上見てきたように,「新たな麦政策大綱」と,それを受けた「仕組み」「民間流通麦促進対策実施要領」および麦作経営安定資金によって麦需給政策の枠組みは大きく転換した(ただし,「大綱」が「民間流通が定着するまでの間は政府買入れの途を残すこととする」としているため,国産麦の政府買入れに関する諸事項を規定している食糧法第66条は改定されていない)。この転換後の麦需給政策をここでは「新たな麦需給政策」と呼ぶことにしたい。それでは,新たな麦需給政策の下で国産麦の生産・流通にはどのような変化が現れているだろうか。

1 2000年産入札をめぐる動向

2000年産民間流通麦の入札は1999年9月22日に行われ,小麦では28の産地品種銘柄(北海道チホクムギは銘柄Ⅰ・Ⅱの区別がなされ,さらにⅠは3つの地域に区分された)18万1810 t ,大麦では小粒大麦が5産地品種銘柄5380 t ,大粒大麦が7産地品種銘柄7830 t ,裸麦では3産地品種銘柄5520 t ,がそれぞれ上場された。

このうち,小麦の入札結果を見ると(表9-2),北海道チホクコムギ,北海道ハルユタカ,北海道タイセツコムギ,北海道タクネコムギ,埼玉農林61号,福岡農林61号,北海道ホロシリコムギ,群馬つるぴかりの8銘柄で指標価格が基準価格を上回った。この中で,初めの6銘柄は,農林水産省が97年7月に実施した98年産の生産予定数量と需要量に関する調査において,需要量が生産予定数量を上回っていたものである[13](最後の2銘柄は同調査の対象外)。

一方で,指標価格が基準価格を下回った銘柄は17あり,その合計上場数量15万5710 t は全上場数量の85.6%にも上っている。その多くは上記の調査で需要量が生産予定数量を下回っていたものであり,それらは概して落札残量も多い。したがって,これは「需要と生産のミスマッチ」をある程度反映したものと見ていいだろう。

第9章 「新たな麦政策大綱」と麦需給政策

表9-2 2000年産民間流通小麦の入札結果（1999年9月22日）

産地	品種	地域区分	銘柄区分	基準価格①	指標価格②	基準価格比②/①	上場数量③	落札数量⑤	落札残数量③-⑤	落札残率(③-⑤)/③
北海道	ホクシン	全地区	I	2,414	2,398	99.3%	108,680	106,880	1,800	1.7%
北海道	チホクコムギ	I 網走	I	2,414	2,514	104.1%	3,950	3,950	0	0.0%
北海道	チホクコムギ	I 十勝	I	2,414	2,534	105.0%	40	40	0	0.0%
北海道	チホクコムギ	I その他	I	2,414	2,423	100.4%	1,240	1,240	0	0.0%
北海道	チホクコムギ		II	2,314	2,429	105.0%	210	210	0	0.0%
北海道	ハルユタカ	全地区	I	2,414	2,534	105.0%	3,420	3,420	0	0.0%
北海道	ホロシリコムギ	全地区	II	2,314	2,429	105.0%	1,660	1,660	0	0.0%
北海道	タイセツコムギ	全地区	I	2,414	2,534	105.0%	1,260	1,260	0	0.0%
北海道	タクネコムギ	全地区	I	2,414	2,534	105.0%	520	520	0	0.0%
茨城	農林61号	全地区	I	2,414	2,347	97.2%	2,470	1,650	820	33.2%
茨城	バンドウワセ	全地区	II	2,314	2,209	95.5%	1,920	600	1,320	68.8%
栃木	バンドウワセ	全地区	II	2,314	2,199	95.0%	1,760	1,250	510	29.0%
栃木	農林61号	全地区	I	2,414	2,317	96.0%	1,220	1,090	130	10.7%
群馬	農林61号	全地区	I	2,414	2,403	99.5%	7,560	6,850	710	9.4%
群馬	バンドウワセ	全地区	I	2,414	2,324	96.3%	1,010	640	370	36.6%
群馬	つるぴかり	全地区	II	2,314	2,349	101.5%	1,050	1,040	10	1.0%
埼玉	農林61号	全地区	I	2,414	2,446	101.3%	7,530	7,420	110	1.5%
埼玉	バンドウワセ	全地区	II	2,314	2,236	96.6%	1,170	1,170	0	0.0%
岐阜	農林61号	全地区	II	2,314	2,287	98.8%	1,260	1,260	0	0.0%
愛知	農林61号	全地区	I	2,414	2,400	99.4%	4,400	4,400	0	0.0%
滋賀	農林61号	全地区	I	2,414	2,298	95.2%	3,910	3,130	780	19.9%
福岡	チクゴイズミ	全地区	II	2,314	2,286	98.8%	6,980	6,120	860	12.3%
福岡	シロガネコムギ	全地区	I	2,414	2,407	99.7%	4,070	3,780	290	7.1%
福岡	農林61号	全地区	I	2,414	2,443	101.2%	1,670	1,650	20	1.2%
福岡	ニシホナミ	全地区	III	2,264	2,264	100.0%	920	920	0	0.0%
佐賀	シロガネコムギ	全地区	I	2,414	2,360	97.8%	5,280	5,200	80	1.5%
佐賀	チクゴイズミ	全地区	II	2,314	2,291	99.0%	2,210	2,190	20	0.9%
熊本	チクゴイズミ	全地区	II	2,314	2,314	100.0%	1,440	1,410	30	2.1%
熊本	シロガネコムギ	全地区	I	2,414	2,414	100.0%	1,190	1,120	70	5.9%
大分	農林61号	全地区	I	2,414	2,340	96.9%	1,090	880	210	19.3%
大分	チクゴイズミ	全地区	II	2,314	2,231	96.4%	720	720	0	0.0%

注 1)「産地・品種・地域区分」が二重枠で囲まれているものは、農林水産省が1997年7月に実施した98年産の生産予定数量と需要量に関する調査において需要量が生産予定数量を上回っていた銘柄、網がかかっているものは同調査において需要量が生産予定数量を下回っていた銘柄である。
　 2) 基準価格および指標価格は60kg当たりで、消費税及び地方消費税相当額を除いた価格である。
出所)「日本農業新聞」1999年9月25日付より作成。

　しかし，指標価格が基準価格を下回った銘柄のうち，栃木農林61号，群馬農林61号，愛知農林61号，佐賀シロガネコムギの4銘柄は，上記の調査では需要量が生産予定数量を上回っていた。そして，それら4銘柄の2000年産の販売予定数量を見ても，愛知農林61号を除いて同調査で示された需要量を満たしていないのであるから，需要の強さが必ずしも入札での価格上昇に結びついているわけではないことがわかる。もちろん，98年産を対象とした同調査と2000年産を対象とした今回の入札には2年間の開きがあるのであるから，その間にこれら銘柄の需要量が大きく減少したことも考えられよう。しかし，そうであるな

らば，それは入札取引が，「新たな麦政策大綱」がいう「需要と生産のミスマッチを解消し，需要に即した良品質麦の生産を推進する」ものであるどころか，短期的な需要変化によって生産が振り回される側面を持っていることを示したことになるのである。

以上，2000年産小麦の入札はホクシンを除く北海道産銘柄以外の多くの銘柄にとっては厳しい結果となった。しかし，入札の値幅制限によって下落幅が限定されたこと（これは他方で上昇幅も限定したが），民間流通麦については「麦作経営安定資金」による補填と「民間流通支援特別対策」「民間流通麦促進対策」等の助成金が支払われたことを考えると（表9-1），指標価格が基準価格を下回った銘柄についても生産者手取価格は99年産の水準をほぼ確保できたものと思われる。

2000年産では政府買入麦も併存するが，これに関しては「民間流通支援特別対策」が前年産に比べ減額され，「民間流通麦促進対策」も前年産の麦管理改善対策の品質改善奨励額に比べて減額されるなど，前年産よりも不利な状況が作られた（表9-1）。2000年産国産麦の政府買入価格は2000年7月19日に対前年比▲0.78%で決定され（小麦は60kg当たり8824円），この時点で政府買入小麦の生産者手取価格は前年産を下回ることが確実となり，また，2000年産での政府買入小麦に対する民間流通小麦の価格優位性が確定した。しかし，このことは当初から予想されていたため，99年9月の入札以降小麦のほとんどは民間流通で売買契約され，その結果，99年12月段階で，2000年産国産小麦流通見込数量64万5524tのうちの96.8％に当たる62万4845tが民間流通になると見込まれたのである。[16]

大麦と裸麦については簡単に触れたい。入札結果を見ると，小粒大麦では5銘柄のうち指標価格が基準価格を上回ったものは4，下回ったもの1，落札残数量290t，落札残率5.4％であった。大粒大麦では7銘柄のうち指標価格が基準価格を上回ったものは1，下回ったものは5，指標価格＝基準価格となったものが1で，落札残量1020t，落札残率13.0％，裸麦は3銘柄のうち，指標価格が基準価格を上回ったものが2，指標価格＝基準価格となったものが1で，落札残量120t，落札残率2.2％であった。

小粒大麦と裸麦についてはほとんどの銘柄が基準価格を上回り，また，落札残率も小さかった。しかし，大粒大麦については，基準価格を下回った銘柄の上場数量6940 t は全上場数量の94％に相当するものであり，また，落札残率も大きな値となっていることから，小麦以上に厳しい結果になったことがわかる。ただし，小麦と同様，大麦・裸麦についても民間流通麦に対して麦作経営安定資金や諸々の助成金が支払われたことにより，指標価格が基準価格を下回った銘柄についても生産者手取価格は前年産水準をほぼ確保できたものと思われる。また，大麦・裸麦の2000年産の政府買入価格も対前年比で▲0.78％引き下げられたが，これも事前に予想されていたため，99年12月段階で，小粒大麦については2000年産流通見込数量 2 万8371 t のうちの84.4％に当たる 2 万3956 t が，同じく大粒大麦については 4 万6803 t のうちの87.9％に当たる 4 万1133 t が，裸麦については 1 万6670 t のうちの88.3％に当たる 1 万4720 t が，それぞれ民間流通になる見込みとなったのである。(17)

2 2001年産入札をめぐる動向

2001年産麦の入札は2000年 8 月10日と同月30日に行われ，小麦は30産地品種銘柄（北海道チホクコムギは銘柄Ⅰ・Ⅱの区別がなされ，さらにⅠは 2 つの地域に区分された）20万0640 t ，小粒大麦は 8 産地品種銘柄7740 t ，大粒大麦は 9 産地品種銘柄9390 t ，裸麦は 4 産地品種銘柄3980 t が，それぞれ上場された。

まず，小麦について見てみよう（表 9 - 3 ）。北海道産の各銘柄は前年産の入札においてホクシンを除いて指標価格が基準価格を上回ったが，この傾向は2001年産も続いている。ホクシンだけは前年産に続いて指標価格が基準価格を下回った。なお，前年産入札で地域区分上場された北海道チホクコムギ〈Ⅰ十勝〉は今回は上場されていないが，これは先に触れたように，2001年産から地域区分上場する場合の販売予定数量が1000 t 以上とされたことによるものである。

北海道産以外の24銘柄に目を向けると，指標価格が基準価格を上回ったのは群馬つるぴかりと福岡ニシホナミだけである。指標価格が基準価格を下回った22銘柄のうち16銘柄は前年産入札でも指標価格が基準価格を下回った銘柄であ

表9-3　2001年産民間流通小麦の入札結果（2000年8月10日・30日）

産地	品種	地域区分	銘柄区分	基準価格①	指標価格②	基準価格比②/①	上場数量③	落札数量⑤	落札残数量③-⑤	落札残率(③-⑤)/③
北海道	ホクシン	全地区	I	2,398	2,349	98.0%	120,240	118,350	1,890	1.6%
北海道	チホクコムギ	I網走	I	2,514	2,639	105.0%	1,440	1,440	0	0.0%
北海道	チホクコムギ	Iその他	I	2,426	2,537	104.6%	720	720	0	0.0%
北海道	チホクコムギ	II	II	2,429	2,512	103.4%	210	210	0	0.0%
北海道	ハルユタカ	全地区	I	2,534	2,660	105.0%	2,860	2,860	0	0.0%
北海道	ホロシリコムギ	全地区	II	2,429	2,550	105.0%	1,650	1,650	0	0.0%
北海道	タイセツコムギ	全地区	I	2,534	2,660	105.0%	870	870	0	0.0%
北海道	タクネコムギ	全地区	I	2,534	2,660	105.0%	550	550	0	0.0%
(新)青森	キタカミコムギ	全地区	I	2,198	2,090	95.1%	1,020	420	600	58.8%
(新)宮城	シラネコムギ	全地区	I	2,198	2,089	95.0%	1,200	580	620	51.7%
茨城	農林61号	全地区	I	2,347	2,232	95.1%	4,590	400	4,190	91.3%
茨城	バンドウワセ	全地区	II	2,209	2,099	95.0%	1,940	130	1,810	93.3%
栃木	バンドウワセ	全地区	II	2,199	2,090	95.0%	1,670	1,260	410	24.6%
栃木	農林61号	全地区	I	2,317	2,206	95.2%	1,650	1,230	420	25.5%
群馬	農林61号	全地区	I	2,403	2,355	98.0%	7,640	6,770	870	11.4%
群馬	バンドウワセ	全地区	I	2,324	2,254	97.0%	80	40	40	50.0%
群馬	つるぴかり	全地区	I	2,349	2,419	103.0%	1,620	1,620	0	0.0%
埼玉	農林61号	全地区	I	2,446	2,427	99.2%	8,180	8,150	30	0.4%
埼玉	バンドウワセ	全地区	I	2,236	2,153	96.3%	320	320	0	0.0%
岐阜	農林61号	全地区	I	2,287	2,199	96.2%	1,660	1,410	250	15.1%
愛知	農林61号	全地区	I	2,400	2,295	95.6%	5,190	4,110	1,080	20.8%
(新)三重	農林61号	全地区	I	2,397	2,282	95.2%	2,310	2,100	210	9.1%
滋賀	農林61号	全地区	I	2,298	2,186	95.1%	4,290	3,780	510	11.9%
福岡	チクゴイズミ	全地区	II	2,286	2,180	95.4%	8,000	4,020	3,980	49.8%
福岡	シロガネコムギ	全地区	I	2,407	2,342	97.3%	4,920	4,430	490	10.0%
福岡	農林61号	全地区	I	2,443	2,323	95.1%	1,780	1,780	0	0.0%
福岡	ニシホナミ	全地区	III	2,264	2,313	102.2%	890	890	0	0.0%
佐賀	シロガネコムギ	全地区	I	2,360	2,256	95.6%	7,200	5,920	1,280	17.8%
佐賀	チクゴイズミ	全地区	I	2,291	2,210	96.5%	2,190	1,900	290	13.2%
熊本	シロガネコムギ	全地区	I	2,414	2,365	98.0%	1,140	1,140	0	0.0%
大分	農林61号	全地区	I	2,340	2,228	95.2%	1,490	1,040	450	30.2%
大分	チクゴイズミ	全地区	I	2,231	2,120	95.0%	1,130	660	470	41.6%

注 1)「産地・品種・地域区分」に網がかかっているものは2000年産入札において指標価格が基準価格を下回った銘柄。
　 2) 青森キタカミコムギ，宮城シラネコムギ，三重農林61号は，2001年産から上場された。
　 3) 基準価格および指標価格は60kg当たりで，消費税及び地方消費税相当額を除いた価格である。
出所)「日本農業新聞」2000年9月2日付より作成。

るが，前年産入札では指標価格が基準価格を上回った埼玉農林61号と福岡農林61号も今回は指標価格が基準価格を下回った。また，前年産入札では基準価格に踏みとどまった熊本シロガネコムギ，2001年産入札から上場となった青森キタカミコムギ・宮城シラネコムギ・三重農林61号も指標価格が基準価格を下回った。さらに，指標価格が基準価格を下回った22銘柄のうち，新上場銘柄を除いた19銘柄中12銘柄が前年産よりも落札残率を増加させており，また，新上場銘柄のうち青森キタカミコムギが58.8％，宮城シラネコムギが51.7％という高い落札残率になっていることも注目される。

北海道ホクシンを含めて今回指標価格が基準価格を下回った23銘柄の上場数量合計は18万9830 t，全上場数量の94.6％であるが，これは，先述した，2000年産の全上場数量に占める，指標価格が基準価格を下回った銘柄の合計上場数量の比率85.6％を上回るものである。

また，2年連続して指標価格を下げた17銘柄の合計上場数量は17万4200 t で全上場数量の86.8％にもなっているが，これは県産が上場数量を増やした一方，ホクシンへの品種転換が進む中で北海道産の他品種銘柄が上場数量を減らした（ただし，相対を含めた北海道産民間流通麦の販売総量には大きな変化はない）ことによるところが大きい。*3

 *3 北海道ホクシンは，2000年産入札で指標価格が基準価格を下回ったが，2001年産の作付面積は増加し，そのため上場数量も増加した。これは，ホクシンの単収が他の品種よりも高いため，単位重量当たり価格が多少低くとも，生産者にとっては収入面で他の品種よりも有利な状況があるためである。[18]

  このように，品種転換は販売価格からストレートに規定されるものでなく，その動向には単収，さらには生産技術上の問題，輪作体系における他作物との関係などの要因も影響を与える。

県産の上場数量が増えた背景には，99年10月に「水田を中心とした土地利用型農業活性化対策大綱」（以下，「活性化対策」と略）が発表され，2000年度からの米生産調整政策である「水田農業経営確立対策」においてこの「活性化対策」を具体化した措置がとられたことがある。

新基本法が食糧自給率の低下に対する国民の不安に対処するために「国民に対する食料の安定的な供給については……国内の農業生産の増大を図ることを基本とし（第2条第2項），「食料自給率の目標は，その向上を図ることを旨とし」（第15条第3項）たことを受けて，「活性化対策」は「米の作付けを行わない水田を有効活用し，自給率が低く，現状では定着度の低い麦・大豆・飼料作物等の生産を品質・生産性の向上を図りながら定着・拡大」させるとして，麦・大豆・飼料作物の「本格的生産」を打ち出し，生産調整水田におけるこれら作物の作付けに対して10a 当たり最高7万3000円（うち，「基本額」に相当す

る部分は「とも補償〔一般〕」の2万円である。米生産調整推進上の「地区」で生産調整目標面積を達成した場合には，「とも補償〔地区達成加算〕」によって3000円が助成される。なお，これらの「とも補償」の財源には政府の財政支出に加えて生産者拠出金が充てられることとされ，このため生産者は水稲作付面積10a当たり4000円の拠出を行うことになった）を支払うこととした（従来は最高6万7000円）。これに伴う転作麦の作付予定面積の増加が県産の上場数量を増大させたのである。

さて，2000年産・2001年産の入札を通じて各銘柄間で指標価格の差は大きく開いた。同じ銘柄区分Ⅱであり，2000年産の基準価格が60kg当たり同じ2314円であった北海道ホロシリコムギと栃木バンドウワセを比較してみると，前者は2カ年とも値幅制限の上限5％に張り付いたため，2001年産の指標価格は2550円となり，2000年産基準価格を236円上回ったのに対し，後者は2カ年とも値幅制限の下限5％に張り付いたため，2001年産の指標価格は2090円となり，2000年産基準価格を224円下回り，その結果2001年産の両者の指標価格の格差は460円となった。このように，2カ年の入札を通じて各銘柄の市場評価は指標価格差となって現れた。しかし，上で触れたように小麦を全体として見るならばその価格は下げ圧力の下にある。これは，国家貿易は維持されたものの依然として国内供給量の圧倒的部分を輸入小麦が占めている中で政府売渡価格が引き下げられ（99年2月に▲3.2％，2000年2月に▲5.0％），一方で転作麦の作付け増加によって国内生産量の増加が見込まれる下では当然のことと言える。

このような中，麦作経営安定資金と各種助成金について見ると（表9－1），2001年産の麦作経営安定資金は全算入生産費が下がったことを受けて対前年比▲0.36％，銘柄区分Ⅱ・1等で60kg当たり23円の減額となった。しかし，一方で新たに60kg当たり30円の「品質取引普及定着緊急支援」が設けられたことによって，最大限の助成が行われる場合，2001年産民間流通麦における麦作経営安定資金と助成金の総額は前年産よりも60kg当たり7円上回ることになった。ただし，2000年産ではすべての民間流通麦に一律に交付されていた「民間流通支援特別対策」の100円は，2001年産の「民間流通定着・品質向上支援基本助成」では1等麦に限定され，さらに2000年産ではすべての1等麦に対して支払

われた「民間流通支援特別対策」の50円も，2001年産の「民間流通定着・品質向上支援基本助成」では1等麦のうち「より良品質の麦」に限定されたのであるから，対前年比7円増額のメリットを享受できる生産者は一部に限定されるものと思われる。また，たとえ7円を享受したとしても，ホクシン以外の北海道産銘柄を除いて，ほとんどの銘柄では7円をはるかに上回る幅で指標価格が下がったのであるから，大部分の国産小麦の生産者手取価格は前年産を下回ったと見られるのである。

　以上，民間流通小麦の生産者手取価格は，入札初年の2000年産では前年産水準をほぼ確保したものの，それは2年目にして早くもほとんどの銘柄で下落することになったのである。

　大麦と裸麦については簡単に見ておこう。小粒大麦は入札において上場された8銘柄すべての指標価格が基準価格を上回った。落札残量は430 t，落札残率は前年産並みの5.6%であった。大粒大麦では9銘柄のうち指標価格が基準価格を上回ったものは4，下回ったものは5で，落札残量1210 t，落札残率12.9%と前年産並みであった。前年産入札で指標価格が基準価格を下回った5銘柄のうち4銘柄が今回も指標価格を下げている。今回，指標価格が基準価格を下回った5銘柄の上場数量は7980 tで全上場数量の85.0%，2年連続で指標価格を下げた4銘柄の合計上場数量7080 t（このうち6800 tは佐賀県産の3銘柄）は全上場数量の75.4%を占める。裸麦については前年産入札では指標価格が基準価格を下回った銘柄はなかったが，今回は4銘柄のうち，1銘柄だけは基準価格でとどまったものの，他の3銘柄は基準価格を下回った。落札残量は250 t，落札残率は前年産を若干上回る6.3%であった。指標価格が基準価格を下回った3銘柄の上場数量3870 tは全上場数量の97.2%である。

　このように，大粒大麦では2000年産入札に続いて今回も半数以上の銘柄で指標価格が下がっており，裸麦でもほとんどの銘柄で指標価格が下がったのであり，麦作経営安定資金が小麦と同じ率で下げられたこと，また，麦作経営安定資金以外の助成金をめぐる状況も小麦と同様であることを考えると，大粒大麦と裸麦についても多くの銘柄で生産者手取価格が下がったものと見られる。小粒大麦については，2000年産と同水準の生産者手取価格を確保できる銘柄が多

くなると予想されるが，2001年産入札の指標価格の上昇は生産量の少なさによるものであるという指摘があることを考えると，今後の動向を楽観することはできない。[19]

　以上，新たな麦需給政策は，各産地品種銘柄の入札価格に市場評価をある程度反映させつつも，全体としては国産麦の生産者手取価格を引き下げているのである。

　なお，食糧庁『食糧月報』2000年9月号では，すでに2001年産麦の流通量のうち99％が民間流通になると見込まれることが述べられているが，これには民間流通へ移行させるための政府の強力な指導とともに，2001年産政府買入麦の生産者手取価格が前年産よりもさらに低下することが予想されていたことも影響していたと言えるだろう。[20]

IV　新たな麦需給政策と今後の国内麦生産

　以上のように，民間流通を中軸に置く新たな麦需給政策の下で国産麦の生産者手取価格は全体として低下傾向を見せているが，今後の国産麦をめぐる動向はどのように展開していくと考えられるだろうか。以下，これについて，政策の枠組みと麦の生産構造という2つの面から検討を行っていく。

1　新たな麦需給政策の枠組みが抱える問題点

　民間流通麦の入札価格における上下5％の値幅制限は過度の価格変動を防止することを目的に設定されたものであるが，これは現時点で指標価格の全体的な下落に歯止めをかける機能を果たしている。先に見たように，2001年産小麦の入札では値幅制限の下限に張り付くか，もしくはそれに近い水準まで指標価格を下げた銘柄が多かったが，もし，値幅制限がなかったならば指標価格はさらに下落していたであろう。もちろん，値幅制限はホクシンを除く北海道産の小麦銘柄に対しては指標価格の上昇を抑え込むものとして作用したが，国産麦全体を見た場合には，価格の大幅下落を防いだ役割の方が注目される。

　しかし，米についてさえ1998年産以降入札取引の値幅制限が撤廃されている

第9章 「新たな麦政策大綱」と麦需給政策

中で，麦入札の値幅制限が存続するかどうかは予断を許さない。事実，2000年12月に開催された米価審議会では，麦入札の値幅制限を段階的に拡大することを求める意見が出されているのである。[21]

　また，たとえ値幅制限が維持されたとしても入札価格の水準は低下する可能性は高い。というのも，新たな麦需給政策の下では，入札価格は輸入麦をめぐる動向からも大きな影響を受けるからである。第8章で見たように，95年4月のWTO設立協定の日本での発効に伴う麦輸入関税化では，国家貿易による輸入は維持されたものの，そこでは，2000年度まで，カレント・アクセスの年々の拡大と，マーク・アップの上限の年々の引下げが行われることになった。このような状況を踏まえるならば，2000年3月から実質的に開始されているWTO新農業交渉においては，カレント・アクセス分について国家貿易による輸入を維持することが認められたとしても，そこではカレント・アクセスのさらなる拡大とマーク・アップの上限のさらなる引下げが求められることになるだろう。その場合，輸入量はいっそう増加し（第8章で触れたように，小麦のカレント・アクセスは輸出向小麦粉用原料小麦も含むため，小麦についてはカレント・アクセスが拡大しても小麦粉輸出量の増加如何によっては実質的な輸入量は増えないことが想定できるが，小麦粉輸出量が増加する保障はどこにもない），その政府売渡価格は（国際価格の上昇がない限り）低下することになるのであるから，これは民間流通麦の入札価格水準をさらに低下させるものとなるだろう（ただし，マーク・アップについて言えば，95年度以降実際のマーク・アップ＝政府売買価格差は，その上限をかなり下回っているため——これは政府が国際約束以上に輸入麦の国内供給価格を引き下げていることを意味する——，WTO新農業交渉の結果マーク・アップの上限が引き下げられていくことになっても，その影響は直ちには現れないと思われる）。このような下では，たとえ値幅制限が維持されたとしても，次年産の入札基準価格が前年産の指標価格を基本として決定されることになっている限り，指標価格は年々低下することになる。

　WTO新農業交渉においては国家貿易の存続が認められない状況も想定される。現状で国家貿易を行っている国はカナダ・オーストラリア・ニュージーラ

ンド（輸出国家貿易），韓国・フィリピン（輸入国家貿易）といった一部の国に限られており，これが国際貿易を歪めているという批判があるためである。国家貿易が認められない場合には民間輸入のみとなるが，関税率は引き下げられていくであろうから（カレント・アクセスとして関税割当制度が採用された場合でも，第5章で麦芽について見たように，1次税率・2次税率とも引き下げられていくであろう），輸入麦の国内供給価格も低下し，指標価格はやはり全体として国際価格の水準に向けて低下することになるだろう。

さらに，麦作経営安定資金は前年産の額に生産コスト変動率をかけて算定するとされたが，その際生産コスト変動率に用いる全算入生産費については「民間流通への移行後，生産構造の変化を踏まえて見直しを行っていくべきである」（農水省ミニレター177号「麦作経営安定資金について」）として，将来的にはより大規模作付層の生産費へシフトしていくことが目指されているのであるから，今後麦作経営安定資金の額が減少させられる可能性は大きい。また，WTO新農業交渉と関連しては，国家貿易による麦輸入が認められなかった場合には「麦作経営安定資金」はその財源について抜本的な再検討を迫られるであろうし，さらに麦という個別品目への補填措置が農業保護削減の例外たる「グリーン・ボックス」に含められるかどうかも微妙な問題として存在している。

このように見てくると，WTO新農業交渉の行方にも関わるが，新たな麦需給政策の枠組みを前提とする限り，麦の生産者手取価格が全般的に下落する可能性は極めて大きいと考えられるのである。

2 国産麦の生産構造をめぐる問題

新たな麦需給政策が国内麦作に及ぼす影響を検討するためには，さらに国産麦の生産構造について見ておく必要がある。

表9-4は1973年産以降の4麦合計の作付規模別農家戸数の推移を示したものである（全国の階層別農家戸数の合計は，前掲表6-1〔237頁〕の「麦類計」の農家戸数と若干異なっているが，これは出典の統計が異なることによるものである）。まず，1農家当たり平均作付面積を見ると，73年産から99年産

にかけて、都府県では36.2aから121.9aへ、北海道では178.5aから523.0aへといずれも拡大しており、全国では38.2aから184.7aになっている。そして、同期間に麦作付農家戸数の中で100a以上層が占める割合は、都府県で3％から34％へ、北海道で56％から89％へ、全国で4％から42％へ大きく増大している。また、100a以上層がさらに細かく区分された86年産以降について500a以上層の動向を見ると、86年産から99年産にかけて都府県では0％から3％へ、北海道では19％から39％へ、全国では2％から9％へと、これも増大している。ここから、日本の麦作では1農家当たりの作付規模が着実に拡大していったことがわかる。

　しかし、それは大規模作付層が順調に展開してきたことを示すものではない。
　第8章でも指摘したように、麦作農家戸数は70年代末から80年代初頭にかけて一時的に若干増加したものの、80年代前半からは再び減少に転じた。ここで表9-4を見ると、戸数の減少は、都府県においても北海道においても主として「30a未満」「30～50a」「50～100a」という小規模作付層の激減によるものであることがわかる。しかし、都府県・北海道とも、「100～150a」「150～300a」「300～500a」の各層においても80年代後半以降全体として戸数の減少傾向が見られる。「500a以上」についても、都府県では86年産に1000戸だったものが87年産には3000戸へと増大するが、その後はほぼ停滞傾向で推移しており、また、北海道では86年産の6600戸が91年産の9100戸まで増大するものの、その後は減少して99年産では7300戸になっているなど、増加傾向は見られない。このような動向は、80年代後半以降の国産麦政府買入価格の引下げが、小規模作付層の麦生産からの脱落→大規模作付層への土地利用の集積、という方向には働かず、むしろ麦作の採算性を悪化させて大規模作付層の展開をも抑制したことを示すものである。

　なお、表9-4とは別に、食糧庁『米麦データブック』各年版（原資料は食糧庁『米麦の出荷等に関する基本調査』）で全国の4麦合計作付面積1000a以上層の動向を見ると、86年産で1650戸だったものが90～92年産では2800戸前後にまで増加し、その後94年産の2160戸へと落ち込むが、95年産以降は回復して99年産では3358戸となっていて、全般的に見るならば、1000a以上層について

表9-4　麦の作付規模別

	年産	一戸当たり平均作付面積(a)	階層別農家戸数（千戸）						
			30a未満	30～50a	50～100a	100a以上	100～150a	150～300a	300～500a
都府県	1973	36.2	281	78	51	12			
	1975	39.4	239	73	51	16			
	1980	48.3	272	89	79	42			
	1985	61.3	189	84	87	58			
	1986	60.6	181	84	88	59	31	22	4
	1987	64.1	167	85	93	66	33	26	5
	1988	66.2	159	84	94	69	34	27	6
	1989	70.2	141	80	93	69	33	27	6
	1990	74.0	118	69	81	64	30	25	6
	1991	78.1	96	58	69	59	26	22	5
	1992	81.9	77	46	56	51	23	20	5
	1993	88.1	61	37	48	47	20	19	5
	1994	92.3	39	24	34	37	16	15	4
	1995	98.2	33	21	32	37	15	15	4
	1996	102.8	32	21	31	37	15	15	4
	1997	108.8	29	20	29	35	14	14	4
	1998	114.3	27	19	28	34	13	14	4
	1999	121.9	24	17	27	34	13	14	4
北海道	1973	178.5	0.3	0.6	1.5	3.2			
	1975	365.3	0.3	0.6	1.6	7.3			
	1980	270.6	1.0	1.9	5.8	25.1			
	1985	308.0	0.7	1.6	4.8	24.9			
	1986	321.8	0.7	1.7	4.9	26.8	4.7	9.4	6.2
	1987	336.7	0.7	1.7	5.0	29.9	5.1	10.1	6.9
	1988	349.7	0.6	1.7	5.0	30.6	5.2	10.0	6.8
	1989	358.0	0.6	1.7	5.1	29.8	5.0	9.6	6.4
	1990	360.7	0.5	1.5	4.7	27.8	5.0	9.0	6.0
	1991	369.8	0.4	1.3	4.2	26.2	4.3	8.1	5.7
	1992	386.4	0.4	1.2	3.8	24.0	3.7	7.0	5.1
	1993	456.4	0.3	0.7	2.1	17.9	2.1	4.5	4.1
	1994	495.6	0.2	0.5	1.6	16.3	1.7	3.8	3.7
	1995	495.7	0.1	0.4	1.5	16.3	1.6	3.8	3.7
	1996	498.2	0.1	0.4	1.7	16.7	1.8	4.0	3.6
	1997	491.3	0.2	0.5	1.8	16.7	2.0	3.9	3.5
	1998	500.2	0.1	0.5	1.6	17.0	1.9	4.0	3.6
	1999	523.0	0.1	0.4	1.6	16.6	1.8	4.1	3.4
全国	1973	38.2	281	79	53	15			
	1975	45.4	220	74	52	23			
	1980	63.5	273	91	85	67			
	1985	79.3	190	85	92	83			
	1986	81.1	182	85	93	86	36	32	10
	1987	87.3	168	86	98	96	39	36	12
	1988	91.0	159	86	99	100	39	37	12
	1989	96.1	141	82	98	99	38	36	12
	1990	101.3	118	71	86	92	35	34	12
	1991	108.6	97	59	73	83	31	30	11
	1992	117.1	77	47	60	75	26	27	10
	1993	125.5	62	38	50	65	22	23	9
	1994	141.9	39	24	36	54	18	19	8
	1995	150.5	33	21	33	53	17	19	8
	1996	157.7	32	21	32	54	17	19	8
	1997	164.7	29	20	31	52	16	18	8
	1998	173.2	27	19	30	51	15	18	8
	1999	184.7	24	18	28	51	15	18	8

注）100a以上層についてさらなる規模別区分が行われたのは1986年産からである。
出所）農林水産省農産園芸局農産課『麦の生産に関する資料』より作成。

農家戸数の推移（4麦計）

500a以上	計	30a未満	30〜50a	50〜100a	100a以上	100〜150a	150〜300a	300〜500a	500a以上
	422	67	19	12	3				
	379	63	19	13	4				
	482	56	18	16	9				
	418	45	20	21	14				
1	412	44	20	21	14	8	5	1	0
3	411	41	21	23	16	8	6	1	0
3	406	39	21	23	7	7	7	1	1
3	383	37	21	24	18	9	7	2	1
3	333	35	21	25	19	9	7	2	0
3	312	31	21	22	19	9	8	2	1
3	230	33	20	25	22	10	9	2	1
3	193	32	19	25	24	10	10	3	1
2	135	29	18	26	27	12	11	3	1
3	123	27	17	26	31	13	13	3	2
3	120	27	17	26	32	12	13	4	3
3	113	26	17	26	32	12	13	4	3
3	108	25	17	26	33	13	13	4	3
3	102	24	17	26	34	13	14	4	3
	5.7	5	11	26	56				
	9.8	3	6	16	74				
	33.8	3	6	17	74				
	32.0	2	5	15	78				
6.6	34.2	2	5	14	79	14	28	18	19
7.8	37.3	2	5	13	80	14	27	18	21
8.7	38.0	2	5	13	81	14	26	18	23
8.9	37.2	2	5	14	80	13	26	17	24
9.0	34.5	1	4	14	80	13	26	17	23
9.1	32.2	1	4	13	82	13	25	18	26
8.3	29.5	1	4	13	81	13	24	17	28
8.2	21.1	1	4	10	85	10	22	19	34
7.1	18.6	1	3	8	86	9	20	20	37
7.2	18.4	1	2	8	89	9	21	20	39
7.3	18.9	1	2	9	88	9	21	19	39
7.3	19.1	1	3	9	88	10	21	19	38
7.5	19.1	1	2	9	89	10	21	19	39
7.3	18.7	1	2	9	89	10	22	18	39
	428	66	18	12	4				
	389	57	19	13	6				
	516	53	18	17	13				
	450	42	19	21	18				
8	446	41	19	21	19	8	7	2	2
10	448	37	19	22	22	9	8	3	3
12	444	36	19	22	23	9	8	3	3
12	420	34	20	23	24	9	9	3	3
12	367	32	19	23	25	10	9	3	3
11	312	31	19	24	27	10	10	4	4
11	259	30	18	23	29	10	10	4	4
11	214	29	18	23	30	10	11	4	5
9	154	26	16	23	35	12	12	5	6
9	142	23	15	24	39	12	14	6	7
10	139	23	15	23	39	12	14	6	7
10	132	22	15	23	39	12	14	6	7
10	127	21	15	23	40	12	14	6	8
10	121	20	15	23	42	12	15	6	9

は80年代後半以降，増加傾向にあると言っていい。ただし，その推移が他の作付規模層以上に米生産調整目標面積の推移（前掲表 7 - 1〔281頁〕）と強い相関関係にあることは，1000a 以上層が転作麦を中心に展開してきていることを示すものであり，したがって，米生産調整目標面積が縮小されたり，米生産調整助成金が削減されたりする場合には，1000a 以上層の展開は直ちに抑制されると考えられるのである。したがって，この層についても今後の順調な展開を楽観視することはできない。

次に，最近における作付規模別の麦生産費について見てみよう。大麦と裸麦は作付規模別の生産費統計が作成されていないため，ここでは小麦のみを分析対象とする。また，麦は年による単収変動が大きく，分析は平年収量に近い単収となっている年次の統計に基づいて行うことが必要となるため，ここでは，北海道（作況指数96）・都府県（作況指数97）とも平年収量に近い値となっている97年産を取り上げる。

表 9-5 を見ると，全算入生産費（第 2 次生産費）に対する政府買入価格の補償率が100％を上回っている階層は，「全国田作」では皆無，「全国畑作」では1.0ha以上，「全国田畑作」では5.0ha以上であり（耕地構成を反映して「北海道」は「全国畑作」に，「都府県」は「全国田作」に近い動向となっている），[22] 小麦作付面積（97年産で15万7000ha）の44％を占める田作では大規模作付層でも採算が合わない状況にある。また，田作に比較して単収が高い畑作でも7.0ha層まではカバー率が120％を下回っているが，これでは大規模作付層の展開に十分な水準にあるとは言い切れないであろう。

このような中，新たな麦需給政策の下で生産者手取価格が低下するならば，それは同政策が目的とする「今後の麦作の担い手となるべき生産性の高い経営体」＝大規模作付層の育成条件をかえって（そして従来以上に）狭めることになると考えられるのである。

なお，農林水産省農産園芸局農産課『麦の生産に関する資料』（2000年 7 月）では「優良事例における生産性・所得の水準」として91年産から99年産におけるその平均値を示しているのでこれについて触れておきたい。そこでは，作付規模6.9haの「北海道・個人」で10a当たり所得 6 万2360円，対一般農家所得

第9章 「新たな麦政策大綱」と麦需給政策　395

表9-5　作付規模別に見た小麦の全算入生産費（第2次生産費）と政府買入価格の補償率（1997年産）

単位：円／60kg

| | 平　均 | 0.5ha未満 | 0.5～1.0 | 1.0～2.0 | 2.0～3.0 | 3.0～5.0 | 5.0ha以上 | | |
								5.0～7.0	7.0ha以上
全　国　計	9,435	15,081	12,216	11,046	11,733	9,125	7,696	8,131	7,489
田　畑　計	95.6%	59.8%	73.9%	81.7%	76.9%	98.9%	117.2%	111.0%	120.5%
全　国	11,971	14,983	12,144	11,547	11,930	12,678	10,482	11,321	10,154
田　作	75.4%	60.2%	74.3%	78.1%	75.6%	71.2%	86.1%	79.7%	88.9%
全　国	7,615	15,802	13,354	8,882	-	7,574	7,322	7,761	7,114
畑　作	118.5%	57.1%	67.6%	101.6%	-	119.1%	123.2%	116.3%	126.8%
北　海　道	8,188	-	-	8,937	22,665	8,660	7,598	8,016	7,398
	110.2%			101.0%	39.8%	104.2%	118.8%	112.6%	122.0%
都　府　県	11,533	15,081	12,480	11,813	8,845	10,817	8,759	9,832	8,410
	78.2%	59.8%	72.3%	76.4%	102.0%	83.4%	103.0%	91.8%	107.3%

注1）網がかかっているものは政府買入価格の生産費補償率が100％を下回っている層。
2）北海道の「2.0～3.0ha」層は調査対象農家の10a当たり収量が175kgと極端に低いために（「北海道」平均425kg、「全国田畑計」平均は399kg）、60kg当たり全算入生産費が他に比べて大幅に高くなっている。

出所）農林水産省統計情報部『米及び麦類の生産費』（1997年産）より作成。

比（生産費調査の平均値との比較）250％，8.1haの「関東・個人」で3万9812円・201％，7.4haの「九州・個人」で3万7929円・223％となっている。また，作付規模138.0haの「北海道・集団」で5万1996円・208％，23.1haの「関東・集団」で3万9106円・198％，29.0haの「九州・集団」で4万2714円・251％という数値が示されている。これらの事例は，単収についても一般農家より高くなっている。このような状況が全国的に一般化すれば，国内麦作をめぐる状況も上で述べた見通しとは多少異なることになることも考えられる。

　しかし，このような優良事例も，今後生産者手取価格が下がるならば，その展開条件を奪われてしまうことになるし（生産者手取価格下落の程度によるが），また，集団的対応を行う場合，「優良事例」で示された規模の土地利用集積を全国で一般的に行おうとするならば，それは多大な困難を伴うであろう。したがって，この「優良事例」を，今後の麦作の標準形態として見なすことは難しいと思われる。

V　小　　括

　「食料・農業・農村基本法」は，WTO体制に日本農政の枠組みを適合させるために1999年7月に制定されたが，同法制定をめぐる動きの中で，各農産物品目においてとられていた従来の価格・所得政策ないし生産者手取価格保障を目的とした政府の市場介入政策は大幅な改変を迫られることになった。このような中，98年5月29日に「新たな麦政策大綱」が発表されたが，それは52年6月以降続いてきた間接統制という麦需給政策の枠組みを大きく変えるものであった。

　すなわち，「大綱」は，麦輸入については国家貿易を維持するものの，国産麦については「需要と生産のミスマッチ」解消のために政府買入れを廃止して民間流通に移行させ，その価格形成を市場原理に委ねる，という基本線を打ち出すとともに，民間流通移行による生産者の麦販売価格の下落に対しては麦作経営安定資金による一定額の補塡を行うという，新基本法に沿った措置を設定するとした。また，麦加工業のいっそうの合理化・近代化と，専増産ふすま制

第9章 「新たな麦政策大綱」と麦需給政策　397

図9－2　新たな麦需給政策の枠組み

- 民間流通＝入札による価格形成と麦作経営安定資金による補償
- (国産飼料用麦生産施策の廃止)

- 国産麦―民間流通(当面は政府売買を一部残す)
- 食糧用輸入麦―政府売買価格差はマーク・アップが上限
- 飼料用輸入麦――一部にSBS方式を導入（専増産ふすま制度の廃止）

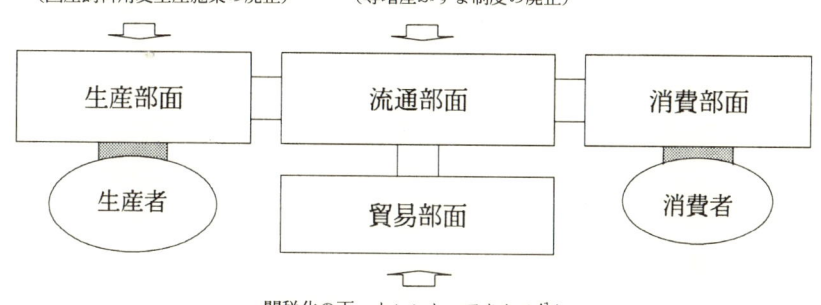

```
┌─────────┐    ┌─────────┐    ┌─────────┐
│ 生産部面 │    │ 流通部面 │    │ 消費部面 │
└─────────┘    └─────────┘    └─────────┘
   ○              ┌─────────┐       ○
 生産者            │ 貿易部面 │     消費者
                  └─────────┘
```

関税化の下，カレント・アクセス分について国家貿易による輸入を維持

　度および国産飼料用麦生産施策の廃止も打ち出した。「大綱」に基づいた新たな麦需給政策の枠組みは図9－2のように示すことができよう。

　このような新たな麦需給政策の下で行われた2000年産・20001年産の麦入札では，北海道産小麦を中心として指標価格が上がった産地品種銘柄もあったが，99年2月と2000年2月に実施された政府売渡価格の引下げ，および「水田を中心とした土地利用型農業活性化対策大綱」による転作麦の増加の影響を受けて，多くの銘柄で指標価格が下落した。そして，2001年産では指標価格の下落に加え，麦作経営安定資金が引き下げられたために，国産麦の大宗で生産者手取価格が前年産を下回ったと見られる状況が生じたのである。

　以上のように見てくると，新たな麦需給政策は，政府売渡価格と生産者手取価格の下落をもたらしている点において，農産物輸入拡大・自由化に対する農民の反発を考慮する必要性が大きく減じた中で「安価な食糧の追求」の論理を強く働かせた，「前川リポート」路線下の麦需給政策の性格を受け継いでいると言うことができるだろう。そして，今後の入札の値幅制限や麦作経営安定資金の生産コスト変動率の扱い，さらに，WTO新農業交渉における，カレント・アクセス，マーク・アップ，国家貿易，麦作経営安定資金などをめぐる状況

を考えるならば，生産者手取価格がさらに低下する可能性が強いことを指摘できるのであって，これに，80年代後半以降生産者手取価格の下落が大規模作付層の展開を抑制してきたことを併せて考えると，日本の麦作は今後いっそう厳しい状況に置かれることが予想されるのである。

　ここで「活性化対策」が国内麦生産に与える影響について若干触れておきたい。新たな麦需給政策の下で今後国産麦の生産者手取価格が低下しても，「活性化対策」に基づいて一定水準の米生産調整助成金が生産者に支払われるならば，国内での麦生産はある程度行われると考えることもできる。しかし，「活性化対策」では，無視することのできない作付比率を持っている畑作麦はそもそも助成の対象外であるし，また，転作麦についても「とも補償〔一般〕」および「とも補償〔地区達成加算〕」を超える米生産調整助成金の加算額的部分を受け取るに際しては，「相当程度の作付の団地化または土地利用の担い手への集積」や「水田高度利用（1年2作，2年3作等）又はこれに匹敵する機械等の利用率の向上」などの条件が付けられているのであるから，10a当たり最高の7万3000円の助成金を受けられる生産者は限定されるであろう。このように見てくると，「活性化対策」が国内の麦生産を拡大させる効力は限定されたものにとどまると考えられる。また，生産者手取価格の低下が進むならば，「活性化対策」下の麦生産は，「需要に即した良品質麦の生産を推進する」とした「新たな麦政策大綱」の提起とは反対に，単なる米生産調整助成金獲得のための「捨て作り」「荒らし作り」の傾向を強めることになると思われるのである。

　　（1）「新政策」は，「我が国そして世界は新しい事態に直面しており，これに対応し得る食料・農業・農村政策を展開することが求められている。」として，後の「食料・農業・農村基本法」に繋がる多くの施策を提起しているが，その中心に置かれているのは，農業政策への市場原理・競争原理のいっそうの導入である。
　　　「新政策」の解説書としては，新政策研究会編『新しい食料・農業・農村政策を考える』地球社，1992年，新農政推進研究会編著『新政策そこが知りたい──「新しい食料・農業・農村政策の方向」の解説──』大成出版社，1992年，がある。

第9章 「新たな麦政策大綱」と麦需給政策　399

（2）　新しい農業基本法成立までの経過は，概要次のようであった。1995年9月に農林水産大臣の私的研究会として「農業基本法に関する研究会」が発足し，同研究会は96年9月に最終報告書を提出した。これを踏まえて，総理大臣の諮問機関として「食料・農業・農村基本問題調査会」が設置され，97年4月の初会合を皮切りに議論が行われ，97年12月にその「中間とりまとめ」が，98年9月に「最終答申」が提出された。これを受けて98年12月に「農政改革大綱」が閣議決定され，これをベースとした「食料・農業・農村基本法案」が99年3月に国会に提出され，政府原案が若干修正された後，同年7月に法案が成立した。

（3）　新基本法に関連した一連の価格・所得政策ないし生産手取価格保障を目的とした政府の市場介入政策の転換とその性格については，村田武・三島徳三編『農政転換と価格・所得政策』（講座「今日の食料・農業市場」第2巻）2000年，筑波書房，を参照のこと。

（4）　折原直『日本の麦政策――その経緯と展開方向――』農林統計協会，2000年，12-16頁。

（5）　「大綱」を受けて，農業災害補償法の改正が行われ，果樹共済で導入されていた「災害収入共済」の方式が2000年産麦から導入された。また，「大綱」では，「国内麦流通円滑化特別対策事業」について「農業共済制度の見直しの考え方を踏まえつつ，その在り方を検討する」としている。

（6）　これは1999年3月の「食糧用麦売渡要領」の制定と，旧・売却要領の廃止によって行われた。新しい売却方式については，食糧制度研究会『改訂詳解 食糧法』大成出版社，2001年，265-269頁，を参照のこと。なお，「食糧用麦売渡要領」は，食糧庁監修『平成11年食糧関係主要法規集』大成出版社，1999年，444-460頁，に全文が掲載されている。

（7）　農林水産省流通飼料課編『飼料月報』2001年5月号，24-25頁，より計算。なお，飼料用輸入麦のSBS方式は「国が輸入業者から買い入れる価格が国が定める買入予定価格以下でかつ，国が実需者に対して売り渡す価格が国の定める売渡予定価格以上であって，国が買い入れる価格の低い申込みを行ったものから，順次契約予定数量に達するまで，契約の相手方として決定する方法とする。」というものである；農林水産省畜産局・食糧庁「飼料用麦の同時契約（SBS）方式について」。

（8）　この経緯については，折原，前掲書，59-60頁。

（9）　2001年度における民間取引の仕組みについては，阿部洋介「国内産麦の民間流通への取組状況について」食糧庁『食糧月報』2000年8月号，を参照のこと。

（10）　「民間流通麦促進対策実施要領」は，食糧庁監修『平成13年食糧関係主要法規集』大成出版社，2001年，455-480頁，に全文が掲載されている（2000

(11) ここで言う政府負担の流通コストは先述の「仕組み」⑪と対応するものであり、これによっても2000年度の麦作経営安定資金が発表された時点で「仕組み」がすでに既定のものとされていたことがわかる。

(12) 小麦について見ると、2000年度の麦作経営安定資金（60kg当たり）の銘柄間格差はⅡを基準にしてⅠが＋495円、Ⅲが▲247円、Ⅳが▲737円、等級間格差は1等に対して2等は▲722円である。

(13) 同調査は産地品種銘柄ごとの生産予定数量と需要量を調査したものである。これによると、生産予定数量に対する需要量の比率は、北海道チホクコムギは3.88倍、北海道ハルユタカは3.13倍、北海道タイセツコムギは1.49倍、北海道タクネコムギは4.48倍、埼玉農林61号は1.19倍、福岡農林61号は5.00倍であった。なお、この調査については、塩沢照俊「『新たな麦政策大綱』と今年（1998年）産麦価」北海道地域農業研究所『地域と農業』第31号，1998年，が詳しい分析を行っている。

(14) 生産予定数量に対する需要量の比率は、栃木農林61号は1.09倍、群馬農林61号は1.35倍、愛知農林61号は1.08倍、佐賀シロガネコムギは1.32倍であった。

(15) 2000年産販売予定数量を[上場数量÷30％]で計算すると、栃木農林61号は需要量4109ｔに対して4067ｔ、同じく群馬農林61号は3万2597ｔに対して2万5200ｔ、佐賀シロガネコムギは1万8984ｔに対して1万7600ｔ、愛知農林61号は1万1968ｔに対して1万4667ｔとなる。

(16) 民間流通連絡協議会『平成12年産民間流通麦の取組み状況について』1999年12月，7頁。

(17) 同上。

(18) ホクレン農業協同組合連合会からの聞き取りによる。なお、1998年段階で、塩沢照俊氏はホクシンの作付増加に関して「……北海道では1974年に多収性品種としてホロシリが登場し、その後品質の向上が要望され、1981年に食感の優れている品種としてチホクが登場した。さらにチホクより早生で、耐病性、耐穂発芽性に優れた良質多収性品種としてホクシンが育成され、1996年から本格的に作付けられた。これに対し実需者側はこの時点でチホクの取扱いが主力であったので、工場ラインや販売ルートの対応上、ホクシンについては段階的普及を望んでいたが、生産者側の作付意欲は高く、生産量が急増したのである。このように、『需給のミスマッチ』といってもそれなりの経過や理由があり、これを生産者側の責任に帰することはできない。」という指摘を行っている；塩沢、前掲稿、34頁。

(19) 全国米麦改良協会の指摘；『日本農業新聞』2000年9月2日付。

(20) 田中康一「12年産麦の政府買入価格の決定について」『食糧月報』2000

年9月号，10頁．
(21) 杉田智禎「麦の政府売渡価格の決定について」『食糧月報』2001年2月号，22頁．なお，1990年10月に開始された米入札において，当初，年間値幅制限が±7％だったものがその後次第に拡大され，最終的には値幅制限撤廃に帰結したことを考えると（撤廃に伴って，下落分を一定程度補塡する措置は設けられたものの），麦においても値幅制限拡大を求める声が強くなるならば，（麦作経営安定資金という一定の補塡措置がすでに作られていることを考えても）それは最終的には値幅制限を撤廃させる方向へ向かうであろう．
(22) 農林水産省統計情報部『作物統計』によれば，1997年産小麦の10a当たり収量は，北海道田作250kg，北海道畑作402kg，都府県田作334kg，都府県畑作343kgである．本文中でも触れたように同年産の作況指数は北海道96，都府県97（全国97）となっていて両者はほぼ同じ水準であり，同年産の全国田作平均が322kg，全国畑作平均が397kgであることを考えると，「北海道」と「全国畑作」は北海道産畑作麦の生産費を，「都府県」と「全国田作」は都府県産田作麦の生産費を，それぞれ概略示していると捉えていいだろう．

終　章　総括と展望

I　麦需給政策の史的展開過程のアウトライン

　本書の課題は，明治期以降の日本における麦政策の展開過程を分析して，各歴史的時期ごとに，政策の展開動向を規定した要因と政策の性格を明らかにすることであった。この課題に対して，本書では麦政策を「麦の需給に関わる諸政策の総体」たる「麦需給政策」として捉え，これを日本食糧需給政策の主軸たる米需給政策と関連させて分析するという方法をとることにした。そして，この方法に基づき，また，食糧需給政策の展開原理を導出してこれを「導きの糸」として，日本資本主義の歴史段階的特徴に留意しつつ，具体的な食糧需給動向，政治的・経済的動向の下で麦需給政策がどのように展開したかを分析してきた。

　分析の結果については各章の小括でまとめてきたが，以下ではその総括として，麦需給政策の史的展開過程の簡単なアウトラインを改めて描いておきたい。

　明治期以降の日本麦需給政策は，1899年1月の関税定率法施行によって小麦・大麦・小麦粉に対して輸入税が課されたことから出発した。この輸入税は，日露戦時には戦費調達，同戦後には国際収支悪化防止を目的として引き上げられたが，これは同時に国内の小麦作を保護する役割も担った。その後，第1次世界大戦―米騒動期になると，食糧価格の全般的高騰に対処して社会体制の維持・安定を図るため，米需給政策と同様，麦需給政策は，「国民の食糧消費の安定化」という食糧需給政策の最優先論理が前面に出たものとなった。第1世界大戦後においては，「食糧アウタルキー」路線の下，麦の国内生産の拡大を図るために輸入税の引上げが行われた。そして，1929年の世界大恐慌発生以降，この国内生産拡大の方向は，「ブロック経済化」および昭和農業恐慌に対応す

終　章　総括と展望　403

るため，輸入税のさらなる引上げと生産者団体の自主的販売統制への政府助成を柱とする「小麦3百万石増殖5ヶ年計画」の実施によってさらに強められたのである。

　このような展開過程の中で，麦需給政策はその対象とする需給部面を拡げていった。しかし，麦消費量の少なさ，国内農業における麦の政治的・経済的意義の小ささゆえに，戦前期において，麦需給政策は米需給政策のように需給安定を図るための体系的な構造を持つものとはならず，対症療法的・間接的なものにとどまったのである。

　このような動向は戦時期になると大きく変化する。この時期の麦需給政策は，当初軍需品の優先的輸入のための外貨節約の必要性から麦の輸入抑制に主眼を置いていたが，39年秋を境とした食糧需給の逼迫の下で食糧需給政策の前面に「国民の食糧消費の安定化」の論理が出るようになると，麦需給政策の展開軸も「外貨節約」から「国民の食糧消費の安定化」に急速に移行していった。すなわち，国内への食糧供給の確保と政府の需給調整能力の向上を図るために，主要食糧の需給に関して貿易部面・生産部面・流通部面で政府の規制・統制を中心とした政策が次々と打ち出され，また，主要食糧とされる品目の範囲が拡大される中，麦も急速に政府直接統制の下に組み込まれていったのである。このような主要食糧に対する政府直接統制は最終的には食糧管理法として集大成されるが，この流れの中で麦需給政策は体系化され，最終的には米需給政策とほぼ同様の政策構造を持つものとなった。しかし，「国民の食糧消費の安定化」を最大限図るために，麦を初めとする多くの食糧（農産物）品目の需給政策が米需給政策と一体的に展開されたにも関わらず，戦時下の縮小再生産の下で国内の食糧生産は激減し，さらに輸入がほぼ途絶したことによって，国民の食糧消費水準は悪化の一途を辿ったのである。

　敗戦後初期の麦需給政策は，戦時期以上に逼迫した食糧需給に対応するため，引き続き「国民の食糧消費の安定化」が前面に出たものとなり，米需給政策とほぼ同様の展開を示した。そこでは，インフレ対策たる財政・金融政策との整合性を強く求められるという条件が加わりつつも，食管法に基づく政府直接統制が引き継がれ，戦時期と同様に，国内への食糧供給の確保と政府の需給調整

能力の向上を図る措置がとられた。そこでは供出促進と国内生産増大に最重点が置かれたが，戦時期に比較すると経済的インセンティブを持つ措置が強化されたことが特徴となった。その後，50年頃から食糧需給が緩和していったことを受けて，麦需給政策では経済的インセンティブを持つ措置が弱められていったが，これはドッジ・ライン下での財政支出削減方針からの要請でもあったために，食糧需給が完全には安定していない中，供出対策において強制力を伴う措置が再設定されるという動きも生じた。食糧需給の緩和がさらに進んだ51年以降になると麦需給に対する政府の規制・統制も大きく緩和されていったが，これによって政府規制・統制の強度は麦需給政策と米需給政策との間で大きく乖離することになった。

　麦需給に対する政府規制・統制の緩和は，最終的には食管法改正による52年6月の麦政府管理の間接統制移行に帰結した。この移行に際しては，改正食管法の政府原案で政府が輸入麦を全面的に管理するとされていたものの，麦の内外価格差が逆転して国産麦が割高になった状況下では安価な輸入麦が流入して生産者手取価格が低下することが予想されたために，農民団体・農業団体の反対運動が行われた。その結果，改正食管法には農民団体・農業団体の要望が一部反映され，間接統制の枠組みは，輸入割当・輸（出）入許可制による国家貿易という形での政府による輸（出）入の全面的管理と，再生産を確保することを旨として定められる価格での政府による生産者からの麦の無制限買入れ，を中軸に置くものとなったのである。

　その後，麦需給政策はこの枠組みの下で展開していったが，その動向は，日米安保体制およびIMF・GATT体制下の日本資本主義の性格に規定された，日本食糧需給政策の輸入依存という方向性に大きく規定されるものであった。そして，MSA・PL480によるアメリカ余剰農産物の受入れは，麦需給政策をその間接統制移行当初段階において早くも輸入依存へと方向づけるものとなったのである。

　間接統制移行後1970年代初頭までの麦需給政策は，まさにこのような輸入依存路線を明確にしたものであった。すなわち，輸入割当・輸（出）入許可制による国家貿易は麦の輸入量を増加させる方向で運用され，一方国産麦の政府買

入価格は麦の再生産を確保する内実を持たない低水準で設定され，その結果，麦の国内生産は激減したのである。そこには，わが国総資本の本来的要求を反映した「安価な食糧の追求」の論理を見ることができるが，その論理はストレートには貫徹されず，一定程度の抑制を受けた。すなわち，食糧管理特別会計の赤字抑制方針の下，国産麦の政府売買価格差の大幅な逆ざやがもたらす赤字を補填するために，食糧用麦（国産麦，食糧用輸入麦とも）の政府売渡価格は食糧用輸入麦の政府買入価格≒輸入価格よりもかなり高く設定されたのである。また，国産麦政府売買価格差の逆ざやは，政府無制限買入れの下で販売麦の大宗を政府経由とし，政府が国産麦を買い支えるという外観をもたらしたことによって，麦輸入増大に対する農民の反発を緩和する効力を持ったと捉えることができるものであった。一方，飼料用輸入麦の政府売買価格差は逆ざや基調で設定された。これは，安価な飼料を供給することによって農業基本法で打ち出された「選択的拡大」の1部門である畜産を振興させ，農産物輸入拡大・自由化路線に対する農民の反発を緩和させることを目的とした，社会体制維持・安定のための1つの措置と見なせるものであったが，これは他面で，政策が飼料用麦の国内自給追求を放棄したことを示すものでもあった。

　70年代初頭から半ばにおける，「世界食糧危機」の発生，日本国内の「社会的緊張」の高まり，米生産調整政策の本格的開始，を背景として，70年代半ば以降，麦需給政策は国内生産を一定程度位置づけるものへ転換した。そして，78年度以降米生産調整目標面積が大きく引き上げられる中で，麦の国内生産はさらに大きい位置づけを持つことになった。そこでは，国内生産を保障するために輸入割当・輸（出）入許可制による国家貿易が麦輸入抑制の方向で運用される中，国産麦政府買入価格が大幅に引き上げられ，その結果生産費補償率が好転し，さらに転作麦に対して米生産調整助成金が交付されたことによって，麦の国内生産は一定程度回復した。しかし，そこにおいても，国内供給の大宗が輸入麦で占められている状況に大きな変化はなく，この時期の麦需給政策においても「安価な食糧の追求」の論理は働いていた。ただし，財政支出削減方針に沿って80年から導入された「内外麦コストプール方式」の下，国産麦政府買入価格の引上げとその売買数量の増大に伴う財政支出拡大を賄うために食糧

用麦の政府売渡価格が（国産麦の政府買入価格の引上げ幅ほどではないものの）引き上げられて食糧用輸入麦の政府売買価格差の順ざや幅が拡大したが，これは「安価な食糧の追求」の論理を従来以上に抑制するものとなった。また，この時期，国産飼料麦生産施策が開始されたが，国内に供給される飼料用大麦のほとんどが輸入麦である状況に大きな変化はなかった。ただし，財政支出削減方針の下，飼料用輸入麦についても政府売渡価格の引上げが行われた。これは畜産農家の反発を呼ぶものであるが，飼料供給における麦の地位の低下や畜産農家数の減少によって，飼料用輸入麦政府売渡価格の引上げが社会体制の維持・安定に及ぼすマイナスの影響は限定的なものにとどまったと考えられたのである。

80年代後半以降，「プラザ合意」後の円高によって麦加工品・調整品の輸入量が増加し，これに対処するために国内の製粉企業・麦加工品製造企業から麦政府売渡価格の引下げを求める声が強く出されたことを受け，また，より根本的には，内外価格差縮小のために市場原理導入・生産者手取価格保障水準切下げ・輸入拡大を進めようとする「前川リポート」路線が具体化されていったことを背景として，麦需給政策の展開動向は再び変化した。そこでは，食糧用麦・飼料用麦ともに政府売渡価格が引き下げられ，輸入麦の政府売買価格差の順ざや幅は縮小していった。そして，「内外麦コストプール方式」の下，政府売渡価格の引下げに対応して国産麦政府買入価格も引き下げられたが，これによってその生産費補償率は悪化した。また，国産飼料用麦生産施策でも「買入価格」が大幅に引き下げられた。このような政策動向の下で，80年代末以降，米生産調整目標面積が拡大していったにも関わらず麦の国内生産は減少に転じ，一方，これを埋める形で麦輸入量が増加させられた。これは，「前川リポート」路線下，麦需給政策が「安価な食糧の追求」の論理を強く働かせたものとなり，輸入依存への傾斜・国内生産縮小という方向性を強めたことを示すものである。そして，そこには，国内農業保護の大幅後退による農民の反発を軽視しても社会体制の維持・安定に大きな動揺が生じないような社会状況の変化がその背景としてあったのである。

このような麦需給政策の流れは，WTO対応として制定された「食料・農業

・農村基本法」(新基本法)に基づいて行われた,一連の,価格・所得政策ないし生産者手取価格保障を目的とした政府の市場介入政策の転換の先駆けである98年5月発表の「新たな麦政策大綱」の下で,さらにドラスチックに推し進められることになった。そこでは,国家貿易による麦輸入は継続されるものの,国産麦については政府無制限買入れを廃止して民間流通へ移行させ,価格形成は市場原理に委ね,生産者の麦販売価格の低下に対しては麦作経営安定資金で補塡を行う,という仕組みがとられたが,これは52年6月以降続いてきた間接統制の枠組みを根本的に変えるものとなった。「大綱」を受けて,麦需給政策は現在新たな段階に入ったのである。

なお,間接統制移行後,麦需給政策の前面に「国民の食糧消費の安定化」の論理が出ることはなかった。これは国内の食糧需給が大きく混乱するような状況が生じなかったためである。70年代半ばの「世界食糧危機」時には国際価格高騰の日本国内への影響を緩和するために輸入麦の政府売買価格差を一時的に逆ざやとする政策的配慮がとられたが,「世界食糧危機」は日本の食糧需給を大混乱させることなく収束した。間接統制移行後,麦の国内自由流通の原則が維持されたのも,また,「安価な食糧の追求」の論理に沿った形での製粉業・精麦業の再編や政府売却枠の変更が着実に進んでいったのも,国内の食糧需給が比較的安定していたことがその前提にあったのである。

II 麦需給政策・食糧需給政策をめぐる今後の展望

本書の結びとして,麦需給政策および食糧需給政策をめぐる今後の展望について,筆者が考えるところを述べておきたい。

現在行われている新たな麦需給政策は,第9章で見たように1980年代後半から進行してきた麦需給政策への市場原理の導入を一気に進めたものである。しかし,このような市場原理導入の大幅な進展は,国内農業保護削減や農産物輸入自由化・関税率引下げを主眼とするWTO体制,およびそれを前提とする新基本法下においては,低価格の輸入農産物の増加を招き,国内の生産者手取価格を引き下げるものとなる。

これに関しては，すでに前章で，新たな麦需給政策下における2000年産麦・2001年産麦の入札分析から次のことを指摘した。すなわち，①各産地品種銘柄の指標価格はだいたいにおいて市場評価を反映したものとなっており，これは「生産と需給のミスマッチ」の解消にある程度貢献すると見られるが，国産麦を全体として見るならば生産者手取価格は低下している，②新たな麦需給政策の枠組みを考えると生産者手取価格は今後さらに低下することが予想される，③80年代後半以降の政府買入価格引下げが大規模作付層の増加にあまり繋がらずむしろ国内麦生産の全面的縮小を招くものとなっていることを考えると，新たな麦需給政策下において麦の国内生産は今後減少していく可能性が強い，ということである。もちろん，麦作経営資金や入札値幅制限などの具体的措置の動向や，WTO新農業交渉における国家貿易やカレント・アクセスの扱いなどの行方，さらには米生産調整政策の動向，麦作構造の変化などの状況次第では，国内の麦生産が上向く可能性もないわけではない。しかし，事態がこのまま推移するならば，輸入拡大・国内生産縮小という状況がいっそう進行することになるだろう。

　市場原理導入の大幅な進展は，新基本法に沿って転換した他の食糧（農産物）品目の需給政策に関しても同様に見られるものであり，これら品目についても（とりわけ土地利用型品目については麦と同様に大規模作付層の展開があまり進んでいないことも相俟って），今後，輸入増大と生産者手取価格低下によって国内生産が減少していく可能性を指摘することができる。つまり，現在，日本の食糧需給政策は，輸入依存をいっそう強めていくものになっていると言えるのである。

　しかし，このような方向が妥当であるかどうかについては改めて検討を行うことが必要である。言うまでもなく，輸入依存が強まれば強まるほど，一国の食糧供給は，輸出国の生産動向，国際的な食糧需給動向，国際的な政治的・経済的動向など，一国を超えた要因によって大きく左右されることになるからであり，第8章で触れたように，国内の食糧（農産物）生産の縮小を伴いながら食糧自給率が低下しつづけている現状は（1999年度供給熱量自給率39％），これ以上の輸入依存に対して国民が不安を持つのに十分な根拠になっていると思

われるからである。
(1)

　すなわち，安定的に輸入が行える条件が確保されない場合，食糧需給政策は「国民の食糧消費の安定化」を図るため，食糧供給源を国内生産に求めることになるが，国内の食糧生産が縮小し，農業（および水産業）生産基盤が弱体化していたならば，国内生産による対応は困難になる。この際，備蓄がなされていたとしても，その効力は（備蓄水準にもかかわるが）かなり短期的な効力を持つにとどまる。戦時期を扱った第2章で見たように，国内への食糧供給を確保できない限り，「国民の食糧消費の安定化」のためにいかなる方策を行ったとしても，国民に安定的な食糧消費を保障することはできない。また，弱体化した農業生産基盤の下で可及的速やかに農産物の増産を行おうとすれば，非農地の農地への転換，農業労働力の確保，農業生産資材の調達などの問題が絡むため，政府によるかなり強権的な措置が必要となり，また，混乱が生じることは避けられないであろう。

　さらに，この問題をより広い視点で捉えるならば，輸入飼料に依存した加工型畜産の糞尿問題や農業生産基盤弱体化に伴う農地の荒廃化問題など輸入依存体制がもたらす農業環境問題，日本が食糧を大量輸入することによる国際価格の上昇とそれがもたらす開発途上国の食糧輸入への悪影響の問題，さらには，（本書では射程外であったが）輸入食糧の安全性の問題，などが関連する。

　このように考えるならば，現在日本の食糧需給政策に求められているのは，輸入拡大・国内生産縮小の方向ではなく，反対に輸入を抑制し，国内生産を拡大するための枠組みを持つことであろう。これは，WTO「農業に関する協定」，そして新基本法の改正を要求するものである。*1

　　*1　現在，いわゆる「経済のグローバル化」が急速に進み，国際的な政治・経済における国民国家の地位が低下しつつある中で，一国の経済政策，そしてその一環である食糧需給政策も国際的な政治的・経済的動向からますます大きく規定されるようになっている。また，環境問題に典型的に見られるように国民国家の枠を超えて国際的に解決しなければならない問題も次々と生じており，農業・食糧問題もそのような様相を強めつつあるように思われる。
　　　したがって，今後の日本食糧需給政策を分析するに際しては，従来以上

に国際的な関係に着目する必要があるし，また，食糧需給政策をめぐる今後の展望についても従来以上に国際的な視点が必要になるだろう。

　しかし，国民国家の地位が低下したと言っても，国民国家が厳として存在し，各国民国家を政治・経済の一応の総括単位として国際的な政治・経済が動いている現実がある限りは，本書で「導きの糸」とした「食糧需給政策の展開原理」は，その具体的発現形態こそ国際的な政治的・経済的動向の影響によってますます大きく変容していくと考えられるものの，食糧需給政策の展開動向を究極的に規定するものでありつづけるであろうし，また，食糧需給政策の展望についても，まずは一国の食糧需給安定をどう図るかという視点を基礎に据えて考察することから出発する必要があるだろう。(2)

今後の国際的な食糧需給については不透明な部分が多いが，もし，それが当面比較的安定的に推移するとすれば，日本の食糧需給政策にとって国内生産を重視する必要性は小さいと言える（農民層を政治的基盤として強く位置づける必要が生じるような国内の政治状況が現れればその必要性は高まるが，農家数の減少や農家の兼業化はその高まりを抑制するものとして働く）。このような中で食糧需給政策を輸入抑制・国内生産拡大の方向に再転換させるためには，国民各層の運動によって，これ以上の輸入拡大・国内生産縮小が進むならばそれは「体制危機」を引き起こしかねないと体制側が認識するような社会状況を作り上げることが求められる。そのためには，上で述べたような輸入拡大・国内生産縮小がもたらす問題が広く国民の中で正確に認識されるような学習活動をベースとした運動を進めていくことが必要となろう。(3)その際には，輸入品に対して割高になるであろう国産品を買い支えるためにも，この運動が，労働者の雇用安定と賃金確保・引上げを求める運動と結合されることが重要になるだろう。さらに，WTO「農業に関する協定」改正に向けては国際的な連帯活動も必要である。

　なお，国内生産をめぐっては，構造政策（ないし規模拡大政策）によって日本農業のコスト・ダウンを図り，それによって国際競争力の強化を図ろうとする政策が本格化してきている。(4)しかし，これについては，土地利用調整をはじめとして規模拡大を行える条件があるのかどうか，規模拡大を行ったとして国

際競争力がつくのか（比較生産費説に基づくならば，国内の全産業分野の製品が国際競争力を持てることはあり得ないだろう），さらに，そもそも構造政策を行うことが農村地域の社会的環境や環境保全型農業という側面から好ましいものなのか，についての十分な検討が必要である。条件のないところで，構造政策の進展を前提として関税率引下げなど国際競争を促進するような政策が行われるならば，それは日本農業のいっそうの縮小と自然的・社会的な環境破壊を引き起こすものとなるだろう。

現在，様々な側面から21世紀における日本食糧需給政策のあり方が問われているのである。

（1） 食糧自給率は，国内生産量を国内消費量で除した値であり，よく指摘されるように，飽食の改善，廃棄量の抑制などが行われれば数値が上昇する性質のものである。したがって，自給率の数値がそのまま食糧消費の潜在的不安定性を示す指標になるわけではない。しかし，自給率が低ければ低いほど，輸入に困難な状況が生じた際に国民の食糧消費が不安定化する可能性が高くなることもまた否定できない事実であろう。

（2） この点，犬塚昭治氏の「食料自給を世界化する」（犬塚昭治『食料自給を世界化する』農山漁村文化協会，1993年）という主張には共感できる。氏は，農産物過剰問題を世界経済問題の焦点とする宇野弘蔵氏の「世界農業問題」の立場から，世界的農産物過剰の解決は個別一国的に解決できる問題ではなく世界的に解決が図られねばならないがそれには各国が食料自給を追求することが必要である，と述べている。氏の問題設定は，一国の食糧需給の安定化という視点から食糧自給を取り上げる筆者のそれと多少異なるが，氏の見解は，国民国家の存在を前提とするならば食糧（農産物）需給の調整はまずは各国内で最大限その調整が図られるべきとする筆者の意見と，結果的には共通しているように思われる。

なお，経済のグローバル化と国家との関連については，北原勇「国家独占資本主義の変質・再編」北原勇・鶴田満彦・本間要一郎編集『資本論体系10 現代資本主義』有斐閣，2001年，を参照のこと。

（3） 各地で行われている産消提携運動や，農業・食糧問題の学習会などは，この運動にとって重要な意味を持つものである。

（4） 今後の方向性は，2001年8月30日に発表された農林水産省「農業構造改革推進のための経営政策」によって示された。

あとがき

　本書は，私が東北大学に提出した博士学位請求論文「日本麦需給政策の史的性格に関する研究」（1995年2月学位取得）に，その後発表した論文を加え，全体を大幅に加筆・修正したものである。
　本書のベースとなった既発表論文は以下のものである。

「戦前期日本における麦需給政策の展開過程」農産物市場研究会（現・日本農業市場学会）『農産物市場研究』第32号，1991年。
「戦時期日本における麦需給政策の展開」東北大学農学部農業経済系研究室『農業経済研究報告』第25号，1992年。
「戦後直接統制期における日本麦需給政策の展開」『農業経済研究報告』第26号，1993年。
「麦国家管理の間接統制移行とその戦後的性格」東北農業経済学会『東北農業経済研究』第12巻第2号，1993年。
「日本食糧政策史研究に関する一考察――麦政策史研究の位置づけ・分析方法の検討を中心に――」『農業経済研究報告』第27号，1994年。
「戦後飼料用麦国家管理の基本的性格――食糧用麦国家管理との動向比較を中心に――」『東北農業経済研究』第13巻第2号，1994年。
「食管法下最終期における麦国家管理の展開」『農業経済研究報告』第28号，1995年。
「戦後食管制度の展開と転換」東北大学経済学会『研究年報経済学』第57巻第4号，1995年。
「専増産ふすま制度の戦後展開とその基本論理」岩手大学人文社会科学部『アルテス・リベラレス』第63号，1998年。
「『新たな麦政策』と国内麦需給」日本農業市場学会『農業市場研究』第8巻第2号，2000年。

　学位取得から本書刊行までにかなりの歳月が経過してしまった。これは，1995年4月に岩手大学に赴任してからしばらくの間，岩手県内の農業動向の分析に研究の重点を置いたことや，90年代後半以降，WTOの発足や「食料・農業・農村基本法」の制定など日本の農業・食糧をめぐる動向が大きく変わっていく中で，麦需給政策の今後の方向を見極めたいという思いがあったことが若

あとがき　413

干は関係しているが，主たる原因は私の生来の怠け癖にある。

　本書において私は日本の麦政策の歴史的な全体像を描くべく，「麦需給政策」という把握方法を打ち出し，麦需給政策を構成する個々の政策相互の連関に注目しながら分析を行ってきた。これは，近年の日本農政に関して，生産者に対して何らかの価格・所得補塡や助成が行われることをもって「日本農政は国内生産を重視している」とか，「保護主義的色彩を強めた」とかする論調に対して，「いくら価格・所得補塡や助成が行われているように見えても，一方で輸入を拡大するような措置がとられ，また，生産者手取価格ないし生産者所得が再生産を保障する水準にないならば，日本農政としては国内生産を重視しているとは言えないのであって，その場合には価格・所得補塡や助成の本質は生産者に対する懐柔策として捉えるべきではないか」と考える，私の問題意識によるものである。

　このような分析方法は，個々の政策を全体の中で位置づけることによって，それら政策が持つ意味・役割を明確にし，各歴史的時期における麦需給政策の基本的な性格を析出する上で有効であったと考えている。しかし，一方で，全体的な把握に重点を置いたため，個々の政策をめぐる背景・動向の分析が細やかさを欠いてしまったことは否めず，これについては，とりわけ農業史・経済史の専門家に対しては，粗い印象を与えるものになったことと思う。より詳細な分析については私の今後の課題である。

　このように不十分なものではあるが，ともかくも本書をまとめることができたのは，多くの方々からいただいた御指導・御援助のおかげである。非常に多くの方々にお世話になり，そのすべての方々の御名前を挙げることができないため，ここでは第一の職場で定年を迎えられた方々（現在，第二の職場で御活躍されている方々を含む）についてのみ触れさせていただく。

　金田重喜先生には，東北大学に法学部で入学した私が経済学部へ転学部するにあたって多大な御手数をおかけし，また，経済学部3年次・4年次のゼミナールの指導教官としてお世話をいただいた。転学部し，大学院進学を希望していたにも関わらずあまり勉強熱心でなかった私に対して，先生は学問を志す者の心構え・態度について厳しく御指導下さった。この時の先生の御言葉は，今

でも，ともすれば怠けがちになる私の心を引き締めるものになっている。

河相一成先生には，東北大学大学院農学研究科の大学院生としての5年間，ならびに東北大学農学部助手としての4年間，合わせて9年間お世話になった。先生は，御自分が取り組んでおられる研究課題やその中でぶつかった諸問題について，院生に対しても自説を真正面から提起され，意見を求められた。この先生との対話の中で，私は「研究する」とはどういうことかを体得していったように思う。また，先生には博士論文作成に当たって懇切丁寧な御指導をいただいた。

東北大学農学部では酒井惇一先生，故星川清親先生にも博士論文作成に当たり大変お世話になった。酒井先生には，ともすれば大所高所的な観点でのみ農業生産を捉えがちな私の分析方法について，農業経営学の立場から有益なコメントをいただいた。星川先生には自然科学の立場から，農業技術を踏まえた経済分析・政策分析の重要性をお教えいただいた。

また，吉田寛一先生（元・東北大学），安孫子麟先生（元・東北大学），渡邊基先生（元・岩手大学），西山泰男先生（元・福島県農業短期大学校），本田強先生（元・宮城教育大学），大木麗子先生（元・東北大学）には，様々な研究会の場において，私の研究上の視野を広げる上で貴重な御指導をいただいた。

岩手大学に赴任してからは，奥泉清先生，河越重任先生，早坂啓造先生から，経済学の他分野に関する様々な知識をお教えいただいた。また，「岩手農民大学」前学長の故石川武男先生（元・岩手大学）には，「農」の根本哲学について御教示いただいた。

ここで改めて星川先生，石川先生の御冥福をお祈り申し上げたい。

本書が，このような多くの方々からの学恩に多少なりとも応えられているかどうか，はなはだ心許ないが，本書を1つの区切りとして今後も研究を続けていきたいと思う。

本書の刊行にあたっては，東北大学金田ゼミナールの先輩であり，現在，私にとっては職場の同僚でもある，岩手大学人文社会科学部教授・菊池孝美氏に八朔社を御紹介いただいた。八朔社の片倉和夫氏には困難な出版事情の中，快く出版を引き受けていただいたのみならず，出版に伴う諸実務についても懇切

丁寧に対応していただいた。お二人には心からの感謝を申し上げたい。

最後に私事にわたって恐縮であるが，今まで様々な形で私を援助してくれ，現在，九州・福岡で元気に暮らしている両親に本書を捧げたい。

 2002年9月25日　「不惑」を迎えた日に

横 山 英 信

付記：本書の刊行に際しては，日本学術振興会の2002年度科学研究費補助金（研究公開促進費）の交付を受けた。また，本書第9章は，日本学術振興会の2000年度・2001年度科学研究費補助金（奨励研究（A））「食料・農業・農村基本法下における国産麦の生産・販売戦略」による研究成果の一部である。

引用文献・統計資料等

引用文献

明石典郎「麦製品の輸出入の手続」食糧庁『食糧管理月報』1962年7月号。
明石典郎「小麦粉輸出の現状と展望」食糧庁『食糧管理月報』1962年9月号。
朝倉孝吉『日本貿易構造論』北方書店，1955年，102頁。
阿部洋介「国内産麦の民間流通への取組状況について」食糧庁『食糧月報』2000年8月号。
飯澤理一郎『農産加工業の展開構造』筑波書房，2001年。
諫山忠幸監修『日本の小麦産業』地球社，1982年。
市原正治『主要食糧の価格政策史』農林技術協会，1948年。
市原正治「補給金政策と農産物」食糧庁『食糧管理月報』1949年1月号。
犬塚昭治『食料自給を世界化する』農山漁村文化協会，1993年。
井上晴丸・宇佐美誠次郎『危機における日本資本主義の構造』岩波書店，1951年。
井上晴丸『日本資本主義の発展と農業及び農政』(著作選集第5巻) 雄渾社，1972年。
井野隆一『開放体制と日本農業』汐文社，1969年。
井野隆一『日本農業の国際環境』民衆社，1970年。
井野隆一『戦後日本農業史』新日本出版社，1996年。
内村良英「食糧政策の一断面——今日までの米麦統制撤廃問題の経緯——(1)～(9)」食糧庁『食糧管理月報』(1952年3月号から53年4月号まで連載)。
エンゲルス「フランスとドイツにおける農民問題」『マルクス・エンゲルス全集』第22巻，大月書店，1971年。
遠藤三郎『食糧管理と食糧営団』週刊産業社，1942年。
大島雄一「戦後日本主義の初段階」塩沢君夫・後藤靖編『日本経済史』有斐閣，1977年。
太田嘉作『明治大正昭和米価政策史』(復刻版) 図書刊行会，1977年。
大野紀昭「麦管理改善対策とその実施状況について」食糧庁『食糧管理月報』1989年2月号。
大豆生田稔『近代日本の食糧政策——対外依存米穀供給構造の変容——』ミネルヴァ書房，1993年。
大山雅司「平成6年度麦類需給計画について」食糧庁『食糧管理月報』1994年4月号。
岡茂男『戦後日本の関税政策』日本評論社，1964年。
小田切徳美「戦後農政の展開とその論理——『農業解体』の政策過程——」保志恂・堀口建治・應和邦明・黒瀧秀久編著『現代資本主義と農業再編の課題』御茶の水書房，1999年。

小俣範雄「麦管理改善対策及び国内産麦の流通等について」食糧庁『食糧管理月報』1994年10月号。
折原直『日本の麦政策——その経緯と展開方向——』農林統計協会，2000年。
貝田和孝「麦管理改善対策」食糧庁『食糧管理月報』1980年4月号。
加瀬良明「製粉業の戦後展開と小麦生産」農業問題研究会編集『農業問題研究』第21・22号，1985年。
加瀬良明「小麦粉製造業と海工場」吉田忠・今村奈良臣・松浦利明編集『食糧・農業の関連産業』農山漁村文化協会，1990年。
加瀬良明「政府管理下の小麦粉製造業——内麦経済の解体・復興の基礎条件」磯辺俊彦編『危機における家族農業経営』日本経済評論社，1993年。
片柳眞吉『米麦等食糧配給関係法令解説』週刊産業社，1940年。
片柳眞吉『日本戦時食糧政策』伊藤書店，1942年。
金田重喜「国家独占資本主義の特質」林直道編『現代資本主義(1)』（講座「史的唯物論と現代」4a）青木書店，1978年。
神村義則「昭和58年産麦の政府買入価格について」食糧庁『食糧管理月報』1983年9月号。
河相一成『危機における日本農政の展開』大月書店，1979年。
河相一成『食卓から見た日本の食糧』新日本出版社，1986年。
河相一成『食糧政策と食管制度』農山漁村文化協会，1987年。
河相一成「食糧問題研究視角に関する試論」東北大学農学部農業経営学研究室・食糧需給管理学研究室『農業経済研究報告』第23号，1990年。
河相一成『食卓からみる新食糧法』新日本出版社，1996年。
川上正道『戦後日本経済論』青木書店，1974年。
川東竫弘『戦前日本の米価政策史研究』ミネルヴァ書房，1990年。
北出俊昭『米政策の展開と食管法』富民協会，1991年。
北出俊昭『食管制度と米価』農林統計協会，1986年。
北原勇「『資本論』体系と現代資本主義分析の方法」北原勇・鶴田満彦・本間要一郎編集『資本論体系10 現代資本主義』有斐閣，2001年。
北原勇「国家独占資本主義の理論の主要内容」北原勇・鶴田満彦・本間要一郎編集『資本論体系10 現代資本主義』有斐閣，2001年。
北原勇「国家独占資本主義の変質・再編」北原勇・鶴田満彦・本間要一郎編集『資本論体系10 現代資本主義』有斐閣，2001年。
木下悦二『現代資本主義の世界体制』岩波書店，1981年。
木村隆俊『日本戦時国家独占資本主義』御茶の水書房，1983年。
京都府農業協同組合中央会『京都のビール麦100年の歩み』1991年。
楠本雅弘・平賀明彦編『戦時農業政策資料集第1集』第3巻，柏書房，1988年。
楠本雅弘・平賀明彦編『戦時農業政策資料集第1集』第4巻，柏書房，1988年。

工藤昭彦『現代日本農業の根本問題』批評社，1993年。
工藤昭彦「農業基本法下の食糧政策」河相一成編『解体する食糧自給政策』日本経済評論社，1996年。
工藤昭彦「米過剰の発生と生産調整政策の展開」河相一成編『解体する食糧自給政策』日本経済評論社，1996年。
久保田明光『戦時下の食糧と農業機構』実業之日本社，1943年。
栗原百寿『日本農業の発展構造』（同著作集Ⅱ）校倉書房，1975年。
栗原百寿『農業危機と農業恐慌』（同著作集Ⅲ）校倉書房，1976年。
経済企画庁総合計画局編集『現代インフレと所得政策〔物価・所得・生産性委員会報告〕』経済企画協会，1972年。
小池恒男「自治体農政の環境と21世紀の課題」小池恒男編著『日本農業の展開と自治体農政の役割』家の光協会，1998年。
古賀英三郎『国家・階級論の史的考察』新日本出版社，1991年。
近藤健彦『プラザ合意の研究』東洋経済新報社，1999年。
斉藤政三「昭和47年産および48年産の麦管理改善対策の実施状況等について」食糧庁『食糧管理月報』1974年3月号。
斎藤高宏『農産物貿易と国際協定』御茶の水書房，1979年。
坂路誠「製粉産業の現状と課題」食糧庁『食糧月報』1998年2月号。
阪本楠彦「食糧政策の初段階」古島敏雄編『産業構造変革下における稲作の構造・理論編』東京大学出版会，1975年。
櫻井誠『米 その政策と運動（上）』農山漁村文化協会，1989年。
櫻井誠『米 その政策と運動（中）』農山漁村文化協会，1989年。
塩沢照俊「『新たな麦政策大綱』と今年（1998年）産麦価」北海道地域農業研究所『地域と農業』第31号，1998年。
島崎美代子「戦後重化学工業の創出と『国家独占資本主義』機構」鶴田満彦・二瓶敏編『日本資本主義の展開過程』（講座「今日の日本資本主義」第2巻）大月書店，1981年。
清水洋二解説・訳『価格・配給の安定──食糧部門の計画』（GHQ日本占領史第35巻）日本図書センター，2000年。
食糧制度研究会編『詳解 食糧法』大成出版社，1998年。
食糧制度研究会編『改訂 詳解 食糧法』大成出版社，2001年。
食糧庁監修『平成11年食糧関係主要法規集』大成出版社，1999年。
食糧庁監修『平成13年食糧関係主要法規集』大成出版社，2001年。
食糧庁『食糧管理史 総論Ⅰ』1969年。
食糧庁『食糧管理史 総論Ⅱ』1969年。
食糧庁『食糧管理史 各論Ⅰ』（昭和20年代価格編）1970年。
食糧庁『食糧管理史 各論Ⅱ』（昭和20年代制度編）1970年。

食糧庁『食糧管理史 各論Ⅲ』(昭和30年代価格編) 1971年。
食糧庁『食糧管理史 各論Ⅳ』(昭和30年代需給編) 1971年。
食糧庁『食糧管理史 各論Ⅴ』(昭和30年代制度編) 1971年。
食糧庁『食糧管理史 各論別巻Ⅰ』(法令編) 1972年。
食糧配給公団『食糧配給公団資料総括之部』1951年。
食糧配給公団『食糧配給公団資料 地方支局之部』1951年。
食糧配給公団『食糧配給公団資料 追録』1952年。
飼料小麦専門工場会『飼料小麦専門工場会20年史』1978年。
飼料小麦専門工場会『30年のあゆみ』1988年。
新政策研究会編『新しい食料・農業・農村政策を考える』地球社, 1992年。
新農政推進研究会編著『新政策そこが知りたい──「新しい食料・農業・農村政策の方向」の解説──』大成出版社, 1992年。
水津武文「昭和62年産麦の政府買入価格について」食糧庁『食糧管理月報』1987年9月号。
杉田智禎「麦の政府売渡価格の決定について」食糧庁『食糧月報』2001年2月号。
鷲見一夫『世界貿易機関を斬る──誰のための「自由貿易」か──』明窓出版, 1996年。
全国精麦工業協同組合連合会『精麦記念誌』1958年。
全国販売農業協同組合連合会『全販連20年史』1970年。
全国米穀販売購買組合聯合会(全販聯)『戦時下における小麦事情』1939年。
全国米穀販売購買組合聯合会(全販聯)『大麦の取引事情』1939年。
全国米穀販売購買組合聯合会(全販聯)『裸麦の取引事情』1939年。
全国米穀販売購買組合聯合会(全販聯)『小麦の需給』1940年。
高嶋光雪『日本侵攻 アメリカ小麦戦略』家の光協会, 1979年。
武田道郎『戦前・戦中の米穀管理小史』地球社, 1986年。
田代洋一「1980年代における農業保護政策の撤退とその背景」『科学と思想』第74号, 新日本出版社, 1989年。
田中慶二「最近における主食の統制撤廃をめぐる動き」食糧庁『食糧管理月報』1951年12月号。
田中康一「12年産麦の政府買入価格の決定について」食糧庁『食糧月報』2000年9月号。
田邊勝正『現代食糧政策史』日本週報社, 1948年。
玉真之介「資本主義の発展と農業市場」臼井晋・宮崎宏編著『現代の農業市場』ミネルヴァ書房, 1990年。
玉真之介「戦時体制下における米穀市場の制度化と組織化──食管制度の歴史的性格についての一考察──」市場史研究会編集『市場史研究』第8号, 1990年。
玉真之介「総力戦下の『ブロック内食糧自給構想』と満洲農業移民」歴史学研究会編

集『歴史学研究』729号，1999年。
鶴田満彦「高度経済成長の矛盾と帰結」鶴田満彦・二瓶敏編『日本資本主義の展開過程』（講座「今日の日本資本主義」第2巻）大月書店，1981年。
暉峻衆三『日本農業問題の展開（上）』東京大学出版会，1970年。
暉峻衆三『日本農業問題の展開（下）』東京大学出版会，1984年。
東亜経済調査局『本邦に於ける小麦の需給』1933年。
栃木県ビール麦契約栽培史刊行委員会『栃木県ビール麦契約栽培史』1977年。
冨田裕「麦管理改善対策と平成6年産麦に係る流通契約諸条件の決定等について」食糧庁『食糧管理月報』1993年9月号。
中内清人「輸入小麦——従属体制下の米『過剰』要因——」編集代表・近藤康男『農産物過剰——国独資体制を支えるもの——』（日本農業年報第19輯）御茶の水書房，1970年。
中島常雄『小麦生産と製粉工業―日本における小農的農業と資本との関係―』時潮社，1973年。
中村隆英「戦争経済とその崩壊」『日本歴史 近代8』岩波書店，1977年。
中村隆英『日本経済——その成長と構造——（第3版）』東京大学出版会，1993年。
西田美昭「総括」西田美昭編著編著『戦後改革期の農業問題』日本経済評論社，1994年。
西村正一「後期畑作農業の過剰基調と生産調整」土井時久・伊藤繁・澤田学編著『農産物価格政策と北海道畑作』北海道大学図書刊行会，1995年。
日清製粉株式会社『日清製粉株式会社70年史』1970年。
日東製粉株式会社『日東製粉株式会社65年史』1980年。
日本飼料工業会『30年の歩み』1987年。
日本製粉株式会社『日本製粉株式会社70年史』1968年。
日本農業研究会編『農産物販売統制問題』（日本農業年報第6輯）改造社，1935年。
二瓶敏「戦後日本資本主義の諸画期」鶴田満彦・二瓶敏編『日本資本主義の展開過程』（講座「今日の日本資本主義」第2巻）大月書店，1981年。
農業協同組合制度史編纂委員会編『農業協同組合史 第2巻』協同組合経営研究所，1968年。
農林省畜産局流通飼料課監修『流通飼料の需給と品質』地球出版，1970年。
農林水産省農蚕園芸局農産課・食糧庁管理部企画課監修『新・日本の麦』地球社，1982年。
農林大臣官房総務課編『農林行政史 第1巻』農林協会，1958年。
農林大臣官房総務課編『農林行政史 第2巻』農林協会，1958年。
農林大臣官房総務課編『農林行政史 第4巻』農林協会，1959年。
農林大臣官房総務課編『農林行政史 第8巻』農林協会，1972年。
農林大臣官房総務課編『農林行政史 第12巻』農林協会，1974年。

農林大臣官房総務課編『農林行政史 第13巻』農林協会，1975年。
野坂象一郎「食管損益と財政負担の推移」『昭和後期農業問題論集⑩食糧管理制度論』農山漁村文化協会，1982年。
荷見安『米穀政策論』日本評論社，1937年。
長谷美貴弘「ビール麦系統共販成立の研究——荷見・山本協定成立の経済的要因——」日本農業経済学会編集『農業経済研究』第72巻第1号，2000年。
畑田重夫・北田寛二『日本の未来と安保』学習の友社，1975年。
畑田重夫『安保のすべて』学習の友社，1981年。
早川治「日本畜産と飼料市場の展開過程」吉田寛一・川島利雄・佐藤正・宮崎宏・吉田忠共編『畜産物の消費と流通機構』農山漁村文化協会，1986年。
原朗「戦時統制経済の開始」『日本歴史 近代7』岩波書店，1976年。
平野常治『配給政策』千倉書房，1942年。
藤井幸男「大・はだか麦管理改善対策について」食糧庁『食糧管理月報』1969年4月号。
藤川満「平成4年産麦に係る流通契約諸条件の決定等について」食糧庁『食糧管理月報』1991年10月号。
松田延一『日本食糧政策史の研究 第1巻』食糧庁，1951年。
松田延一『日本食糧政策史の研究 第2巻』食糧庁，1951年。
松田延一『日本食糧政策史の研究 第3巻』食糧庁，1951年。
松本俊郎『侵略と開発——日本資本主義と中国植民地化——』御茶の水書房，1988年。
松本裕志「麦の政府売渡価格の改定について」食糧庁『食糧管理月報』1989年3月号。
的場徳造『日本農業問題の諸相』現代書館，1973年。
マルクス「賃労働と資本」『賃労働と資本 賃金，価格および利潤』新日本出版社，1976年。
三島徳三『規制緩和と食料・農業市場』日本経済評論社，2001年。
水野武夫『農産物取引論』日本評論社，1939年。
水野武夫『日本小麦の経済的研究』千倉書房，1944年。
宮村光重『食糧問題と国民生活』筑波書房，1987年。
三好正巳「国家独占資本主義期の社会」塩沢君夫・後藤靖編『日本経済史』有斐閣，1977年。
村田武・三島徳三編『農政転換と価格・所得政策』（講座「今日の食料・農業市場」第2巻），2000年，筑波書房。
持田恵三「食糧政策の成立過程(1)——食糧問題をめぐる地主と資本——」農業総合研究所『農業総合研究』第8巻第2号，1954年。
持田恵三「米過剰の意味するもの」編集代表・近藤康男『農産物過剰——国独資体制を支えるもの——』（日本農業年報第19輯）御茶の水書房，1970年。
持田恵三「麦作後退の基本的性格（上）」農業総合研究所『農業総合研究』第17巻第

2号，1963年．

持田恵三「麦作後退の基本的性格（下）」農業総合研究所『農業総合研究』第17巻第3号，1963年．

持田恵三『農業の近代化と日本資本主義の成立』御茶の水書房，1976年．

持田恵三『世界経済と農業問題』白桃書房，1996年．

屋嘉宗彦「国家独占資本主義の基本的政策目標と構造的特徴」北原勇・鶴田満彦・本間要一郎編集『資本論体系10 現代資本主義』有斐閣，2001年．

屋嘉宗彦「国家独占資本主義論争小史」北原勇・鶴田満彦・本間要一郎編集『資本論体系10 現代資本主義』有斐閣，2001年．

矢野昭夫「麦管理改善対策の運用改善について」食糧庁『食糧管理月報』1986年12月号．

山本博史『現代たべもの事情』岩波書店，1995年．

山本博信『製粉業の経済分析』食品需給研究センター，1983年．

横山英信「戦前期日本における麦需給政策の展開過程」農産物市場研究会編集『農産物市場研究』第32号，1991年．

吉岡正弘「『専増産ふすま』のあれこれ」輸入食糧協議会事務局『輸入食糧月報』2000年11月号．

吉田忠「日本人と米――米食型食生活とは何か――」吉田忠・秋谷重男『食生活変貌のベクトル』農山漁村文化協会，1988年．

吉田忠「食生活の『洋風化』――米食型食生活の転換――」秋谷重男・吉田忠『食生活変貌のベクトル』農山漁村文化協会，1988年．

米田康彦「現代国家独占資本主義の構造と運動」林直道編集『現代資本主義(1)』（講座「史的唯物論と現代」4a）青木書店，1978年．

統計資料等

安藤良雄編『近代日本経済史要覧（第2版）』東京大学出版会，1975年．

大蔵省『日本貿易年表』各年版．

加用信文監修『改訂 日本農業基礎統計』農林統計協会，1977年．

食糧庁『食糧管理統計年報』各年版（1994年版から『食糧統計年報』に改称）．

食糧庁『麦価に関する資料』．

食糧庁『米麦データブック』各年版．

全国農業協同組合連合会米穀販売部『国内産麦の生産・流通の現状と取り組みの経緯』各年度版．

全国販売農業協同組合連合会『麦類に関する統計資料』1951年．

総務庁統計局監修『日本長期統計総覧 第3巻』日本統計協会，1988年．

日本関税協会『実行関税率表』各年版．

日本窒素肥料談話会『非常時経済法令集』1942年．

農林省農務局編纂『麦類統計』1928年。
農林水産省『ポケット農林水産統計』各年版。
農林水産省統計情報部『作物統計』各年版。
農林水産省統計情報部『米及び麦類の生産費』各年版。
農林水産省農産園芸局農産課『麦の生産に関する資料』（年2回発行）。
農林水産省流通飼料課編『飼料月報』各月号。
農林水産省流通飼料課監修『（流通）飼料便覧』各年版。
農林水産大臣官房調査課『食料需給表』各年版。
農林水産大臣官房調査課監修『農業白書附属統計表』各年度版（1999年度版は『食料・農業・農村白書附属統計表』、2000年度版からは『食料・農業・農村白書参考統計表』に改称）
貿易日日通信社『飼料年鑑』各年版。
溝口敏行・梅村又次編『旧日本植民地経済統計──推計と分析──』東洋経済新報社，1988年。

索　引

あ　行

明石典郎　192
朝倉孝吉　118
新しい食料・農業・農村政策の方向（新政策）　368, 398
阿部洋介　399
アメリカ　12, 33, 38, 53-54, 66, 83, 128, 133-134, 137, 149-150, 152, 167, 171-172, 193-195, 200-202, 226, 235, 256, 276, 316, 363, 404
新たな米政策大綱　369
新たな砂糖・甘味資源作物政策大綱　369
新たな大豆政策大綱　369
新たな麦政策大綱　25-26, 190, 210, 364, 368-370, 374, 378-380, 382, 396, 400, 407
新たな酪農・乳業対策大綱　369
飯澤理一郎　227
諫山忠幸　192, 227, 364
委託加工制　112, 156-157, 159, 347
市原正治　119
一般工場　158-159, 207-208, 347, 349, 351-353, 356, 358, 362-364, 366
一般作物　285, 311
移入税　38, 40, 42, 46, 48, 50, 67
井上晴丸　54, 58, 61, 70, 168
井野隆一　170, 226, 341
インフレーション（インフレ）　24, 77, 79, 88, 104, 107, 114, 117, 120, 125, 129, 132-133, 136, 144, 146-147, 150, 160, 163-164, 166, 168, 176, 190-191, 195, 226, 403
宇佐美誠次郎　168
海工場　211, 227-228
梅村又次　70
内村良英　190-191
遠隔地産麦　334-335
エンゲルス　27
遠藤三郎　125

円ブロック　53, 73, 83, 85-87, 116, 122
オーストラリア　33, 53-54, 81, 83, 149, 347, 363, 366, 389
大島雄一　170
太田嘉作　65, 120
大豆生田稔　6, 25, 66
大麦及びはだか麦の生産及び政府買入れに関する特別措置法案　247
大山雅司　341
小田切徳美　276, 306
折原直　26, 228, 369, 399

か　行

外貨効率　213
外国為替及び外国貿易管理法　150, 183
　　　――輸入為替管理令　73, 82, 116
外国為替管理法　73, 81-82
外国米ノ輸入等ニ関スル件（外米管理令）　46, 48, 50, 68
開墾助成法　49, 51-52, 63, 68
貝田和孝　273, 307
買取加工制　112, 159, 174, 186, 206, 208, 347
開放経済体制　194-195, 198, 234
価格・所得政策　8-12, 22, 61, 103-105, 107, 144, 199, 369, 396, 399, 407
加工原料乳生産者補給金等暫定措置法　198, 259
加工型畜産　206, 220, 259
加工貿易　53, 186, 211-212
加算額　148, 285-286, 398
可消化養分総量　218
加瀬良明　227-228, 256, 270-271
片柳眞吉　119
学校給食法　202, 206, 227
過度経済力集中排除法　134, 154
カナダ　33, 53-54, 83, 347, 365, 389
金田重喜　27
カレント・アクセス　313, 315, 389-390, 397,

索引 425

408
河相一成 25-26, 226, 271, 306, 341
川上正道 225
川東竫弘 4, 68, 119
関税化 184, 190, 213, 216, 218, 231, 312-313, 315-316, 320, 389
関税暫定措置法 184
関税相当量 313-314, 370
関税定率法 37-38, 41, 63, 66, 150, 184, 402
関税と貿易に関する一般協定→GATT
関税割当制度 223, 390
間接統制 24-25, 51, 77, 89, 134, 159-160, 164, 167, 176, 180, 182, 184-190, 193, 200, 206-207, 209, 211-213, 215, 221-222, 231, 233-235, 240, 246, 249, 253-254, 257, 262, 266-267, 274-275, 297, 309, 312, 315, 328, 344, 353, 368, 371-372, 396, 404, 407
関東州 33, 54, 70, 83, 86-87, 121
関東大震災 52
規格外麦 257, 337-338
基準価格（入札の） 320, 342, 376, 378, 380-387, 389
基準額 304, 334
北田寛二 225
北出俊昭 26, 66, 192
北原勇 27, 411
木下悦二 225
基本枠 209-210, 214
木村隆俊 118
強権供出 137, 163
供出制度 96, 99-100, 115, 117, 134, 136-138, 142-144, 148, 160, 163, 166, 168, 176, 178-179, 184
供出物資リンク制度 169
行政改革委員会 370
緊急開拓事業 144, 169
緊急食糧対策ノ件 103
緊急生産調整推進対策 311
金融緊急措置令 132
クーポン（選択購入切符） 155-156, 159-160, 163, 174-175, 178

工藤昭彦 226, 306, 342
久保田明光 121-122
栗原百寿 65, 68, 171
経済安定9原則 140
傾斜生産方式 132
契約栽培 90, 221-222, 229, 261, 263, 269, 307, 374
契約生産奨励金 230, 246, 263, 266, 273, 286-288, 304, 306, 333-335
兼業 19, 27, 321, 338, 347-349, 353, 410
兼業農家 321, 338, 342
現地通貨払い積立金 201, 267
高度経済成長 24, 188, 194-195, 198-199, 202, 206, 226, 235, 239, 241, 252, 259, 267, 276-277, 279, 293, 305, 321, 328, 342
購入券 160, 174
神村義則 342
古賀英三郎 26
国際価格サヤ寄せ論 176
国際緊急食糧委員会 149
国際小麦協定 153, 172, 289
国際通貨基金→IMF
国内米管理勘定 254, 267, 277, 284
国内麦管理勘定 254, 256-257, 267, 292-294, 305, 315, 322-323, 325
穀類収用令 48, 50, 68
個人割当制 138, 168
コスト主義 150, 161-162, 165, 185
国家総動員法 74-75, 77-79, 85, 96, 109, 120, 143, 156
——価格等統制令 77, 89, 104-105, 107, 114
——小作料統制令 78
——生活必需物資統制令 79, 96, 109
——藷類配給統制規則 79
——小麦粉等製造配給統制規則 109, 126
——雑穀配給統制規則 79
——食肉配給統制規則 79
——青果物配給統制規則（新「青果物配給統制規則」） 79

──鮮魚介配給統制規則　79
──大豆油等配給統制規則　79
──麦類配給統制規則（新「麦類配給統制規則」）　94, 97, 99, 104-105, 109, 111, 124, 221
──米穀搗精等制限令　78, 85
──小麦等輸出許可規則　85, 87
──米穀搗精制限規則　78
──臨時農地等管理令　78, 120, 143
──農地作付統制規則　78, 103, 125, 143
国家独占資本主義（国独資）　16, 27, 72, 118, 122, 172, 225-226, 271, 273
国家貿易　183-184, 189, 216, 234, 254, 313, 370-372, 386, 389-390, 396, 398, 404-405, 407-408
国産飼料用麦生産施策　297, 306, 336-337, 339, 373-374, 397, 406
国内麦流通円滑化特別対策事業　337-338, 340
好まれない荷姿の麦　334-335
小麦買入要綱　90, 96
小麦300万石増殖5ヶ年計画（小麦計画）　31, 33, 35, 37, 52, 54-55, 58-61, 63-64, 70, 72, 80, 83, 95, 101, 105, 126, 211
米過剰　75, 271, 277-278, 284, 303, 306
米生産調整政策　11, 24, 278, 284, 291, 303, 306, 385, 405, 408
米生産調整助成金　277-278, 282-286, 301-302, 304, 311, 336, 339, 394, 398
米騒動　23, 33, 43-44, 49-53, 59, 63-64, 68, 402
米、もみ、大麦、小麦及び小麦粉の輸入税を免除する政令　184
近藤健彦　341

さ 行

斉藤政三　273
斎藤高宏　172, 307
佐賀の乱　38
坂路誠　227

阪本楠彦　271-272
櫻井誠　67, 119, 168, 191
作付転換　60, 103, 171, 246, 248, 260-261, 263, 283, 297
作付統制助成規則　78
砂糖の価格安定等に関する法律　199
産業組合　56-57, 61, 67, 90-91, 95, 98, 123
産業組合拡充5ヶ年計画　55, 60, 62, 70, 95
サンフランシスコ平和条約　128, 193
ジープ供出　137
塩沢照俊　400
自家保有量　78, 96, 124, 138, 168
事後割当方式　140, 142, 166, 169
事前割当方式　140, 142-143, 169
市場原理　10, 24, 234, 318-319, 330, 332, 338, 340, 368-372, 396, 398, 406-408
指定業種　208, 214, 373
私的独占の禁止及び公正取引の確保に関する法律（独占禁止法）　134, 154, 172
実績基準　209-210, 214
島崎美代子　225
清水洋二　171
事務所枠　210, 214, 263
社会的緊張　24, 276, 279, 291-292, 303, 305-306, 321, 405
自由価格　136, 138, 140, 179, 346
重要農林水産物増産計画　78, 101-102, 117, 125
集約化奨励額　287, 334-335
主食の統制撤廃に関する措置要綱　177, 179
主要食糧農産物改良増殖奨励規則　49, 51-52, 63
主要食糧の需給及び価格の安定に関する法律（食糧法）　184, 190, 209, 216, 227-228, 271, 307, 312, 314-315, 320, 329, 341, 364, 367-370, 380, 399
主要食糧の集荷に関する件　142
準統制　221, 229
条件付契約麦　333-335, 339, 343
小農　18-19, 21-22, 26-27, 65, 121, 174, 227
昭和農業恐慌　55, 59-61, 63, 70-72, 75, 81,

索　引　427

101, 402
譲許表　223, 313
植民地　17, 28, 33, 38, 40, 53, 60, 62, 67, 69–70, 75, 81, 86, 122, 128, 192
食糧営団　111, 114, 124, 126, 153–154, 156, 160, 166, 172
食糧アウタルキー　49, 52–53, 59–60, 63, 402
食糧援助　137, 149, 152, 165, 167, 171, 200–201
食糧確保のための臨時措置に関する政令　142, 166, 169
食糧確保臨時措置法　140, 142–143, 166, 169, 171
食糧管理勘定　254, 257, 267, 271–272, 278, 292–294, 305, 315, 322, 325, 372
食糧管理特別会計（食管特別会計）　148, 160, 162, 173, 177, 181, 254, 256–258, 260, 267–268, 271–272, 277–278, 284, 292–294, 296, 305, 312, 322, 325–326, 356, 372, 405
食糧管理費　278
食糧管理法（食管法）　23–24, 26, 66, 80, 88, 98–100, 105, 107, 111–112, 114–115, 118, 125, 133–135, 137, 150, 154, 156, 159, 164, 169, 172, 178–180, 182–187, 189, 191–192, 209, 215–216, 241, 243, 247, 262, 291, 314–315, 328–329, 341–342, 369–370, 403–404
食糧緊急措置令　137
食料・農業・農村基本法（新基本法）　2, 25, 368–369, 372, 385, 396–399, 406–409
食糧配給公団　154–156, 160, 166, 172–173, 178, 192
食糧配給統制撤廃案に関する書簡　177
食糧メーデー　129
飼料需給安定法　186, 215–216, 228, 249, 257, 296, 346–347, 363
飼料需給計画　215–216, 298
飼料需給調整法案　346
飼料配給統制法　215, 228
飼料用麦流通促進奨励補助金（流通促進補助金）　298, 300, 303, 336
新自由主義　318

新生産調整推進対策　311
新物価体系　132, 144–147, 160, 175
随意契約　181–182, 186, 209, 315
水津武文　342
水田裏作麦　37, 55, 107, 238–239, 279, 283–284, 304, 310–311
水田総合利用対策　285
水田農業経営確立対策　385
水田農業確立対策　285, 311
水田二毛作　238, 284
水田利用再編対策　278–279, 285, 287, 293, 302–304, 309
水田を中心とした土地利用型農業活性化対策大綱（活性化対策）　385, 397–398
杉田智禎　401
鷲見一夫　340
正貨　39–40, 53–54, 66, 69–70
生産コスト変動率　379, 390, 398
生産費計算方式　105, 144–145, 165
生産費所得補償方式　188, 199, 239, 256, 277
生産費補償方式　189, 222, 231, 328–329, 339, 342
生産費補償率　148, 240, 248, 266, 268, 279, 282–283, 285–286, 291, 304, 307, 309–310, 312, 325, 339, 405–406
政府価格体系　248–249, 251, 253–254, 256–260, 288–289, 295, 297, 305, 322, 325–326, 345
政府所有米穀特別処理法　75
政府操作飼料　272
精麦業　156, 158, 174, 186, 206–207, 213–214, 268, 407
製粉業　2, 26, 32–33, 40, 46, 53–54, 56, 66, 91, 93, 95, 97, 109–112, 114, 156–159, 174, 183, 186, 206–209, 211, 213–215, 227, 260, 268, 271, 306, 340, 345–349, 351–353, 362–364, 367, 373, 407
世界食糧危機　24, 276, 279, 283, 289, 291–292, 294–296, 300, 303, 305–306, 354, 356, 405, 407
世界大恐慌　55–56, 59, 63, 72, 402

428

世界貿易機関→WTO
世界貿易機関を設立するマラケシュ協定→
　WTO設立協定
全国製粉配給株式会社　109, 111
全国米穀販売購買組合聯合会（全販聯）　31,
　56-57, 71, 91-92, 95, 97-98, 105, 121-123
専管工場　207, 347-349, 351-353, 356, 362-
　364, 366-367
専管ふすま制度　344, 347-348, 352-354, 356,
　362, 366
先進5ヶ国中央銀行総裁・財務相会議→G5
専増産ふすま制度　25, 203, 207, 217, 258,
　344-349, 351-352, 359, 362-367, 373, 396
選択的拡大　198-199, 218, 220, 243, 258, 259,
　268, 297, 326, 349, 405
占領地救済資金（ガリオア・ファンド）　149,
　152
相互安全保障法→MSA
総合供出制　137
総合配給制　113, 115, 159-160, 162, 165, 174
増産工場　347-348, 351-353, 362-363, 367
増産ふすま制度　25, 203, 207, 217, 258, 344-
　349, 351-352, 356, 359, 362-367, 373, 397
粗飼料　218, 229

た　行

第1次オイル・ショック　276
第1次生産費（副産物差引価額生産費）　240,
　241, 248, 282, 307
第1次世界大戦　32-33, 37, 43-45, 49-53, 59,
　63-64, 67-69, 72, 211, 402
第3回全国農協代表者会議　179
大豆なたね交付金暫定措置法　198, 342
第2次生産費（全算入生産費）　240-241,
　282, 307, 310, 329, 340, 379, 386, 390, 394
対日大豆禁輸措置　276
対米価比方式　252, 291
対米価比率方式　145, 165
太平洋戦争　74
台湾　28, 33, 42, 44, 46, 53, 67, 81, 86, 120,
　122, 128, 133, 149, 164

高嶋光雪　226
武田道郎　126
田代洋一　306, 321, 342
田中慶二　191
田中康一　400
田邊勝正　4, 102, 119
玉真之介　39, 66, 120, 121
単体飼料　217, 229
単年度需給均衡方式　312
畜産　2-3, 198, 206, 215-216, 218, 220, 228-
　229, 257-260, 268, 272, 296-298, 305, 320-
　321, 326, 346, 349, 365, 399, 405-406, 409
畜産物の価格安定等に関する法律　198, 258
追加払制度（9・3方式）　147
中央割当工場　158
中国　33, 70, 73, 83, 86, 238
超過供出特別価格　140, 169
中小企業近代化促進法　208, 227, 353, 373
超均衡財政政策　140, 162
調整分　210
調整枠　209-210, 214
朝鮮　28, 33, 42-43, 46, 53, 67, 70, 75, 81, 83,
　85-86, 121-122, 128, 149, 164, 191
朝鮮戦争　133, 150, 176, 178
直接統制　1, 24, 28, 77, 80, 89, 94, 128, 133-
　134, 164-165, 176-180, 182, 186-188, 190-
　192, 215, 221, 228-229, 403
通常分　210
鶴田満彦　225-226, 411
帝国農会　67
暉峻衆三　60, 67-68, 70
転作　2, 12, 276, 278-279, 283-286, 288, 304,
　306, 310-312
転作麦　234, 271, 278-279, 283-286, 288, 292,
　301, 304, 310-312, 386, 394, 397-398, 405
等級間格差　329-332, 340, 342, 379, 400
登録制　155, 173
特定作物　278-279, 285, 287, 304
特定業種　208, 373
特別加算　148
ドッジ　177-178, 188, 191

索 引　429

ドッジ・ライン　24, 132-133, 140, 142-143, 145, 150, 162-163, 166, 168-169, 176, 190, 215, 346, 404
届出制　155, 159, 186, 206, 208
ドル・ショック　276

な　行

内外麦コストプール方式　292-294, 296, 300, 305, 323, 338, 405-406
中内清人　172, 226, 273
中島常雄　26, 65, 121, 174, 213, 227
中村隆英　67, 120, 122, 167
西田美昭　144, 170
西村正一　306, 340
二重価格制　79, 114, 117, 120, 136, 160-163, 165-166, 186, 188, 197, 207, 221-222, 233
日中戦争　1, 23, 73, 75, 77, 88, 101, 116
日米安全保障条約（日米安保条約）　193-194, 225, 235
日露戦争　33, 38-39, 65
2・26事件　73, 88, 116
二瓶敏　225
2本立て加工賃制度　158
2本立て割当方式　158
日本米穀株式会社　75, 77, 90-91, 94, 109, 111
入札　181-182, 186, 320, 374-376, 378, 380-389, 397, 401, 408
農会　49, 56-57, 61, 90-91, 97-98, 123
農業会　98, 120, 134, 136, 161, 271
農業基本法　1, 198-199, 206, 218, 226, 234, 245, 258, 268, 276, 321, 368, 399, 405
農業協同組合（農協）　126, 134-136, 174, 179, 182, 188, 190-191, 229, 262, 269, 271, 282, 302, 311, 340, 343, 400
農業協同組合法　134
農業進展政策基本方針　176, 190
農業団体法　98, 120
農業に関する協定（WTOの）　313, 409-410
農業パリティ指数　145-146, 148, 170, 180-181, 187-188, 222, 241, 253, 267, 291, 328, 342

濃厚飼料　218, 220, 229, 272, 297, 326, 344, 346, 354, 356, 365, 373
農山漁村経済更生運動　62
農産物に関する日本国とアメリカ合衆国との間の協定　200
農産物輸出促進援助法→PL480
農政審議会　276, 319, 328, 330
農地改革　9, 144, 182, 270
農地開発法　68
能力基準　157, 209-210, 214
農林漁業基本問題調査会　226, 245-246

は　行

配給辞退　148, 160, 163, 174, 178
配合飼料　217-218, 229, 257, 272, 344
売買同時契約方式→SBS方式
麦芽　203, 221-223, 225, 235,
麦作改善対策事業　247
麦作経営安定資金　372, 378-380, 382-383, 386-387, 390, 396-398, 400-401, 407
荷見安　119
長谷美貴弘　222, 229
畑田重夫　225
早川治　229, 365
原朗　118-119
バラ化奨励額　287
パリティ方式　145-146, 165, 188-189, 241, 252, 256, 328, 339, 342
販売割当　77, 96
ビール大麦　90, 221-223, 225, 229-230, 234-235, 241, 263, 269, 273, 278, 283, 307, 310
非契約麦　266, 288, 332
平野常治　125
品質改善奨励額　287-288, 306, 331, 333, 376, 382
品質格差　251, 329-330
プール計算方式　162
物価統制令（3・3物価体系）　132, 144
復興金融公庫　132
部落責任供出制度　100, 138, 168
プラザ合意　315-316, 318, 322-323, 326, 338,

341, 406
ブロック経済化　55, 59, 63, 402
米価審議会（米審）　261, 328-329, 342, 369-370, 389
米穀応急措置法　77, 79-80, 89, 94, 104, 119, 122
米穀自治管理法　75, 81
米穀生産奨励金交付規則　78, 107
米穀統制法　23, 62, 64, 71, 75, 77-78, 81, 85, 119-120
米穀配給統制法　75, 77, 89, 119
米穀法　23, 51-52, 61-62, 64, 69, 71, 94, 120
米麦品種改良奨励規則　49
貿易為替自由化計画大綱　194
貿易調節及通商擁護ニ関スル法律　81
豊作麦（超過麦）　333-335
暴利ヲ得ルヲ目的トスル売買取締ニ関スル件（新「暴利取締令」）　89
暴利ヲ目的トスル売買ノ取締ニ関スル件（暴利取締令）　48, 50, 68, 89
補正価格体系　132, 145
北海道農協中央会　282, 311, 340
本庁枠　210-211, 214, 262

ま 行

マーク・アップ　313, 315, 372, 389, 397
前川リポート（国際協調のための経済構造調整研究会報告書）　318-319, 321-322, 326-330, 337-338, 340-341, 356, 368, 397, 406
松田延一　4, 25, 95, 119, 123-124, 167
松本俊郎　70
松本裕志　341
的場徳造　270
マルクス　26-27
「満州」　33, 81, 83, 85-87, 121-122, 128, 133, 149, 164
「満州事変」　33, 62, 72-73
未契約麦　266, 286, 288, 306, 332
三島徳三　27, 399
未集約麦　334-335
水野武夫　55, 65, 121

溝口敏行　70
宮村光重　3, 26
三好正巳　122
民間流通支援特別対策　376, 382, 386-387
民間流通定着・品質向上支援基本助成　387
民間流通麦　380, 382-383, 385-386, 388-389, 400
民間流通麦促進対策　376, 380, 382, 399
民間流通連絡協議会　374-375, 400
麦管理改善対策　214, 246, 261-263, 266, 268, 273, 286-288, 304, 306-307, 331-333, 335, 339-340, 343, 371, 376, 382
麦管理改善対策要綱　262, 288, 333, 378
麦生産振興奨励補助金　282-283, 288, 298, 301
麦対策協議会　246, 261, 273
麦対策研究会　261, 273
麦売却方式　207, 209, 252
麦類買入要綱　89-90, 94, 104, 122, 221
麦類統制撤廃反対全国農民代表者大会　179
無制限買入れ　71, 75, 179, 182, 185, 187-190, 247, 262, 315, 371-372, 404-405, 407
村田武　399
銘柄間格差　329-332, 340, 342, 379, 400
持田恵三　4, 25, 27, 65, 239, 269-271
戻し税　54, 70
持越在庫量　277, 284-285
籾共同貯蔵助成法　75, 81

や 行

屋嘉宗彦　27
野菜生産出荷安定法　199
矢野昭夫　342
山工場　211, 252, 271
山本博史　227
山本博信　227
湯河原会談　176
輸出入品等ニ関スル臨時措置ニ関スル法律（輸出入品等臨時措置法）　73-75, 77, 79, 82, 86, 90, 109, 116, 121
──関東州満洲及支那ニ対スル貿易調整ニ関スル件　87

索　引　431

――関東州，満洲国及中華民国向輸出調整ニ関スル件　87
――小麦粉等配給統制規則　94, 95, 97, 109-110, 126
――小麦配給統制規則　91, 93-97, 109, 123
――雑穀類配給統制規則　79
――青果物配給統制規則　79
――大豆及大豆油等配給統制規則　79
――澱粉類配給統制規則　79
――米穀管理規則　77-78, 96, 99, 120, 123
――麦類配給統制規則　91, 92, 94-95, 97, 108, 123, 221
――臨時穀物等ノ移出統制ニ関スル件　79, 86
――臨時米穀配給統制規則　77-78, 94, 96, 99, 108, 120, 122
――臨時輸出入許可規則　86
輸（出）入許可制　183-184, 189-190, 212-213, 216, 231, 234, 254, 312, 404-405
輸出入リンク制　83, 87, 116, 121
輸入為替管理令　73, 82, 116
輸入自由化　218, 222, 235, 316, 319-320, 354
輸入飼料勘定　217, 271-272, 296
輸入食糧価格調整補給金　150, 152, 163-164, 167, 172, 176, 195
輸入食糧管理勘定　254, 257, 267, 292-294, 305, 315, 322, 325, 372
輸入制限　72, 81-83, 89, 182, 222, 234, 315-316, 319
輸入税　38-40, 42, 46, 48, 51-57, 59-61, 63-64, 66-67, 80-81, 83, 88, 105, 120, 150, 184, 402-403
輸入麦コスト方式　291-292
輸入割当　183-184, 189-190, 212-213, 216, 231, 234, 254, 312-314, 404-405
ヨーロッパ　53, 66, 69
吉岡正弘　365
吉田忠　64, 227, 229, 365
余剰農産物　200-202, 226, 404

米田康彦　27

ら行

リプレイス方式　162
流通改善額　335
流通飼料　228, 257, 272, 297, 308, 365-366, 399
流通対策費　298, 300, 303, 308, 336
良品質麦安定供給強化対策　332
良品質麦安定供給対策　332
輪作　270, 284, 311, 340, 385
臨時行政調査会　293
臨時資金調整法　74
臨時物資需給調整法　132, 154
臨時物資需給調整法に基づく統制方式に関する件　154, 172
臨時米穀移入調節法　75, 81
連合国軍総司令部→GHQ
労働生産性指数　196-197

わ行

枠外　209-211, 214
割当基準量　209-210, 214
割当配給制度　113

アルファベット

G 5　316
GATT　194, 199, 225, 312, 319, 404
GHQ　128, 138, 140, 142, 145, 149, 154, 167, 169, 172, 176-178, 188, 190
IMF　194, 199, 225, 256, 404
MSA　200-202, 206, 226-227, 235, 404
PL480　200-202, 206, 226-227, 235, 267, 404
SBS方式　373, 399
WTO　25, 223, 312-314, 340, 368, 373, 396, 406-407, 409-410
WTO設立協定　184, 190, 216, 218, 312-313, 315, 320, 340, 368, 389
WTO新農業交渉　313, 389-390, 397, 408

[著者略歴]

横山　英信（よこやま　ひでのぶ）

1962年　宮崎県に生まれる
1986年　東北大学経済学部卒業
1991年　東北大学大学院農学研究科博士後期課程単位取得退学
　　　　東北大学農学部助手，岩手大学人文社会科学部講師を経て
現　在　岩手大学人文社会科学部助教授（農業経済論），博士（農学）

著　書　『米市場再編と食管制度』（執筆分担）農林統計協会，1994年
　　　　『解体する食糧自給政策』（執筆分担）日本経済評論社，1996年
　　　　『市と糶』（執筆分担）中央印刷出版部，1999年
　　　　『農政転換と価格・所得政策』（執筆分担）筑波書房，2000年
　　　　『農に聞け！21世紀──地肌に息吹く自立の精神──』（執筆分担）家の光協会，2001年
　　　　『地域を拓く学びと協同──新たな結いをめざして──』（執筆分担）エイデル研究所，2001年

訳　書　『ファーム・ファミリー・ビジネス』（R.ガッソン／A.エリングトン著，翻訳分担）筑波書房，2000年

日本麦需給政策史論

2002年11月30日　第1刷発行

　　　　著　者　　横　山　英　信
　　　　発行者　　片　倉　和　夫
　　　　発行所　　株式会社　八　朔　社
　　　　　　　　　東京都新宿区神楽坂2-19銀鈴会館内
　　　　　　　　　振替口座　・　東京00120-0-111135番
　　　　　　　　　Tel 03-3235-1553　Fax 03-3235-5910

　©横山英信，2002　　印刷・信毎書籍印刷／製本・山本製本
　　　　　　ISBN 4-86014-010-9

― 八朔社 ―

原 薫
戦後インフレーション
昭和二〇年代の日本経済
七〇〇〇円

原 薫
現代インフレーションの諸問題
一九八五―九九年の日本経済
四五〇〇円

梅本哲世
戦前日本資本主義と電力
五八〇〇円

藤井秀登
交通論の祖型 関一研究
四二〇〇円

佐藤昌一郎
陸軍工廠の研究
八八〇〇円

加藤泰男
現代日本経済の軌跡
景気循環の視点から
三三九八円

定価は本体価格です

———— 八朔社 ————

岡本友孝
大戦間期資本主義の研究 七七六七円

下平尾勲・編著
共生と連携の地域創造 三三九八円
企業は地域で何ができるか

下平尾勲
現代地域論 三八〇〇円
地域振興の視点から

福島大学地域研究センター・編
グローバリゼーションと地域 三五〇〇円
21世紀・福島からの発信

是永純弘
経済学と統計的方法 六〇〇〇円

伊藤昌太
旧ロシア金融史の研究 七八〇〇円

定価は本体価格です